生态梯田建设与水土保持

张广英　王　洁　主编

吉林科学技术出版社

图书在版编目（CIP）数据

生态梯田建设与水土保持 / 张广英，王洁主编 . --
长春 : 吉林科学技术出版社，2023.10
　　ISBN 978-7-5744-0918-7

　　Ⅰ . ①生… Ⅱ . ①张… ②王… Ⅲ . ①梯田—农业生
态系统—研究—中国 Ⅳ . ① S181.6

中国国家版本馆 CIP 数据核字 (2023) 第 199238 号

生态梯田建设与水土保持

主　　编　张广英　王　洁
出 版 人　宛　霞
责任编辑　王凌宇
封面设计　道长矣
制　　版　道长矣
幅面尺寸　185mm×260mm　　1/16
字　　数　300 千字
页　　数　352
印　　张　22
印　　数　1-1500 册
版　　次　2023 年 10 月第 1 版
印　　次　2024 年 2 月第 1 次印刷

出　　版　吉林科学技术出版社
发　　行　吉林科学技术出版社
地　　址　长春市净月区福祉大路 5788 号
邮　　编　130118
发行部电话 / 传真　0431-81629529　81629530　81629531
　　　　　　　　　　　81629532　81629533　81629534
储运部电话　0431-86059116
编辑部电话　0431-81629518
印　　刷　三河市嵩川印刷有限公司

书　　号　ISBN 978-7-5744-0918-7
定　　价　72.00 元

编委会

主　编　张广英　　王　洁

副主编　侯　芳

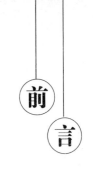

前言

在当今日益加剧的环境问题下，生态梯田建设和水土保持成为重要的议题。作为一种古老而智慧的农业实践，梯田在过去几千年中一直被广泛应用于世界各地。生态梯田建设的目标是将传统的梯田系统与现代的生态设计原则相结合，以实现农业生产的可持续性和环境的保护。通过合理的土地利用规划和梯田的构建，生态梯田可以最大限度地利用山坡地的农业潜力，并保持水土资源的平衡。水土保持是生态梯田建设的核心原则之一。通过恢复和改进现有梯田系统，可以减少土地侵蚀，提高土壤质量，并保护附近的生态环境。生态梯田建设和水土保持不仅仅是一项技术任务，更是人们对大自然的尊重和对未来世代的责任的体现。

基于此，本书以"生态梯田建设与水土保持"为选题，重点论述梯田的形成及规划、典型梯田的发展及保护、生态梯田建设促进水土保持、水土保持的工程技术、植被措施、水土保持监测及其技术应用、生态梯田的水土保持效益评价。

本书将理论与实践相结合，旨在提供一种理论框架，同时注重实际应用。通过深入探讨生态梯田建设与水土保持的原理和方法，使读者能够获得深入的理论知识，并了解如何在实践中应用这些原理。另外，本书还注重章节之间的逻辑性和连贯性，以确保内容的完整性和系统性。每个章节都按照一定的逻辑顺序组织，以确保读者能够逐步理解和掌握相关知识，为读者提供了一本富有实用价值和深度思考的书籍。无论是从事相关领域的专业人士，还是对生态保护和农业可持续性感兴趣的读者，都能从中受益，并将所学知识应用于实际中。

作者在撰写过程中，得到了许多专家、学者的帮助和指导，在此表示诚挚的谢意。由于作者水平有限，加之时间仓促，书中所涉及的内容难免有疏漏之处，希望各位读者多提宝贵的意见，以便进一步修改，使之更加完善。

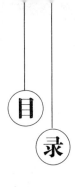

目 录

第一章　梯田的形成及规划

梯田是山地丘陵区广泛分布的一种古老的农业生态系统，科学设计、合理修建与管理的梯田通过改变地形、减缓坡度，从而减少产流产沙量，在全球各地不同环境条件下得到广泛应用。本章主要阐述我国梯田的形成与分布、梯田生态系统服务与管理、梯田的类型及梯田的规划。

第一节　我国梯田的形成与分布

一、中国梯田形成及发展简史

"梯田是在丘陵山坡地上沿等高线方向修筑的条状阶台式或波浪式断面的田地，修筑梯田是治理坡耕地水土流失的有效措施。"[1] 梯田的出现，是古代农业发展的一个显著进步。梯田修筑历史悠久，而且普遍分布于世界各地，尤其是地少人多的山丘地区。中国是世界上最早修筑梯田的国家之一，早在西汉已经出现了梯田的雏形。中国的梯田，以数量多、修筑的历史悠久而闻名于世，它的形成与发展，大致可分为四个时期。

（一）梯田的雏形期

公元前 2 世纪至公元 10 世纪前后，这一时期以便于耕作和保水、保肥、增加产量的小面积区田为标志，并且已经注意到了修筑山地池塘，以收集径流进行灌溉的方法。中国的梯田历史可以追溯至春秋战国时期。中国早在春秋时就已对山坡地进行了改造。另外，从《汉书》《氾胜之书》中也可以得知中国在西汉时已出现了雏形的梯田。从对出土文物的考古方面，也证实了中国梯田出现的历史。四川省彭水县曾在东汉的古墓中出土一具陶器模型。模型为长方形，一端为水塘，塘中有两条鱼，另一端塘下为田，有两条弯曲的田埂，很像现在当地的水梯田。陕西省汉中市和四

---

① 尉迟文思，姚云峰，李晓燕. 我国梯田的类型及研究现状 [J]. 北方农业学报，2017，45(01)：84.

川宜宾县也在东汉古墓中出土了类似的水稻梯田陶器模型。

(二) 梯田的形成期

公元 10 世纪至 16 世纪，在这一时期已形成了严格意义上的梯田。梯田已经不是零星分布的局部小块，而是沿坡面修筑成阶阶相连的成片梯田。这一时期继承和发扬了修建山坡池塘、拦截雨水、灌溉梯田的传统。在中国文献中"梯田"一词出现最早的记载是宋代范成大所著的《骖鸾录》。仰山位于宋代袁州，今江西省宜春市，在此后的几十年中，袁州一带梯田建设的速度非常快，到了淳祐六年，袁州知州张成已反映："江西良田，多占山冈，望委守令讲陂塘灌溉之利"，其中提到的高山梯田，标志着中国的梯田建设已进入一个新的历史阶段。元代的《王祯农书》中对梯田的定义、分类、布设与修筑方法进行了系统的叙述。

(三) 梯田建设与治山治水的结合期

公元 16 世纪至 20 世纪 40 年代，这一时期梯田推广的范围越来越大。修筑梯田在获取粮食的基础上同治山治水结合了起来，进一步发挥了梯田的作用。16 世纪后期，已形成了引洪漫淤、保水、保土、肥田的技术和理论。在明朝，梯田建设已和治山、治水结合了起来，进一步发挥了梯田的作用。

(四) 梯田工程技术体系的发展完善期

20 世纪 40 年代至今，这一时期梯田得到了大面积推广。由梯田沟壑工程到培地埂、修坡式梯田再到一次修平梯田，并由人工修筑发展到大面积机械修筑梯田，特别是注重了配套设施的建设，如坡面水系工程和生产道路等，加强了田埂利用，并积极引导和培育特色产业。目前，梯田建设以小流域为单元，坡面与沟道统筹治理，综合考虑小流域水资源利用，在合理利用土地与保持水土原则下，形成了农业耕作梯田工程、果园梯田工程、造林整地梯田工程等类型，注意到了全流域的综合治理与开发。

二、中国梯田分布

生存压力使各地都非常重视梯田建设和经营，从而形成了历史悠久、独具特色的梯田文化。中国有东西南北的分区传统，对于梯田来说，由于东部多平原，中国梯田按地区主要可分为南北两大区域。若细分，则又可分出黄土高原、云贵高原以及江南丘陵等梯田，其中，黄土高原梯田和云贵高原梯田堪作北、南方梯田的代表。

北方梯田主要分布在黄土高原、华北土石山区、东北漫岗区。目前北方著名的梯田区有甘肃省庄浪县、定西市安定区、庆阳市西峰区、宁县，陕西省志丹县和宁夏回族自治区隆德县等，这些县（区）被水利部命名为"全国梯田建设模范县"。

南方梯田主要分布在陕南山区、湖北丘陵山区、湖南丘陵山区、皖南山区、皖中丘陵岗地区、四川丘陵山区、粤桂丘陵山区和云贵高原山区。南方梯田目前保存完好与规模较大的古梯田以湖南紫鹊界梯田、云南哈尼梯田、广西龙脊梯田最为著名。

梯田在中国各地都有分布。根据区域特点，大致可以划分为以下类型区：

第一，西北黄土高原区。这里以土坎旱作梯田为主，大多梯田是有坎无埂，一般只是保土、涵水，但不蓄水，不能水作。

第二，东北、内蒙古漫岗丘陵区。这里多是修成等宽的水平梯田，田面宽，单块田的面积较大，坎顶多高出田面，一般只拦截径流，保护地坎不被冲刷，但不蓄水。

第三，华北、东北土石山区。这里多数为石坎梯田，埂坎较齐全，但埂多裂隙，难以蓄水。埂坎上大多栽种经济型的树、草和花，梯田的多种经营效益较好。

第四，南方亚热带地区。这里主要农作物是水稻和旱作茶、果、桑、麻等经济作物，其种植地是以岗丘缓坡地带上的土坎梯田（当地群众称作"塝田"和"冲田"）最普遍，石坎梯田较少。这里的梯田多是埂坎齐全，且多数都可水、旱（埂端设1~2个放水口）两作。

第五，华南热带地区。这里的山丘坡地上多以发展橡胶、荔枝、龙眼、香蕉、胡椒等经济作物为主，坡地上的梯田也多是埂坎齐全，亦可水、旱（埂端设1~2个放水口）两作。

第二节　梯田生态系统服务与管理

一、梯田生态系统服务

梯田改变了陆地景观，从而直接影响当地的水文和径流特征，同时改变土壤理化性质，增加区域的景观异质性，为生物多样性提供生境和廊道，对维持坡地景观格局、生态功能和过程具有重要意义。合理修建和科学管理的梯田能显著提高土地生产力和经济效益。梯田为人类提供多重生态系统服务，其主要包括：涵养水源、保持水土、改善立地环境、提供净初级生产力、碳蓄积和碳汇、调节气候、改良土壤、提供生境、保护生物多样性以及宗教、美学等精神文化价值。

（一）水文调节

1. 调控径流

坡面径流的科学调控与合理利用是小流域综合治理的核心问题，径流速度及其动力大小，与降水特征、地形坡度、土壤性质、植被覆盖、岩石软硬等因素密切相关。基于水文连通性理论研究了地中海地区半干旱流域的梯田降雨—径流模型模拟方法，梯田能显著降低流域内水文连通性，进而改变流域的汇水面积和洪峰流量。在西班牙东南部流域利用 LAPSUS 模型发现，梯田的存在能有效阻止径流和泥沙进入沟渠，流域尺度的水文连通性主要取决于植被和梯田的空间分布。在巴勒斯坦地区的研究发现，自从修建石坎梯田后，径流系数从 20% 下降到 4%。在尼泊尔中部丘陵区的研究发现，旱作梯田的径流系数为 5% ~ 50%，并认为其主要取决于土壤的质地、容重和入渗性，此外增加地表覆盖也能有效减少径流。在西班牙庇里牛斯山，梯田在夏季可以入渗约 50mm 降雨，并持续 24 小时以上不产生径流；但梯田内土层较浅，土壤含水量较高，雨季易达到饱和，进而导致迅速产流，水渠灌溉也可能加快这一水文过程。降雨径流调控是解决干旱缺水和水土流失的重要方式，通过分析黄土高原不同分区梯田对径流的影响，同样认为降雨量、降雨强度及梯田质量是梯田生态系统发挥径流调控功能的重要因素，同时提出梯田所处地域的地形和产汇流条件也是影响径流形成的关键因素。

2. 涵养水源

梯田通过截断坡面径流，减小水文连通性，促进降水下渗，提高土壤含水量，同步解决土壤水分亏缺与水土流失的问题。降水、径流、入渗、蒸发等水文过程，以及地貌、土壤性质、土地利用方式、梯田结构、植被覆盖、修建年限等均对土壤含水量有不同程度影响。在梯田修建排水沟渠时，可以有效减少侵蚀，增加水分入渗，提高表层土壤的储水量，保证作物生长的水分供应。由于水平台整地后，一定程度上降低了土壤的毛管孔隙度，土壤持水能力降低，在受气象因素影响较大的表层土壤，可能会出现梯田水平台比台间坡面土壤含水率低的现象。此外由于偏黏性土壤具有丰富的毛管孔隙，因此其改造为水平台后改善土壤水分的效果比偏沙性土壤好。作物对梯田土壤水分的吸收利用，以及蒸、散、发等因素，也可能减少梯田土壤储水量。水平梯田除表层的土壤含水不能够满足作物有效用水外，其他层次土壤水分均能满足作物需求。由于田坎的蒸发导致梯田 1/3 的水分损失，因此通过增加梯田田面宽度，减少埂坎的表面积能提高梯田土壤含水量。退耕还林（草）工程与梯田建设结合能提高水土资源利用效率，是黄土丘陵沟壑区治理水土流失、恢复退化生态系统的根本措施。梯田除了提高土壤含水量外，还能改善水质。梯田湿地能有效降解污染物，进入梯田的污染物浓度随海拔降低呈指数级下降，哈尼梯田涵养水源的能力为 5050m³/hm²，水质随海拔降低呈现"好—差—好"的垂直特征。

(二) 保持土壤

土壤侵蚀的持续发生，不仅会造成土地资源退化，而且会引起下游河道与湖泊淤积，加剧洪水灾害的发生。同时土壤侵蚀引起的面源污染，还会破坏水资源、加剧干旱地区的水资源危机，严重影响生态系统的可持续性。降雨径流在梯田处受到拦蓄，减轻了径流对沟谷的冲刷，从而减少流域土壤侵蚀与产沙过程。在印度，梯田减水效率最高可达80%，而减沙效率达90%左右。基于埃塞俄比亚提格里州202个径流小区的试验，发现石坎坡式梯田可减少68%因片蚀或面蚀而引起的土壤流失。利用 WA-TEM / SEDEM 分布式模型模拟了侵蚀产沙特征，发现水平梯田能使土壤流失量减少约17%，产沙量减少约32%。土壤侵蚀除了受岩性、地形、气候等因素的影响外，还与土地利用和植被覆盖变化有关。在印度尼西亚湿润气候下，几乎没有植被覆盖的梯田，田坎的土壤流失量可达到200t/（hm²·a）。当有密集的灌木或草本植物覆盖时，土壤流失量下降31%。当田坎上有植被定植比裸露时，土壤侵蚀和径流显著减少，种植薰衣草时土壤流失量减少87.8%，种植迷迭香时减少79.2%。通过收集不同土地利用类型下梯田的侵蚀数据，发现稻田侵蚀率小于1t/（hm²·a），木薯或抛荒梯田的侵蚀率高达80t/（hm²·a），野草、生姜或混合旱作梯田的侵蚀量为10～40t/（hm²·a），梯田田坎的侵蚀率最高达200t/（hm²·a），杂草和其他类型的地被植物对减少土壤流失也起着重要作用。

此外，水平梯田在减少自身水沙的同时还会截留上方含沙水流。梯田生态系统的减沙作用长期以来都可能被低估了，当考虑梯田田面减水减沙作用、梯田对上方水沙的拦截作用以及通过减少坡面径流而减少下游沟谷产沙量的作用时，梯田具有更大的土壤保持作用。随着梯田数量增多，特别是陡坡地修建的梯田会演变成严重的侵蚀灾害。梯田的存在不仅增加了两个连续台阶之间的水文梯度，还会加重梯田边缘的侵蚀，当土壤疏松、易于膨胀时，这种现象更为严重。

(三) 改良土质

梯田土壤的物理性质对水分、热量和化学物质的迁移过程起着主导作用，是梯田涵养水源、保障粮食安全、恢复退化生态系统的基础。以金沙江干热河谷试验区不同土壤类型、修建年限及地埂生物种类的梯田为研究对象，发现与坡耕地相比，新修梯田土壤的抗冲性及抗蚀性无显著变化，甚至有所退化，这可能与土壤结构破坏、原表土剥离和坡改梯初期土壤侵蚀加剧等有关；而随着耕作和管理利用时间的延长,老梯田土壤容重减小、孔隙度增大,水土保持能力显著增强。坡耕地改为梯田后,在集约农业措施下,梯田土壤结构得到改良,入渗强度增加,但梯田土壤的其他物理性质如土壤稳定性、容重和透水性等基本特征一般不会发生显著变化。在西班牙普里奥拉托发现,修建梯田后土壤水力传导性和团聚体稳定性下降,并影响梯田边坡的稳定,有导致块体运动增加的风险,可能与梯田耕作年限、土地利用和具体的梯田管理措施有关。

梯田在拦截径流、泥沙,减少侵蚀的同时,也显著影响生态系统C、N、P等营养元素的生物地球化学循环,防止养分流失。梯田土壤养分的分布和变化受海拔、植物群落、土壤理化性质、地貌类型和水文过程等因素的影响。梯田能减少因侵蚀导致的土壤颗粒及养分的流失,水平梯田减小了梯田内的肥力梯度,导致土壤肥力几乎不随梯田修建年限而变化。在地中海地区的研究发现,梯田能减少强降雨诱发的土壤侵蚀,从而增加土壤有机碳(SOC)、Mg、Ca、K的含量。通过梯田景观中地表水营养物质的时空变化特征,发现梯田水中总氮和总磷的含量及其变幅的空间分异都是春季高;梯田区河沟水中营养物质含量变幅在空间上则表现为梯田田水>梯田区河沟水>森林区河沟水的特点。

修建梯田使原地貌发生明显改变,降低水土流失的同时也有效固持土壤有机碳。全球水土流失治理的固碳潜力为1.47~3.04Pg/a。以不同年限坡改梯田为研究对象,对陇东黄土丘陵区梯田SOC的时空分布特征进行分析,发现在坡改梯后近50a内,农田0~60cm土层SOC处于持续累积状态,20~40cm与40~60cm土层SOC较坡耕地分别增加54.6%和52.4%。地形因子和人类活动影响梯田SOC的分布,水平梯田SOC含量随坡位的变化均表现为上坡位<中坡位<下坡位,不同坡向上土壤有机碳平均含量表现为阴坡>半阴坡>半阳坡>阳坡,人为因素如秸秆还田、免耕等措施有助于提高梯田SOC含量。梯田SOC平均密度为4.14kg/m²,其变化受地形、土地利用方式及土壤化学性质等因素影响,从坡向看,南北坡比东西坡土壤有机碳密度高,不同土地利用方式下SOC密度为果园>茶园>水田>旱地。

(四)提高作物产量

水土流失已威胁到世界许多地区的粮食安全与人类福祉,梯田在发挥水土保持作用、提高土壤质量的同时也促进了粮食生产的高产稳产。在巴勒斯坦地区研究了试验小区连续两年的作物产量,前一年修建梯田与未修梯田的作物质量分别为1570kg/hm²、630kg/hm²;第二年分别为2545kg/hm²、889kg/hm²。黄土高原地区修建3a的梯田产量比坡耕地(>10°)提高27%,在后续耕作年份,作物产量还将提高27.07%~52.78%。甘肃庄浪县的梯田面积为56679.60hm²,在修建梯田后,粮食

产量增加 5×10^4t，粮食产值增加约 75530.72 千元。在秘鲁安第斯山脉修建水平梯田 $2 \sim 4$a 后，土壤性质（如肥力、入渗性）并没有明显变化，由于耕地种植密度增加，作物产量提高约 20%。在印度半干旱区连续 9a 的研究发现，水平梯田由于增加作物产量，比传统耕作净现值（NPV）提高 56%，效益成本比增加 6%。梯田面积与传统耕作面积比例为 3:1 时，能够提高作物产量，减少极端降雨事件导致的侵蚀风险。在陕西燕沟流域研究了不同地形条件下坡改梯对粮食增产的影响，当原坡地为 15° 时，玉米、大豆、绿豆产量分别增加 6.35%、2.8%、1.79%，当原坡地为 25° 时，玉米、大豆、绿豆产量分别增加 16.74%、5.58%、4.55%。

（五）保护生物多样性

生物多样性是人类生存和发展的基础，它决定生态系统的复杂性和稳定性。梯田建设增加区域的景观异质性，有利于促进生态系统的能量流动和物质循环，减少扰动的传播，维护生态系统的生物共生关系。近年的集约农业和造林工程导致许多无脊椎动物濒临灭绝，人造栖息地可能为这些生物提供避难场所。通过研究捷克葡萄园梯田的蜘蛛群落，并调查了从微生境到景观尺度梯田对生物多样性的影响因素，发现梯田建设增加区域景观异质性，有利于保护当地蜘蛛种群的多样性。采用半问卷式和农村参与式评价方法（PRA），在村寨和农户两个水平，调查了元阳哈尼梯田种植的稻作品种多样性，在 30 个村寨 750 户中，共种植水稻品种 135 种，包括 100 个传统品种，12 个杂交稻组合和 23 个现代育成品种，梯田景观的高度异质性和民族文化习俗是维持哈尼梯田稻作品种多样性的重要因素，并建议将元阳哈尼梯田作为稻作传统品种多样性农家就地保护区。

（六）减缓自然灾害

近年来气候变化已经影响到世界上许多地区的水文、陆地和海洋生态系统，随着全球气候变暖，干旱、洪水、饥饿和瘟疫将成为 21 世纪人类的严重威胁。水土保持梯田措施能够对降雨径流进行时空再分配，不仅能减少汛期河道洪水量，起到蓄洪作用，而且能够在非汛期对河道径流进行补给，增强生态系统的抗逆能力。通过对梯田的蓄水拦沙效应、坡改梯水分小循环与河川径流大循环的关系、坡改梯对生态环境演变影响的分析，指出长江上游、黄河上中游的坡改梯工程增强了水分小循环，造成入河水沙量削减，其中减水有利于长江、黄河汛期的防洪减灾；并减缓了长江、黄河河道及湖泊水库泥沙的淤积。水平梯田能一定程度上控制土壤侵蚀、缓解水资源短缺、减轻洪水灾害等，对半干旱地区农业发展具有良好的生态和经济效益。基于 FEMWATER 模型对台湾北部水稻梯田的地下水补给河道径流情况进行分析，结果发现水稻梯田中的21.2%～23.4%的灌溉用水可补给地下水。

(七) 精神文化服务

梯田是人类有意识调控和干预自然生态系统而形成的具有特殊乡土智慧的文化景观，具有极高的文化和美学价值。梯田发展历史久远，在不同地理区域往往形成各种独特的梯田文化，即当地少数民族与梯田农耕有关的宗教、民俗、信仰、农耕、节日及祭祀活动等。目前瑞士的拉沃梯田、秘鲁的古印加梯田、菲律宾的巴纳韦梯田，以及中国的元阳梯田已被列入联合国教科文组织《世界文化遗产名录》中。

我国学者对梯田精神文化价值的研究主要集中于三大古梯田——云南元阳梯田、广西龙脊梯田及湖南紫鹊界梯田。其中最主要的问题包括：哈尼族、苗族、瑶族、壮族等少数民族的社会历史变迁，古梯田的保护与管理，水资源的可持续利用，梯田景区旅游开发及申报世界遗产等。主要分析哈尼梯田文化生态系统，对哈尼梯田地表水营养物质的时空变化，景观稳定性，景观空间格局与美学特征、分形特征，景观多功能的综合评价等方面进行深入研究，民族文化与自然环境的相互适应是梯田文化生态系统得以自我维持的重要原因。广西龙脊梯田具有丰富的自然景观，是农耕文明与少数民族民俗的完美结合，进一步推动龙脊梯田旅游开发的对策主要包括建立生态博物馆的旅游开发模式，加强社区居民的参与性，结合观光旅游、民俗旅游共同发展。

二、梯田生态系统管理

近百年来，全球范围内60%以上的生态系统服务退化，极大损害和威胁人类自身福祉，主要原因就是对生态系统缺乏科学有效的管理。梯田生态系统是在大面积、多山和较高人口密度的多重作用下产生的山区土地高效利用方式，是典型的自然—社会—经济复合生态系统，在不同的自然和社会条件下，梯田具有不同的适应方式和工程技术，如梯田的修建、土壤的改良以及水资源的利用和管理等。在世界各地不同的地理气候条件下产生了不同的形式，如水平梯田、反坡梯田、坡式梯田、隔坡梯田和波浪式梯田等。我国现有的梯田主要是水平梯田，在东北、西北的缓坡地区也有坡式梯田，在干旱地区有隔坡梯田。

(一) 维护梯田质量

梯田的生态系统服务随地理环境因子的差异和梯田的不同质量、利用和管理方式而变化。梯田质量是影响其减水减沙作用大小的关键因素。按水平梯田质量将其分为四类，在汛期降雨量分别为400mm、550mm和660mm时，一类梯田可减沙

97%、85%、58%，而三类梯田只能减沙92%、63%和21%。20世纪70年代，在欧盟土地政策及国内外市场需求增加的影响下，西班牙山区一些果园扩展到陡坡或石质山坡等生态脆弱区，大量的葡萄园建设在陡坡地或新修建的不稳定梯田上，导致土壤侵蚀增加。梯田的维护状态影响其生态系统服务，并利用 Terrace 模型评估了梯田状态的空间变异性，将三峡库区香溪河流域梯田分为四类：维护良好（20%）、维护不好（48%）、部分坍塌（15%）、完全坍塌（6%），并发现梯田的坍塌与人为干扰有关，随着与道路和社区的距离越近，梯田损毁程度就越高。人造梯田坍塌是导致尼泊尔山坡土地退化的原因之一，从这个方面来看，土地退化的主要影响因素是梯田修建技术而不是梯田荒废。

（二）改良梯田结构

一般而言，梯田田坎的侵蚀率比田面台阶高，这主要与坡度和植被覆盖有关，山坡尺度上梯田的退化可以通过合理维护梯田埂坎，优化排水系统和增加天然植被覆盖度等措施得以缓解。基于生物多样性和景观生态学原理设计的软埂梯田，将树木、牧草、水保经济作物栽植在田坎外坡面，在工程技术上采用接近黄土自然休止角35°为梯田埂坡设计坡度，力图最大限度降低地埂重力侵蚀危害。在加拿大新布伦斯威克大学对梯田—草皮水道系统的水土保持效益研究发现，实施梯田等高耕作和草皮水道等措施，每年可减少区域径流 150mm，从而增加作物可利用水分，同时土壤流失量也降至 $100t/(km^2 \cdot a)$。

梯田的结构往往随地形、土壤资源和传统耕作技术的不同而异。在长江中上游，利用 ^{137}Cs 同位素示踪技术评估了有坎梯田和无坎梯田对土壤颗粒再分配的影响，发现建有田埂的梯田，耕作侵蚀主导坡面土壤再分配过程（占总侵蚀的 65%~71%），水蚀起较小作用；而无田埂的梯田，耕作和水蚀对土壤再分配过程均起着重要作用，导致坡地土壤净流失严重。在黄土高原区的研究发现，当次降雨量与最大 30min 雨强的乘积 PI_{30} 为 4.4~45mm²/min 时，有埂水平梯田的减水、减沙作用均达 100%，而无埂水平梯田的减水、减沙作用分别为 82% 和 95%。梯田田埂在土壤再分配过程中起着关键作用，使坡面从水蚀主导的侵蚀过程向耕作主导的侵蚀过程转变，因此在坡改梯工程中，建立平行于等高线的梯田田埂是一个重要的措施。

在突尼斯东南部，阿姆里希·杰斯尔利用连续 3a 的降雨、入渗数据评估了梯田生态系统的水量平衡，认为方形蓄水池与梯田措施结合能有效提高作物可利用水分，且这一作用在干旱年尤为突出，并计算得出在年均降水量为 235mm 的条件下，方形蓄水池面积／梯田面积至少为 7.4 时才能为作物生长提供足够的水分。后来通过"梯田＋水窖"模式，不仅能够对隔坡梯田降雨径流在时空上进行合理再分配，一定程度上解决作物水资源需求与天然水分供给在时间上的错位问题，而且能够发挥"适时"补充作物亏缺水的功效；采取"梯田+水窖"模式后，春玉米年产量、水分利用效率及降水利用效率均增加50%以上，且能有效防止水土流失。

(三) 合理的土地利用方式

梯田作为典型的人地耦合系统，其稳定性与气候、土壤、地形、植被和土地利用等因素有关。梯田田面种植的各种农作物以及坡面的林草防护措施增加坡面径流阻力，进一步延长坡面水分的入渗时间。通过在不同种植条件下梯田土壤水分的变化情况，发现土层 0~2m 深度处，种植豆科作物和玉米的梯田土壤平均含水量分别为14.76%、13.29%，而果园梯田土壤平均含水量仅为11.98%。在突尼斯中部通过对耕作和荒废条件下的土坎水平梯田的研究发现，水平梯田结合保护性耕作措施能减少44%~75%的土壤侵蚀，而弃耕梯田的土壤侵蚀是耕作梯田的2倍。基于对 2a、9a 造林整地和天然林的系统比较，发现北坡比南坡的土壤质量和草本覆盖度稍高，等高水平梯田增加了山坡尺度的景观多样性，但是大面积的表土搬离使土壤紧实度在短期内有所增加，草本植被的生产力降低，对土壤质量、牧草生产力、生态系统健康造成不利影响；而经过长期的恢复，不仅梯田造林系统的土壤质量提高，草本植被的生产力还有所增加。

梯田虽然具有涵养水源的功能，但在半干旱区降水量不能满足作物的生长需求时，田坎的侧向蒸发会加剧梯田生态系统的土壤水分亏缺，埂坎高度和梯田的田面坡度是影响梯田保墒能力的主要因素。此外，梯田结构和地表覆盖也影响土壤侵蚀的严重程度，埂坎种草能有效减少侵蚀、增强梯田的稳定性。通过对湟源北极山坡地梯田退耕还林工程连续 9a 的观测，把沙棘、柠条种植在坡埂边缘地带，作为生态护坡和放牧兼用植物，从而构成林草复合生态系统，合理利用光能、空间和土壤肥力等自然资源，增加单位面积产量，而在梯田内，应定期进行草地常规管理，如雨季追施氮肥、适当补播豆科牧草、清理杂草等。由于我国各地年降水量的分布不均匀，因此梯田的灌溉条件也不同，根据有无灌溉条件可分为稻作梯田、灌溉梯田和无灌溉的旱作梯田。

(四) 优化自然—社会—经济复合生态系统

生态脆弱区往往与贫困和经济落后联系在一起，人口压力不仅会减少植被覆盖，而且会改变景观面貌，因此生态脆弱区水土流失可能与系统自身潜在的脆弱性有关，但其水土流失加剧、土地退化和无法自我恢复的更深层次原因则是人地矛盾日益尖锐的结果。20世纪中叶以后，在一些劳动力密集且产量低的地区，梯田因其修筑费工，又妨碍耕作，且不利于农业机械化，加上人口、社会和经济的发展变化，梯田的土壤保持措施一度中止，大量的农业梯田遭到荒废。梯田弃耕和退化是自然、社会、历史、经济综合作用的结果，如土地利用变化、土地所有制、梯田与村落之间的距离、社区凝聚力等均影响梯田生态系统的可持续性。

梯田的修建与维护需要耗费大量的劳动力和资金，劳动力和肥料的成本是梯田能否获得收益的最大影响因素，基于市场价值的效益分析显示水平梯田难以获得收益，而基于劳动力和肥料的机会成本分析则显示梯田措施具有可观的收益。因此，如何更科学地管理和优化梯田生态系统，最大限度地发挥其综合效益，是今后学术研究和生产实践中需要重点关注的一大课题。

黄土高原小于5°的坡地可继续保留为农田进行耕作，而在15°以上的坡地应尽快修建梯田或退耕还林（草），并发现坡改梯与退耕还林（草）在提高农业生产条件，保障粮食安全，提高植被的长期覆盖度和防治水土流失方面具有同样显著的效益。对梯田农户在不同化肥、农药施用限制下受偿意愿进行调查，包括接受直接补贴的意愿和接受市场调控提高农产品价格的意愿，构建了稻田生态补偿机制的动态补偿标准，同时通过分析政府的直接补贴及其产生的生态环境效益，评估了政府投入的产出效果。水土保持决策、技术与传统的耕作模式相悖，影响了本土居民传统的农业生产活动，存在着决策者与基层实施者、期望值与实际生产之间的矛盾。

第三节 梯田的类型

一、按断面形式

按断面形式可分为阶台式梯田和波浪式梯田两类。

（一）阶台式梯田

阶台式梯田是指在坡地上沿等高线修筑成逐级升高的阶台形的田地。中国、日本、东南亚各国人多地少地区的梯田一般属于阶台式。阶台式梯田又可分为水平梯田、坡式梯田、反坡梯田、隔坡梯田四种。

第一，水平梯田。田面呈水平，适宜于种植水稻和其他旱作、果树等，如图1-1所示[①]。

---

① 本节图片均引自刘乃君.水土保持工程技术[M].咸阳：西北农林科技大学出版社，2010：8.

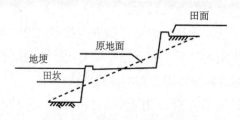

图1-1　水平梯田断面示意图

　　第二，坡式梯田。顺坡向每隔一定间距沿等高线修筑地埂而成的梯田。依靠逐年耕翻、径流冲淤并加高地埂，使田面坡度逐年变缓，终至成为水平梯田，这也是一种过渡的形式，如图1-2所示。

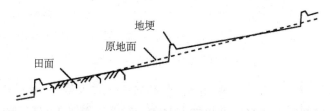

图1-2　坡式梯田断面示意图

　　第三，反坡梯田。田面微向内侧倾斜，反坡一般可达2°，能增加田面蓄水量，并使暴雨产生的过多的径流由梯田内侧安全排走，适于栽植旱作与果树。干旱地区造林所修的反坡梯田，一般宽仅1~2m，反坡为10°~15°。如图1-3所示。

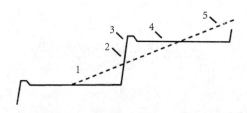

1-反坡角度，一般不超过2°；2-田坎；3-地埂；4-田面；5-原地面。
图1-3　反坡梯田断面示意图

　　第四，隔坡梯田。上下相邻两水平阶台之间隔一斜坡段的梯田，从斜坡段流失的水土可被截留于水平阶台，有利于农作物生长；斜坡段则种草、栽植经济林或林粮间作。一般在25°以下的坡地上修隔坡梯田可作为水平梯田的过渡。如图1-4所示。

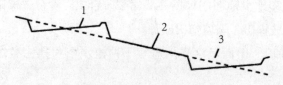

1-梯田面；2-坡面；3-原地面。
图1-4　隔坡梯田断面示意图

（二）波浪式梯田

波浪式梯田是指在缓坡地上修筑的断面呈波浪式的梯田，又名软埝或宽埂梯田。一般是在小于7°的缓坡地上，每隔一定距离沿等高线方向修成软埝和截水沟，两埝之间保持原来坡面。软埝有水平和倾斜两种：水平软埝能拦蓄全部径流，适于较干旱地区；倾斜软埝能将径流由截水沟安全排走，适于较湿润地区。软埝的边坡平缓，可种植作物。两埝之间的距离较宽，面积较大，便于农业机械化耕作。如图1-5所示。

1- 截水沟；2- 软埝；3- 田面；4- 原地面。

图1-5　波浪式梯田断面示意图

二、按田坎建筑材料分类

按田坎建筑材料分类，可分为土坎梯田、石坎梯田、植物田坎梯田。黄土高原地区，土层深厚，年降水量少，主要修筑土坎梯田。土石山区，石多土薄，降水量多，主要修筑石坎梯田。陕北黄土丘陵地区，地面广阔平缓，人口稀少，则采用以灌木、牧草为田坎的植物田坎梯田。

第四节　梯田的规划

"在乡村中，农业用地的使用与开发，在很大程度上直接影响着农民的经济收入，特别在山区，梯田是一种极其普遍的农业种植形式，根据不同的地貌环境，呈现出了别具特色的梯田景观。"[1]

梯田规划必须在山、水、林、田、路全面规划的基础上进行。规划中要因地制宜地研究和确定一个经济单位（乡或镇）的农、林、牧用地比例，确定耕作范围，制定建设基本农田规划。

---

① 解琨. 乡村设计中的梯田景观规划探究 [J]. 大观，2020(06)：47.

在梯田中，要根据耕作区地形情况，合理布设道路，搞好地块规划与设计，确定施工方案，做好施工进度安排。在地块规划设计中，最重要的是确定适当的田面宽度和地坎坡度，这样才能多快好省地完成建设梯田的任务。

梯田由于施工方法不同，规划的要求也有差别，其中有些要求如耕作区规划、道路规划、地块规划等，人工修梯田与机修梯田基本一致。有些要求如施工方案和进度规划等，则是机修梯田所特有的。这些问题在规划中，应当细致研究，妥善处理。

一、耕作区规划

耕作区的规划，必须以一个经济单位（一个镇或一个乡）农业生产和水土保持全面规划为基础。根据农、林、牧全面发展，合理利用土地的要求，研究确定农、林、牧业生产的用地比例和具体位置，选出其中坡度较缓、土质较好、距村较近，水源及交通条件比较好，有利于实现机械化和水利化的地方，建设高产稳产基本农田，然后根据地形条件，划分耕作区。

在塬川缓坡地区，一般以道路、渠道为骨干划分耕作区；在丘陵陡坡地区，一般按自然地形，以一面坡或峁、梁为单位划分耕作区，每个耕作区面积，一般以 $3.33 \sim 6.67 \text{hm}^2$ 为宜。

如果耕作区规划在坡地下部，其上部是林地、牧场或荒坡，有暴雨径流下泄时，应在耕作区上缘开挖截水沟，拦截上部来水，并引入蓄水池或在适当地方排入沟壑，保证耕作区不受冲刷。

二、地块规划

在每一耕作区内，根据地面坡度、坡向等因素，都要进行具体的地块规划。地块规划应在实地进行，按照实地地形和土壤等情况，确定梯田的布设和修筑要求。

（一）西北黄土地区的梯田地块规划

1. 峁状地形的规划

峁状地形是一种独特的地貌特征，其规划和开发对于地区的农业、生态环境和可持续发展至关重要。峁状地形通常形状如馒头，具有平坦的峁顶和凸形或凹形的斜坡。这种地貌特点使峁状地形成为适宜修建梯田的理想区域。梯田的规划与设计不仅能有效利用土地资源，提高农业产出，还能保护环境、促进生态平衡。

（1）峁状地形梯田规划的重要性。峁状地形的规划与开发对于农村经济和社会发展具有重要意义。

首先，梯田的建设可以最大限度地利用有限的耕地资源，提高土地利用率，增加农作物的种植面积，从而增加农业产出，改善农民的生计。

其次，梯田的规划有助于解决崂状地形地区的水土流失问题。崂坡较为陡峭，容易发生水土流失，严重影响土壤质量和植被生长。而通过梯田的规划和建设，可以有效减缓水流速度，防止水土流失，保护土地资源和生态环境。

最后，梯田的规划有助于改善农民的生活条件。梯田的修建为农民提供了更多的耕作面积，增加了农民的收入来源，改善了他们的生活水平。同时，梯田还可以促进农村旅游业的发展，吸引更多游客前来观赏美丽的梯田风光，带动农村经济的多元化发展。

（2）崂状地形梯田规划的设计原则。崂状地形梯田的规划设计需要考虑多个方面的因素，以确保梯田的稳固性和高效性。

首先，需要合理确定梯田的尺寸和形状。梯田的地块形状应根据崂坡的坡度而异，一般采用圆形或椭圆形。地块的大小要考虑到农作物的种植和管理便利性，同时尽量减少耕地面积的损失。

其次，梯田的等高线布设非常关键。梯田沿着等高线修建，可以使水流不易冲刷土壤，减少水土流失的发生。而且，等高线布设合理还能够保持梯田的均衡和稳定，以确保农作物的正常生长。

再次，注意梯田的排水设计。崂坡地形通常降雨量较大，排水系统设计要考虑充分，确保梯田在暴雨时不受淹没，减少洪水对梯田的破坏。

最后，充分考虑生态环境保护。梯田规划设计应尽量保留原有的植被和生态系统，减少人为破坏，保持生态平衡，确保梯田建设不对周围环境产生负面影响。

（3）崂状地形梯田规划的益处。崂状地形梯田的规划和建设可以带来多方面的益处。

首先，梯田的修建提高了土地利用率。由于崂坡地形原本较难进行农作物的种植，但经过梯田的规划，原本不可耕种的地区也能够得到充分利用。既有效扩大了农作物的种植面积，又提高了产量。

其次，梯田有助于改善水土保持状况。梯田的设计使水流速度减缓，减少了水土流失的发生，保护了土地资源，维护了生态平衡。

再次，崂状地形梯田的建设促进了农村经济的发展。通过梯田的规划，农民的耕作面积增加，农作物产量提高，农民的收入也得到增加。同时，梯田风光还吸引了大量游客，推动了农村旅游产业的发展，为农民提供了多元化的经济收入来源。

最后，梯田的规划和建设对于生态环境保护有着积极的意义。合理的梯田设计保留了原有的植被和生态系统，减少了人为破坏，保持了生态平衡。

2. 梁地规划

梁地作为一种独特的地貌类型，其规划和开发对于提高农业生产力、改善生态环境、促进农村经济发展具有重要意义。梁地的特点是斜梁形状，梁顶面积相对较小，而梁坡面积较大。梁地规划的主要目标是合理利用梁坡的耕地资源，减少水土流失，保护生态环境，同时提高农业产出，促进农民增收。

（1）梁地规划的重要性。梁地规划在农村发展中起到举足轻重的作用。

首先，梁地是有限耕地的重要组成部分，合理规划和开发梁地可以充分利用农村土地资源，增加耕地面积，提高农作物产量，从而增加农民的收入。

其次，梁地的坡度较大，容易发生水土流失。通过合理的梁地规划，可以降低梁坡的坡度，修建梯田，有效减缓水流速度，减少水土流失，保护土地资源和生态环境。

最后，梁地的规划有助于改善农民的生活条件。梁地的规划和建设为农民提供了更多的耕作面积，增加了农民的收入来源，改善了他们的生活水平。同时，梁地规划还可以促进农村旅游业的发展，吸引更多游客前来观赏美丽的梯田景观，带动农村经济的多元化发展。

（2）梁地规划的设计原则。梁地规划的设计需要考虑多个方面的因素，以确保梁地的稳固性和高效性。

首先，需要合理确定梁地的尺寸和形状。梁地的平面呈长条形，其形状应根据梁坡的坡度而定。在梁坡坡度 10°~25° 的区域，梯田基本上按等高线布置。在梁地的规划中，需要考虑梁顶面积较小的原因，所以要尽量利用梁坡面积进行耕种。

其次，梁地的地埂线的布设也非常重要。地埂线应该随着梁坡的起伏凸出或凹进，以保持梁地的均衡和稳定。遇到凹形坡时，可以采取"大弯就势，小弯取直"的方法布设地埂线，以确保梁地的稳固性。

最后，梁地规划设计要充分考虑生态环境保护。合理的梁地设计应尽量保留原有的植被和生态系统，减少人为破坏，保持生态平衡，促进生态环境的可持续发展。

（3）梁地规划的益处。

首先，梁地的规划能够最大限度地利用有限的耕地资源，提高土地利用率。梁地的规划设计使原本较难进行耕种的梁坡面积得到充分利用，既有效扩大了农作物的种植面积，又提高了农业产出。

其次，梁地规划有助于改善水土保持状况。通过合理的梁地规划修建梯田，有效减缓水流速度，降低水土流失的风险，从而保护了土地资源，维护了生态平衡。

最后，梁地规划和建设对于生态环境保护有着积极的意义。合理的梁地设计保留了原有的植被和生态系统，既减少了人为破坏，保持了生态平衡，又有利于生态环境的恢复与保护。

3. 沟掌凹地的规划

沟掌凹地的规划是土石山区农村发展中至关重要的一环。在土石山区，沟掌地形多为缓坡凹地，凹地上常有较大面积的荒坡。合理规划和开发这些凹地对于优化土地资源配置，提高农业产出，保护生态环境具有重要意义。

（1）沟掌凹地规划的重要性。沟掌凹地规划是土石山区农村经济和社会发展的重要任务。

首先，这些凹地地势相对平坦，非常适合修建梯田。通过梯田的规划和建设，可以有效利用这些凹地资源，提高土地利用率，增加农作物的种植面积，从而增加农业产出，改善农民的生计。

其次，沟掌凹地的规划还可以改善水土保持状况。这些凹地地势较低，容易发生水土流失。通过合理的规划和建设，可以减缓水流速度，防止水土流失，保护土地资源和生态环境。

（2）沟掌凹地规划的设计原则。沟掌凹地规划的设计需要考虑多个因素，以确保规划的科学性和实用性。

首先，需要合理确定凹地的尺寸和形状。根据凹地的实际情况，确定梯田的起始点和结束点，确保梯田的坡度合理。同时，还要注意梯田的宽度，保证梯田的规划布局紧凑、面积最大化。

其次，沟掌凹地规划要充分考虑水土保持。在规划和建设过程中，要合理布置排水系统，保证梯田排水畅通，减少水土流失。

再次，要注重生态环境保护。在规划过程中，要尽量保留原有的植被和生态系统，减少人为破坏，保持生态平衡，促进生态环境的恢复与保护。

最后，沟掌凹地的规划还应充分考虑农民的利益。要充分听取农民的意见和需求，根据当地实际情况制订规划方案，保障农民的权益，确保规划的顺利实施。

（3）沟掌凹地规划的益处。

首先，规划和开发沟掌凹地可以提高土地利用率，增加农作物的种植面积，增加农业产出。通过梯田的规划和建设，有效利用这些凹地资源，优化土地资源配置，提高土地的利用效率。

其次，规划和开发沟掌凹地可以改善水土保持状况，减少水土流失，保护土地资源和生态环境。通过合理的规划和建设，可以减缓水流速度，防止水土流失，保持土地的稳定性。

再次，规划和开发沟掌凹地有助于改善农民的生活条件。通过梯田的规划和建设，为农民提供更多的耕作面积，增加农民的收入来源，从而改善他们的生活水平。

最后，沟掌凹地规划还有助于优化农村空间布局。合理利用这些凹地资源，开展农业生产和生态建设，实现农业和生态环境的协调发展，促进农村经济社会的可持续发展。

（二）东北黑土地区的梯田地块规划

第一，一面坡的规划。地埂线一般沿等高线布设，若出现抹斜地，可挤到田块的一侧。

第二，馒头山的规划。馒头地形是上、下坡缓，中间凸坡较陡。布设地埂要区别地段，上、下缓坡段可规划宽面梯田，凸坡段规划窄面梯田，地埂线从上往下沿等高线绕山转。

第三，钱褡子地形的规划。这种地形较复杂，弯曲形状如月牙，坡度均匀，中间易出抹斜地。规划时，尽量在田块中、上方布设地埂线，把抹斜地挤到一侧或两侧。

第四，鸡爪子岗地规划。这种地形起伏变化大，一般地埂线可沿等高线布设。

（三）机修梯田的规划

规划时，除了考虑便于耕作，还要考虑机械的性质、工效。一般拖拉机、推土机等机械作业的地面坡度以不超过10°为宜。尤其在塬、川缓坡地区，机械修筑梯田划分地块时应注意三点：①地块尽量是长方形，因为运距长短与工效有关。②地块长度一般在300～400m以上，短的也应有100m。地块宽度要满足机械转弯的半径要求，一般不小20m。③在有灌溉条件的地区，顺水方向坡降控制在1/300～1/500。

一般地块规划应掌握五点要求：①地块的平面形状，应基本上顺等高线呈长条形、带状布设，一般情况下，应避免梯田施工时远距离运送土方；②当坡面有浅沟等复杂地形时，地块布设必须注意"大弯就势，小弯取直"，不强求一律顺等高线，以免把田面的纵向修成连续的"S"形，不利于机械耕作；③如果梯田有自流灌溉条件，则应使田面纵向保留1/300～1/500的比降，以利行水，在某些特殊情况下，比降可适当加大，但不应大于1/200；④地块长度规划，有条件的地方可采用300～400m，一般是150～200m，在此范围内，地块越长，机耕时转弯掉头次数越少，工效越高，如有地形限制，地块长度最好不要小于100m；⑤在耕作区和地块规划中，如有不同镇、乡的插花地，必须进行协商和调整，便于施工和耕作。

三、梯田附属建筑物规划

在梯田规划过程中，对于附属建筑物的规划要十分重视。附属建筑物规划的合理与否，直接影响到梯田建设的速度、质量、安全和生产效益。梯田附属建筑物的规划内容，主要包括以下几个方面：

(一) 坡面蓄水拦沙设施的规划

梯田区的坡面蓄水拦沙设施的规划内容，其包括"引、蓄、灌、排"的坑、函、池、塘、埝等缓流拦沙附属工程。规划时既要做到各设施之间的紧密结合，又要做到与梯田建设的紧密结合。规划程序上可按"蓄引结合，蓄水为灌，灌余后排"的原则，根据各台梯田的布置情况，由高台到低台逐台规划，做到地（田）地有沟，沟沟有函，分台拦沉，就地利用。其拦蓄量，可按拦蓄区内 5～10 年一遇的一次最大降雨量的全部径流量加全年土壤侵蚀总量为设计依据。

(二) 梯田区的道路规划

山区道路规划总的要求：①保证今后机械化耕作的机具能顺利地进入每一个耕作区和每一个地块；②必须有一定的防冲设施，以保证路面完整与畅通，保证不因路面径流而冲毁农田。

第一，丘陵陡坡地区的道路规划，着重点在于解决机械上山问题。西北黄土丘陵沟壑区的地形特点是上部多为 15°~30° 的坡耕地，下部多为 40°~60° 的荒陡坡，沟道底部比降较小。因此，机械上山的道路，也应相应地分上、下两部分。下部一般顺沟布设，道路比降大体接近稍大于沟底比降，上部道路，一般应在坡面上呈"S"形盘旋而上。

道路的宽度，主干线路基宽度不能小于 4.5m，转弯半径不小于 15m，路面坡度不要大于 10%（水平距离 100m，高差下降或上升 10m）。个别短距离的路面坡度也不能超过 15%。田间小道可结合梯田埂坎修建。

第二，西北黄土高原梁、峁地区的道路规划。在梁峁地上沿山塄等高布设，根据需要可加设一些田间小道，为实现川台化的沟道，道路可沿沟台边而上至塄口，再由塄口通向各山峁。当沟谷两侧是陡坡时，道路布设从沟口上到峁嘴，然后沿峁边通往塄口，最后通往各山峁。

第三，山坡坡度平缓地区的道路规划。在山坡坡度平缓，地形变化不大，梯田地坎低的情况下，道路呈斜线形布设，穿过梯田通往山顶。但在地坎处应修成陡坡，在陡坡上路面要略高出梯田面，使路水流入梯田。

第四，坡度陡、地坎高地区的道路规划。在坡度陡、地坎高的情况下，道路应修成"S"形穿过梯田，但在地坎处修成斜陡坡。道路宽度，依各地需要而异，一般为2~4m；坡度应小于15°；转弯不能太急。

第五，塬、川缓坡地区的道路规划。由于塬、川地区地面广阔平缓，耕作区的划分主要以道路为骨干划定，相邻两条顺坡道路的距离，就是梯田地块的长度，相邻的两条横坡道路的方向，可以直接影响到耕作区地块的布设。因此，进行道路规划时必须注意两个问题：①根据前述地块长度的要求，确定顺坡道路间的距离，一般是200~400m；②若地块布设基本上顺等高线，横坡道路的方向也应顺等高线。

因此，在塬、川缓坡地区，通过道路布设划分耕作区时，应根据地面等高线的走向，每一耕作区的平面形状，可以是正方形或矩形，也可以是扇形。这样，耕作区内的每一个地块，都可以顺着等高线布设，机械修梯田时省工，修成的梯田又便于机耕，避免了地块呈斜角小块地或梯田施工中的远距离大土方量的搬运。

如果强求耕作区的平面形状为正方形或矩形，左右两边的4个耕作区，其横坡道路不是基本上顺等高线，而是与等高线斜交，这样就会造成两种不利后果：①如果耕作区的地块都顺等高线布设，必然有少数几块在耕作区上下两处与道路斜交，形成斜角小块地，不利机耕；②为了不留斜角小块地，必须使耕作区内的地块都与横坡道路平行，基本上就不能顺着等高线布设，修梯田时必须远距离运土，就会大大降低工效，增加费用。

山地道路还应该考虑路面的防冲措施，根据晋西测定：5°~6°的山区道路，每100m² 上产生年径流量为6~8m²，如果路面没有防冲措施，只要有一两次暴雨就可以冲毁路面，切断通道。所以必须搞好路面的排水、分段引水进地或引进旱井、蓄水池。

(三) 灌溉排水设施的规划

梯田建设不仅控制了坡面水土流失，而且为农业进一步发展创造了良好的生态环境，并促进了农田熟制和宜种作物的改进，提高梯田效益。在梯田规划的同时必须结合进行梯田区的灌溉排水设施规划。

梯田区灌溉排水设施的规划原则，一方面要根据整个水利建设的情况，把一个完整的灌溉系统所包括的水源和引水建筑、输水配水系统、田间渠道系统、排水泄水系统等工程全面规划布置；另一方面由于梯田分布多在干旱缺水的山坡或山洪汇流的冲沟(古代侵蚀沟道)地带，常处于干旱或洪涝的威胁中。因此，梯田区灌排设施规划的另一个原则，就是要充分体现拦蓄和利用当地雨水的原则，围绕梯田建设，合理布设蓄水灌溉和排洪防冲及冬水梯田的改良工程。

　　灌排设施的重点是坡地梯田区以突出蓄水灌溉为主，结合坡面蓄水拦沙工程的规划，根据坡地梯田面积和水源（当地降水径流）情况，布设池、塘、埝、库等蓄水和渠系工程；冲沟梯田区，不仅要考虑灌溉用水，而且排洪和排涝设施也很重要。冲沟梯田区的排洪渠系布设可与灌溉渠道相结合，平日输水灌溉，雨日排涝防冲。至于冲沟梯田区的排落空问题，由于多属土壤本身或地势低洼，所以，为了节省渠道占地和提高排涝效果，可以采用暗渠或明渠结合工程的排涝设施。

第二章 典型梯田的发展及保护

龙脊梯田是中国南方稻作梯田系统"全球重要农业文化遗产"的重要组成部分。本章主要论述龙脊梯田及其可持续发展、哈尼梯田及其保护利用、凤堰梯田景观保护及利用。

第一节 龙脊梯田及其可持续发展

一、龙脊梯田概况与历史

龙脊梯田，位于广西壮族自治区桂林市龙胜各族自治县龙脊镇龙脊山区，从广义说叫作龙胜梯田，从狭义上称为龙脊梯田。梯田处于东经109°32′~100°14′北纬25°35′~26°17′之间，距县城22公里。据广西龙胜县有关部门统计，龙胜县目前拥有梯田大约5.82万亩，其中龙脊梯田农业系统有5263亩，约占全县梯田总量的10%。龙脊因山脉如龙的背脊而得名，山脉左边是桑江，右边是壮族和瑶族先民开凿的梯田，即龙脊梯田。目前，龙脊梯田主要包括平安壮寨梯田、龙脊古壮寨梯田和金坑红瑶梯田三大部分，是农业文化遗产的核心保护区域。

龙脊梯田历史悠久、文化灿烂。"龙脊"一名最早的官方记载见于清道光年间的《义宁县志》。对于龙脊梯田的起源和发展有以下说法：

第一，据《龙胜县志》记载，梯田始建于元朝，成形于明朝，完工于清初，距今已有近700年的历史。

第二，卢勇教授及其团队在协助龙胜龙脊梯田申报中国重要农业文化遗产时提出的龙脊梯田的起源可追溯至宋代，距今约八百年。

第三，最新从考古学、历史学角度考证对龙脊梯田的论证。2015年龙胜县政府组织考古学、历史学、民族学等专家对龙脊梯田的历史进行了系统考察。龙脊的所处地距今6000年至12000年前就已经出现了原始栽培粳稻，是世界人工栽培稻的发源地之一。

综合历史发展推断，在秦汉时期，梯田这种农业耕作方式就已经在龙胜形成，换言之，广西龙胜梯田距今至少有2300年的历史，在唐宋时期龙胜梯田得到大规模开发，明清时期基本达到现有最大规模。

二、龙脊梯田的遗产特征与价值

(一)龙脊梯田的遗产特征

1. 龙脊梯田农业系统结构

广西龙胜龙脊梯田农业系统结构主要包含以下几个方面：

(1)生物多样性。龙脊梯田传统农业系统境内最高海拔1850米，最低海拔300米，森林覆盖率78.1%，属中亚热带常绿植被区，乔木、灌木、草本、蕨类、苔藓等千余种植物的有机结合，构成良好的森林植被，也保持着较完整的林业生态系统。

龙脊梯田传统农业复合生态系统中生物多样性丰富，拥有独特优良的水稻品种以及种类繁多的动植物种质资源。龙脊梯田群落的一个重要功能就是通过保护传统地方水稻品种及龙脊梯田的生态环境来维持农业生物多样性，特别是通过农家保护来维持作物遗传多样性。而这些传统地方品种多样性的维持也是农业文化多样性的基础。

龙脊梯田区域内拥有丰富的野生动物，物种多样性保持较好，特别是两栖爬行类物种资源丰富。保护区有国家一级重点保护野生动物：蟒蛇、白颈长尾雉等，据当地百姓口口相传，可能还存有黑熊和华南虎，有待进一步发现证实。国家二级重点保护野生动物有：细痣棘螈、虎纹蛙、地龟、黑冠鹃隼、黑鸢、雀鹰、燕隼、红腹角雉、勺鸡、红腹锦鸡、褐翅鸦鹃、小鸦鹃、斑头鸺鹠、穿山甲、大灵猫、小灵猫等。自治区重点保护动物有：黑眶蟾蜍、黑斑侧褶蛙、沼水蛙、泽陆蛙、大泛树蛙、变色树蜥、白尾双足蜥、乌龟、钩盲蛇、滑鼠蛇、乌梢蛇、金环蛇、银环蛇、眼镜王蛇、池鹭、灰胸竹鸡、环颈雉、黄脚三趾鹑、四声杜鹃、八声杜鹃、大拟啄木鸟、蓝喉拟啄木鸟、白头鹎、绿翅短脚鹎、画眉、白颊噪鹛、红嘴相思鸟、大山雀、喜鹊、大嘴乌鸦、八哥、赤腹松鼠、中华竹鼠、豪猪、黄鼬、猪獾、果子狸、赤麂、小麂等。

龙脊梯田区域内饲养的动物数量也很多，饲养情况是：猪4506头、牛366头、羊259只、鸡24703羽、鸭1095羽、鹅10羽、竹鼠1788只，大鲵年产0.5吨。其中，龙脊梯田独具地域特色的优质品种——龙脊辣椒及龙脊凤鸡与龙脊翠鸭已先后通过国家农产品地理标志的申报，获得国家农产品地理标志的登记资格。

龙脊梯田传统农业系统的地带性土壤为红壤，成土母岩为砂页岩，土壤的垂直分布是：海拔800米以上为黄壤，海拔500米—800米为黄红壤，海拔500米以下为红壤。以薄土层居多，表土层有机质含量丰富，土壤肥沃，为植物生长提供了较好的条件。自然土壤适宜林木、茶叶的生长；由花岗岩发育成的高山黄棕壤最适于种植夏秋萝卜；由砂页岩发育成的黄红壤最适于罗汉果的生长。龙脊梯田当地居民在不同海拔的各个土壤带因地制宜地种植水稻、辣椒、茶、红薯、芋头、玉米、罗汉果、高山蔬菜、水果等农副产品和经济作物，目前已成为稻米、茶叶、罗汉果、蔬菜、水果等无公害产品、绿色产品、有机产品的生产基地，龙脊四宝(龙脊茶叶、龙脊辣椒、龙脊水酒、龙脊香糯)更是深受国内外消费者的喜爱。

（2）龙脊梯田生态景观。梯田两岸植被保护良好，从流水湍急的河谷，到白云缭绕的山巅；从万木葱茏的林边到石壁崖前，凡有泥土的地方，都开辟了梯田。龙脊梯田如链似带，如龙似虎，从山脚一直盘绕到山顶，小山如螺，大山似塔，春如层层银带，夏滚道道绿波，秋叠座座金塔，冬似群龙戏水，其线条行云流水，潇洒柔畅，其规模磅礴壮观，气势恢宏，堪称天下一绝。各种植被还孕育了山中的小溪和泉水，永不枯竭。独特的自然生态系统与气候环境，不仅为龙脊梯田的灌溉提供了得天独厚的条件，更形成了世界上杰出的生态景观。

人们遵循着与当地自然环境相适应的生态规律，严格按照山体的走势和状貌精心打造出来的龙脊梯田，达到了合目的性与合规性的统一。在纵向的坡度上，依照同一个角度，顺势而上，形成层次分明的阶梯状稻田；在横向的等高线上，每一块稻田都随着山体的自然曲线形塑自身的姿容，一道道田埂不仅托起一块块稻田，更宛如游走在山岭之间的一条条巨龙身姿，蜿蜒回转、曲折有致。

龙脊梯田整齐有序，线条丰富多彩，线条形状以曲线为主，曲线赋予人们一种动态美，尤其是那些长长的曲线和波浪线，使人联想到这些梯田好像是天上飘落的彩带。金坑梯田还有象形美，有些小山沿着山体的形状修满了一圈圈的梯田，像宝塔一样，增强了田园造型美；有的梯田连片看像山鹰展翅；有的梯田如七星伴月；有的梯田就是典型的梯形图形，还有花边田等。不仅如此，龙脊梯田的生态景观，还随着季节的变化而变化，时而春水融融，时而绿波荡漾。

龙脊梯田景观区具有代表性的生态景观主要包括：①平安壮寨梯田的"七星伴月"和"九龙五虎"两大著名景观，景色秀美飘逸；②金坑红瑶梯田的"大界千层天梯""西山韶乐"以及"金佛顶"三大著名景观，气势磅礴，直上云端。其线条行云流水，潇洒柔畅；其规模磅礴壮观，气势恢宏，有"梯田世界之冠"的美誉。

（3）龙脊梯田传统农作方式。龙脊当地民族主要生计是农业生产，龙脊梯田先民在几百年的生产实践活动中，积累了丰富的生产经验，形成了一套完整的传统农业生产经营知识体系与适应性技术。先"刀耕火种"开山造地，把坡地整为梯地，然后在田里种上旱地作物，待田块定型以后，再灌水犁田，种植水稻，以免新开的田被雨水冲垮。

梯田从下往上开，砌好下丘的田坎以后，就剥掉上丘田的表土作为下丘田的肥泥。遇上巨石就架起高高的柴堆点火，把石头烧红后泼上冷水将其炸裂。为了检测每块田的平面是否高低一致，就砍来溜直的楠竹，打通竹节做"水平仪"，平整田块。龙脊的先民对土地十分珍惜，从奔流不息的河谷，到云雾缠绕的山峰，凡是有泥土并且水源能到的地方都开垦了梯田。一年又一年，一代又一代，时间和血汗累积起来，成就了大规模的与当地自然环境相融合的梯田农作生产体系。

龙脊梯田开垦之艰辛，形成了相应的垦田护田和灌溉习俗。先民开荒垦田，把平地的稻作生产移到高山，因地制宜，培育和保存了多种特色稻种，积累了因时因地栽种的耕作经验，如《十二月生产歌》(主要包括挖田、碎田、犁田、耙田、扶田基、播种、插秧、耘田、耘二道田、刷田坎、捉虫、收割)的种田方法，培育了同禾稻、香糯、红糯、黑糯、青糯、白糯等龙脊特有的水稻品种，传统的犁田、耙田、播种、插秧、收割等农作方式构成了和谐的、原真性的乡村田园风光。

龙脊人民不仅种植水稻，还在不同海拔的土壤带因地制宜地种植茶叶、罗汉果、辣椒、红薯、芋头、玉米、高山蔬菜、水果等经济作物和农副产品，典型的传统农业复合经营方式形成了融水土保持和有较高经济价值为一体的生态良好的山地利用系统，堪称人与自然和谐的典范。显然，龙脊梯田的传统农作方式已成为一个活态的民族农业民俗博物馆。

(4) 梯田历史文化。从历史文献看，龙脊梯田独具特色的稻作农业生产已有八百多年的历史。在龙脊壮族与瑶族聚居区内，山岭绵延，地势高低不平，并不适宜开展稻作农业生产，但龙脊先民却发展出了独具特色的梯田稻作形式，形成了独特的文化适应体系。

龙脊梯田距今已有800多年的历史。大规模的开发从明朝万历四十年廖登仁开始，到清代雍正、乾隆时期基本完工形成，历经了几百年的时间与数十代人不断的努力。当地的瑶族、壮族先民沿金江河流域平地逐步向高坡开挖梯田，先易后难，一代接一代地挖掘。后到清代，有潘、陈、侯、蒙、韦等姓氏人家迁居而来，力量逐渐增大，继续开筑而成后来宏大雄伟的梯田群落。

由于山地生态环境的限制，龙脊梯田大都比较狭窄，大的不过一亩，小的不过种几十棵禾苗而已。梯田虽然狭小，却有其独特的功能。一方面，传承了壮族和瑶族先民的传统生计方式，使农耕文化得到了延续和发展；另一方面，田埂把土壤和水分很好地控制在梯田中，保护了关乎生存和发展的水土资源，维护了龙脊村民生存的根基。

八百多年来，龙脊梯田已融入了龙脊山民的生活、饮食、习俗、婚嫁等方面，形成了丰富多彩、别具特色的地方文化。主要包括以梯田农耕为代表的稻作文化、以"白衣"为代表的服饰文化、以干栏民居为代表的建筑文化、以碑刻和石板路为代表的石文化、以铜鼓舞和桂北山歌为代表的歌舞文化、以寨老制度为代表的民族自治文化和以"龙脊四宝"为代表的饮食文化及各种节日风俗文化、宗教信仰文化等，具有重要的研究与开发价值。

2.龙脊梯田的系统特征

龙脊地区的各族人民只是利用土层深厚的土山坡，对土层浅的石山则加以保护。由于只是有选择地利用合适的山坡，因此大量的山体植被得以完整保留。

当地人民以稻米为主食，以梯田为核心的农业生产为龙脊地区人民提供了基本的生活资料；梯田水稻生产是龙脊地区各族人民生产生活的基础。龙脊地区的人民在利用梯田生产水稻的同时，也利用旱地生产玉米、大豆、红薯等旱地作物。在进行农业生产的同时，还利用农业生产的各种副产品喂养猪、鸡等；在进行种植业和养殖业的同时，也利用这里丰富的自然资源从事山林采集和狩猎活动。

（1）活态性。龙脊梯田的活态性主要体现在梯田农业系统是人与周边环境完美统一的经典工程。梯田生产至今仍是龙脊地区各族人民生计的基础，是当地各族人民生活资料的主要来源，具有明显的活态性。当地山民参与全部生产过程，并构造了和谐的生产环境，他们不仅是农业文化遗产的拥有者、传承者，同时也是农业文化遗产重要的保护主体。

（2）动态性。龙脊梯田的动态性主要体现在与当地生态环境相匹配的，当地居民的农业生产技术（种稻、高山种植蔬菜及茶叶等各类经济作物、垦田护田、泉水利用等）、农业生态景观和土地利用方式及当地居民的生活方式等都是不断发生变化的，因地制宜而且处于动态平衡之中。如随着科技和市场经济的发展，龙脊梯田引入了一些新的作物品种，发展了梯田旅游等新的经营活动。

（3）适应性。龙脊梯田的适应性主要体现在农业生产技术、方式及物种结构组成在不同的自然条件下存在的差异，这种差异是长期适应的结果。龙脊梯田和当地居民不断适应自然以及社会经济条件的变化，梯田生产的农产品和从周边自然环境中获得的其他产品，维持了龙脊地区各族人民的基本生计，至今人与自然还能和谐相处，显示出龙脊梯田的适应性。

（4）多功能性。龙脊梯田的多功能性主要是指其可以为当地居民提供多种多样的产品和服务。其中包括加入维持农民生计、发展乡村旅游、固碳释氧、水土保持、气候调节与适应、文化传承、景观美化、病虫草害控制、科学研究等直接和间接价值。

（5）可持续性。龙脊梯田的可持续性主要体现在三个方面，即龙脊梯田农业文化系统适应当地极端条件的可持续性；维持龙脊梯田当地居民生计安全的可持续性；维持社区多民族传统文化和谐发展的可持续性。千百年来，龙脊梯田先民在山岭绵延、地势高低不平的艰苦恶劣条件下，创造性地就地取材，用石头建造田埂，把土壤填进去，筑成梯田，还引来山泉水进行灌溉，发展出了独具特色的梯田农作形式。同时，先民创造的防止水土流失的良好生态系统和具有较高经济价值的山地利用系统从古至今一直发挥着相当好的作用，具有极强的可持续性。

(6) 濒危性。近年来，由于市场经济的发展，许多年轻人外出务工，不愿从事繁重的梯田劳作，使从事梯田生产的劳动力出现老龄化的趋势。一些原来被很好保护下来的森林在利益驱动下，被改造为物种单一的经济林，使梯田生产所必需的水源有所减少。年轻劳动力的短缺和水源的减少，对梯田农业的持续发展构成挑战，龙脊梯田的传承与保护面临着严重的威胁。农业文化遗产保护的核心是保护与载体共存的文化创造力。因此，编制龙脊梯田农业文化遗产保护与发展规划，进行动态保护和适应性管理具有重要意义。

(二) 龙脊梯田的遗产价值

1. 生态价值

由于各族人民在利用这一方资源的时候，只是利用了土层深厚的山坡，大部分的山地得以保持原来的风貌；在开挖梯田从事农业生产的时候，他们又以守护神山、保护水源林的名义，保护了大量的森林。这种利用资源的方式使这一带地区的生态保留完整，生物资源丰富。由于交通闭塞，尽管经过了长期的开发，但这里的生态仍然得到了很好的保护；由于这里气候温和，有利于植物和动物生存发展，这里的遗传资源丰富。仅以茶业资源为例，这里的茶树资源至少可以分为二十多个类型。不仅茶叶资源的类型多，而且保留的古茶树资源也很多。三百年以上树龄的古茶树有一万株以上。由于在封闭的环境下独立驯化发展，这里形成了许多独特的农产品。如龙脊辣椒、凤鸡、翠鸭等都是这里特有的品种，是国家地理标志产品。

(1) 水土保持。龙脊梯田地处中亚热带季风气候区，雨量充沛，受台风暴雨影响，最主要的灾害是山洪，而洪灾易使梯田垮塌，山地水土流失严重。但龙脊梯田两岸植被保护良好，随山势海拔变化形成的立体气候分布着不同的乔、灌、草等森林植被类型，且一年四季常青，非常有利于水土保持。龙脊梯田分布范围在350～1100米高程之内，1100～1850米的高程范围之内的高山峻岭基本是森林区域。一方面，形成了梯田区加森林区的生态平衡系统，这对水土保持、改良土壤都有重要意义；另一方面，层层田埂把土壤和水分很好地控制在梯田中，随时修复崩坏的梯田，做了大量很好的水土保持工作。

（2）水源涵养。由于对石山和水源林的保护，这里植被良好，各种森林具有良好的保持水土、涵养水源、调节气候的作用。大量的森林保障了梯田和人畜生活用水。水稻梯田是一种人工湿地，梯田水稻生产并不会导致水土流失；相反，由于梯田长期有水，还有改善水气环境的作用。因此，山上的流水也保障了梯田生产和人畜生活用水。

森林能够涵养水源、削减洪峰、延长供水期增加供水量，森林涵养水源的能力主要体现在林冠截留、枯落物持水和土壤非毛管孔隙蓄水三个方面。龙脊梯田上的原始森林土壤是森林涵养水源的主要场所，龙脊梯田传统农业系统地带性土壤为红壤、成土母岩为砂页岩，龙脊梯田的土壤有机质含量高，肥沃、通气、排水良好，具有较好的水源涵养能力。再加上区域内的常绿阔叶林和落叶常绿阔叶混交林原生性强，植被覆盖度高，多种类的植物群落对水源涵养也起到了积极的作用。

（3）气候调节。龙脊梯田森林生态系统有高大的乔木、灌木、草木、蕨类和苔藓，不同海拔高度的森林群落形成了多种多样的小气候，也影响了周围环境。龙脊梯田区域内以山间溪流为主，水系较为发达，加上区内的常绿阔叶林和落叶常绿阔叶混交林原生性强，植被覆盖度高，发展了多种类的植物群落，造成夜间强烈辐射冷却，有利于形成雾、露、雾凇等凝结物，增加了总体湿度和水平降水。具有春秋温和、夏凉冬暖，气温变幅不大，雨量充沛，相对湿度四季均等的特点，气候舒适宜人。

（4）养分循环。龙脊梯田的壮、瑶等各族人民在利用土地资源时，充分考虑自然地理条件，一般将山体分为三段：山顶为森林、山腰建村寨、寨边及寨脚造梯田。山腰气候温和，冬暖夏凉适于人居住，宜于建村；而村后山头为森林，有利于水源涵养，泉、溪涧，常年有水，使人畜用水和梯田灌溉都有保障，同时山林中的动植物，又可为人们提供肉食和蔬菜；虽然人们从梯田收获的各种农产品带走了部分养分，但森林的水源带来了部分长期积累的腐殖质，村民养猪喂鸡等积造的有机肥补充了梯田的部分养分损失，梯田一犁三耙的耕耙活动活化了土壤，有利于保护土壤的养分平衡。除此之外，近些年化肥的适当施用也促进了梯田的养分平衡。

2.经济价值

龙脊梯田地区经济主要以农业为主，林业为辅，长期以来经济发展比较缓慢，人均收入较低。1993年，龙脊传统农业系统提出"旅游扶贫"的口号，开始把发展旅游业作为地方扶贫的支柱产业。旅游业给当地经济注入了活力，也带动了当地经济迅速发展。目前，龙脊梯田的农产品加工业主要有两个茶叶加工厂，其影响到上千人的生产和收入。

龙脊梯田遗产地是区域内千余人生计的基础，龙脊梯田遗产地的保护对千余人的生活有直接影响，对周边的龙脊镇、龙胜镇及县城 3 万多人的生活有间接影响。目前，在龙脊梯田主景区除夏秋水稻种植外，还大力发展观光旅游，因此，每到秋季冬闲时普遍种植油菜，以赏花为主，以增添梯田冬春季景色；冬季种植油菜以平安景区、大寨景区和龙脊古壮寨景区为主，面积为 300 亩。

从龙脊梯田的种养业来看，龙胜龙脊梯田不仅种稻，还在不同海拔的土壤带因地制宜地种植茶叶、罗汉果、高山蔬菜、水果等作物进行复合经营，有效保障了本地农副产品的供应。不仅如此，龙脊梯田地区近几年还注重发展特色农业产业，正在建设无公害产品、绿色产品、有机产品的生产基地。此外，梯田地区的大批特色农产品如辣椒、凤鸡、翠鸭、龙脊贡茶、同禾稻、同禾水酒、罗汉果、野山菌等为农业产业化经营提供了原料。壮观的梯田、古典的民居、丰富的民俗、良好的环境，为开展休闲农业旅游提供了条件，有利于实现农民致富。

从龙脊梯田地区的资源开发来看，龙胜第二届龙脊梯田节开幕之际，龙胜县举行招商引资项目签约仪式，现场签约 6 个项目，总投资 5.76 亿元。签约项目涉及矿产、林业、旅游等领域，将促进龙胜产业结构优化升级、延长产业链。

3. 社会价值

由于该地区的资源多样性和生物多样性，龙脊梯田生产的产品和从各种自然资源中获得的产品，维持了龙脊地区各族人民的基本生计。龙脊地区生活着壮、瑶等民族，不同的民族呈现出一种聚族而居的生存方式。同一个村寨的居民，往往是同一个民族。他们有着共同的信仰，同样的习俗，一致的生产方式和生活方式，有利于村寨内部的团结与和谐。

为了从事梯田生产，村寨内部共同祭祀神山、神树，共同清理水沟，维护道路的劳动，促进了村寨的和谐。龙脊地区每一丘梯田面积都很小，并且呈狭长形，这里的梯田生产长期保留着耦耕的习俗。耦耕时，一般由父子、兄弟或夫妇协作进行。父子耦耕和兄弟耦耕有利于促进家庭和睦，而在夫妇耦耕的时候，由于夫妇共同参加梯田劳动，甚至会互换耦耕时的角色，则有利于促进男女平等。家庭是基本的劳动单位，但对于开田、插秧、剪禾把、扛木头等家庭难以独立承担的劳务，龙脊人就"打背工"请亲戚朋友帮忙劳动。"打背工"并不讲究劳动的"等量交换"，它是村民之间的一种劳动协作，体现了村民之间互帮互助的和谐关系。

因此，充分发展龙脊梯田生态农业及其附带产业既是当地百姓增收致富的重要手段，更是实现山区产业升级的理想途径，对于龙胜县社会主义新农村建设具有重要意义。系统开展龙脊梯田群落农业文化遗产保护，不仅可以更好地保护好历史悠久的梯田稻作生产，保护好龙脊独特优良的种质资源，同时也可以提高龙脊梯田传统农业系统的知名度，促进龙胜旅游产业的发展，进而带动社会经济发展，实现人与自然、社会的双重和谐。龙脊特有的稻作梯田在农业可持续发展中也具有重要意义。大力发展传统龙脊稻米、茶叶、罗汉果等绿色产品的加工产业，加强生态环境与生态村建设，实现龙脊传统农业系统特色产品加工业的全面可持续发展。

4. 文化价值

"作为梯田耕作的结果，梯田景观是具有特殊价值和特殊地貌的文化景观。"[①] 龙脊梯田地区民风淳朴，民族和睦。如今走进瑶寨，还可以经常看到一些农民主动筑路架桥，不计报酬。现在的龙脊梯田已成为一种特有的地方文化符号，记载和传承着近八百年的历史。龙脊梯田山区的山民通过村落的集体活动、祭祀与节庆，依照传统或经验形成共同的思维与行为方式，使民族传统文化得以延续。

通过龙脊梯田文化的代际传承，也将整个社会的历史与文化记忆融入其中，其包括农耕技术、家族观念、风俗习惯等，社会认同和文化自觉由此产生。在此基础上，家族、村落和传统的以稻作生产为基础的生计方式得以延续和发展。龙脊梯田文化不仅包含了以稻作生产为主体的农业生产方式和相关的耕作文化，更重要的是传统的梯田文化也因此获得了特殊的情感升华，蕴含了特殊的生命意义，并融入地方社会文化的各个方面。

龙脊壮、瑶人民像修筑梯田，保持水土一样精心保护着这里瑰丽多姿的地方民族文化。雄浑秀丽的龙脊梯田上，处处闪耀着壮、瑶两族文化的灵光。这里有被梯田拥在怀里、被水光映照、被云影拂弄、被空灵成天上空阔的吊角木楼，有似梯田一般延绵不绝、饮唱不熄的山歌，有别具一格的民族服饰，有奇特的风俗，有酿香的水酒。所有这一切，都和高山、森林、云海在一起，构成龙脊梯田深厚的文化内涵。

5. 科研价值

随着社会的发展，人们对龙脊梯田的认识已经不仅仅局限于其农业利用价值。龙脊梯田作为一个科学研究的活标本，拥有种类繁多的动植物种质资源，在历史地理学、生态学、环境科学等领域都有很重要的科研价值。

龙脊地区存在多种国家一级保护的动植物，如银杉、红豆杉、娃娃鱼等，对其进行保护具有重要的资源价值。龙脊地区存在大量的古茶树，保存有种类繁多的茶树资源。茶树种质具有明显的种质多样性。对其进行保护和研究对于认识茶叶的种质资源与茶树品种改良，具有重要的价值。龙脊凤鸡、翠鸭是龙脊地区特有的家禽品种，对其保护能丰富我国家禽的品种基因库。

由于长期的水稻种植，龙脊地区保留下来一批有地方特色的水稻传统品种，如

---

① 赵芳. 广西龙脊梯田景观可持续发展评价 [D]. 桂林：桂林理工大学，2020：5.

白斗糯、香糯、同禾稻等。香糯以香著称，就连舂米的时候也能闻到一股香味，是打过年糍粑和定亲糍粑必用的糯米。同禾稻则具有抗病、耐旱、耐寒等突出特点。虽然当地人统称为同禾稻，但其本身具有多种类型，如稻穗有金黄、麻红、紫黑和黑色等，无论是冷水田、锈水田还是白瓦泥田、沙泥田，都能找到适合种植的同禾稻品种。多样性和有特色的传统品种是水稻品种改良的重要资源，有一定的保护和研究价值。

近年来，许多学者专家都很重视对龙脊梯田的科研，从史实考证、遗传资源、生态功能、社会结构、经济形态等角度对其开展研究，涉及民俗学、历史学、人类学、旅游学等方面，其中最热点的问题是龙脊梯田的保护、龙脊少数民族的社会历史变迁、龙脊的旅游开发、社区参与等。许多学者对龙脊梯田进行研究，主要包括：①从生态的视角探析稻作文化与龙脊梯田景观之间的内在关联；②对龙脊古梯田原生态水循环进行研究，探究龙脊梯田存在机制与保护的经验，推广梯田建设技术，为保护龙脊梯田稻作文化与申报世界文化遗产提出建议；③从文化人类学的视角分析龙脊梯田的气候灾变状况、成因以及乡土应对方式。

6.示范价值

龙脊梯田设计精巧，与周边环境完美融合，在生物多样性保护、水土保持、水源涵养、气候调节与适应、病虫草害控制、养分循环等方面都显示了其独特的价值，虽经八百余年长时间开发，但龙脊地区生态良好，环境优美，是远近闻名的长寿之乡，因此具有重要的示范作用。从区位来看，龙脊梯田地处桂东北，毗邻湖南，靠近中国人口和经济的重点地区。而且龙脊梯田属于桂林市，该处是中国乃至世界著名的旅游胜地，稍加引导和推广，较为容易发挥其旅游和示范价值。龙脊梯田群落保护与发展的模式是选取示范点，合理布局保护区和功能发展区，然后以点带面，向四周辐射，在龙胜县范围内，实现对农业文化遗产的保护和发展。同时以此次申报中国重要农业文化遗产为契机，带动当地经济的强势发展和各族人民的发家致富，真正实现动态性保护，并对世界其他地区的山地开发和农业文化遗产地保护提供借鉴。

7.教育价值

随着生态文明建设的不断推进，受森林资源承载能力的限制，山区农民"靠山吃山"的无奈选择与生态保护之间的矛盾越来越突出，如何在有限的土地中实现人与自然的和谐发展成为一个难题。而龙脊梯田稻作生产系统和相关产业的发展，作为几百年来龙脊山区农民适应山区艰苦恶劣环境的主要方式，可以为当代发展提供一种思路。

而且，龙脊梯田地区存在不少保护森林的禁山令，包括对神山和神树的祭祀仪式和民俗等。这些尊重自然、敬畏自然的传统做法对于当今保护环境不仅具有重要的启示作用，还具有较高的教育价值。龙脊古寨里还有很多保存重要史料价值的古代碑刻，如古壮寨乾隆年间的廉政碑，历史久远且内涵深刻，具有重大的反腐教育意义。

目前以龙脊梯田农产品为依托的加工业，规模宏大的梯田景观、龙脊壮族生态博物馆，龙脊梯田农业文化系统在寓教于乐的各种活动形式中已成为新农村文明建设的一个亮点，对于当地民族自豪感提升具有重要的意义。

8. 独特价值

龙脊梯田是龙脊地区先民发挥聪明才智，利用自然、改造自然的一大创造。龙脊梯田群落历经七八百年，仍硕果累累，将珍贵物产奉献于世人，既是古代良种选育和农业生产技术的"活标本"，也是龙脊梯田先民创造的防止水土流失的良好生态系统和具有较高经济价值的山地利用系统，更是人与自然和谐发展的重要农业文化成果，堪称典范。将龙脊梯田资源与国内外同类资源进行比较，还可以得出龙脊梯田遗产的独特性与创造性价值。321

（1）梯田区位比较。通过梯田区位比较可以发现龙脊梯田位于国道附近，距离桂林市只有80多公里，离两江国际机场仅50公里，经321国道抵达，交通方便。而云南哈尼梯田距昆明市有334公里，距离旧市146公里，且道路弯多坡陡，交通条件极不方便。菲律宾梯田主要分布于环海多个岛屿上的高山地区，彼此隔绝，距离中心城市路程比较远，且交通条件十分不便。

（2）梯田生态环境比较。从环境生态系统来说，龙脊梯田和云南哈尼梯田则是属于大陆型亚热带高山常绿阔叶混交林所形成的森林生态系统，而菲律宾梯田则更多的是属于海洋—岛屿高山型的植被生态。就国内的龙脊梯田与云南哈尼梯田来说，两者在气候上具有较大的差异，龙脊梯田冬天美丽的雪景风光就是哈尼梯田所不具备的。

而且，哈尼地区大量的山坡都被开辟成了梯田，而龙脊地区则只把少数土层深厚的山坡开辟为梯田，大量的山体保留了原始风貌，因此龙脊梯田地区的森林覆盖率比哈尼地区更高。

（3）梯田民族风情比较。从民族风情来说，哈尼梯田和菲律宾梯田的民族在一定区域内是比较单一的。如哈尼梯田是哈尼族、菲律宾梯田大都是由一个区域内的伊富高族人耕耘。而龙胜龙脊梯田区域内居住着壮族、瑶族。这两个民族主要以其独特的服饰、民族建筑和手工艺、民族歌舞及饮食等民族文化和浓郁的民族风情将龙脊梯田装扮得更加耀眼夺目。总之，龙脊梯田是壮族、瑶族开辟的，元阳梯田则是哈尼族和彝族耕种的，不同的民族具有不同的历史、文化和习俗。龙脊梯田承载着壮族、瑶族的历史和文化，而元阳梯田则承载着哈尼族和彝族的历史和文化。

（4）梯田审美比较。从梯田审美角度来讲，龙胜龙脊梯田区域内地貌变化大，高山沟壑纵横，由此形成独立型的山丘众多，而哈尼梯田所在的山坡较为和缓，龙脊梯田所在的山坡则较为陡峭。这样龙脊所形成的梯田块比哈尼梯田块小得多，所以梯田线条变化特征非常明显，具有"远近高低各不同"的景观动态变换特征。同时，不同于哈尼梯田区与民居建筑区严格分隔的特征，哈尼梯田地区的传统民居几乎被破坏殆尽，而龙脊梯田地区各族则大致保留了其传统民居。龙脊梯田内，梯田与民居建筑是融为一体的，从"田山"顶往下观看，其所体现的田园风光审美更具有原始和谐性，小桥、流水、人家的田园诗境更加突出。

（5）梯田构造比较。与龙脊类似遗产的典型代表是云南哈尼梯田。哈尼族地区往往把众多的山坡都开垦成了梯田，它破坏了森林的完整性。与哈尼族梯田不同，龙脊地区的梯田只开在较少的、条件优越的山坡上，大量的山坡则保持了其原有的植被。龙脊地区森林覆盖率更高，生态保护更为完好，使这里的生物资源更为丰富，拥有了许多特色资源。如多样性的茶树种植，凤鸡等地方品种。

从梯田构造来讲，由于龙脊梯田地貌变化大，条割状突出，再加之地形的原因，所以龙脊梯田的梯田景观闭合度结合完整，常形成大小不一的盆地形环状景观。而哈尼梯田景观基本上是平展型，加之田块大，形成一种平面图形的梯田景观，其景观线条变化较小。龙脊梯田地区的村寨可以建在梯田上方、梯田中央、梯田下方；而哈尼村寨都建在梯田上方。

三、龙脊梯田保护的优势与机遇

（一）龙脊梯田保护的优势

1.龙脊梯田保护与发展的区位优势

龙脊梯田靠近中国人口和经济的重心地区，较为容易发挥其示范和旅游价值。桂林是中国乃至世界著名的旅游胜地，龙脊梯田地区在行政上属于桂林管辖，以桂林发展旅游市场和开发管理的经验，有利于龙脊梯田的保护和开发利用。

从区位条件上看，龙胜龙脊梯田位于国道321附近，处于桂林旅游圈内，交通便利。因此，虽然龙脊梯田在对外宣传上，不及云南哈尼梯田，但由于龙脊梯田的区位条件远优于云南哈尼梯田，所以其每年的年接待游客人次远超过哈尼梯田。

2.龙脊梯田保护与发展的社会支持优势

龙脊梯田是当地社区主要的生计来源、文化基础和生境，社区居民对龙脊梯田的保护是积极而主动的。

（1）希望通过对龙脊梯田的保护，提高本地农产品和经济作物的销售价格，从而提高其经济收入，改善生活质量。

（2）希望通过 GIAHS 项目保护其时世传承的梯田稻作生产系统，尤其是年长的当地族人对龙脊梯田有较深的感情，特别希望将龙脊梯田保护下来。

（3）当地壮族、瑶族等少数民族居民希望通过对龙脊梯田遗产的保护，增强他们的文化自豪感。

3. 龙脊梯田保护与发展的文化优势

龙脊梯田的文化遗产是农业文化的一部分，其包含丰富的文化资源，是巨大的文化财富，不仅包括龙脊梯田耕种方式本身，还包括龙脊梯田内部和衍生出的各种文化现象，鲜活生动地记录了广西人民的杰出智慧和聪明创造，是了解广西文化的活化石，极其珍贵。文学和艺术是文化的重要表现方式，龙脊梯田文化以独特的方式记录了民间生产、生活、信仰、习俗、仪式、崇拜、文娱中的文化形态和背景。其中最有名的就是民间稻作歌谣，每年农历三月初三就是红瑶的山歌节。这些歌谣大多节奏鲜明，与劳动行为相结合，具有协调与提高劳动热情的功能。从春种、夏耕再到秋收、冬藏的整个稻作生产过程，龙脊梯田附近的山寨都流传着内容丰富、形式多样的稻作劳动歌谣。诗歌都深切表达了诗人的心情，说明他们善于在生活中捕捉细节，体现了他们对农民的人文关怀。这些诗歌成为中国农耕文化的重要组成部分，同时也补充、丰富着中华文化的内容，对中华文化起着不可忽视的影响。

（二）龙脊梯田保护的机遇

1. 多功能性与乡村生态旅游的发展

随着国内经济的迅猛增长，人们的旅游消费需求急剧膨胀，旅游业已经逐渐发展成为我国的战略性支柱产业。全旅游业在政策支持与市场需求的双重推动下，呈现出良性循环的发展态势，同时具有越来越明显的时代特征。因全国经济发展水平连跨台阶，休闲度假旅游发展迅速，居民可自由支配收入不断提高，旅游支付能力持续增长，国民对休闲度假旅游的支付和需求进一步向更高水平迈进。同时，随着中国旅游发展到一定阶段，单纯的"异地观光"时代已经一去不复返，而回归自然、复归人性的"泛旅游时代"悄然而至，并与旅游行为相关的各个方面都有所表现。我国梯田资源十分有限，因此梯田旅游景区及度假区在我国具有天生的发展优势，龙脊梯田旅游更是受到越来越广泛的关注。

近年来，人们对于龙脊梯田的认识已经不仅仅局限于其农业价值。龙脊梯田作为拥有种类繁多的动植物种质资源，具有历史地理学、生态学、环境科学等科研价值。此外，龙脊梯田景色优美，磅礴壮观，气势恢宏，随四季可呈现不同景观，适游期超过 300 天。不仅如此,近百年来,龙脊梯田已融入了龙脊山区农民的生活、饮食、习俗、婚嫁等方面,形成了别具特色的地方文化。这些珍贵的梯田景观与地方文化遗存形成了龙脊梯田独特而丰富的旅游资源,使龙脊梯田乡村生态旅游在旅游业的滚滚浪潮中占得一席之地。当地政府也十分重视合理规划建设龙脊乡村生态旅游,对龙脊梯田进行保护性开发。

2. 传统文化的回归和重视

一度衰落的传统文化在现代社会多种文化激荡中,已重新得到回归和重视。龙脊梯田长期的历史积淀已经形成了深厚的地方文化传统,尊重历史、尊重传统的信念在当地一代代延续下来。龙脊梯田悠久的地方传统文化基因在民间从未断裂缺失,为当地的发展提供了难得的机遇。龙脊梯田传统农业系统非常注意传统民族文化的传承与保护,在不破坏民俗风情的前提下,开发了龙脊古壮寨梯田传统农业系统、黄洛瑶寨、金竹壮寨等少数民族村寨的原生态的少数民俗风情吸引了大量国内外游客。

"青田稻鱼共生系统""江西万年稻作文化系统""云南红河哈尼稻作梯田系统""贵州从江侗乡稻鱼鸭系统""云南普洱古茶园与茶文化系统""内蒙古敖汉旱作农业系统""浙江绍兴古香榧群""河北宣化传统葡萄园"等 8 个 GIAHS 保护试点。GIAHS 试点系统通过标准化生产、制度完善、基础条件改善和科普宣传等方式,保护了生物多样性与传统农业文化,促进了文化传承、生态环境的改善和农业的可持续发展,提高了农民收入,扩大了国内外的知名度,带动了休闲农业旅游的发展,产生了极大的生态效益、经济效益和社会效益。

古老的龙脊梯田是广西唯一保存下来的高原山地生态系统,具有瑶族和壮族克服恶劣自然环境发展农业生产的典型特征,是一个杰出的传统农业系统。这个已经存在了八百多年的农业系统,一直用于以稻作为主的多种农业生产,坚韧、团结的瑶族和壮族人民成功地利用高山森林的蓄水功能和有着肥厚泥土层的山体,创造了以森林、梯田、村寨、水系为核心体系与特征的大范围、大规模的山地水梯田生产、生活方式和文化景观体系。稻作梯田的持续存在和生存能力,充分显示了强烈的历史文化与自然环境之间的联系、精妙绝伦的工程系统、瑶族和壮族人最大限度地利用山区土地进行农业生产的坚韧品质和创新精神。

近年来,由于劳动力资源流失、人口老化、土地利用竞争及梯田相对收益较低,龙脊梯田及其相关的传统文化与生物多样性日益面临挑战。随着国内外对农业文化遗产价值及其保护重要性认识的不断提高,广西龙胜县高度重视龙脊梯田农业文化遗产价值的挖掘,研究制定了一系列的保护制度和重要举措,积极申报中国重要农业文化遗产。在全面调查、科学分析的基础上,编制龙脊梯田农业文化遗产保护与发展规划，对于促进龙脊梯田的可持续管理、生物多样性的保护和文化体系的传承，充分实现提供食物与生计安全、社会经济可持续发展，具有重大意义。

四、龙脊梯田文化遗产保护策略

从农业生态文化的角度看，龙脊梯田不仅凝聚了龙脊先民利用自然、改造自然的聪慧，同时还较好地保存了完整的生态系统和丰富的生物资源。但近年来，由于经济发展的压力，当地资源被过度索取，森林资源、水资源等逐渐减少。旅游业等现代化产业的冲击导致传统的生产方式及文化生活状态受到改变。

(一)龙脊梯田农业生态保护

1.农业生态保护目标

从生物多样性、农田生态环境、资源消耗、生态文明等角度，按照规划时段的划分，尽可能定量说明农业生态保护的基本目标。龙脊梯田农业生态保护分为以下阶段实施。

(1)从2013年到2015年，为期三年，主要任务包括：①调查保护区内野生动植物种质资源、农作物品种资源、家畜禽品种资源；②调查对龙脊梯田生物多样性有明显威胁的因素；③调查、收集和整理当地生物防治、物理防治除杂除害的基本方法；④调查区域生态环境和水土资源利用情况，总结龙脊梯田生态复合经营山地综合利用系统模式；⑤建立龙脊梯田种质资源保护区；⑥调查和整理龙脊区域内各民族传统习俗和传统歌谣。

(2)从2016年到2018年，为期三年，主要任务包括：①建立龙脊梯田种植资源库，以长期保存龙脊梯田特有的珍贵种质资源，如种类繁多的古树等，以免优质遗传资源流失；②设立龙脊梯田种质资源恢复保护种植区，挖掘和保护龙脊地区的特有品种如凤鸡、翠鸭等，尤其是同禾稻、香糯、红糯、黑糯、青糯、白糯等龙脊特有的水稻品种，以扩大龙脊梯田种子资源规模，有利于种质资源的长期有效保存；③挖掘当地消失的物种，恢复和维持物种种群数量，或者减少种群数量的下降；④保护农作物品种资源和家畜禽品种资源的多样性；⑤利用生物防治、物理防治除杂除害；⑥对保护区的水质进行严格控制；⑦对生活垃圾进行集中处理，保护区内设置垃圾回收设施，垃圾分类回收率达30%。

(3)从2019年到2022年，为期四年，主要任务包括：①确保设定在龙脊梯田种质资源恢复区的古树等野生植物物种资源有一定的种群数量，以达到进一步稳定和保护种质资源的目的，生物多样性和环境威胁基本消失；②生物多样性的产品来源得到可持续性的资源管理；③利用生物多样性、生物防治、物理防治控制病虫草害；

④保护区内垃圾分类回收率达60%，区内建立起完善的污水处理设施，生活污水70%以上排入附近的污水处理厂，其余因地形等原因不方便排入污水处理厂的，经沼气净化池处理达标后排放。

2. 农业生态保护内容

龙脊梯田遗产地农业生态保护包括龙脊梯田山区的古树种质资源、梯田系统的农业生物多样性和野生动植物生物多样性，以及系统内的生态环境和合理的水土资源利用模式。具体内容主要如下。

（1）保护现有未被人为破坏的森林；龙脊地区海拔1100米以上的森林，不管是其所有权还是使用权，不得以任何形式出卖和转让。

（2）保护现有的各种梯田，不再开辟新的梯田。

（3）保护各民族的传统民居，任何新建民居必须与传统民居风格一致。

（4）保护现有神山、神树，不准对其有任何破坏。

（5）保护现有各种百年以上的古茶树，任何人不得砍伐。

（6）建立龙脊茶、同禾稻、翠鸭、凤鸡的种质基因库并作推广。

（7）控制出入梯田的游客数量，并对游客作规范化要求。

（8）积极申报龙脊梯田传统农业系统成为中国重要农业文化遗产和联合国粮农组织的世界重要农业文化遗产。

3. 农业生态保护措施与行动计划

（1）龙脊梯田古树等植物种质资源的普查与救护。对区域内龙脊梯田植物种质资源进行普查，等级名称编号，建立野生植物资源档案数据库。对腐蚀严重、生长不均衡、数量稀缺的种质资源，及时采取措施，以确保珍贵植物种质资源的不灭绝。

（2）龙脊梯田现有水源林的调查与恢复。调查现有梯田的水源林，分析其功能现状，提出完善措施，制定完善的水源林保护措施，对水源林面积不足以满足梯田生产需要的则限期加以恢复。在龙脊村和大寨村等选择合适的地址，修造小型水库，以保障梯田生产和居民生活对水的需要，并提高梯田的生产性能，提高旅游观赏效果。

（3）调查现有民居的状况和需求态势。对龙脊梯田现有民居的状况和需求态势进行深入调查，制定民居发展规划，严格规范民居的建造。掌握游客的流量，控制游客的规模，不让游客的数量超出景点的接待能力。

（4）生活污染控制。生活垃圾统一倒到垃圾填埋场进行填埋。龙脊梯田农业文化遗产的重点保护区内按每60米的服务半径设置生活垃圾收集点，配置专职环卫工作人员，公厕的粪尿通过配套设施的下水系统后集中统一处理。

（二）龙脊梯田生态产品开发

1. 生态产品发展目标

总体目标是通过本规划的实施，建立起完善的龙脊梯田生态产品的培育、发展、激励和保护的政府工作机制，培育一批生态产品经营主体，建设一批标准化生态产品生产基地，培养一批品牌建设人才队伍，搭建符合生态产品品牌发展要求的技术支撑平台和质量保障平台，形成一批具有较强国内外市场竞争力和影响力的生态产品品牌，从而将龙脊梯田的生态产品打入全国以及国际市场。

具体目标分为以下阶段进行。

（1）从2013年到2015年，为期三年，主要是建设龙脊同禾稻、龙脊茶、龙脊辣椒等生态产品的生产基地，大力推广龙脊茶的快繁育苗、龙脊同禾稻和龙脊辣椒的标准化生产等先进实用高效栽培技术。龙脊茶产品按照有机食品生产标准种植并加强有机农业认证工作，龙脊同禾稻和龙脊辣椒按照绿色食品生产标准生产并加强绿色农业认证工作。打造和扶持1~2家产品质量上乘、信誉卓著的龙脊茶和龙脊辣椒产品的龙头加工企业和5~6个省级知名品牌。

（2）从2016年到2018年，为期三年，建设龙脊翠鸭和龙脊凤鸡的生产基地，并继续大力推广龙脊同禾稻、龙脊茶和龙脊辣椒高效栽培技术，依托规模化、标准化的生产基地，形成品种繁育、生产、加工和销售的全产业链条。加大品种建设力度，扶持1~2家国家级农业龙头企业，4~5家省级农业龙头企业，继续打造10~15个国家级和省级的知名农业品牌。企业质量控制体系和社会化监管体系进一步完善，农产品质量得到有效保障。龙胜县龙脊梯田五大农产品（龙脊茶、龙脊辣椒、龙脊同禾稻、龙脊翠鸭和龙脊凤鸡）平均商品化率达到70%以上。鼓励各类生态产品品牌进行三品一标的认证，遗产地的生态产品逐步实现有机农业认证，开拓广东、广西等大城市的消费市场。

（3）从2019年到2022年，为期四年，形成比较完备的产、学、研综合发展的龙脊梯田生态农产品产业的可持续发展体系，充分利用遗产地生物资源发展特色农业、品牌农业，将龙脊梯田地区的全部生态农产品实现农业文化遗产品牌认证，遗产地中已经发展为无公害、绿色的产品争取有机食品认证，开展有机农业的地区争取获得欧盟有机农业认证，大部分生态产品作为绿色、有机产品销售，将龙脊生态农产品打入全国乃至国际市场。

2. 生态产品发展内容

（1）生态产品基地建设。以优质产品基地建设为基础，做好品牌建设工作，引领农业生产散户组织化、规模化、标准化生产。不同产业都必须建设、完善一批通过良好农业规范（GAP）标准和可追溯认证的优质产品基地，并以国家有机、绿色和无公害生产技术规范为标准。推进以企业为龙头、基地为依托、标准为核心、品牌为引领、市场为导向的农产品原料基地建设，推行"公司＋合作社＋基地"的发展模式。

（2）生态产品经营主体培育工程。按照不同产业特点，遴选一批有较强的经济实力、重视优质基地建设和质量体系建设、重视品牌建设的企业或合作经济组织。通过重点培育、引导扶持，使之成为有核心市场竞争力、产业依存度高的产业经营主体。重点发展壮大产品质量好、经济效益高、产业关联度大、辐射带动能力强的龙头企业，形成名牌产品群。支持农业龙头企业建设农产品生产基地，发展特色农业，与农产品生产者建立紧密利益联结机制。

（3）生态产品质量控制体系建设。以产业基地为核心，大力推广良好农业规范和可追溯制度，构建完善的质量控制体系，实现全程标准化、管理规范化，确保产品的稳定性、一致性和安全性；完善检测技术，建立市、县、企业三级检测网络，市级检测机构实现监督检测和仲裁检测；县级检测机构实现辖域产品质量的把关检测；企业检测机构确保基地和订单产品的质量检测。建立公共质量追溯管理平台，实现从田间到餐桌的全程追溯管理。

（4）生态产品市场开拓。大力发展农产品连锁经营、现代物流、电子商务等新型流通业态，促进生态农产品的流通效率，缩短流通时间，降低流通成本。规划形成以农产品批发市场、超市、农民专业合作社、农业龙头企业、农产品物流配送中心、农产品展示展销中心和农村经纪人等为主的纵横交错、运转灵活、辐射全国的新型产销对接模式。

3.生态产品发展措施与行动计划

（1）建设生态产品基地。划定龙脊茶、龙脊同禾稻、龙脊辣椒有机生产基地、绿色生产基地、无公害生产基地的范围，各类基地必须按照国家有机、绿色和无公害生产技术规范制定严格的质量控制生产标准和管理办法，以平安壮族梯田、金坑红瑶梯田、龙脊古壮寨梯田为重点，适时建设龙脊翠鸭和龙脊凤鸡生产基地，从而带动龙脊梯田生态农业产业的全面发展。

（2）实施标准化生产。大力宣传推广已制定的质量控制标准和高效栽培技术规范，通过对龙脊梯田生态农业产业实施标准化生产规范，同时建立一套完整的监督和奖惩体系，鼓励农民和企业严格按照标准生产加工，处罚不当的生产行为，提供龙脊梯田全部生态产品的质量和安全性，突出遗产地龙脊茶、龙脊辣椒、龙脊同禾稻、龙脊翠鸭和龙脊凤鸡的显著特色，增强产品市场的竞争力。

（3）打造生态品牌。通过加强品牌质量的监督管理，打造和扶持10~15家质量上乘、信誉卓著的产品生产加工龙头企业、农民专业合作社和生态产品品牌，并且确保每个产业至少发展一个有一定生产能力、效益显著的农民专业合作社。对龙头企业的遴选条件包括：①有一定经济实力和品牌经营基础；②有提高企业品牌影响力和产品质量水平的可行方案；③用于品牌经营的生态产品必须全部来自龙脊梯田的优质基地；④三年内无质量安全事故，有良好的品质和美誉度、较大的市场份额和发展空间，在当地农业和农村经济中占有重要地位。对农民专业合作社的遴选条件是：品牌效应高、产业基础牢、经营规模大、服务能力强、带动农户多、规范管理好、信用记录良。

（4）加强产品宣传。主要途径如下。

第一，发挥龙脊梯田名片效应。结合龙脊梯田遗产地生态农产品的品牌特色，树立区域形象主题。积极转变政府职能，逐步发挥政府的服务功能。充分利用城市公共资源和公共服务平台来拓展农产品品牌宣传空间。

第二，结合区域特征，选择最能展现城市形象，且形象传播效果最佳的地方、区位或空间，如城市的第一印象区、最后印象区、光环效应区、地标区，或是重要进出点（车站、机场、高速公路站口、各市／区／县之交界处）设立指示牌。目前，可以结合乡村旅游新景点、新景区的开发、新产品和新线路的组织，以及城乡规划与城乡建设的进行，系统考虑将龙脊梯田农产品品牌形象的设计要素（如口号、标志、符号、导视系统、解说系统等）全面统一地进行布局。

第三，充分利用网络媒介和传统媒体，开展多层次的龙脊梯田特色生态产品的宣传。

第四，参加或举办特色农产品展销会，并通过"公众投票、专家评选、颁奖晚会及后续推广"来扩大知名度，提升美誉度。

第五，开展生态产品的质量认证。龙脊梯田的生态产品发展基地需要通过不同的认证和管理。按照联合国粮农组织的要求，建立由联合国粮农组织、农业农村部、中科院自然与文化遗产研究中心、龙胜县人民政府和社区分别派出的五名代表组成的认证委员会，制定农业文化遗产品牌认证标准。根据基地的发展情况，逐步实现龙脊梯田生态农产品的有机认证。争取有12个品牌通过"国家级绿色无公害农产品"认证、8个品牌通过"国家级有机食品"认证、15家企业通过环境管理体系认证或QS食品认证。

（三）龙脊梯田农业文化保护

1.农业文化保护目标

龙脊梯田农业文化保护分为以下阶段实施。

（1）从 2013 年到 2015 年，为期三年，主要在保护区范围内开展龙脊地区壮、瑶、苗、侗等各民族传统地方文化资源普查；培养相关文化艺术活动和人才，启动龙脊梯田文化节策划、组织工作；将已建成的，也是全国首批 5 个生态博物馆示范点之一的龙脊壮族生态博物馆，作为龙脊梯田农业文化遗产研究机构，进行文化资料的整理出版。

（2）从 2016 年到 2018 年，为期三年，主要任务是成立龙脊梯田文化研究中心，建设龙脊梯田农耕文化展示馆与文化博物馆。收集与梯田生产相关的工具、习俗、生活用具、歌谣、传说、历史文献、服饰等，建设龙脊梯田农耕文化展示馆与文化博物馆。

（3）从 2019 年到 2022 年，为期四年，力争文化创新取得新突破，培养大批地方民族文化艺术人才，建设龙脊梯田文化节并使其固定化、制度化，进行大规模文化展演活动，文化创新取得大量新成果，龙脊梯田农耕文化展示馆与文化博物馆全面开放。

2. 农业文化保护内容

龙脊梯田农业文化保护的内容包括：保护古遗址、古建筑、古农具等物质文化和传统知识、传统技艺、乡规民约、民俗节庆、民间艺术等非物质文化，应恢复和发扬龙脊梯田农业文化中优秀的思想内核和表现形式。主要包括以下几个方面。

（1）保护景点村寨的传统民居及其建造风格。

（2）保护和恢复祭神山和神树的仪式。

（3）保护《十二月生产歌》等梯田农耕歌谣。

（4）保护村寨集体修路、修水沟的习俗等。

（5）收集和整理龙脊地区壮、瑶、苗、侗等各民族丰富的山歌资源，将其作为龙脊地方文化特色的一个内容加以保护与传承发展。

3. 农业文化保护措施与行动计划

（1）遗产地农业文化普查与整理。对传统农耕文化、民间文艺、民间艺人、民族技艺、民间习俗、少数民族山歌歌谣、民间谚语、古建筑等进一步深入普查；梳理出文化资源的历史及其变迁、沿革脉络，为进一步保护与振兴打下基础。

（2）组织龙脊梯田文化培训班。定期举办龙脊梯田文化培训班，参加人员应包括当地政府各个主管部门的人员和龙脊梯田当地代表，使其了解农业文化遗产及其重要性，并且更深刻地认识龙脊梯田传统文化的内涵和价值，增强自豪感和保护意识。

（3）建设龙脊梯田农耕文化展示馆与文化博物馆。将已建成的，也是全国首批 5 个生态博物馆示范点之一的龙脊壮族生态博物馆，作为龙脊梯田农业文化遗产研究机构，进行文化资料的整理出版，收集与梯田生产相关的工具、习俗、生活用具、歌谣、传说、历史文献、服饰等，建设龙脊梯田农耕文化展示馆与文化博物馆。在大寨村、龙脊村等旅游景点修建文化广场，恢复对山歌活动；在古壮寨、平安寨、大寨村恢复集体祭神山等传统民间文化活动。

(四) 龙脊梯田农业景观保护

1. 农业景观保护目标

龙脊梯田农业景观保护分为以下阶段实施。

(1) 从 2013 年到 2015 年，为期三年，主要对保护区内的梯田生态景观、土地利用状况、民居建筑等利用情况进行详细调查，建立相应的景观、建筑数据库，进行分类和评价。设立专门的机构对农业文化遗产地的梯田景观变化和村容村貌进行监测和监督，防止违规建设；设立龙脊梯田景观及古建筑保护研究中心，对区内生态景观和乡村景观的保护与保存进行详细论证和研究。

(2) 从 2016 年到 2018 年，为期三年，主要对保护区内的农业景观和古建筑进行重点完善及修缮，拆除不可利用、影响景观的闲置破房，并对主要道路两边现代建筑的外观进行复古和还原。旅游接待设施按照统一规划，体现地方特色。

(3) 从 2019 年到 2022 年，为期四年，实现整个保护区的景观与农业文化遗产完全融合与协调。

2. 农业景观保护内容

龙脊梯田农业景观保护的主要内容为龙脊梯田农、林、水、草等构成的自然生态景观、具有地方特色的乡村景观与当地一年四季独特的传统农作方式，以及恢复和修缮古建筑，维护农村村落环境。

3. 农业景观保护措施与行动计划

(1) 龙脊梯田的基础调查和保护方法研究。对保护区内的梯田生态景观、土地利用状况、房屋建筑等利用情况进行详细调查，建立相应的景观、建筑数据库，进行分类和评价。设立专门的机构对农业文化遗产地的梯田景观变化和村容村貌进行监测和监督，防止违规建设；设立专门的机构对农业文化遗产地的梯田景观变化和村容村貌进行监测和监督，防止违规建设；设立龙脊梯田景观及古建筑保护研究中心，对区内生态景观和乡村景观的保护与保存进行详细论证和研究。

(2) 遗产地古建筑修缮与村容村貌整治工程。对保护区内的生态景观和古建筑进行重点完善及修缮，拆除不可利用、影响景观的闲置破房，并对主要道路两边现代建筑的外观进行复古和还原。旅游接待设施按照统一规划，体现地方特色。对于无法修补的古建筑在不影响整体生态景观的前提下可以保留；对于现代化的建筑进行严格控制,不提倡按照个人的意愿自行修建建筑,采用行政方法对建筑风格进行严格控制。

(3)申报全国特色景观和传统村落。龙脊古壮寨于2008年被列入全国古村落名录、2010年获得全国特色景观旅游名村(镇)殊荣,龙脊梯田景区经国家批准已列入我国中西部旅游资源开发与生态环境保护重点项目,是国家级的生态示范区,已形成了集梯田景观观光、休闲度假、民俗风情体验以及风景资源保护于一体的国家级风景区。这些都为龙脊梯田遗产的保护与发展打下了良好的基础。目前,要进一步加强龙脊梯田特色生态景观及古村落的申报,从不同的侧面促进农业文化遗产的保护工作。

(五)龙脊梯田发展休闲农业旅游

1.休闲农业旅游发展目标

桂林龙脊梯田休闲农业发展可以分为以下阶段实施。

(1)从2013年到2015年,为期三年,完善平安景区各项设施建设,建设金坑景区的各项设施,重点强化平安与金坑两大景区在旅游项目上的互补性,形成集梯田观光、休闲度假、民俗风情体验以及风景资源保护于一体的国家级风景区,实现在规划期末游客人数大幅增加,龙脊梯田范围内从事休闲农业的农户比例不断提高,农户旅游收入不断增加。

(2)从2016到2018年,为期三年,主要为龙脊梯田休闲农业旅游快速发展期。重点进行龙脊梯田文化博物馆、瑶族和壮族民俗文化体验区、休闲文化区、龙脊梯田美景观光区和观光带建设,包括原始建筑的修缮、道路修建等项目的建设,进一步加强瑶族和壮族居民的休闲农业旅游参与,完善景区服务体系,将龙脊梯田农业文化遗产地建成集农业文化遗产风景观光、民俗体验、山水游乐、文化鉴赏、生态品尝为一体的特色旅游区。

(3)从2019到2022年,为期四年,严格控制风景区资源开发,合理安排游赏路线,不断提高游览设施档次,继续加强居民调控与社区参与,在规划期末将龙脊梯田打造成为风景资源保护有力、民族风情浓郁、旅游产品精致、服务设施一流的世界级风景名胜区。

2.休闲农业旅游发展内容

桂林龙脊梯田休闲农业旅游发展一方面是展示千年梯田景观和悠久的梯田文化,开展梯田壮观景色观赏、生态文化观光、古群落养生度假、古树科考科普等活动;另一方面是依托龙脊山区独特的山水景观空间,开展观光休闲、健身扩展等活动。此外,还可依托瑶族和壮族古老独特的建筑和饮食习惯,开展农家住宿、农家菜品尝等旅游活动。具体功能分区和旅游项目为以下两个方面。

（1）风景区空间结构。龙脊梯田风景区结构为"两区一带"，即"龙脊平安区""龙脊金坑区"为"两区"，"环形沿途游览带"为"一带"。"龙脊平安区"包括：龙脊古壮寨、平安寨、雨兰水库、黄洛瑶寨等景点，面积约5.4平方公里。"龙脊金坑区"包括：大寨、田头寨、壮界、新界、中禄、大毛界、墙背、小寨、西山韶月、雄鹰展翅、七星拜月、大介千层田等景点，面积约7.8平方公里。"环形沿途游览带"包括：现状公路与规划公路两侧的自然风光、森林、瀑布、溪流等，面积约23.8平方公里。

（2）功能区划。综合考虑梯田风景区的发展，将龙脊梯田风景区分为以下功能区。

第一，平安白壮梯田景区。功能区包括平安寨、龙脊古壮寨、金竹、黄洛等村寨，面积约5.4平方公里，集中了风景区内最具代表性的七星伴月、九龙五虎等著名景点。旅游产品以梯田观光为主，具体项目包括农家旅馆改造、白壮农耕民俗展示、梯田生态观光体验园等。

第二，龙脊综合服务区。其包括和平村等村寨及龙脊镇行政中心。该功能区具备良好的旅游接待条件。其定位为旅游服务型产品，具体产品包括龙脊宾馆、龙脊旅游信息中心等。

3. 休闲农业旅游发展措施与行动计划

（1）旅游资源普查及评价。对龙胜梯田范围内的旅游资源进行重新、全面普查，建立区域旅游资源数据库。

（2）旅游产品开发。龙脊梯田风景区的"二区一带"的空间结构及其功能区划，对风景区项目开发具有导向作用。其资源特色、产品定位与具体项目设计均有所不同。

（3）休闲农业旅游线路设计。在已有旅游线路基础上，进一步考虑农业文化遗产可持续旅游的特点，兼顾游客吃、住、行、购、娱等旅游需要，重点开展休闲农业观光、农家乐等旅游活动，需要设计进一步建设的旅游路线。

（4）基础设施建设。

第一，龙脊梯田风景区交通干道的规划。其主要包括：①东侧金江路口至大寨入口段公路改造为三级沥青路，建立标志指示系统；②西侧龙脊镇至田头寨西段规划为四级公路，建设雨兰水库至田头寨段；③考虑到对金坑景区景观资源的保护，田头寨至小寨间不应规划公路。

第二，龙脊梯田风景区游览步道规划。以平安景区、金坑景区为中心，各自形成两个循环（宽度为1.2米），并以东西南北相联系的网络型次级游览步道（宽度为0.9～1.2米）为辅，构成风景区内互连网络。路面铺设就地取材，形式以现有道路为模板，加以拓宽、平整，体现山村自然景观。针对风景区的景观资源脆弱性的特点，规划人员本着"保护第一"的原则，尽量避免因修建道路对风景资源进行的破坏。

第三，给排水工程。风景区范围内为山地，地形高差较大，居民和旅游服务设施依山势而建，村寨内建筑错落有致形成梯度。因此，采取适合于其特点的供水方式，而非现代城市的做法，使其更贴近于自然，而又满足使用要求。

第四，公共停车场建设。龙脊梯田遗产保护区范围内禁止商业性机动车进入，公路沿线可增设停车场。二龙桥、大寨入口、小寨、田头寨西、雨兰水库、金江路口均可规划停车场。

（六）龙脊梯田文化自发能力

1. 文化自发发展目标

（1）提高龙脊梯田农业文化遗产地管理者和居民对梯田传统农业系统内文化遗产价值与保护重要性的认知，通过村民参与梯田的管理，弘扬龙脊各民族传统文化，增强民族的自我认同，使遗产地范围内的居民能够理解龙脊梯田作为农业文化遗产地的意义与影响。

（2）带动各利益相关方特别是龙脊梯田地区居民参与保护和发展的积极性，通过从梯田旅游中受益而增强当地居民从事梯田生产的积极性，提高爱护梯田、维护梯田的自觉性。

2. 文化自发发展内容

根据龙脊梯田农业文化遗产的特色，组织力量调查和整理龙脊地区各民族的历史和传统，调查和整理各村寨开辟和发展的历史，编辑出版农业文化遗产保护类图书，摄制影像，建立示范景点，运用邀请、特约、广告、举办活动、赞助和承办会议的手段，以龙脊梯田为宣传内容载体，在各种媒体上持续高频率地宣传。

通过恢复和保留对神山、神树的祭祀活动，以增强村民对传统文化和梯田的认识；通过发展传统农业与旅游业，让村民家庭接待游客餐饮、住宿和充当导游等乡村生态旅游，让村民与游客的广泛接触，增强其民族认同及其对梯田重要性的认识；通过增强民族认同和民族自豪感使遗产地管理者和居民文化自觉能力得以提升。

3. 文化自发发展措施与行动计划

（1）科普教育。编写龙脊梯田农业文化遗产相关的领导干部读本、农民实用手册、小学或初中教材等，在学校的展览和入学教育中也融入农业文化遗产的内容，培养当地民众对龙脊梯田的深厚感情和自豪感，并认识到保护龙脊梯田的重要性。

（2）影视宣传。邀请著名导演摄制《梯田世界之冠：龙脊梯田的昨天、今天和明天》等适宜在不同场合播放的片长不等的龙脊梯田的农业文化遗产介绍、旅游宣传等影像作品。

（3）图书照片类宣传。出版龙脊梯田农业文化遗产保护类图书；特约著名作家、摄影家、记者撰写或创作拍摄与龙脊梯田农业文化遗产保护有关的摄影作品、散文、诗歌、小说等。

（4）网络宣传。在利用报纸、广播、电视等传统媒体宣传的同时，注意发挥网络及新兴的微博、微电影等自媒体功能，运用生动活泼、贴近生活的内容宣传推广龙胜龙脊梯田传统农业系统。

（5）举办活动。根据宣传需要的频率，参加、举办或赞助各类学术活动和文化体育活动，如摄影展、征文比赛等。

（七）龙脊梯田经营管理能力

1. 经营管理发展目标

通过增强遗产地农民和管理者的经营管理能力，促进龙脊梯田地区各族人民对遗产地保护与发展的参与，提高各利益相关方对龙脊梯田文化遗产价值与保护重要性的认识和积极性；通过经营模式多元化，提高遗产地农民的家庭收入。

2. 经营管理发展内容

通过对瑶族、壮族居民的文化和技术培训提高社区居民对农业文化遗产价值与保护重要性的认识，以及其参与保护与发展积极性；通过人力资源培训满足管理人员、技术人员和专业人员的需求；通过科学研究与技术推广为龙脊梯田范围内的生态产品产业发展提供技术支撑；通过设立龙脊梯田保护基金调动最广泛的积极性；通过搭建龙脊梯田景区数字化管理平台加强遗产地管理。

3. 经营管理发展措施与行动计划

（1）遗产地农民培训。对遗产地农民进行培训是农业文化遗产保护的重要举措，保护区农民的参与也是遗产保护的关键环节。

第一，构建完善的农业技术推广与培训体系，培养农业技术专业化服务队伍，提高农业技术推广队伍素质，创新农业技术推广工作方式和方法，满足农民对农业技术的多元需求，为农业生产提供全程农事活动（种植、收获、田间管理）技术服务。

第二，通过培训使农民认识遗产地的文化遗产价值及其利益所在，建立瑶族、壮族等各族居民对龙脊梯田的强烈感情连结和自豪感，进一步加强对村寨森林、水系及梯田的保护与管理。

第三，建立经济补偿机制，鼓励更多的遗产地居民从事生态产品的开发、加入龙脊梯田保护的队伍中来。

（2）人才队伍体系建设。

第一，发挥核心农户对其他农户的影响带动作用。每个产业在其产业优势自然村至少遴选培养1户核心农户，产业优势自然村技术服务到位率在95%以上，其他农户对核心农户的辐射带动服务的满意率在90%以上。

第二，培养农技人员主动服务的意识，树立以农民为主体的推广理念，初步掌握并应用互动式培训技巧。每个县遴选不少于3名责任农技员作为骨干辅导员培养对象。

第三，发挥科研团队在保证技术先进性和实用性中的巨大作用。根据产业的研究方向，每个产业扶持一些研究团队，优化科研结构和队伍结构，增强他们的品牌意识、产业意识、市场意识以及对基层推广队伍的指导能力。

第四，提高各级党委政府的主要领导、相关职能部门管理人员的品牌意识和管理能力。

（3）龙脊梯田科学研究与技术推广。鼓励相关主管部门与科研院所进行文化和科技合作，一方面全面开展龙脊梯田保护与开发的策略研究；另一方面聘请专家、教授担任龙脊梯田特色产业的高级技术顾问，开展龙脊梯田保护区防护林的再生技术创新、灌溉系统维护技术等，不断吸收、借鉴和应用其他产业的先进技术，成立专业的繁育基地，对品种进行提纯复壮，为保护区及周边地区提供优质种苗。对核心农户进行科学指导和扶持，推广种植经验，提高个体农户的科技水平，建设一支具有一定规模、能够开展龙脊梯田遗产地保护的专业队伍。

（4）设立龙脊梯田及相关产业发展基金。吸引社会资本，增加资金投入，明确落实和出台各项资金扶持政策，设立桂林龙胜龙脊梯田保护与发展基金委员会，并每年下拨一定比例的发展基金，用于龙脊梯田保护、修缮、新产品开发、加工设备的更新、有机绿色无公害标准推广使用、古茶树保护、质量评比、协会建设、产品宣传、品牌建设奖励，以及对遗产地保护、开发作出突出贡献的单位和个人。

（5）构建龙脊梯田数字化管理体系。引进现代数字化管理系统，设置指挥调度中心，全面实现管理资源的整合，以及对各职能部门的统一组织协调。同时，成立龙脊梯田景区派出所，进一步强化景区治安管理工作，确保第一时间赶赴现场处置各种警情，为龙脊梯田景区的经济发展和稳定保驾护航，营造民主法治、公平正义、诚信友爱、充满活力、安定有序、文明卫生、人与自然和谐相处的和谐社会环境，让中外来宾和游客来到舒心、住下安心、离开放心。

五、龙脊梯田的可持续发展

(一) 可持续发展指标的选取和数据来源

梯田景观实际上是"山林—溪涧—梯田—村寨"四要素耦合的景观整体，这四者不可分割。

第一，山顶上，分布有大面积的森林，这些森林既是天然的储水库也是天然物质仓库，满足村民日常生产和生活的需要。

第二，地表水或地下水从林下各处涌出，形成山涧溪流，村民基于这些天然形成的溪涧，在山腰间逐阶开辟梯田。计算与分配好梯田生产用水和村寨生活用水，在保证村寨水源洁净无污染的前提下，挖渠或竹笕引水，将水分别引入梯田和村寨。

第三，为了生产劳作方便与栖息安全，村民在山腰近梯田或溪涧处，就山取材，利用山顶天然的竹和木，选择地势稍平坦处，竹木架空形成干栏式房舍。

第四，为了便于村民的共同防御和相互交流，这些干栏式的房舍彼此间又呈高密度式布局，从而形成别具一格的山腰村寨。因此，构建梯田景观可持续发展指标体系，应在支撑整个景观系统发展的框架下，从山林、溪涧、梯田和村寨四个维度，进行关键指标的选取。

因可持续发展的四个主要阶段年份纵向长度不同，所以把收集的各个发展阶段指标数据分别做平均处理 (各个指标所有年份数据之和 / 年份之和)，得到每个发展阶段各指标的平均值数据。

(二) 可持续发展评价方法

1. 可持续发展指标权重确定

以熵权法确定可持续发展指标权重，就不得不提及"熵"的概念。19世纪中期，德国的一位物理学家，第一次提出来了"熵"的概念。最开始，熵是大量运用于热力学的描述参数之一，它表现出了物质"能量退化"的一种状态。但是，熵的本质是什么，没有一个比较好的解释，熵不过只是一个物理量，这个物理量的测定是通过改变热量来实现的。后来，随着统计物理及信息论等一系列的科学理论不断发展，熵的本质才慢慢被解释出来，这时，熵的本质就是对一个系统内在混乱程度的描述。熵作为及其重要的一项参量，在很多学科都广泛应用，包括生命科学、概率论、物理学、天文学等领域，并且在这些不同的学科之中，熵的具体定义有做不同的引申，同时这些引申的定义却并不矛盾，而是相互统一的。19世纪中后期，熵在统计物理学领域被做出了解释。在物理学领域中，熵被作为一个度量系统混乱程度的参数，因为当一个系统的微观状态分布越均匀，这个系统就被认为越混乱。在系统内，它宏观上的物理性质，很有可能作为所有微观状态上的等概率的一个平均值。1948年，"信息论"作为一个新学科被香农提出，在信息论中，基于统计物理学的理论，熵的概念被引申到了信道通信的过程中。这个由香农定义的熵的概念，一般称为"香农熵"或者"信息熵"。按照香农的解释，在信息论的基本原理中，在系统与为度量有序程度的参数是信息，同时，熵作为另一面，是度量一个系统的无序程度，即在一个具有很多指标的系统中，信息熵比较小的指标通常却具有大量的信息量。在对一个系统做综合评价时，信息熵越小的指标所具有的作用就越大，那么，它所占的权重就越高。因此，信息熵的理论可以被用在对系统的综合评价中，由此来计算出各个指标的所占的权重，能够为多指标综合评价提供一定的依据。

在梯田景观可持续发展评价中，每个指标具有不同的重要程度，因此需要一定的方法来为各个指标赋予不同的权重。熵权法是利用信息熵的理论对系统内的指标赋予不同的权重，它根据各指标不同的变异程度，利用数学模型计算出各指标熵权。用此方法，可得到对于景观可持续发展的不同权重值，再根据权重结果进行后续的评价。

2. 可持续发展评价

模糊综合评判法来源于集合论的理论知识，甚至在现代，数学领域也在其基础之上建立。集合论在现代数学理论中具有重要的意义，数学的抽象能力可以由集合论来描绘出来，人们对事物的认识程度也可以以此被延伸。具体来讲，现代数学纳入现实生活中一切的理论系统，是为了在数学框架中，用集合的理论知识来描述事物的某些概念，对于判断及推理可以用集合论的关系和运算来表达。在对于自然界很多客观现象内在规律的表达时，把运用集合论知识作为基础的精确数学和随机数学，能够取得显著的效果。就像随机现象一样，无论是在自然界还是人们日常的生活中，通常存在着很多模糊现象。对于经典集合论来说，它要求集合在包含某个元素时明确隶属关系，经典集合论在表现现象和概念时，对确指对象的范围要求必须是明确的，而对于那些确指对象的范围不明确或者概念模棱两可时，一般情况下，是没有办法反映出来的，在以前，人们会尽量避免用这些元素来表达。但是，科技在不断发展，在发展的过程中会面对越来越复杂的系统，复杂性总是会出现元素模糊性。在一些社会人文学科等"软科学"领域，发展趋势也开始增加数字化与定量化的内容，对于模糊性的数学而言，它处理问题的方法也由此向前推动了一步。此外，更加重要的是人脑所具有的模糊逻辑思维和形象思维的能力必须让计算机也掌握，在计算机科学、系统科学和控制理论等领域才能被推动以至于不断发展。这使人们意识到，模糊性概念不应被回避，并且人们应该找到正确的方法，以解决在客观现象中出现的不明确、不绝对的现象。

在此背景下，模糊数学应运而生。模糊数学作为一种数学理论和方法，是对模糊性现象的研究与处理方法，它的发展背景决定了它的发展方向一定是应用方面，模糊数学又可以称为 Fuzzy 数学。20 世纪中期，模糊数学理论被提出。在传统集合论中，那些属于或不属于的关系应该被打破，因此在对一些现象不同的事物进行描述时，通常具有中间的过渡时期，此时需要提出一个表达的新概念，即"隶属函数"。从此以后，模糊数学被正式提出，它作为数学的新分支用来研究那些具有不确定外延的事物。以精确数学作为手段，对自然界和人们日常生活中的模糊现象与概念描述及建模进行恰当的处理，是模糊数学的基本思想。同时也要注意，模糊数学所研究的是不确定的事物。为了满足描述那些复杂、模糊事物的需要，模糊集合应运而生，模糊性的对象由此可以被具体化，确定性对象数学及不确定性数学的研究由此进行了沟通，在过去，精确数学与随机数学对于描述所感到的不足之处被填补。

模糊综合评判法基于模糊数学的基本原理，能够对多因素影响的研究对象进行总体的评价，优越性表现在处理模糊、系统性的复杂问题方面。它主要是为了在对象集中把全部评价对象的结果进行排序，由此选出优胜的对象。在各个学科领域，模糊综合评判法都得到了广泛运用，在风景园林学中，常用来评价资源与环境条件、生态系统、区域可持续发展等，适用于研究梯田景观可持续发展。

3. 可持续发展障碍度评价

梯田景观可持续发展障碍度评价，是为了找出影响梯田景观可持续发展的因素，从而有目的地对梯田景观可持续发展进行政策调整。障碍度计算在此采用因子贡献度、指标偏离度和障碍度三个指标对影响梯田景观可持续发展的因素进行分析诊断。因子贡献度就是单项因素对总目标的重要程度，即单项因素对总目标的绝对权重。指标偏离度是单项指标与梯田景观可持续发展目标之间的差距，本研究设此为单项指标标准化值与 100% 之间的差距。障碍度表示单项指标对总目标的影响值，是梯田景观可持续发展障碍因素的诊断结果和目标。

(三) 可持续发展评价结果

绝对权重值体现了三级指标对于评价总目标层的重要程度。进行可持续发展综合评价时，绝对权重值参与最终决策矩阵的计算，在障碍度因素评价中，它作为因子贡献度指标，能够同时影响可持续发展评价和障碍度分析的最终结果。

（四）梯田景观可持续发展的对策

1.构建梯田分红制度

（1）梯田分红制度由梯田直接产生经济效益，不仅促进了提高农产品附加值的对策制定，也促进了梯田农业良性发展。

（2）有精力耕养梯田的村民可被管理单位聘请作为员工专门负责梯田耕养工作，无精力的居民在全面投身旅游业的同时，也能得到一份可观的农业分红收益，实现村民专人专职，全面提高村民收入。

（3）在统一管理梯田的前提下，能够摆脱小农经济的束缚，为梯田耕养过程中减少农业投入和增加农业收入提供可能。

2.申报"梯田耕养技艺"非物质文化遗产

当今的首要任务是把申报"梯田耕养技艺"非物质文化遗产提上日程。对此，要满足三点要求：①收集与整理梯田耕养技艺现状、历史、价值、濒危状况等基本信息资料，制作申报项目录像片；②制订梯田耕养技艺保护方案，即在建档、保存、传承、传播和保护方面提出切实可行的十年保护计划，并且承诺采取相应的具体措施；③遗产保护单位需要选取代表性传承人或传承群体，并且该单位必须确保具有对遗产项目保护的能力、条件和场所。申报非物质文化遗产能够让龙脊梯田景观受到长期有效的保护，能够让村民获得遗产传承人的身份，从而增加自身民族文化认同感、自豪感，提高他们对梯田耕养技艺的学习热情。同时还能够促使一部分旅游业劳动力向农业转移，从而促进旅游业与农业的良性竞争。

3.打造龙脊水稻品牌

龙脊梯田地区的水稻种植业拥有很多优势条件，具有成为优质品牌的潜力。

（1）龙脊梯田分布于龙脊山脉海拔300～1100米处，此地山清水秀，自然环境优越，梯田灌溉用水直接引自山林溪涧，这些条件对于发展无污染的绿色农业具有天然优势。

（2）龙脊梯田每年只播种一季稻，耕作与养护过程烦琐，从播种到收割要经过多个环节，而且收割之后的稻秆被留在田间作为来年水稻的肥料，田地在收割后也要进行维护，是真正的精耕细作，由此培养的稻米品质优越。

（3）龙脊地区经过长时间的水稻种植，留下了一批具有地方特色的水稻品种，如同禾稻、香糯、白斗糯等，特别是龙脊香糯，有"一田种糯遍垌香，一家蒸糯全村香"的美誉。

第二节　哈尼梯田及其保护利用

一、哈尼梯田概述

(一)哈尼梯田的系统构成

哈尼梯田系统是哈尼先民在长期的生产实践中创造出的典型稻作社会系统:哈尼族祖先依靠哀牢山特殊的山地气候和水土资源对土地空间进行开垦利用,高山森林孕育河流,河流灌溉梯田,梯田稻作则为哈尼村落的发展壮大奠定基础,并衍生出以梯田为核心的稻作文化。哈尼梯田聚落的构成具有多样性。它不仅仅限于梯田和村落,而且若干子系统相互叠加,共同协作,梯田聚落的多重价值是同一系统在不同角度中的体现,即反映生态价值的自然子系统;反映土地利用和农业安全价值的梯田子系统;反映居住和社会价值的村落子系统;反映技术与制度价值的灌溉子系统以及反映行为反馈价值的观念子系统。"元阳哈尼梯田具有较高的文化价值和旅游价值。"[①] 以下是以元阳县哈尼梯田为例,阐述哈尼梯田及其保护利用。

1. 自然子系统

在山地环境中的长期生存,使哈尼人对哀牢山区的自然环境有着深刻的认识,尊重和敬畏是他们对待自然的态度,适应和利用自然则是他们的生存法则。在漫长的农业活动实践中,哈尼人创造出一套适应当地自然环境的农业生态系统,保证稻作农业生产的延续。哀牢山区的自然系统是以立体性气候、地貌和水文植被等要素为特征,各个要素相互作用,为哈尼梯田农耕生产提供了一定的环境基础,创造出较高的生态价值。

(1)自然子系统的特征。

第一,气候条件。降水和气温是影响水稻生长和农业耕作的重要条件。元阳哈尼梯田遗产区属于典型的亚热带季风气候,年均温度约为14℃,年均降水量达1400mm。云雾大、降水充沛是该地区显著的气候特点。元阳县位于低纬度河谷地区,蒸发量较大,水汽上升到一定高度冷却凝结形成降雨,高山茂密的森林以其涵养水源的功能,形成巨大的天然绿色水库,灌溉梯田服务村落后又流入河谷。

第二,地貌条件。元阳哈尼梯田遗产核心区位于典型的山地环境中,其所处的哀牢山区受到构造运动和河流水系的影响,山脉纵横,坡度变化的幅度很大。遗产核心区的梯田主要集中在800~1800m的高山上,坡度在10°~20°,最陡的梯田所

---

① 卢卫,宋晓宇.从地理视角看元阳哈尼梯田 [J].中学地理教学参考,2023(6):78.

处坡度超过60°。梯田建构顺应等高线呈台阶状弥山跨谷，一方面，减缓地面坡度，防止水土流失；另一方面，使有限的土地得到充分利用。

第三，植被水文特征。哈尼梯田灌溉水源的维持离不开森林。在整个哈尼梯田稻作系统中，森林是受人为影响较小的部分，它对环境的保护和系统的稳定具有重要的作用。哀牢山区特殊的立体气候和立体地貌为复杂多样的植被的生成创造了得天独厚的条件。根据生态环境、森林的组成、结构、外貌特征，哀牢山的植被可以被划分为8个类型、20个植物群系、36个植物群落。哈尼族在"万物有灵"的信仰中形成了传统森林保护理念，在维持生物多样性的同时，保证村落和梯田的可持续供水。

（2）生态本底价值。哈尼梯田作为文化景观遗产，梯田和村落受到重视，与梯田可持续发展有重要联系的自然生态在遗产保护和规划中却经常未被纳入保护视野，这种遗产认知在一定程度上忽略了自然子系统的生态本底价值。自然子系统不仅以其气候、地貌和植被水文等地理要素维系着梯田景观的稳定，而且在村落与环境的互动关系中形成物质循环利用和人地共生的体系，为农业生产和聚落营建提供基础。

哈尼人利用自然构建循环，再利用系统进行农业生产。哈尼梯田稻作生产除了依赖水之外，最必不可少的要素就是肥料，但是元阳梯田所在的地区山高谷深，路窄坡陡，很难像在平原地区一样依靠工具将肥料运送到梯田，因此哈尼人巧妙利用该地区的地形差，发明了"冲肥法"。一方面，借助高山流水进行施肥。高山森林中枯枝阔叶的常年积存形成大量的腐殖质，因此从森林中流下来的水有很高的养分。从森林中流出的水经过村寨时，同时也会携带部分人畜产生的粪肥。这样利用沟水的自然流动就可以将森林和村寨中的肥料运送到梯田。另一方面，借助人力进行施肥。在全福庄和坝达等村寨都能见到储存粪肥的池塘。平时人们将家禽牲畜的粪便储存在村寨积肥的公共池塘或者流经村落的沟水旁，在农作物需要施肥的季节，人们会搅动粪肥，打开积肥塘的水口，利用水沟将肥料运送到梯田。这种充分遵循并利用自然的农业生产技术，在山地环境中具有合理性和科学性，是因地制宜利用生态循环的表现。

哈尼族在梯田聚落的营建上也体现出了适应自然的生态思想。出于对生存环境的考虑，人们选择气候温和的中半山地区，在地势平坦的向阳坡建村立寨。背靠大山，村寨之上为森林；村寨下方是层层分布的梯田，提供着粮食保障；水流自上而下贯穿其中，汇入河流。这样的聚落分布格局维持着物质与能量交换的功能，体现了深刻的生态原理。在适应自然的过程中，传统村庄逐渐形成了与环境相辅相成的形象模式，村落以仿生形式充满活力地生活在自然纹理中，暗示着"天人合一"的自然生态思想。哀牢山区雨水多，湿度大，因此哈尼族的传统民居"蘑菇房"多为四面斜坡的茅草屋顶，冬暖夏凉，其建筑特点就是仿照山中的蘑菇。建筑用材多来源于当地，屋顶以茅草覆盖，2~3年需要更换一次，因此作为主要建筑材料的长棵水稻是必不可少的，由此也能看出哈尼梯田与哈尼人生活密不可分的生态关系。

2. 梯田子系统

哈尼梯田系统是以梯田稻作为主的生产性空间和以梯田景观为主的视觉性空间的结合。梯田稻作是哈尼族生存繁衍的载体，是物质生活的主要依托，一切生产活动都是围绕梯田进行的。哈尼人在长期的农耕实践中形成了一套适应哀牢山区特殊的气候和地貌等地理环境的稻作传统，从而创造出可持续的哈尼梯田稻作农业景观。规模宏大的梯田景观在保证哈尼人生存的同时，在视觉上也体现出了人与自然的和谐。这种视觉性和生产性的特点突出体现为土地利用价值与农业安全价值，分别对应了文化景观遗产与农业文化遗产的主导价值。

(1) 梯田子系统的特征。

第一，以稻作农业为主的生产性空间。稻作农业生产作为重要的谋生方式，直接影响到哈尼族的生存繁衍，以梯田为核心的农耕技术和制度确保了哈尼族的社会稳定。哈尼人投入巨大的人力、物力、精力和技能，根据特定的地理条件将迁徙途中积累下的稻作精耕农业技术应用到山区，创造出大规模的梯田，成为山地农耕文明的典范。通过对哀牢山区特殊地形和气候的深度认识及长期的梯田农耕实践过程，遗产地居民创造出一套复合型农业系统，除了种植水稻，还生产多种辅助农产品来保障粮食安全：梯田在种植水稻的同时饲养鱼苗，通常与水稻一起收获；梯田为大多数家养鸭提供觅食的场所；梯田堤坝可以为草本类植物提供肥沃的土壤。包括水资源管理在内的农业技术在保证梯田正常生产的同时也有效地维持了其他农产品的稳定性。因此，以梯田为核心的稻作农业系统构成了一个基本的生产性空间。

第二，以梯田景观为主的视觉性空间。梯田在哈尼梯田文化景观遗产中占主导地位，是哈尼梯田的"灵魂"。哈尼族的祖先早先出于生存发展的考虑构建梯田，从最初零散分布的梯田发展到现在雄伟壮丽的规模化梯田景观，给人带来视觉上的震撼，充分反映出了哈尼族先民们充满生态智慧的创造力。哈尼族人民顺应山势地貌，有效地利用土地开垦梯田：在缓坡处开垦大田；在陡坡处开垦小梯田。这些梯田依山而建，沿着山脉轮廓层层向上环绕，如此广度和高度的梯田，因地势、水源和生态环境的差异，形成了元阳多依树片区的雄奇、坝达片区的秀美等各具特色的梯田景观。此外，梯田和立体性地貌、森林河流、特色民居等周围环境有机地融合在一起，创造了独特的融梯田景观、气象景观、森林生态景观和丰富多彩的民族风情文化于一体的综合景观，集中体现了自然景观和人文创意的巧妙结合，具有不可比拟的景观艺术价值。

（2）土地利用和农业安全价值。哈尼族在对当地立体性自然地理环境的深度认识的基础上，充分利用不同海拔高度的土地空间：森林处于最高点，村寨居于中半山，梯田开垦在山寨脚下。森林主要集中在村寨上方顶部，形成一个天然的水源库，具有涵养水源和维持生物多样性的作用；中部山区气候温暖湿润、地形平坦，适宜人定居，哈尼人在中部山区阳光充足的缓坡上建造房屋；从村寨边界到山脚河谷地区，集中分布着水稻梯田。水是梯田农业的生命线，把森林、村庄和水稻梯田连成一个整体。森林中储存的水排到沟渠中，流入村庄和水稻梯田，以满足灌溉需求，最后汇聚在山谷河流中蒸发，产生的雨水再次储存在森林中，形成一个循环的生态系统，在此基础上建立可持续发展的梯田农业。森林、村寨、梯田和河流在不同海拔区域有序发展，这是哈尼人对土地极致利用的体现，同时也呈现出人与自然和谐相处的标志。

哈尼梯田的农业安全价值首先体现在梯田农业有关的农业耕作技术上，哈尼梯田的自然环境决定了精耕细作和人畜共耕的劳作方式，是梯田种植的最佳选择，这样的农耕文化一代代地传承，不但维持着当地居民赖以生存的稻作生产，也延续了人与自然融合的生命价值。精细的梯田构建是保证哈尼稻作生产的首要条件。在梯田营造之前，先要在落叶的时候把大树砍倒，焚烧成灰当作玉米、荞子等旱地作物的肥料，然后等种上两年旱地作物，在土质合适的条件下将旱地开垦为梯田。农业生产活动的开展离不开历法的指导，它是梯田稻作文化的核心内容。为了有效利用生态环境以适应山区自然条件的变化，哈尼人在长期的梯田农耕实践过程中，创造出一套依据自然生态环境的周期变化来指导相应农事活动的历法——物候历，以满足山地梯田的需要。

3. 村落子系统

传统村落作为哈尼梯田景观的重要组成部分，集中展示了哈尼民族的日常生产生活，是哈尼民族农耕文化的物质载体。当哈尼族的生活方式从狩猎采集的游牧时代进入集约化水稻种植的定居时代时，哈尼族人民在充分了解自然和对梯田开垦种植需求的基础上，创造了以梯田稻作农业为核心的人居物质环境。同时，在村落的选址和民居的构建上，他们还注重与周围环境的融合和公共空间的创造，使聚居和社会价值成为哈尼梯田村落子系统最重要的价值。村落系统作为以人为核心的系统，集中反映了围绕稻作生产展开的人类行为。在村落系统中，居民进行生产生活及对梯田耕作技术的传承与实践，限制村落的规模布局，影响民居的构建，创造出独特的稻作传统文化——民俗节庆、宗教仪式、民间文艺等，从而达到了自然与人文高度的和谐。

（1）村落子系统的特征。在山地环境中进行精耕细作的梯田稻作生产，需要耗费大量的人力和物力，这种需要对土地进行管理的生计方式极大影响了村落的布局，因此规模小而密度大成为梯田聚落共有的特征。村庄规模受耕地面积、村庄与梯田间的距离等因素影响。梯田的开挖、种植、维护和灌溉都需要村民乃至村落之间相互合作，如果村落过小则无法提供足够的劳力来进行稻作生产，如果村落规模过大则会占据耕地面积，无法保证粮食需求。哈尼梯田遗产地的村落规模最大为三四百户，小的有四五十户，一般集中在一百户到两百户之间。当村落达到一定规模时，生产能力无法满足人口增长的需求时，就会开辟新的梯田，分出新的村寨，靠近旧寨，一脉相承，仍是一家。

相隔二三里，高密度的村寨分布特点在一定程度上解决了农忙时节劳动力不足的现象。此外，村落在布局上与土地均衡构建，大村经营大的梯田，小村经营小的梯田，大多数村落布局紧凑密度大，村落紧靠梯田且至梯田的可达性较好，一方面，可以最大限度地毗邻梯田，缩小耕作半径，增加耕作时间；另一方面，便于村民之间在稻作生产上相互协作，提高生产效率。这样的村落形态以有限的人力资源借助现有的地理环境打造出较大范围的生产生活空间，人尽其能，地尽其力，人地和谐。

（2）聚居与社会价值。

第一，聚居空间与自然环境。哈尼梯田核心区的传统村落选址及空间布局表现出人与自然环境和谐共生的生存智慧。哈尼族村落是适应稻作生产而形成的，因此在选址和布局上会受到地形、气候、植被等自然要素的影响。在村寨具体的选址方面，哈尼族一般通过古歌来进行指导。高山区森林、中山区村寨、低山区梯田，这种"林—村—田"有机和谐的生存空间布局是哈尼族认识自然、改造自然、利用自然的结果。

位于村寨顶部的森林，被划分为水源林、寨神林和用材林，每一种类型的林地以其独特的功能与生产、生活紧密相连，并得到了良好的保护和利用。水源林具有极强的蓄水功能，为哈尼人生活和梯田灌溉提供水源，同时为梯田农业提供了大量的有机物质，用作天然施肥的养分。此外，哈尼族人还会选取一片长势茂盛的林子做寨神林，人们在此祈求五谷丰登，人畜兴旺，体现了对大自然的尊重。用材林是哈尼族人民生活用材和薪炭之源，这片森林除了满足哈尼人民日常的生活消费之外，还能有效防止山体滑坡，确保农业生产的延续。

哈尼族村寨选址出于自然环境适应性的考虑，多集中在气候温和的中半山，上邻森林，下接梯田，这样的地理位置也便于管理梯田和水资源。哈尼梯田沟壑纵横，而村寨则是一个结点，哈尼人可以拦腰截断森林上方流下的水，并将其输送到梯田的各个角落。村寨与梯田之间的距离较短，这样的布局方式既利于上山采集，又利于下山农耕，还易于人们生产生活。村寨内修有水井，来自森林中的泉水和雨水沿着沟渠流入井内，使井水长年不断，清澈洁净，满足村落居民饮用和生活需求。

作为主要的生产空间，梯田大多集中分布在村落下方气候湿润的地区，高山区为茂密的森林，提供生产生活用水。这样的布局方式一方面满足梯田农业的管理需要，将高山区森林中的水进行引流灌溉；另一方面满足梯田经营者的心理需要，将梯田开垦在村寨下方，减少时间和体力的消耗。除了将村落下方开阔的土地开垦为梯田，哈尼人还将村落两旁坡度较缓的山包开辟成梯田，对大自然中的土地资源极致利用，将其变成农业生产空间，为日常生产生活提供粮食、药材和建筑材料等服务。哈尼族认识自然、尊重自然，在保护生态环境的基础上充分利用自然，最终建构出森林、村落、梯田、河流的立体景观格局。

第二，聚居空间与稻作生产。建村立寨。哈尼族建村立寨最重要的是择寨址和宅基。择宅基是有一定仪式的，由摩匹选好吉日和地点，挖出一个坑，用脚后跟压实边缘后，拿出九粒谷子，摆成三个三角形放入坑中，用一只大土碗盖好。等到三天后揭碗查看，如果谷子没有缺少或者乱掉，则可以在此建村立寨，否则需要另选地点。选宅心也是另一个重要的仪式，村寨中成年男性带着九粒谷子、三颗海贝壳和鸡骨放在事先选好的地点，把谷子和海贝壳排成行，鸡骨埋入土中，扣在碗下。七日到九日后谷子发芽、贝壳没倒、鸡骨没有变颜色则表示该地可以建宅。贝壳、谷子和鸡骨三项都有重要意义，寓意着农耕和人居环境的好坏。

民居建筑结构。蘑菇屋是哈尼族的传统民居建筑，与环境紧密结合，具有土掌房的特点，土坯砌墙，稻草覆顶，四面斜坡，形如蘑菇。其造型来源于自然，体现了对自然的尊重与敬畏，同时点缀着梯田和绿林，与周围环境融为一体，体现出哈尼人民与自然共生的和谐理念，形成了独具特色的哈尼族聚落景观。以土木石草为主的三层建筑结构，既满足休息起居的需求，又具有劳作生产的功能。

因为河谷地带炎热潮湿，所以一层的主要功能是饲养牲畜，放置农耕工具和薪柴等杂物。二层主要是哈尼族家庭的起居场所，它的布局蕴含梯田稻作、婚姻、宗教祭祀、火塘文化、家庭教育等不同的文化内涵，与梯田稻作有着内在的密切联系。因为当地气候湿润，所以火塘是哈尼民居重要的构成要素。火塘一般设在二层房屋中央，是血亲家庭的核心标志；火塘旁边的位置最为重要，一般是家中男性长辈商量事宜和提供给客人的场所；火塘上方设有吊架，可以熏干肉类、避免家中潮湿；部分家庭火塘边设有灶台，方便引火做饭。三层为稻草覆盖的阁楼和平顶晒台，晒台除了晾晒粮食，也是居民闲暇时休息的空间，是梯田农业和居家生活的重要组成部分。因此，哈尼民居建筑是依附于稻作生产而存在的，与稻作生产之间有着密切的联系。

民居建筑材料。哈尼族居民的建筑材料大多就地取材，以来源于附近森林和梯田的木材、土石、稻草为主，使哈尼民居以一种原始的方式呈现出来，与周围环境和谐融为一体。建筑墙体一般以石材做基础，夯土做墙身，冬暖夏凉。蘑菇房是四面斜坡的屋顶，以稻草覆盖，成为哈尼族建筑的显著特点和重要组成部分。但当地气候条件湿热多雨，茅草顶容易腐烂，因此两到三年就需要更换一次屋顶，并需要大量的稻草。为了满足房屋建筑的需要，哈尼当地传统水稻的品种都是长棵水稻，高度达 1.5～2 米。因此，哈尼族民居建筑与当地特殊的地理气候和稻作生产是紧密相关的，梯田农业满足建筑用材的需求，民居建筑是稻作文化的物质载体，二者互为生态关系。

公共空间。村落中各种公共空间大都与梯田相关，是村落的象征性空间要素，如祭祀场所寨神林和磨秋场、村寨出入口标志寨门、生产生活设施古井和水磨房等。这些公共空间依托于自然，与周围环境融为一体，一般分为两大类：一类是满足村民生产生活的世俗性空间，注重物质生活；另一类是满足宗教活动的信仰性空间，注重精神生活，并且都是随着哈尼先民们的生活实践产生的，具有鲜明的地方特性。

寨神林和磨秋场是哈尼族传统村寨的两个重要的节点，也是哈尼梯田聚落景观的重要组成部分，二者和村寨在空间上有着密切的关系。寨神林位于村寨的顶部，是定居点上方的边界节点，磨秋场是定居点下方的边界节点，旁边设有磨秋、秋千和祭祀房，它是哈尼族传统聚落中重要的祭祀场所和公共活动场所。每到"苦扎扎"节日举办之时，村民荡秋千、骑磨秋、杀牛祭祀，牛肉按户平分，每一户分到牛肉的家庭代表被村寨和集体认同，通过平分牛肉的祭祀活动来强调村寨之间的边界性，加强村民的集体认同感。寨门作为划分人鬼的界限，位于村寨的出入口，以石木作为构建材料，意味着对自然的尊重。祭祀空间的完整架构使人与自然、人与祖先、人与社会达成了平衡，使人们在精神上获得了自然和村寨的双重归属感。

4. 灌溉子系统

哈尼梯田的农业系统是根据当地气候、植被和土壤等地理要素垂直立体性分布的特点而构建的，而这种梯田农业的可持续发展就依赖于哈尼人创造的独特的梯田灌溉系统。哈尼梯田的沟渠密如蛛网，通过服务哈尼人的生产生活将森林、村落与梯田子系统连接为一体，贯穿于整个哈尼梯田。在此过程中产生水资源的管理和分配制度，使灌溉子系统为哈尼梯田的可持续发展提供技术和制度保障。

（1）灌溉子系统的特征。

水是哈尼梯田农业生产的命脉，由于哈尼族传统聚落中没有明显的江河溪流，哈尼族人民在长期的实践中建立了一套科学合理的灌溉系统，以天然的水流满足梯田生产，对农业发展起着基础性支撑作用。森林是哈尼梯田的天然水库，低纬度河谷地区的水分蒸发，上升到一定高度冷却凝结形成降雨，高山茂密的森林以其涵养水源的功能，形成巨大的天然绿色水库，灌溉梯田服务村落后又流入河谷，河谷中的水通过蒸发，又会形成降雨再次回到山顶。生生不息的河流将森林、村寨和梯田联系到一起，这种独特的水资源利用方式具有一定的科学意义。这种农业水循环系统是哈尼族人适应和征服自然的独特成就。

哈尼梯田的水利系统兼具自然与人为的特征，自上而下贯穿于哈尼梯田各个子系统。哈尼梯田所在地区没有湖泊和大型人工水库，岩石主体为片麻岩，具有很好的保水性，水从地下渗出，汇合形成溪流。遗产区居民利用山势在田边建造人工沟渠，拦截山泉，将山泉引至村庄和梯田。同时在每阶梯田都开凿出一个出水口，当上层梯田的水位灌溉到一定位置会溢出到下一阶梯的梯田中，如此级级传递，层层连灌，直到最下层的田中。这样一个依靠人为活动实现自流灌溉的方式形成了一个横跨森林、村庄和梯田的人工供水系统，在供水方面仍然发挥着稳定和有效的作用。哈尼梯田的灌溉系统一方面确保在干旱的季节能给水稻生产提供足够的水源，另一方面在灌溉渠道和梯田中均可观察到多种排水设施，在雨季保护稻田免受过量水分的灌溉。

（2）技术与制度价值。哈尼稻作梯田农业是由适应当地山区环境的灌溉系统支撑起来的，具备一定工程技术导向，克服艰难的陡坡山区环境的限制。而这种技术导向主要体现在以沟渠为核心的水利工程和水能利用上，带有可操作性和科学性的特点。沟渠是梯田灌溉用水必不可少的要素，不仅对作物的生长有重要作用，对梯田本身的保护也很重要，与各种农业生产密切相关，为水资源提供了重要的管理和净化服务。总之，哈尼族在当地水资源管理方面积累了丰富的知识。

哈尼族人民在挖沟时发明了一种特殊的"流水挖沟法"，即先观察选择引水水源，再调查沟渠经过的地形，从而直观地观察沟渠的大致走向，挖沟时从源头到末端逐渐建造沟渠基础，在施工过程中，开沟放水，水位就会自动流到沟底修复的地方。在开沟时，根据梯田单位面积，每挖一段沟，就会留下一个出水口作为源头，然后从这个源头挖出一条小沟，再分为几个更小的沟渠。哈尼先人在长期实践中创造出纵横交错、密如蛛网的沟渠。"森林—村寨—梯田"的分布格局保证了梯田灌溉系统能够最大限度地发挥作用。高山森林系统中的水源和养分，利用地势高差构建的沟渠，穿过村寨持续不断地运送到下游梯田，因此借助沟渠就可以将森林子系统、村落子系统、梯田子系统和河流子系统统一成一个整体，这样的水利工程体现出人与自然的和谐统一。

在长期利用自然和适应自然的农业实践中，哈尼族的村民利用灌溉系统服务于人的生活。哈尼族村寨内的每栋建筑旁边都建有石头或水泥制成的沟渠，通常位于道路的一侧。这些沟渠结合在一起形成了一个独立的水系，与地形一致，与道路平行，是村寨为梯田施肥的主要工具。哈尼族几乎每个村落都设有公共肥料收集池，牛、羊、猪等家畜的粪便和生活垃圾储存在其中，经过一段时间后的发酵成为高质量的肥料，在耕种时，借助山水的流动将其输送到梯田。此外，在雨季来临时，雨水的冲刷力会将上方森林中富含养分的腐殖质冲入沟渠，迅速输送到梯田中。这样利用地势高差和沟水自流来实现施肥的方式，则不需要耗费太多的人工来运送肥料，在节约劳力的同时减少一定的环境污染。在这个过程中，沟渠不仅将水分输送到各个角落，也将森林和村寨中的营养物质运送到梯田中，是生态循环系统得以有效运作的关键。

水是哈尼族生产生活的命脉。哈尼人在适应和改造自然的过程中形成一套从建设灌溉工程到合理调节水资源的有序管理制度，使水资源得到充分利用。农田灌溉用水的分配严格按照村里的习惯规则来确定。由于梯田位置不同，大小不一，为了保证每户都能得到充足的水量，哈尼人以每条水沟的总水量、开沟时各村户投入的劳动力及梯田面积为依据，在沟渠的不同海拔处放置分水器，也就是在一根木头上画出几条距离不等的黑线，再锯成宽窄不同的木槽，利用不同的开口大小来调节各家的用水量，这种水资源的管理方式被称为"木刻分水"。因为分水器常年放置在沟渠中，极易受到流水腐蚀或者被水冲走，所以，分水器的制作材料只能选取板栗树或者黑果树等耐损的木材，而且必须由村里最好的木匠在沟渠负责人的监督下完成，不允许其他人员未经许可而制造。现在为了保护环境，已经不在砍树，改用皮尺量出缺口，更加精确的石刻分水，相比木刻分水，石刻分水器使用的时间更长。

为了维护和管理好梯田水源，哈尼人很早就采用沟长制度来监督和管理梯田。沟长是由全村农户集体选举出来的，其责任心强、德高望重且在村寨梯田劳作系统中有举足轻重的地位。沟长的主要职责就是日常在沟渠边巡查和维修水沟，定期清理淤泥防止堵住出水口，保证沟水的畅通；管理和维护分水木刻器，防止其遭到自然或者人为的破坏从而影响梯田的用水；了解和监督村民的用水情况，决定如何分配流到每块梯田的水。作为对这项工作的补偿，村寨中所有家庭都有责任根据其水资源分配情况及灌溉梯田面积提交"沟粮"作为沟长的劳动所得。同时针对私自破坏分水器、将公用水源偷引到自家梯田的偷水行为也制定了相应的罚款制度。偷水行为一经沟长发现，由沟长组织召开集体会议，偷水者进行道歉，并被罚缴纳一定数额的金钱和粮食，严重者断掉其农田灌溉用水。如果沟长没有及时发现，则需要向受影响的村民家缴纳罚款，沟长和村民双方相互监督、相互制约，共同确保村寨用水的公平合理。

水利设施的改善为哈尼族村民的生活用水和梯田农业灌溉创造了良好的物质条件，确保稻作生产得以延续。

5. 观念子系统

（1）观念子系统的特征。观念子系统被人类构建，完全依托于人类行为而存在。梯田是稻作农耕文化的灵魂和核心，在长期的耕种过程中，哈尼人利用梯田创造物质财富以满足人们生活必需的同时，创造出丰富的精神世界：从万物有灵、自然崇拜的精神信仰到行为处事、伦理道德、性格特点等意识形态，都与梯田有着直接或间接的派生关系。通过人类行为将这种精神观念反映到衣食住行、民俗节庆、宗教祭祀等日常生活中，将原生的自然环境改造为富于地域特色的物质环境。

（2）行为反馈价值。由人类所构建的观念子系统，通过日常行为将哈尼梯田的其他子系统联系成一个整体，并对自然子系统、梯田子系统和村落子系统进行反馈和强化。这种反馈和强化一方面体现在以梯田为核心的稻作文化，在确保梯田正常耕种的同时规范人们的行为，稳定社会秩序；另一方面体现在村落的营建上。

哈尼人对自然存在着深深的敬畏与尊重，认为世间万物皆有生命，在此传统信仰中，万物有灵构成了哈尼族最基本的自然崇拜。为加强对自然界生灵的维护，哈尼族诞生了一系列对山、火、水、木等对象的管理。在万物有灵的信仰下以及相关禁忌管理的实践中，哈尼族形成并强化人与自然和谐共生的生态理念，并借此规范人的行为，有效保护了哈尼梯田的景观格局，这是哀牢山区哈尼族梯田稻作文化存在近千年的重要原因。哈尼族这种万物有灵、多神崇拜的信仰源自适应严酷的自然环境，在此过程中强化了族群的凝聚力与民族认同感，并内化为每一个成员的心理认知与行为准则。从衣食住行到心理，从行为到语言，这种无形的文化在哈尼群体中建立起一定的社会秩序，从而确保哈尼梯田的生态环境以良性状态延续下去。

民族节庆是延续和展示哈尼族传统文化的重要载体，从根本上说，它还属于梯田中的水稻种植仪式，这不仅是世俗的节日，也是梯田耕作程序的标志。因此，农耕祭祀是节日活动的主要内容，也是稻作文化不可或缺的部分。"昂玛突"和"苦扎扎"就是哈尼族以稻作生产为核心形成的两个具有代表性的活动。

梯田聚落将自己和周围的地理环境看作一个共生共存的系统，而这种基于自然的观念在梯田子系统的聚落景观建设上得到一定体现。哈尼族的大多数村寨多会利用寨神林、磨秋场、寨门等要素，构建一个相对安全的村落空间。寨神林位于森林，磨秋场位于梯田，整个村寨的范围就在上下两个节点中间，在空间和精神上将哈尼族与周围环境联系起来。这些信仰空间除了为从事稻作农耕的哈尼人提供一定的精神保证外，还丰富了村落的空间形态。在封闭的山区环境中，哈尼族的聚落受到地缘与血缘关系的交织影响，通常会形成组团状的聚落形态，进而产生"分寨"的文化现象。当村寨的人口增长到一定数量时，就会有部分居民从原来的村庄搬到新的地方，营建新的村寨居住生活。如多依树下寨村随着人口规模扩大，又分出多依树上寨村和牛倮村，三者共用一片寨神林等观念空间。在这样的社会观念下形成的村落组团，实质上形成具有一定规模的"血缘＋地缘"的稻作共同体。

观念子系统会随着人类日常生活的实践行为自我更新和完善，在自然系统和村落系统的背景下，当地村民通过与周围环境互动而衍生出一套以稻作生产为核心的地方性知识，并带有明显的地方属性与人文属性。其中，以传统文化为代表的非物质文化遗产是地方性知识的重要内容。居住在元阳县的哈尼民族，世代继承着传统文化遗产，并通过参加集体活动或农耕活动等行为影响人们的价值观念，促进社会族群的认同感与凝聚力。哈尼族历史上没有文字，他们的祖先在自然、生物、生产生活等方面获得了丰富的技能和经验，以民间文学、传统舞蹈、民俗等形式展现出哈尼族以梯田为核心的完整的农耕知识、民俗文化体系和独特的生活习惯，具有极高的历史文化、科教和艺术价值。

（二）哈尼梯田的多重价值

自然子系统以其生态本底价值构成梯田产生和人类生产生活的基础；梯田子系统以土地利用和农业安全价值成为村落子系统形成的基础和灌溉子系统的服务对象；村落子系统以其聚居和社会价值为人类居住和活动提供支持和服务；灌溉子系统通过居民对其技术和制度价值的利用将其他子系统贯穿为一个整体；观念子系统以人为媒介反馈和联系其他子系统。各个子系统及其价值彼此联系。生态系统中的森林和灌溉系统中的水渠依靠村民的维护涵养水源灌溉梯田，梯田的粮食孕育村民并促进村落的发展壮大，观念系统中的稻作文化通过约束当地村民的行为达到保护森林、水源、梯田和村落的目的，只有将村民置于哈尼梯田中心，才能够将五个子系统贯穿在以"人"为核心的稻作梯田系统中，形成整体的保护观。

由于自然子系统、梯田子系统、村落子系统、灌溉子系统和观念子系统涉及地理、环境、建筑、民俗等不断变化的自然和人文要素，各个子系统及其要素所构成的稻作梯田系统综合地存在于任何一种梯田环境中。因此，促进哈尼梯田的可持续发展，要将以"人"为核心的五大子系统联系和结合起来。不能单着眼于各个系统和其价值的存在，还要保护各要素不受破坏，保持各系统及要素间的和谐统一，才能构建和维护整个生态系统的良性循环和长期稳定。

二、哈尼梯田的保护利用

（一）哈尼梯田的保护原则

哈尼梯田承载和传承了传统稻作农业的形态和精神，在当今时代背景下，为了使遗产能够得到合理的开发和利用，谋求遗产地的可持续发展，应该遵循适合哈尼梯田自身发展的特定原则。

1. 系统保护原则

哈尼梯田属于自然、梯田、村落、灌溉和观念等子系统构成的整体，梯田景观的保护是在各个子系统及其要素的相互作用下进行的，任何一个系统或要素的改变都会影响到哈尼梯田的整体性。因此，要坚持系统保护的原则，将哈尼梯田的构成系统和要素整体纳入保护规划中来。针对梯田构成复杂且分布区域广的现象，制定管理条例，禁止改变梯田用途或者放荒；禁止滥伐林木、毁林开荒、猎杀买卖野生动物；保护梯田灌溉系统，保证梯田用水，禁止污染水源；保护和恢复民族村寨传统风貌和民族民间传统文化等。除了管理条例，在村寨的村规民约中，还提出对森林、村寨和梯田河流等系统要素的保护。这些条例和村规民约条例，真实、完整地保护和维护哈尼梯田的遗产价值，并为梯田遗产的保护和管理提供了制度保障。

2. 多方参与原则

哈尼梯田保护是系统工程，其保护或者破坏是在多方参与的作用下形成的，需要加强梯田管理部门之间的沟通协作和协调配合。将核心区与缓冲区的农田纳入国家基本农田保护，确保粮食安全；将哈尼梯田列为国家湿地公园，有效保护梯田的生态系统；积极推进遗产核心区传统村落的保护改造工作；推动哈尼梯田保护管理形成农业、林业、旅游业等多方合作参与的工作机制。哈尼梯田作为全球性的遗产，它的保护也需要不同利益相关者共同合作。引导当地居民参与哈尼梯田的旅游开发，为遗产保护新增企业和社区的力量，成立哈尼梯田文化遗产联合研究基地，为哈尼梯田的保护提供科研支撑。国际组织指导、政府主导、企业协助、科技支撑、社区参与形成合力共同推进哈尼梯田的保护管理工作，确保哈尼梯田永续利用。

3. 以人为本原则

哈尼梯田遗产目前还是当地村民的居住地，他们仍在使用遗产要素进行正常的生产生活，促进梯田的可持续发展。因此，在遗产保护中，要坚持以人为主导的原则，关注社区居民参与度，除了要提高社区参与意识外，还要提高参与利益分配的均衡。地方政府和管理机构在制定涉及居民利益的相关决策时，需召开征求意见座谈会，让居民有畅通的渠道和方式表达自己的意见。在分红规则中，将旅游收益的三成归村集体旅游公司，用于公司日常运营；七成归村民，归村民的分红再分4部分执行，即传统民居保护分红、梯田保护分红、居住分红、户籍分红。只有真正地考虑到社区居民的需求，作为梯田管理者的当地居民才能为将来的遗产保护决策提供可行的建议。

(二)哈尼梯田的保护方法

哈尼梯田聚落是自然和人文共同作用下形成的活态聚落景观,既包括森林、梯田、村寨和河流等在内的物质载体,也包括以稻作文化为代表的非物质载体,物质载体与非物质载体分属于文化景观遗产、农业文化遗产和非物质文化遗产体系,在遗产地社区内由社区居民作为承载者进行传播。哈尼梯田作为世界遗产,其关键在于人,物质载体在于梯田,特征在于活态,梯田的存亡取决于人类活动行为,这是遗产特殊的地方,也是其保护管理的关键所在。因此,需要我们探索出更加多元的保护方法,来加强遗产地和当地居民之间的联系,建立和谐的人地关系,促进遗产地聚落的可持续发展。

1. 整体观视野下的梯田保护

(1)全面保护自然生态系统。其包括森林、河流在内的自然生态系统,是哈尼梯田聚落形成的生态基底,同时也是梯田聚落作为农业文化遗产的重要物质载体,既提供食品、木材、药物、水源等供应服务,又提供祭祀场所、精神寄托等文化服务。因此在遗产保护工作中要重点推进梯田遗产区生态环境的恢复与保护,以促进梯田聚落的稳定和可持续发展。

第一,合理保护开发森林资源。森林是哈尼梯田稻作系统的重要构成要素,合理保护开发森林是遗产保护的必要手段之一。元阳县观音山上丰富的生物物种资源和涵养水源的生态功能使其成为哈尼梯田的储水库,保证了哈尼人的生产生活。为了保护这一重要的森林生态系统,政府制订了综合整治方案,利用法规政策开展生态植被恢复工程。除了利用法规保护公共森林外,还制订乡规民约约束村民对村寨中生态林的破坏行为。在大瓦遮、多依树和箐口等村落都划分一定范围的寨神林,严禁任何破坏寨神林的行为,否则将受到刑事和经济处罚。

第二,保持传统水资源管理。水资源的充分利用和有效管理是哈尼梯田聚落得以存续的基础。通过村规民约来确保水资源在维系社会稳定和族群认同方面的重要作用,村民要自觉保护水源地不受污染、不能随意浪费水源、对破坏水资源的行为予以严惩。水源关乎梯田的存亡,要加大梯田灌溉水系的普查和修缮,对灌溉沟渠进行重点修缮和维护,建立沟渠监测站,同时加大对沟渠修复的资金支持,推进水利工程的建设工作,积极打造梯田灌溉的人工水库,确保梯田灌溉水源。通过对沟渠和水库的保护管理,提高梯田水资源利用率,保证梯田的正常灌溉。

(2)恢复稻作生产作为有效的生计手段。梯田是哈尼梯田聚落作为文化景观遗产的重要组成部分,同时也是保证当地旅游业持续发展的核心资源。景观的维系和旅游业发展主要依靠梯田的持续生产功能而存在,如果稻田荒废,现有的农耕技术和文化体系将被破坏。因此，确保哈尼族人民恢复稻作生产作为有效的生计手段是哈尼梯田保护的核心。

第一，实施基本农田保护。目前哈尼梯田存在的最大问题就是改种和抛荒。作为哈尼人的生存根本，要对农田实施一定的保护手段，而恢复稻作生产则是作为哈尼人有效的生计手段。针对哈尼梯田水改旱或改种其他经济作物等问题，成立复耕工作组因户施策。对无耕种劳力的农户，聘请农耕能手无偿修复，或流转给有能力的农户种植管理；对有耕种劳力的农户，则无偿恢复梯田的生产功能后由农户自种。针对梯田抛荒的现象，一方面，将无主梯田流转到公司中，由公司进行种植管理；另一方面，将重点梯田保护区列入国家基本农田保护范围。

第二，打造有机农业品牌。哈尼梯田红米是居民的粮食和重要经济来源，千百年来一直采用人工留种和施农家肥的传统方法耕种，种植红稻谷劳动强度大，种植成本高、单产低，遗产地居民种植红稻谷经济收益比较低，仅能勉强维持生计。针对当前市场对无污染有机农产品需求增加的现状，利用世界农业文化遗产品牌，深入挖掘哈尼梯田农产品的品牌价值。推进哈尼梯田红米地理标志产品的保护申报工作，打造"哈尼梯田红米"品牌，将资源优势转化为经济优势。借此机会，可以利用"世界遗产"的优势开发梯田系列食品：梯田鸡、梯田鸭、梯田鱼、梯田蛋等，传播哈尼饮食文化，让游客感受到梯田作为农耕文化代表所体现出的生态无公害产品。建立红米收购计划，使政府、企业和农户相互合作，形成产、供、销一条龙的红米产业链条，避免中间商赚取差价，增加红米的经济附加值，提高当地老百姓的种植积极性。

（3）改善遗产区传统村落的风貌。哈尼梯田聚落是至今仍有原住民进行正常生产生活的文化遗产，既有突出的遗产特征，又有鲜明的人居特征，给遗产保护和管理带来难度。同时，需要利益相关者共同参与探索出遗产保护与人居改善双赢的方法；政府需要鼓励引导当地居民与专业机构合作，专业机构提供现代技术，原住民提供传统工艺，做到政府主导、专家支持、村民参与。

第一，保护和恢复传统民居。针对遗产区内民居风格混乱的现状，要进行分类保护和修复。考虑到遗产区范围大、涉及面广，无法进行全面保护，需要重点加大对申遗村落传统民居的保护，通过规章制度和财政支持等措施，增强居民保护传统民居的意识。对于非传统民居，要注重风貌协调改造。传统的土石墙基以及茅草屋顶显然与当地居民对现代生活的期望不符，因此要注重推广现代建筑材料在民居改造修复上的使用，达到村落风貌与环境的有机融合，既满足现代生活发展需求，又让传统形态、传统元素留存下来。

第二，对传统民居创新利用。结合旅游业的发展，对传统民居进行创新利用。

例如，在政府政策和财政的支持下，当地居民可以以"哈尼蘑菇房"为特色，将仍在使用的民居打造为农家乐、民宿和手工艺基地等。阿者科村就是对传统民居进行创新利用的典型例子。建在梯田之中的"原舍·阿者科"民宿，在保留哈尼蘑菇房夯土和茅草顶等传统元素的基础上，加入了现代元素；对村寨中两栋废弃的蘑菇房进行修缮维护，分别改造为火塘咖啡馆和红米计划展览馆，让游客在享受现代服务的基础上体验到哈尼梯田文化。通过对传统蘑菇房的升级改造，成功将资源优势转换为经济优势，在保持民居使用价值的基础上增加经济价值，达到保护和利用的结合，提高居民对传统民居保护的积极性。

第三，改善遗产区居民生活环境。考虑到当地居民生产生活的需求，需要积极改善村落的人居环境。完善传统村落的水电设施，同时做好环境整治工作。例如，在多依树下寨和全福庄等村，将公共厕所建在村寨上方，横跨河流，减少村寨污染的同时，利用水流将粪肥输送到下游梯田。除此之外，多依树下寨村还配有专门的污水收集处理系统，完善了村落的卫生服务设施。全福庄中寨制定村寨保洁管理制度和村民环境卫生公约，规定村民负责自家卫生清洁、绿化维护和公共秩序；定期开展卫生检查；实施环境卫生奖惩制度，将环卫工作纳入乡规民约中，通过制度约束不良行为；通过基础设施建设和村规民约来改善村落的人居环境；通过满足村民生活的日常需求来增强遗产保护内动力。

（4）加强非物质文化保护。以节日庆典和民间文艺为代表的非物质文化是观念系统的重要体现，以此维持梯田稻作生产、规范村民日常行为及加强族群之间的文化认同感。而非物质文化作为"活态"的遗产元素根植于哈尼民族的思想信仰和生活习惯中，会随着历史的演变不断更新完善，具有很强的文化传承性，因此在非物质文化遗产的保护中，要重点落在保护和传承上。

第一，做好非物质文化遗产的建档记录。由于档案本身具有的原始记录性、真实性、系统性恰好能够弥补少数民族非物质文化遗产的无形性、活态性以及无实物载体的传承弱势，使少数民族非物质文化遗产以最真实、最原始的面貌固态化保存继承下去。因此可以通过测绘、文字、影像和数字化等方式，全面收集各类非物质文化遗产的实物、资料，并运用现代技术进行登记、整理和建立数据库。例如，哈尼小镇的历史文化博物馆，利用文字、影像和数字化等方式集中展示了哈尼梯田的农耕文化。

第二，加强对非物质文化遗产的宣传。非物质文化传播缓慢的原因是可以在媒体上看到相关内容，但无法实践，限制了其传播，因此需要积极主动地展示梯田文化遗产。例如，箐口村设置了民俗文化村史馆和农耕文化街，向大众展示了与梯田有关的农耕工具、技术和仪式，以及生活方式等。还要将非物质文化遗产与现代趋势相结合，使其既保持遗产的本质，同时又更接近现代人的兴趣和习惯。例如，世博元阳哈尼梯田和元阳梯田景区推出了微信公众号，在线宣传哈尼梯田非物质文化遗产。此外，还可以推广抖音或微博等软件的视频打卡活动，对大众进行非物质文化遗产知识的在线宣传和普及，让大众更容易了解非物质文化遗产的内容和实践地点，更容易提高人们对传统文化的认可和保护。

第三，重视年轻人对非物质文化遗产重要性的教育。在促进非物质文化遗产保护的过程中，要充分利用民族文化教育设施，在遗产区内进行普遍的教育培训，传续遗产地的文化。例如，箐口村的非物质文化遗产教育设施非常完善，设有"哈尼哈巴传承中心"，利用图片和实物展示了哈尼人的生活场景，定期举办非物质文化遗产的教育和传承活动，由遗产继承人进行哈尼古歌和文化的宣传教育。村中建造"哈尼四季生产调传承学校"，促进哈尼非物质文化遗产向年青一代传播。此外，青少年还是文化遗产传承与保护的主力军，要建立学校、继承人和当地社区三位一体的互动形式，让当地年轻人对传统稻作知识和技能有更深入的认识、理解和尊重，从而提高遗产保护的积极性和主动性。

2. 基于社区参与的旅游开发

（1）鼓励社区参与。文化遗产旅游开发是保留梯田景观并促进地方经济发展的一种方式。需要制订适当的计划，最大化社区居民的旅游红利，在增加当地居民经济收益的同时降低旅游业的负面影响。

第一，完善分配机制。当地居民是传统文化和农耕知识的承载者，也是梯田景观的重要组成部分。如果没有当地居民的积极参与，梯田农业景观将无法持续下去。因此，需要完善旅游利益分配机制，让社区居民最大限度地参与到哈尼梯田文化遗产旅游开发中。例如，"阿者科计划"就是村集体主导，可根据各户居民对水稻梯田的耕种维护和对传统民居的保护利用情况给予分红。这种通过参与旅游业，实现经济增长的方式极大地刺激了居民的文化认同和保护积极性。同时，还通过合理的利益分配机制提高居民参与旅游和维系梯田的积极性，用经济收入唤醒文化自觉，从而实现遗产保护和旅游业的可持续发展。

第二，打造民族文化产品。元阳是红河哈尼梯田申报世界文化遗产的核心区，以哈尼梯田文化为代表的民族文化底蕴深厚，可以利用哈尼族独特的民族特色，借助"世界遗产"的优势，制造优质的文化旅游商品。哈尼族阿者科和麻栗寨等村寨至今仍保留着传统的手工织布技艺，手工织布工艺复杂、成本高，但蕴含哈尼人的情感和对自然生命的热爱，具有较高的遗产价值。为避免文脉断流和文化多样性的丧失，在文化遗产保护工作中可以充分利用哈尼族的刺绣、织布等工艺打造一批文创产品，既展示哈尼民族特色，丰富旅游商品，又带动当地社区就业，让居民从中受益。

第三，加强教育培训。地方政府应加强对当地村民的教育和培训。当地大部分老年人和妇女习惯用哈尼语进行交流，在从事旅游业时会影响与游客的沟通，从而降低游客对景区的满意度。因此，教育和培训将成为实现这些社区居民利益的基础。除了普通话培训外，还应进行传统手工艺和民俗文化等方面的培训，便于提高个人自身发展水平，同时更好地展示和传播哈尼民族文化。通过教育培训，让当地居民以更高的服务水平参与到旅游业中。

（2）推动文旅融合。在旅游规划上不能割裂了社区与景观之间的联系，影响遗产地的保护管理和可持续利用。哈尼梯田聚落的旅游实质上是遗产旅游，重点应落在遗产的教育和科学价值上，而不是休闲和娱乐。因此在旅游项目和线路的设计上要注意利益相关者的保护意识，通过社区参与让哈尼旅游业在带动经济增长的同时促进文化的传播。

第一，制定生态旅游模式。开展基于水稻生长周期的生态旅游，使游客可以参与到富有民族特色的农业活动和仪式中来。例如，"地道元阳"是由哈尼青年成立的专业旅行平台，致力于生态旅游线路的开发。目前已成功制定和实施田园研学和徒步旅游等线路。由身穿少数民族服饰的居民，以全面、专业的方式为游客解释哈尼梯田的价值和特征，以提高游客对价值的认识和理解；让游客与当地居民一起参与到水稻梯田的耕作和收获活动中，零距离地了解哈尼农耕文化；游客可以亲自捕捞梯田鱼或稻田鸭，并在农户的帮助下进行加工，品尝原生态美食。生态旅游活动的举办，为传统农业仪式的恢复和大众与当地社区之间的互动提供了重要的机会。在活动中所获得的经济收益通过居民在旅游中提供的服务返还给他们，通过旅游分红提高居民保护梯田的意识。

第二，制定体育旅游模式。体育旅游作为一种新的生活方式越来越受到大众的喜爱。哈尼梯田可以借助独特的自然、人文资源，以"运动、健康、生活、深度体验"为主题，制定特色体育旅游线路。借助体育比赛活动，在赛点设置哈尼特色工艺品和传统美食的展销，在餐饮上设置长街宴，展示哈尼饮食文化等。将元阳少数民族的风土人情传递给大众，在促进消费增长的同时推动旅游业的发展。

第三，互联网＋旅游＋农产品。推动电子商务与旅游业和农业的融合发展。以电商为平台，推出旅游特色项目和农产品，借助互联网的影响对外宣传，由政府联合旅游部门和当地社区，对接线上旅游商品展示和线下游客亲身体验。同时优化梯田农产品的包装，借助抖音、淘宝等新媒体扩宽销售渠道；游客或者大众购买农产品达到一定数量时，可以额外赠送旅游体验活动或者旅游门票，提高游客购买力的同时，推动旅游业发展。鼓励社区积极参与进来，直接增加当地居民的经济收入，增强种田积极性，让更多的人享受元阳梯田旅游红利。

（3）提高景区服务质量。面对竞争激烈的旅游市场和游客多样化的旅游需求，要不断完善景区的旅游服务设施，提高服务水平。

第一，提升交通便捷度。开通哈尼梯田景区旅游交通专线，在镇、村和景点中设置站点，实施定点上下车的模式。旅游专线车上配备专业的服务人员和讲解服务，提升游客的旅游体验度。旅游专线的开通解决了游客景区可进入性低的问题：一方面，提升交通的便捷度；另一方面，为景区内的居民提供多样的生计方式。

第二，完善景区服务设施。完善旅游景区的服务设施是提高游客满意度的重要措施之一。在有条件的基础上，位于旅游环线的各个观景台应配有厕所、遗产知识小科普等设施，满足游客需求的同时传播哈尼文化；考虑到有小孩家庭的需要，在游客服务中心设置一定数量的育婴室；出于安全考虑，景区需进行设施加固；考虑到与周围环境的融合，采用天然环保的材料修建人行步道，避免人流过于拥挤给遗产区生态带来破坏。

第三，强化旅游服务技能。良好的服务能够影响甚至改变游客的行为，进而促进遗产资源价值的保护，因此要加强对景区相关工作人员的服务技能培训。例如，元阳县实施公共场所心脏急救设施操作人员培训、旅游服务礼仪培训、哈尼梯田保护管理知识培训会等，提高景区管理工作人员的专业能力，给游客提供高效的旅游服务和专业化的讲解。为残疾人士、老年人及儿童等特殊群体提供特殊的讲解或其他服务，吸引潜在游客。

哈尼梯田聚落兼顾遗产与人居的双重属性，要求在对遗产构成要素保护的同时重视当地居民的利益和需求。经济发展和传统文化保护并行，基于社区的可持续旅游业发展是哈尼梯田聚落持续发展的重要措施。而梯田聚落的"活态"特征则需要一种互动的方法，让当地居民和政府等利益相关者共同参与到政策的制定中来，并允许当地人通过为游客提供服务和基础设施获得多元化的生计方式。

第三节　凤堰梯田景观保护及利用

一、凤堰梯田的村落文化景观及其保护研究

文化景观，是指人类有意识地对自然环境加以利用并改造而成的新的景观形态。它既能反映不同地域、民族的心理特点，又能反映其文化发展的进程。例如，生产方式、建筑技术、街道布局、村落风貌都反映出不同地域和时代的发展水平和精神

面貌，不同时期对关于文化景观的界定也有所不同。

村落文化景观是农业文明的产物，展现出人地关系和谐相处的生活方式。村落文化景观受自然环境和生活习惯的影响较大，其构成可以总结为"自然生态—居住环境—生产活动"，包括了山形地貌、动物植被、河流水系、历史社会、传统文化、生产方式、民族风俗习惯等自然和文化特色。

村落文化景观是自然与人类长期相互作用的共同作品，是人类活动创造的并包括人类活动在内的文化景观的重要类型。体现了乡村社会及族群所拥有的多样的生存智慧，折射了人类和自然之间的内在联系，区别于人类有意设计的人工景观和鲜有人类改造印记的自然景观，是农业文明的结晶和见证。村落文化景观展现了人类与自然和谐相处的生活方式，记录着丰富的历史文化信息，保存着民间传统文化精髓，是人类社会文明进程中宝贵的文化遗产。

（一）村落文化景观保护的理论基础

1. 文化景观保护修复理论

文化景观是人在生产生活所影响下形成的动态景观，文化景观是动态发展的过程，受到功能用途、社会结构、政治经济环境和社会发展的持续影响。文化景观保护必须具有前瞻性，保护目标则为保持文化景观特征的可识别性与发展的可延续性。这种保护必须与当代生活相结合、相适应，必须与现代社会经济发展有机结合，它涉及地方政府机构、当地居民参与、立法和规划部门、与公共组织和资本的合作、财政支持化及监管保障机制。

2. 有机更新理论

有机更新理论，是最早提出来的针对历史性城市的保护规划理论。在进行规划和改造时，将城市看作活态的有机体，按照其内生规律，顺应原有肌理，从而实现有机更新发展。有机更新理论强调更新过程的动态性，要求保留完整性、地域性的延续和文化原真性的前提下，循序渐进地实现城市更新。

村落处于不断的更新换代中，以静态方式进行保护，会造成村落活力丧失走向衰落，而以大规模进行改造建设，村落又会丧失其具有的独特地域文化和乡土景观氛围。因此，在保护其原真性和完整性的基础上提出村落景观的"有机更新"是切实可行的，在维护和传承梯田村落景观的整体风貌、稻作传统和生活氛围，并以循序渐进的方式不断进行更新改建，实现可持续发展。

3. 原乡规划理论

原乡规划，是指通过规划手法传承、发扬乡村自然及文化特性的规划，其目的在于保护和传承原乡地域自然景观及民俗特色，并在此基础上发展和创新。原乡规划注重对地域文化的保护、传承和挖掘，力图通过规划、开发建设和区域发展，唤醒当地居民的文化觉醒，使其产生文化自觉。

在村落文化景观保护建设中以保护乡村景观生态环境、生产生活方式、原真性民俗文化为基础，以聚落原有布局形态为本底，以最少的人工干预和谐处理人与环境、人与人之间的关系。科学、合理规划旅游要素的乡村旅游规划方法，将规划痕迹自然化，在乡村旅游开发的同时，实现乡村原真性的保护。

4.可持续发展理论

可持续发展理论要求当代人的发展要以不威胁后代发展为前提，使人类社会可以永续发展。我国是农业大国，具有广袤的乡村聚落环境，农耕文明形成的生产生活方式具有丰富的地域文化内涵，村落文化景观与农村社会生活息息相关，村落的发展不能以牺牲特色村落文化景观遗产为代价，所以我们必须对其进行保护，使其可持续发展。

(二) 凤堰梯田村落文化景观概况及特征

1.区位及基本概况

汉阴县位于陕西省东南部的秦巴腹地，汉江中游。地理坐标介于东经108°11′~108°44′，北纬32°38′~33°09′，位于陕南秦巴山区，北为秦岭，南为大巴山，与安康市汉滨区、紫阳县、石泉县、宁陕县和汉中市镇巴县毗邻。县境东西宽约51公里，南北长约58公里，总土地面积为1347平方公里。

汉阴凤堰梯田位于汉阴县漩涡镇凤凰山南麓浅山丘陵区，分布于黄龙村、东河村、堰坪村、茨沟村、中银村、漩涡镇区及群英村和联合村部分村组内，拥有丰富多样的景观资源。凤堰梯田共分为三个片区：堰坪梯田、东河梯田、凤江梯田。

堰坪梯田位于漩涡镇北约5公里的堰坪缓坡之中，原为堰坪乡政府所在地，堰坪梯田主要涉及茨沟、堰坪两村，大部分以吴姓为主，也是湖广移民的先民最先开垦的梯田。梯田整体呈倒三角形，北宽南窄，从龙王沟与茨沟交汇处由南向北逐次升高成黄泥土田坎的水平梯地，约200层。每层高0.4~0.5米，宽5~15米，共约360公顷[①]。

凤江梯田位于黄龙、中银两村，沿凤江两岸东、西、北三面依山就势修建成水平梯地，呈西南—东北向的梭形分布。凤江梯田坡度较大，引黄龙沟水从上至下自流灌溉，每层高0.3~1米，宽3~10米不等，约250层，共计300公顷。

东河梯田位于堰坪梯田与凤江梯田之间，沿东河两岸川地依山就势修建，梯田

---

① 公顷 (Hectare) 为面积的公制单位 (国际单位)。一块面积一公顷的土地为10000平方米。

呈西南—东北向的狭长倒"L"形，约250层，共154公顷。

2. 自然环境特征

（1）地形地貌。汉阴县大部分地域位于安康地区西北向蛇形弯曲构造的北侧，仅南北两翼处于弧形构造的巴山和纬向构造的秦岭。地形为三山夹两川，三山即北部秦岭、南部巴山和中部凤凰山，两川即汉江与月河川道。地貌丰富，兼有中、低山，丘陵地带及河谷川地，东北—西南方向的地形剖面呈"W"形。丰富的地形地貌为湖广移民的先民提供了封闭且安全的聚居环境，为梯田的修建提供了原始的自然条件，也使其在两百多年内能得以保存延续。

凤堰梯田遗址区分布在汉江以北低山丘陵带，海拔在350～850米，级数均在300级左右，梯级层高0.3～1米不等，每级宽3～15米，最长处可达到600米，大多数为坡度较缓的梯田，坡度较陡的多为山区自然林区域。

（2）气候特征。汉阴县属于北亚热带湿润气候区，季风性强，四季分明。春季较短且气温变化大，常有冷空气侵袭，时伴倒春寒；夏长且酷热，太阳辐射强，日照时数较多，频繁暴雨兼伏旱；秋短且降温快，常淫雨连绵，9月为全年降雨日、降雨量最多的月份；冬长且寒冷干燥，降水最少，十有八九为冬旱年。

由于丰富的地形地貌所产生明显的垂直气候变化特征，早晚温差较大，使当地植被特征也随海拔高度变化出现垂直分异的特征；当地四季分明、雨量充沛，使农业种植产生明显的季相特征，植被生长繁茂，为凤堰梯田村落文化景观提供丰富的景观元素。因当地湿润多雨的气候，所以建筑的屋顶样式以及建造材料均体现出排水和防潮的作用。

（3）土壤特征。汉阴县土壤的类型复杂多样。以黄棕壤、棕壤、水稻土和潮土4大类为主。凤堰梯田遗址区土壤肥沃，土层深厚，水土流失现象较少，主要为黄棕壤和棕壤，土壤垂直分布与海拔间的关系为：黄棕壤分布在海拔500～1300米的低山丘陵和低、中山坡上，棕壤分布在海拔1400米以上的中山地区，主要在凤凰山上部。由于大巴山独特的地质环境，当地的地质岩层、土壤及水质的含硒量明显较高，且易于植被吸收，但因客观因素的限制，当地硒资源并未得到有效利用。

（4）水文特征。凤堰梯田最主要依附的河流为汉江，汉江流经陕西、湖北两省，最后汇入长江，是长江的最大支流。凤堰梯田所在的凤凰山南麓位于汉江上游段，此处山地河流发达，小支流众多，水系分布为不对称树枝状，北岸支流比南岸多而长，河网密度也比南岸大，因此雨水充沛，适宜农业生产和林业种植。凤堰梯田自修建以来主要是通过堰渠使茨沟、冷水沟、东沟、黄龙沟等凤凰山的溪流自流灌溉，当地的河流水量的季节变化非常明显，夏季为丰水期、冬季为枯水期，这对当地的农业生产也具有很大影响。

（5）植被特征。凤堰地区地处北亚热带与暖温带交汇地带，所以森林植被兼具两个气候带的基本特征，加上隆起的山地在垂直空间上对气候因子的重新分配与组合，形成了两个气候带控制下的山地森林植被特点。植被既有亚热带的常绿阔叶植物群落，如杜鹃、棕榈、香樟、大叶女贞、枇杷等；也有暖温带的落叶植物或针阔混交植物群落，如马尾松、巴山松、水杉、油松、华山松等。

3. 人文环境特征

（1）移民文化。汉阴历史上是个移民大县，历史文化积淀深厚，发展轨迹独特。湘、鄂、粤及赣、闽、皖、川、晋秦大量移民在汉阴交会，加上巴蜀文化遗存和地域的关联，使南北文化在这里碰撞，最后达到了融合升华，形成了汉阴独具特色的民俗风情。随着明清"湖广移民"大潮中大量的移民迁入凤堰地区，也将原籍的文化带入本地，一些外地风俗习惯以及文化艺术由此在当地缤纷呈现、不断传承发展，成为当地特有的移民文化现象。这其中既有南方较为先进的生产方式和生产习俗，以及种植灌溉技术改变了当地只能靠天种植旱田的状况，扩大了农田种植面积，也有代代继承保留而具有各地特色的方言体系、饮食习惯、待客礼仪、居住习俗、民居建筑样式等。这些地域风俗多样化，又具独特性，反映着道德伦理和民俗乡情及移民的乡土气息。还有经过移民长期交往融合而形成的陕南当地特色的民间文艺、传统表演等艺术风俗形式。

（2）稻作文化。稻作文化是指由稻作生产发展形成的社会生活，包括水稻产生、发展和由再生产劳动中产生的习俗、文化生态架构、文化现象等，稻作文化是劳动人民在长期的水稻种植实践中，通过长时间积累而形成的文化的沉淀。其中，土地是自然万物的母体，它构成了稻作文化的物质基础；人类在漫长的劳作过程中不断推动稻作发展，是稻作文化的创造者，作为人化自然的物质实践活动，稻作通过改变自然环境开辟了不同形态的梯田来种植水稻，梯田稻作文化不仅形成了人化自然景观，而且催生了与梯田生态环境相适应的梯田居民日常生活形态的人文景观，主要表现为聚落建筑景观及民俗节庆景观。凤堰梯田就是湖广移民们定居堰坪后，通过自己世代习得的稻作传统修建而来的产物。梯田的增产使聚落的人口不断增多，人们聚居修建的具有当地特色的民居建筑传承着民俗文化。

（三）凤堰梯田村落文化的梯田生产景观

梯田生产景观作为凤堰梯田村落文化景观遗产中最重要、最具特色的构成部分，凤堰梯田不仅是移民文化和稻作梯田结合的文化遗产，其具有可持续发展以及有机进化的特征。同时，梯田也是当地人进行生产的主要场所，为人们提供粮食供给，同时也作为主要的经济来源之一，保证村民的生活，具有自给自足的特征，是以农业经济为主体的发展模式下形成的人与自然和谐发展的纽带。梯田生产景观主要从梯田的布局结构、生态系统及景观特征三个方面进行分析。

1. 梯田布局结构

凤堰梯田每块子梯田布局结构基本相似，由田埂、沟渠、堰塘及可供田间休息的田房等配套设施组成。凤堰梯田主要利用茨沟、冷水沟、东沟河、黄龙沟等凤凰山自流灌溉，再加上当地人开挖的沟渠与堰塘接住从高山森林自上而下的水流与渗出的泉水形成了"田渠塘溪"体系。

田埂是指田间的土地高于田块凸起的部分。凤堰梯田的田埂尺寸一般是宽30cm，高出农田部分10～15cm，主要堆砌材料为碎石、泥巴、草根等，用来区域分界、蓄水、路人行走等，也可以在宽敞的田埂上种植喜水农作物，方便灌溉。就梯田本身而言，田埂是梯田保水保肥保土、维护梯田生产功能和景观稳定性的最重要因素，也是梯田的核心组成部分。

当地人称沟渠为"堰沟"，堰沟作为梯田历史的重要见证，呈枝干状贯穿连接着大小高低不同的梯田，使其成为一个水资源体系。堰沟分为纵向的干流渠和横向的支流渠，有的取材当地石料石砌而成，有的则是简单地开挖加固。利用纵向的干流渠和横向的支流渠将单一的自上而下的原水流巧妙地转化成间断的垂直方向和连续的水平方向。水田分层进行贯通，上下层田地留有进出水口，利用山地高差优势可完成自行的串流灌溉形成梯田湿地。溪流流入梯田中地势平坦的坝子处，在平坝田旁会修建堰塘，渠必连塘，溪流的水灌流到堰塘内再和田之间用沟渠连接衔合，用于旱季灌溉农田。梯田内部沟壑纵横，每一片梯田在200～300层不等，包含田埂、田面呈水平台阶式，沿山体的坡度层层向下蔓延。在田间分布的一间间低矮的小房子，当地人称为"田房"，供农忙时在田间休息或者储存农具。

2. 梯田生态系统

凤堰梯田是传统的稻作生态系统，是集"水源林—村庄—梯田—汉江"为一体的立体循环稻作系统。汉江充足的水源在山地地形的影响下蒸发形成云雾，云雾上升的过程遇到凤凰山的峰顶阻挡形成大量降水，水源林下渗蓄水成为地表与地下径流，以山泉和溪流的形式通过"田渠塘溪"体系逐级灌溉农田，给梯田农作物生产和村庄农民的生产生活提供水源，发挥水资源的最大利用效率。

（1）水源林。凤堰地区位于北亚热带与暖温带交汇地带，所以梯田上方的水源林植物既有亚热带的常绿阔叶植物群落，也有暖温带的落叶植物或针阔混交植物群落作为大量的原始森林，表层深厚。土壤有机质含量高，肥沃通气、排水良好，具有良好的水源涵养能力，森林原生性强，植被覆盖度高，多种类的植物群落也对水源涵养起到了积极作用。

（2）村庄。分布于水源林与梯田的交界处，是村民日常生产生活的核心场所，控制着自然与人工两大系统要素，古代村民从森林狩猎动物，获取木材修建房屋，作为建立与维系村落发展的重要物质条件，在从森林获取物资的同时，人们也在控制对森林的开发，防止水土流失。村庄和梯田都是人工生态系统的要素，先民的聚居形成了村落，开垦梯田后利用充足的水资源栽培水稻延续至今，村民每年还会对种植的梯田进行修补加固使之可长期续存。

（3）梯田。梯田不仅发挥着稳定粮食生产的作用，也很大程度降低了山区坡地的水土流失。当地人开挖的堰渠与堰塘，承接了高海拔自上而下的水流，山林累计的大量腐殖质随着雨水汇集到堰塘，顺着盘山而下的堰渠流入梯田，堰渠与堰塘沉积泥沙，减轻因泥沙淤积导致的田面升高的问题，提高梯田的保水能力。因地形限制梯田至今仍然保持着传统的小农生产模式，多样化的作物品种和稻油轮作的生产技术，保留了丰富的传统水稻品种资源，增加了农田生物多样性，保障了农田生态系统的稳定性，确保了安全的农产品生产、良好农田生态环境的维持和多样性食物的供给。

（4）汉江。由于汉江位于约300米的低海拔地带，气温湿润造成了强烈的蒸发作用，大量水汽上升至凤凰山1000米以上的高海拔地区，到达暖湿气流凝结层，来自汉江的水汽逐步凝结，形成雾气和"云海"，云雾在山顶聚集降温，又形成大量的降水为水稻种植提供独有的物质基础。

3. 梯田景观特征

凤堰梯田是人类活动作用于自然的产物，由于其自身环境相对闭塞，在漫长的演变中，逐渐形成了相对稳定且鲜明的文化景观特色。梯田景观是一种极具艺术美感的景观类型，在不同的季节，梯田变幻出不同色彩，生产农事的变化呈现出不同的季相景观。在空间维度上，纵向和平面空间呈现出不同形态，梯田多处，举目远望气势磅礴；梯田少处，群山掩映风姿绰约。根据时间维度和空间维度将其景观特征分为时序季象和空间形态两类特征，其中空间形态又可分为垂直纵向特征、平面形态特征与时序季象特征，具体如下可知。

（1）垂直纵向特征。凤堰古梯田具有"水源林—村庄—梯田—河流"垂直分布且河流域渠系贯穿其中的显著地域性特征，具有极高的美学价值。凤堰古梯田位于山坡上和山谷间海拔529～1786米，高海拔地区凤凰山南麓生长着亚热带落叶林植物，森林中弥漫着云雾，形成茫茫云海，宛如仙境。聚落主要分布在山腰，临近耕地方便人们对梯田的养护管理。在地形较为平缓的山谷，出现聚落、林地、梯田、园圃和溪流交互聚集分布的复合景观。

（2）平面形态特征。先民对陡峭的地形进行人工改造，使其形成阶梯式的纵性空间形态，也具有丰富的平面型态类型，根据田野调查归纳后可将梯田平面形态总结为四种形态类型，分别为：①单核型，梯田具有单个核心的闭合曲线；②多核型，梯田具有多个核心的闭合曲线；③无核平行型，梯田台线为多条非封闭曲线，呈现平行或近似平行的非闭合曲线；④无核交叉型，梯田台线为多条非封闭曲线，所处位置地貌复杂，呈现明显交错的非闭合曲线。

不同类型的梯田形态也具有各异的农作种植特征。无论是单核型还是多核型，在核心田块上只能靠自然降雨，其农作方式有两种：①在核中种植旱生经济作物；②不种植作物只保留原始植被，在核心之外的闭合层级中有沟渠分布，灌溉条件良好，基本是水田种植。无核平行型梯田多开辟在山脊处，这里山势形态外向延展，光照良好，利于水稻培育；无核交叉型梯田多见于山洼处，这里由于山体遮蔽光照时间短，农田种植于山脊处，多处直接保留林地不开田。

（3）时序季象特征。梯田在水源林下绵延数十里，层层环抱山脊，从山脚盘绕到山顶。其随山势而变化，缓坡地带是连畦大田，陡坡小田块分布，在石隙与河沟处还有冲田。梯田面积大者有数亩，小者仅有簸箕大小。一年四季，梯田由于农耕生产活动和生物季相变化，呈现出截然不同的景观特征，可以让人们欣赏到四时不同的变幻美景。

当地农业生产采用的是稻油轮作的种植模式，春季是种植油菜的季节，稻田里油菜花在春季盛开，一片金色花海。管理油菜的同时，农历早春二月开始育秧、泡田，四月开始收油菜和插秧。夏季是稻子的生长期与成熟期，梯田呈一片葱茏的景象。梯田从绿色中醒来，由嫩绿色走向碧绿进而墨绿，绿得绵密且厚重。在梯田上劳作的人们犹如刺绣的针线扎进梯田的泥土中，融入这自然美妙的世界里。八月后，作物开始收割，秋天山野逐渐变为丰收的稻黄色，像一幅色彩厚重的油画。冬季的凤堰梯田白雪皑皑，梯田在纯净的白雪映衬下，所有蜿蜒起伏的曲线骤然凸显。

（四）凤堰梯田村落文化的聚落生活景观

村落一般是特指由在其生活环境中进行生产耕作活动的农民组成的农村聚落，它具有特定的居民组成、生产方式及生活环境。村落独立于城镇之外，居住者以农业为主要产业，以农业劳作为主要生活来源。在凤堰梯田村落文化景观中，村落占有重要的地位，它是原住民聚居生活的场所，也是承载景观文化内涵的物质载体。凤堰梯田的聚落生活景观即梯田的村落景观，包括村落的选址布局、街巷空间和民居建筑。

1. 梯田村落选址布局

凤堰梯田遗址区的村落属于移民聚落，清代湖广的移民沿汉江廊道一路向西北落业至堰坪。首先是因为此地处于秦巴大山深处，环境幽闭安全性极高。其次是当地具有丰富的水源、土壤肥沃、气候温润，适宜农业生产，加之"地广赋轻，开垦成业"的政策导向，移民而来的吴氏家族逐渐成为凤堰梯田的第一批建设的开拓者。最后是当地符合传统风水的绝佳位置，自然和谐，利于村落营建、族群繁衍和生态可持续发展。以下具体将从安全防御角度、农业生产角度、风水选址角度三个方面进行分析：

（1）安全防御。安全性对于移民村落选址定居是首要考虑的条件，陈志华认为，水土丰厚固然是吸引外来移民的重要条件，而"寇不能入"对于因战乱或饥荒而不得不远离故土、迁徙异乡的人来说，才是最重要的。凤堰梯田遗址区的村落选址于地域环境相对独立的低山丘陵地带，借当地四面环山的自然屏障来定居便是基于这样的考虑，体现了移民客家人的保守防卫思想。除了抵御山贼土匪的侵扰和动荡的社会环境以外，安全防御的另一方面便是对抗自然环境安全，包括防洪与地质灾害。基于此，凤堰梯田遗址区的村落多选址于浅山缓坡处或是丘陵台地上，不会出现旱涝水灾，利于生活。

（2）农业生产。村落选址不仅要利于生存繁衍，还要利于生产发展，农业是人们生存和发展的稳定保障，所以移民对于村落选址便需要选择适宜从事农业生产的地理环境。后一批湖广移民随先人陆续迁徙至此地，发现这里土壤肥沃、地处汉江流域雨量充沛、气候温润，两岸的坡地都可为开辟梯田提供适宜的自然条件，以及当时地广赋轻，农业经济的发展可使族群壮大。

（3）风水选址。我国古代先民通过长期的实践，在探索生存和自然环境相互协调方面积累的风水理念，一直作为居住环境选址的重要依据。根据"风水"理论，古人在选址规划中以崇尚自然、合理利用自然为原则，尊重自然生态的内在形成规律，巧用自然资源为指导思想，凤堰地区的村落选址满足了山水交汇，负阴抱阳，阴阳相济的理想。这种模式通过山水的自然阻隔形成天然屏障，具有一定的防御功能，增强了村落安全性，同时这一选址也适应了我国的气候和地形条件，南面开阔夏季易获得充足的水汽和光照，背靠北面山峦屏挡冬季寒流，靠近水源不仅有良好的水循环系统，还便于交通和运输。此外，山水环绕也有利于水土保持调节小气候，使居民更好地适宜自然生态环境。

凤堰梯田遗址区分布在汉江以北低山丘陵带，村落背靠延绵的凤凰山脉南麓山坡，四面环山围护，村落内地形高差较大，南北向有水源流淌，整体呈现出山水环绕格局，基于地貌形态梯田村落均为山地型聚落，因地形的限制，山地聚落呈线性或者散点式分布，村内道路布局顺应高差地形蜿蜒多变，主路、次路、支路相连形成了枝干状的路网形式特点，由于聚落所分布坡地的地形高差较大、地形复杂，所以建筑很难集中布局，通常是单户独院分散于梯田之中或是组团结合线性分布于道路两旁，建筑除部分新建民居为呈沿路的联排式布局外，大多数民居宅院是布局较为自由分散的组团状，且没有固定的朝向，整体呈现出典型的中高山地区分散型的空间形态基础特征。

2. 梯田村落街巷空间

（1）街巷空间的构成。街巷作为村落的主要公共活动空间，承载了人们日常的交流与活动。村内的街道、小巷、河道、场坝都是街巷空间的组成部分，街巷的变化反映了村落的历史发展，从公共空间到私人空间的尺度变化，道路的升级与铺装变化都能够映照出人们的生活状况及区域的经济发展。

凤堰地区地形复杂多变，山地、丘陵、河坝相间分布，以此造就了高低起伏、蜿蜒曲折、变化多样的街巷空间。这些街巷空间适应山地的自然环境，承载着村民之间的生活交流，村落与村落之间的相互往来。当地的街巷空间无明确的形成规则，以自然环境为基础，将农田、建筑、地面组合起来，是符合地域特色的梯田村落街巷体系。街巷空间主要由底界面、顶界面及侧界面构成，底界面是指村内道路的路面，由路面的形式、材料、功能组成，是街巷空间的基础；顶界面包括天空、屋顶挑檐或者远处的山体，是人视觉所形成的感知；侧界面包括道路两旁的建筑、植物和农田，是以街道两侧形成的附属建设。关于街巷底界面的材料，村落的主街道已全面修建了混凝土路面，部分村组因住户较分散，故一些到户的支路和田间小路依旧是土路面或是自然毛石铺装路面。

（2）街巷空间的尺度。将街道的宽度设为 D，建筑外墙的高度为 H 进行研究。D/H > 1 时，随着比值增大会逐渐产生远离感，超过 2 时则产生宽阔感；D/H=1 时，高度与宽度之间存在着匀称感，显然 D/H=1 是空间性质的转折点。对于村落来说，H 并不是完全指建筑外立面的高度，也可能是因地形抬高的建筑、台地或是农田植被。现将不同的道路高度与距离的比值带给人的感受体验总结如下。

D/H < 1：视野范围受到束缚，感到压抑，具有较强的私密感。

D/H ≈ 1：空间的压抑感和私密性减小，给人舒适的感觉。

D/H ≥ 2：空间变成开敞场所，仅有明显的道路识别感。

凤堰地区村落中作为村民日常活动、村与村交通互往的主街巷为 4 ~ 6 米；建筑与建筑间的宅间小路为 1 ~ 2 米，供单户或是少数几户村民的日常生活；少数仅供单户使用的户间小路或是田间小路则不足一米。

3. 梯田村落民居建筑

明清时期，汉阴地区接纳了大批湖广移民，现当地居民中，移民的后裔占绝大多数。先民由南向西北到达汉阴之后利用这里的山形地势，结合南方地区的传统建筑技艺，在此修建了一大批移民建筑。凤堰梯田现存的建筑主要以传统建筑和现代民居为主，其中传统建筑以民居宅院、堡寨和宗祠为主。这些传统建筑文化遗产都是湖广移民历史及秦巴山地开发历史的重要见证，也能直观地反映出在不同历史时期当地村民的审美水平和经济发展，民居建筑受到南方和北方文化的影响，呈现出南北方建筑风格交融的融合性。

（1）院落环境及平面布局。凤堰地区传统民居宅院主要由院落、主体建筑和附属用房3大类构成，院落大致分为5类，分别为前场式、前院式、合院式、后院式及天井院式。当地最为常见的是前场式院落和前院式院落。前场式院落为开敞式，不设围墙，私密性较差，基本上每户门前都会有一块空场地，主要功能为晾晒粮食、堆放杂物或者家庭邻里活动场地，现如今也会当作自家的停车场。前院式大多位于平坝处，以围墙围合院落，私密性较好，规模大小不等，一般进深2～5米，这一类院落通常修建年代久远，属于旧社会大户人家的宅院，现在或是有后人居住或是处于闲置状态。

院落内的建筑多为"一"形和"L"形平面布局，部分年代久远的富户民居为三合院式"凹"形建筑布局，"一"形传统民居一般为三开间，"间"为当地房屋的基本单位，一间的宽面一般为3～5米，形成"一明两暗"的形制；"L"形为"一正一厢"，且多为开口；"凹"字形传统民居为三合院，此类民居在当地属于"大户"，三面围合大多为"一正两厦"格局，且多为一层或一层半的层高。民居的主体建筑以堂屋为中心，两侧为家庭主要的生活起居用房，附属用房一般位于居住用房两侧或者院落一角，包括厕所、厨房、牲畜圈舍、储藏室等。

（2）建筑空间。凤堰地区的传统民居遵循中国传统建筑礼制中的"居中为尊，中轴对称"空间组合思想，从建筑单体到院落组合上均体现出传统的伦理秩序，堂屋居中，坐北朝南，堂屋两侧的房屋为起居卧室，居住安排讲究"哥东弟西"，左为长辈屋，右为小辈屋。另外，受移民文化的影响，当地有祭祀的传统，在正对入口大门的堂屋墙面上供奉着先祖和神灵的祭台，堂屋还具有日常劳作活动空间的功能，以及会客、用餐等场所之用，是一个具有多种用途的核心空间。民居因受陕南多雨气候的影响，檐口出挑的深度一般较深，房檐起到了冬季遮挡风雨、夏季纳凉成荫的作用，使屋檐下形成了一个过渡区域，雨天可作为村民生产劳动空间，也是农作物及农具的临时存放空间。

（3）建造技术。凤堰地区采用的建造技术归纳总结主要有以下三个方面的特点：

第一，体现在建筑材料和形式上，由于凤堰地区水循环系统导致的阴湿多雨的气候环境，加上山区木材、石材、黄土等乡土材料丰富，当地传统民居形式多为版筑夯土墙或土坯墙房屋。版筑式是将泥土和草加水混合，挤压入模再使用特定工具进行多次夯实完成；土坯墙是将土加入定量稻草做成土坯，待风干后就可以用于砌筑，十分便捷。屋面均为木架构，由于土墙不耐潮湿，故墙体下碱、墙裙部分多由毛石、卵石、条石或石板等材质砌筑而成，不仅取材方便经济，而且具有良好的室内保温防潮作用。

第二，体现在建筑结构形式上，凤堰地区的建筑一般是穿斗式木结构房屋和混合墙体承重结构房屋。这种结构用料小，造价低，结构紧密，稳定性好。大型合院式传统建筑会采用抬梁—穿斗混合式木结构，山墙边贴用穿斗式，而大空间则使用抬梁式，显得开敞庄重。

第三，当地人采用悬山式屋顶样式，前后两坡屋面均悬于山墙之上，以利于排泄雨水，减少因降水量较大对屋顶产生的伤害。屋顶用料整齐，檩条和椽子质量好，间距较密，排布均匀，屋面为冷摊板瓦和仰合板瓦，在铺设砖瓦时会特意空出两到三片的"明瓦"在屋脊处或者是屋顶的较高处，用以缓解室内过于昏暗的问题，起到一定的采光辅助功能。建筑檐口的设计大都出檐深远，主要是为遮阳避雨，一般出挑深度会在一米以上，有些甚至会更长。

（4）建筑装饰。在民居建筑装饰中，受到多地移民文化的南北建筑风格融合。民居建筑外墙基本为黄色的夯土墙或是抹一层白灰的白墙，屋顶及封火墙为灰瓦石板，形成了强烈的色彩对比效果。

凤堰地区对于建筑外部的装饰特色与南方地区的建筑外观相似，讲究灵活性和艺术的表现力，将建筑装饰的重点放在了屋脊、檐廊、山墙等部位。木雕和石雕是常用的装饰手法，屋脊装饰以各种寓意吉祥的造型图案；檐口瓦当装饰；山墙部位有造型丰富的风火墙或马头墙以雕饰精美的脊瓦。

在门窗、隔山、柱础基石、木构架的装饰上比较常见，这些雕刻技术把南方和北方的技术特点融合了起来。在采用北方墙体技艺的同时也融合了四川地区的雕刻技术。雕刻的物件十分生动，常见的有花草、鸟禽一类。

（五）凤堰梯田村落文化的非物质文化景观

1. 生产技术

（1）以传统稻作为主的油菜轮作模式。轮作是作物种植制度的一种方式，提高耕地用养结合，是增加作物产量和提高品质的重要途径之一。水稻是汉阴的传统粮食作物，雨季是其种植与生长期，因其气候较之南方冷甚，故选择种植单季稻。当地人民经过探索和实践，总结出水稻和油菜的轮作模式，不仅有效地提高了水稻的品质、地力，也有利于防治病虫害，保证农业稻作种植持续、稳定。

凤堰地区的稻油轮作，按其种植物种可分为油菜种植和水稻种植两大阶段。根据生产节令又可分为九个工作阶段，分别如下：

第一，整地泡水。种地之前需要先进行整地工作，用锄头开挖田地松土，泡上一定量的水，然后用牛拉犁平整土地，通常会用到水耙。犁好土之后用车板加固田埂，使其能够留住水分而不往外渗水，再立马灌满水。

第二，培育秧苗。当地所种植的单季稻在立春前后便开始育苗，待谷种发芽后，将其撒至育秧田中进行秧苗的培育。

第三，插秧。4—5月雨季到来之际，把育好的秧苗用秧桶装好，拿到田间进行插秧。这是因为水稻喜湿喜热，雨热同期的气候利于秧苗的快速生长。

第四，除草施肥。当地的农民在春夏之际给稻田进行除草施肥工作，由于梯田处在缓坡中，田埂狭窄，现代机器很难进去，至今人们的除草施肥工作都是人工进行。

第五，收割稻谷。八月十五中秋之前，主要的工作便是抢收稻谷，是农忙的高峰期。抢收稻谷时，农民们用镰刀飞快地收割稻谷，再拖着大床一般的木质方谷斗，在桶内拍打，进行初步脱粒，用打谷桶接住脱好的谷粒，把一袋袋的谷粒装好用车板或肩扛运回家。据田野调查所知，如果哪家有人手不够的情况，他们会专门请周围已经收割好或者还未开始收割的邻居前来有偿帮工。一般情况下稻谷运回家后，农民们会用板耙和齿耙把稻谷铺在自己院子前建好的专门晾晒谷粒的地方，晾晒完成后，再装仓储存。

第六，整地。通常情况下，水稻全部成熟之后，收割完之前，农民们就会放干堰渠中的水，在中秋节前后，用牛粪将田犁翻出稀土，部分农民再种植小春作物，大多数人选择种植油菜。

第七，种植油菜。早栽有利于促进秋发，因此9月份就开始移栽，在适播期内，抢晴天早栽种，把油菜苗栽正、栽稳。

第八，油菜管理。油菜的大田期管理相对轻松，在移栽完成后结合中耕除草直到第二年的3、4月份油菜花开，这时也是举办油菜花节的时候。

第九，收割油菜。油菜花节会持续半个月左右，花谢后便会收割油菜，收好的菜籽用来榨油。据田野调查可知，因为当地的土壤条件好，一般的油菜一千斤才能榨出一百来斤油，这里的油菜却可以榨三四百斤油，榨好的菜油一般是自家食用或是拉去集镇上销售。

（2）"田渠塘溪"体系水资源利用技术。百年来，在精耕细作中，农民们总结出了一套独特的水资源合理利用技术，其方式高效、独特，为凤堰古梯田稻作系统正常运转提供了有力保障。陕西汉阴凤堰古梯田传统稻作系统的水利技术主要来自"田渠塘溪"体系。田即梯田，渠是每一"坝子田"间的沟渠，溪指两山之间的溪流，塘则为溪流流到梯田中的坝子处，在坝子旁边修建的池塘。这一体系使溪流的水可以灌到池塘里去。池塘的水和田之间用渠道连接衔合，构成如血管一样的连续体系。

渠必连塘，水塘中的水来自山间溪流，由此构成"田渠塘溪"体系。凤堰古梯田主要利用茨沟、冷水沟、东沟河、黄龙沟等凤凰山溪进行自流灌溉，再加上当地人开挖的沟渠与堰塘，接住了从高山森林自上而下的水流与渗出的泉水，丰沛的自然水源使梯田内部沟渠纵横，灌溉系统完备。

梯田灌溉在大部分的时间用到的是自然水资源，可是每到旱季的时候，就要用到堰塘里面的水。堰塘边有几级台阶，每一级都有一个圆洞，这圆洞和梯田下面的灌溉渠道相通。在三伏天大旱的时候，一天的日照足以让秧苗打卷，而一夜的秧田水则可以让秧苗疯长。当旱季需要堰塘水的时候，水位淹没到哪一个台阶之上，就去开启哪一个台阶的圆洞。随着汩汩的水声，堰塘的堤坝下面直通梯田的洞口就缓缓流淌出水来。

2. 民俗节庆

传统节日与民众生活的自然生态环境及生产方式有着紧密关系，是村民在他们长期与自然互动中逐渐形成的适应自然的社会生活。民俗节庆是凤堰梯田非物质文化的重要载体，多方面呈现当地的生产生活方式、传统习俗等特点。凤堰梯田地区至今沿袭着许多中国传统民俗节庆，如除夕要祭神接灶、守岁、出天星；元宵节要吃元宵、耍灯、耍狮子；端午节要包粽子，汉江边还会赛龙舟。

与其他的地方特色有所不同的是，凤堰当地的民俗节庆多与生产有关，并由此衍生出各种生活性的活动。虽有一些以逐渐被简化，但依旧是当地特有的文化传统。当地每年有"打春"、栽秧节、"六月六"等特定的传统农事节日，"打春"表示严冬已过，春耕即将开始。在立春前后，农村有送"春牛图"者，名为"春官"，手捧春牛图，走乡串村，挨户送图，根据各家不同情况，说唱吉利发财的好话，主人打发一点零钱或便饭招待。栽秧节并无具体日期，农村把稻田插秧看作一份大事，一般需办席"吃秧酒"，其热烈程度与"清明"不相上下。农历六月六日踩釉、做酱、曝晒棉衣冬裘。

如今随着文化事业的发展，又衍生出新的节庆活动。当地利用轮作种植油菜花的优势，每年的三月下旬至四月上旬，在凤堰梯田都会举办长达半个月的汉阴油菜花节。这个时期不仅是游客欣赏凤堰梯田万里油菜花海的绝佳时期，也是当地农民开始陆续收割油菜籽的丰收时节。

3. 民间艺术

任何一个地区的民众都会有当地特有的民间艺术，经过岁月的筛选与沉淀，艺术表演的可传播性和娱乐性产生出较高的观赏价值，同时也反映出当地的地域文化具有研究价值。

汉阴自古以来作为移民移居的聚集地，给这里带来了多元的文化冲击和深厚的文化积淀，使凤堰地区成为南北文化风情云集荟萃的交汇地。这里的传统民间艺术表现出南北融合、东西荟萃，相互渗透、相互借鉴的特点，包括花鼓子戏、采龙船、薅秧歌、调子、舞龙和舞狮子等。

花鼓子，是湖南移民带来的传统歌曲文化，当地大多数老年人都能即兴演唱富有移民风味的花鼓子。汉阴的花鼓子多唱一些生活民情或是当地民间传说，富有歌唱性和舞蹈性，在院落或堂屋铺上一张竹席或一张方桌即可开演，甚至可以随地开演，所以又称"地蹦子"。

采龙船，是当地的一种民间舞蹈，作为节日期间的游乐活动。他们以自己制作的彩船为道具进行舞蹈，舞蹈时多配以锣鼓，叫作"玩船"，玩船的队伍一般有6个人，各自分工明确。采龙船只在正月初一到十五的时候才有，等天一黑，采龙船的队伍便从家里出发，沿着乡间小路一边走一边敲锣打鼓，周围的人家听见后打开门来请"船"进家门，玩船的人会唱着吉祥祝福的歌曲，连唱几首，目的是祈求来年农作物的丰收，财源广进，有着幸福安康的含义。

薅秧歌，是农民们在薅秧时候为了排解劳作的寂寞，信口哼出的小调曲子，有自己的节拍韵律，有的即兴填词，歌词都是关于劳作的，随口传唱，被称为"调子"。

舞龙和舞狮子，主要出现在春节期间。舞龙又称为"耍龙"，晚上耍火龙，因为龙身点亮蜡烛，浑身通亮，白天的龙身只描绘五彩，叫作"彩龙"。耍龙时每个人抓住骨架的竹竿把手，高高举起，随着龙头舞动。其有多种套路，有"单龙戏珠""二龙抢宝""蛟龙盘柱""苍龙游海"等。伴随着欢快的唢呐声音欢腾跳跃。耍狮子，分为"文耍"和"武耍"。"文耍"主要表现狮子的俏皮活泼，"武耍"主要是狮子和人搏斗的场面。耍狮子时，迎接狮子用鞭炮、硝烟火花围攻，狮子在喧天锣鼓的助威下翻腾跳跃，惊险刺激的舞蹈场面让人叫好。

(六)凤堰梯田村落文化景观的价值认知

1. 文化价值

凤堰古梯田的垦建改变了凤凰山区原始植被形态及地形地貌，粮食产量的增加使得人口数量增长，形成了一定规模的村庄聚落，直观地反映了"湖广填陕南"的移民历史。湖广移民的大量涌入，使清政府将移民所在政区升格，使陕南山区的行政管理和防务逐渐健全，同时也对农业生产关系进行了调整，对陕南的开发作出了积极贡献。

梯田的开垦和种植水稻的生产方式是移民文化最重要的表现形式。除梯田直观的农业景观以外，移民聚族而居的宗族意识，南北融合的建筑风格、饮食习惯、民俗方言文化都保留着迁出地的内容和形式，见证保留着移民乡土文化。

湖广移民定居陕南山区后，为抵御山贼土匪的侵扰以及动荡的社会环境，采取了堡寨式建筑民居，四周以环形围墙形成院落，设以角楼和哨垛等防御措施，形成了凤堰地区独特的寨堡文化、建筑并保留至今。以姓氏对寨堡命名和寨内立碑刻记及当地文献记载的寨堡修建历史均反映出了陕南山寨文化的内涵。

2. 景观价值

凤堰古梯田是目前秦巴山区发现的面积最大、保存完整的清代梯田。作为中国纬度最高的大面积水梯田，与凤凰山麓自然环境融合，形成整体的生态系统，体现出人与自然高度的和谐统一。其景观的艺术性、典型性和稀缺性都令人惊叹。梯田村落内有着完整的建筑体系，部分民居具有典型的南方特色的建筑元素，如造型优美的风火山墙、圆柱骨架，纹饰细腻的石雕、砖雕和线条流畅的木雕都具有较高的建筑美学价值。民间传承保留下来具有各地特色的话语方言、饮食风味、族规堂号、民间文艺等非物质文化遗产构成了极具活力的民俗风情，具有较高的艺术研究价值。

3. 生态价值

凤堰梯田不仅是历史悠久的农业遗产，更是形成了一个物种丰富的农业生态系统。在传统种植技术与习惯上，系统仍保持自古以来的使用有机肥料的习惯，病虫草害的防治以轮作技术的自主控制与生物防治为主。凤堰梯田地处凤凰山国家森林公园内，水源林资源丰富，生态保持良好。无工矿企业的污染，最大限度地保护了森林公园原始生态环境，为保持生物多样性提供了优质的条件。它不仅发挥着稳定粮食生产的作用，同时还在水土保持方面起到了积极作用，很大程度降低了山区坡地的水土流失，使植被茂密，涵养了水源，为境内汉江水域保持水源清洁作出了巨大贡献。

凤堰梯田的生态系统依托当地生态资源环境搭建了成熟的复合养分循环系统，既根植于当地优质的生态环境，又实现了资源的调配，提高了农产品附加值，进一步优化了梯田农业产业机构，节约了梯田内生态资源，创造出一种良性的生态循环环境。

4. 经济价值

传统梯田的经济价值随着农村生产关系的转型在不断衰减，但就凤堰梯田村落其独特的"森林—梯田—村落—汉江"四素同构的景观资源及生态环境，对其进行保护和发展亦能产生间接经济价值。利用梯田文化景观丰富的旅游资源打造休闲农业，传统的稻作农耕生产极具观赏性和趣味性，可以发展体验旅游，并开发有关农业的旅游商品，丰富旅游项目，打造生态游览胜地，使人们感受人地关系的和谐共生。

(七) 凤堰梯田村落文化景观的保护原则

凤堰梯田及其聚落遗址历经两百余年保存至今，其历史悠久的移民文化和传统稻作生产体系、"水源林—村落—梯田—河流"的生态格局、人与自然和谐的聚落环境、南北融合的建筑风貌及丰富的非物质文化遗存，都以其独特性保存于陕南秦巴山区。但是随着社会和经济的发展，人口的流动打开了原始封闭、自给自足的生产生活状态，在生产结构变更和经济发展滞后的影响下，凤堰梯田村落文化景观也在发生改变。文化景观是人与自然相处结合过程中的直接产物，一直处于动态的变化之中，在新旧交替、传统与现代、保护与发展的对立进程中，需要寻求一个平衡点。故此，对于凤堰梯田村落文化景观保护探索应是其发展的先决条件，具有迫切性和必要性。

凤堰梯田村落文化景观作为文化遗产的一种，是人与自然共同作用产生的结果，是长期历史发展下人们生产生活行为孕育的智慧，具有传统性和变化发展的特性，在保护过程中，首先应严格按照《保护世界文化和自然遗产公约》(简称《世界遗产公约》)的原真性和完整性原则制定保护策略，在保护的同时适度有机更新，维持凤堰梯田村落文化、景观、生态、经济的可持续发展。

1. 原真性为基础原则

原真性不应理解为文化遗产的价值本身，而是对于文化遗产价值的理解取决于有关信息来源是否确凿有效，原真性的原则性就在于此。所有文化和社会扎根于有各种各样的历史遗产所构成的有形或无形的固有表现形式和手法之中，对此应给予充分尊重。凤堰梯田及其所包含的村落体系是有机进化持续性景观，是活态的遗产，以坚持原真性保护为基础原则，保持其历史文化的原真性，保护的关键是延续其传统稻作农业生产方式，增强梯田与聚落、村民的互动关系，重现当地特色和历史风貌。由于生产劳动力流失、现代观念与技术的冲击和市场竞争的挑战，传统农耕技术传承面临挑战，传统稻作生产体系逐渐衰落，梯田本体面临威胁。政府应当作为主导，制定行之有效的政策给予经济补偿或通过旅游业带动，支持传统稻作生态系统的保持，让村民能在保护遗产中获得经济效益，才能激励村民自发维护古代梯田生产的原真性。在此基础上，引导村民传承生产生活习俗和文化活动，保持当地原本的文化价值。

2. 保护完整性原则

保护完整性原则是强调保护其所包含的全部内容和形式，保护其整体性。保护主体是以梯田物质实体为主的农业景观，但因梯田的创造者是生活在聚落的村民，生产技术与文化特征性保存于村民的日常生活之中，所以，保护内容需涵盖以聚落为生活场所的"村落"，同时，梯田生态系统、凤堰地区的非物质文化遗产与梯田村落组成有机的统一体，应当得以整体性保护，以保持其景观整体风貌的完整。

3.适度有机更新原则

在充分尊重原有乡村风貌特色、保留有价值的文化形态的基础上，凤堰梯田村落文化景观保护应该遵循"有机更新"的思想，按照其内在的发展规律，在保护历史建筑并维护梯田生态系统的整体空间的同时，充分利用历史建筑的形式，并通过更新村庄的空间形式来丰富农村社区的空间挖掘。保护梯田村落的内在生长要素，如传统民居、民俗、产业等，在此基础上发展乡村旅游、度假、观光生态农业等产业，从而引导梯田村落生态系统、物质生活空间、非物质文化空间的有机更新。在保护原真性的同时，进行有序的、适度的更新，自然的变化以实现梯田村落文化景观遗产的可持续发展。

4.可持续发展原则

坚持可持续发展的目的在于满足现阶段需求的同时，保护凤堰梯田村落文化景观中的地域特色、文化遗产、生物多样性等，使所蕴含的独特性和多种价值得以延续。凤堰梯田及其人们生活的聚落是人与自然相互作用的产物，也在这个过程中人与自然发生交互与冲突。这个持续的动态过程稳定而有序，使村落文化景观得以继承和发展。从创造力、农业多样性、可再生性三个方面出发，其创造力是指梯田本身具备的创造生产能力；其农业多样性指农业所具备的经济、生态、社会和文化等方面的功能；可再生性是梯田所依存的整体生态系统格局具备更新发展的能力，各要素可产生新的功能以满足发展的需求。凤堰梯田村落文化景观的可持续发展应是物质和非物质景观的和谐，生态、经济持续性思想贯穿始终。

（八）凤堰梯田村落文化景观的保护策略

1.延续传统稻作生产体系，均衡产业结构

经济收益的增加对于凤堰梯田传统稻作生产体系延续有着至关重要的作用，传统农业已很大程度被弃置。因为这种生产模式无法再获得与劳动力和体力劳动相应的经济回报。农业生产不再作为当地村民主要的经济来源，仅作为留守人员补充家用以及自行消费使用。产业的发展是实现凤堰梯田及其生活聚落可持续发展的基础，以传统稻作生产带动多种产业并存，均衡产业结构实现经济发展，避免乡村的产业单一化。本文通过调研与分析对凤堰梯田的传统稻作生产体系延续并增收的可能性手段进行探索。

（1）促进传统稻作生产达到增收目的。在我国有72%以上地区缺硒，30%左右

的地区土壤严重缺硒，主要粮食产区都缺硒，汉阴作为全国极少有土壤含硒的县之一，凤堰地区地质岩层、土壤及水质含硒量极高。这里的农产品都具有"富硒"的特点，形成了大规模、特色鲜明的富硒农产品产业带，获得"国家无公害水稻""富硒油菜基地"等认证。水稻作为凤堰梯田主要种植的粮食作物，在生产过程中不使用任何化肥、农药和含有化学成分的添加剂，确保了水稻的安全生产，使当地生产的大米成为真正意义上的无农残、优质安全的富硒有机大米。富硒有机大米在营养价值、口感方面及保存期，均高于普通水稻，产出的富硒有机大米籽粒更加饱满，其中的蛋白质、脂肪、淀粉、干物质总量均高于普通大米。

对于凤堰梯田传统稻作生产体系的延续，借助于富硒有机产品的销售，可以大大提高相应的农业生产收入，并通过建立示范户机制，收购符合标准的富硒有机农作物，以鼓励当地生产大户带动村民实现增收；为当地的农副产品注册自主品牌，并与科研机构合作，为当地村民提供梯田稻作生产体系的生态技术支持，实现经济收益的提升和稻作生产的延续。

（2）以第一产业的延续到关联产业的延伸。凤堰地区的第一产业不仅包括种植业与养殖业，这也与当地发展副业存在天然的联系。二者都符合传统家庭式生产模式，在时间分配上、资源使用上高度关联。当地除了水稻和油菜花种植，结合当地生态保护，在山地间还种有菊花、茶叶、魔芋、食用菌等产品，丰富了农产品种类；充分利用汉江自然资源可养殖鲇鱼、黄腮骨鱼等鱼类，结合当地生态资源建立生态养殖合作社等。

在传统的第一产业增加农副产品的加工传统、与文创旅游产业相结合，实现高附加价值。例如，利用当地的饮食特色晾制干菜和野山菌、熏制腊味、豆腐乳、野生蜂蜜等土特产发展电商品牌销售、对外出口；企业与村落合作社签订战略合作框架协议，流转土地，使空闲的田地利用起来，让本地资源效益最大化，使当地的农户得以实现就地务工；在每年春季的油菜花节时期当地可接待上千参观游玩的旅客，利用此契机，可发展乡村观光产业和生态旅游业，可将单纯的游玩拓展至农家乐和体验式农业园。

2.结合生态产品开发和休闲农业发展的整体性保护

（1）凤堰梯田村落文化景观整体性保护内容。完整性是文化遗产保护的基本原则，也是评价文化遗产的重要指标之一，即强调保护遗产所拥有的全部内容和形式的整体性。凤堰梯田村落文化景观包括遗产地自然人文环境、梯田生产景观、聚落生活景观及非物质文化景观等。其中，自然人文环境前文已有说明，以下主要针对后面三种景观进行探讨：

第一，梯田生产景观。梯田生产景观保护的内容具体包括：梯田结构，即田埂、沟渠、堰塘、田房；梯田生态系统，即"水源林—村落—梯田—河流"生态系统的空间格局。保护思路：保护其生态格局和空间结构，具体保护梯田的原真性和完整性。根据现有状态按照"有机更新"原则对建筑进行修复，保护其整体风貌，改善空间结构的同时需改善人居环境。保护特征：保证梯田蓄水、灌溉、田埂的稳固、农民田间劳动的便利性和梯田的美学特征；保护梯田生态系统空间格局的完整性、原真性和活态性；保护水源林植物群落结构和生态系统的完整性，保证梯田用水的稳定供给。

第二，聚落生活景观。聚落生活景观保护的内容具体包括：梯田村落，即"背山面水"利于生产的布局形态、枝干状的路网形态、南北风格融合的凤堰民居院落，其目的是保护村落的传统格局、增设公共活动空间，合理改良居民居住条件、改善生活空间环境卫生；古建筑及文物，即堡寨建筑、祠堂学房、连环宅院、农具文物，其保护目的是保护遗址的完整性与原真性，对建筑进行修复与定期维护、对文物进行博物馆展示。

第三，非物质文化景观。历史文化，即明末清初时期的湖广填川陕移民活动，祖先来自湖南，遵循传统的"耕读传家"文化，宗族观念浓厚，沿袭传统的稻作生产、通过修筑梯田、开挖堰渠、种植水稻形成独特的民俗地理。应深入挖掘凤堰地区移民文化，通过宣传教育促进当地居民对其文化的认识；做到传承历史记忆，增强地域认同感，社区参与保护工作。

生产技术，即以传统稻作为主的油菜轮作模式；"田渠塘溪"体系水资源利用技术，通过延续传统稻作生产体系、提高稻作生产的经济增收，村民才有动力从事农业生产，达到保护、传承遗产地传统生产方式和技术，延续凤堰梯田传统稻作生产体系的目的。

民俗节庆，即传统和衍生的节日节庆、生活习俗；民间艺术，即花鼓子戏、采龙船、薅秧歌、调子、舞龙和舞狮子等。可以通过主动维持生活习俗、保护非物质文化遗产的文化空间，活态传承，达到多元再现当地民俗文化，保持居民原有的生活状态，深化其文化内涵的目的。

（2）生态产品开发和休闲农业发展相结合的探讨。生态产品开发和休闲农业发展相结合是基于两点：一是尊重主体需求，村民是创造者，也是继承者，所以首先要尊重村民的发展意愿；二是对梯田农业多样性功能及其文化特性价值的合理定位和表达。生态产业发展是以农为本的农业文化景观的根本发展思路，在遗产地已有的资源基础上，发展生态农业，形成以生态农产品为基础的生态产业链条，切实带动地区的经济发展和农民的增收致富。休闲农业发展是利用农业景观资源和农业生产条件发展观光、休闲、旅游的一种新型农业生产经营形态。

以凤堰梯田遗产地范围内的农业景观和人文景观，为资源开发观光旅游和建设摄影绘画基地；普查自然景观等旅游资源，建立完整的旅游资源数据库；开发传统稻作生产种植体验，举办油菜花节、丰收节等节日体验游，打造绿色生态农业休闲旅游带。将凤堰梯田村落文化景观保护与发展结合起来是可行性较强的策略。其中，整体性承担的主要是保护的职能，生态产业和休闲农业属于遗产价值表达与展示和经济发展的职能，使凤堰梯田村落文化景观走向可持续发展的道路，达到遗产保护与地区发展的双赢。

3. 由政府主导、多元主体参与的保障机制

规范的村落文化景观保护保障机制是实现以上保护策略的基石。对于凤堰梯田的保护已成立了相关的管理机构，但凤堰梯田村落文化景观保护工作还需要社会多方的参与，形成政府职能部门、村民、企业资本等多方社会力量共同组成，具体实施上应对保护项目所涉及的各方面工作按性质进行拆分，责任点对点。

在具体的保护工作中，由政府部门发挥主导作用，颁布相关政策、制定和完善法律法规，明确保护的内容和范围，引导投资发展和市场推广，制造多元主体参与的平台以形成良好的发展环境，对规划部门的工作起到组织和参与的作用、对企业和资本实施管控。由专家学者所组成的规划部门应在优化现有的保护体系之下，满足主体和客体的需求，制定完整性的发展规划，在保护之上凸显其价值与发展潜力，引入专业组织开展凤堰梯田村落文化景观的全面深入研究，为政府提供相关的咨询服务，引入高层次人才参与到保护发展的工作中去，实施人才驻村，对当地人进行潜移默化的保护观念教育改观。同时，发挥当地居民的社区作用，村民作为文化景观的历史创造者和活态传承人，是保护工作的重要一环，政府和企业为村民提供原乡就业机会，提供经济增收，从而形成自主参与保护。此外，与企业资本联动合作，发展生态产业和休闲农业，在保护的基础上形成梯田知名效应，推动经济发展。

(九) 凤堰梯田村落文化景观的保护措施

应针对不同的景观性质分别制定不同保护措施，可将其分为梯田本体、村落景观环境和非物质文化景观三个方面。对于梯田的保护主要是保护梯田生态系统、保障梯田实体存在，维持传统的稻作生产体系；村落景观环境主要是进行风貌控制和优化，维持人地和谐关系，保护聚落风貌的整体性，古建筑文物采用静态保护，采用"修旧如故"的原则进行修复，对于部分传统民居坚持"有机更新"原则进行适度改建；非物质文化景观保护的核心在于村民，延续稻作生产、提升生活氛围，鼓励传承地域文化，实行动态保护。

1. 梯田保护——保护生态系统，展示梯田景观

（1）梯田结构和灌溉系统的梳理、修复。梯田景观是一个"物化"的复合系统，既包括梯田本身，还包括梯田上部的森林生态系统和连接梯田、村落和森林的水系，对于梯田景观进行保护实质上是对梯田内部结构、灌溉系统、水源林和村落系统的保护，见表2-1[①]。

表2-1　梯田生态系统的保护内容

景观组成	保护内容	保护作用
梯田内部结构	田埂、沟渠、堰塘、田房、种植方式	保证梯田蓄水、灌溉，田埂稳固和梯田景观的美学特征
灌溉系统	"田渠塘溪"体系	保证自上而下的水源完成分水灌溉
水源林	梯田上方的原始森林	调整降水保证梯田用水的稳定供给
村落	村落内用于农业生产所需的场所、农具物品	保证农民田间劳作的便利性和维护景观整体的和谐性

就梯田本身而言，田埂是梯田保水保肥保土、维护梯田生产功能和景观稳定性的最重要因素，是梯田景观的核心。其中沟渠、堰塘及田房等配套设施形成了"田渠塘溪"灌溉体系，其分布遵循梯田结构的布局规律，保证了梯田常年用水和养分需求，应该保护和延续。梯田的沟渠贯穿于整个梯田，在保护过程中应引导流系统。例如，原始的导流系统将用于修复沟渠、清除淤泥、疏通沟渠，并恢复坍塌和损坏的渠道壁，以维持原始的梯田结构。

（2）梯田景观保护性展示。梯田作为人对自然环境改造形成的文化景观，只有通过展示表达梯田的景观价值，才能得到认可、赞赏和保护。目前对于梯田的展示利用时，对游览路线建设不够合理，只在汉漩公路旁以及杨家湾附近设有梯田远处观景点，为更好展示利用梯田景观的美学特征，在把梯田作为农业观光旅游景点时，应当设立观赏区和游憩区，并合理规划游览路线以防止游客破坏梯田。

2. 梯田村落保护——打造休闲农业的村落环境

凤堰梯田村落文化景观的重要组成部分是人类聚居活动的村落，也是移民文化和稻作生产的物质载体，保护村落的完整性和原真性至关重要。对于梯田村落而言，应当梳理村落的保护要素，明确特色发展，从提升村落空间秩序，优化街巷空间系统，重构公共活动空间，保护、修复、更新地域性特色民居建筑和景观绿化环境整治等方面来延续梯田村落特色，建设美丽乡村。

---

① 本节图表均引自吴璋楚. 汉阴凤堰梯田村落文化景观保护研究 [D]. 西安：西安建筑科技大学，2022：63.

（1）梳理保护要素，延续村落特色。根据对聚落生活景观构成分析和价值认知。在此基础上，梳理保护要素和特色性，见表2-2。

表2-2　凤堰梯田村落保护要素与特色性

保护要素	特色性
空间格局	"水源林—梯田—村落—汉江"的整体空间格局；低山丘陵村落布局形态
传统民居	南北融合的建筑风格、农舍院落民居
古建筑文物	山寨、古堡、祠堂、寺庙、传统农具
村民生活	生产方式、饮食、民俗节庆

（2）提升村落空间秩序。在分析"水源林—梯田—村落—汉江"之间关系的基础上，划定村落及周围群山、水系、农田等自然景观的保护范围，通过生态保护和自然肌理的织补，保证整体空间格局结构和景观的联系。在村落建设过程中，需要对整个村落的公共空间进行梳理和优化改造，以轴线串联节点形成不同功能区域的村落空间体系。

（3）街巷空间系统提升。街巷作为空间载体，承载着村民日常活动和交流，也是连接村落空间与外部环境的纽带，街巷空间的整体风貌与尺度感，不仅反映了村民的生活环境状况，而且是村落空间整体风貌和特色的体现，随街道设立反映当地文化特色的建筑物或路标，既增加街巷的空间美感，又可营造街巷的文化氛围。

（4）重构文化公共空间。公共空间直观反映出村落风貌和居民的生活，是村落文化特色保护和建设的重要环节。依据村落目前的土地利用现状，建造展示梯田村落文化和为村民提供进行日常文娱活动的场所空间，此空间环境利用乡土文化元素构建，而梯田乡村文化则被集中展现。公共空间的精神和物质景观建立，有助于村落的文化宣传和交流，激发村民维护和营造村落的文化空间环境的自觉意识，同时也丰富了村民生活娱乐的活动场所，建设精神文明同步发展。

（5）地域性特色民居建筑的有机更新。对于民居建筑保护更新是应尽量满足主体需求，改善传统民居建筑和居住条件，保障村民的生活质量，才能得到村民的认同和支持。针对村内不同毁坏程度的传统建筑和新建的现代民居，兼顾村落整体风貌和居民居住条件，采取原样修复、拆除后新建、功能置换、局部改造更新四类保护和更新方式进行民居改良，见表2-3。

表2-3　地域性特色民居建筑保护更新方式和措施

大类	保护对象	保护更新方式	措施和目标
传统民居	风貌保存较好或一般的建筑	原样修复	遵循完整性原则，按照当地传统建筑技术工艺修复建筑残损部分，在不影响建筑风貌的同时，改善室内居住条件，在房前屋后采用乡土植物增加绿化，提高环境质量
	质量较差、破坏村落格局、易于拆除替换的建筑	拆除后新建	破损的危房、附属用房和圈舍，可拆除后仿照当传统建筑制式重新修建
传统民居	风貌较好、区位较好的闲置民居院落	功能置换	在不改变建筑风貌的同时对内部空间进行改造，将区位较好闲置民居赋予新的空间功能，使其焕发活力。如将其改造为不同形式的主题博物馆，让它们发挥展示历史和文物作用；或是将其改造为村内活动中心，丰富村民生活；将区位较好的民居院落改造成茶室、民宿等接待游客，提升经济效益；利用乡土植物装饰美化房屋前后的环境，重构公共空间
现代民居	翻新、新建风貌不协调建筑	局部改造更新	这类建筑通常是近些年新建、使用不久，不能完全拆除，因此有必要对部分修改外观和局部装饰。尽量避免现代建材的突兀影响，使这些建筑与整体环境协调一致

（6）提升村落景观环境。景观环境的治理需结合相关政策进行规划、整治，改善村内存在的"脏乱差"现象，在一定的服务半径内合理设置垃圾箱，统一进行垃圾收集、运送至乡镇集中处理站处，实施垃圾分类处理，定期清理河道及堰渠等水源地确保水源质量安全，利用乡土植物着重对村内公共活动空间、主干道、房前屋后的空地进行绿化营造生态的景观环境。

3. 非物质文化遗存的传承和保护

非物质文化景观保护的关键在于对人的保护，提高传统稻作生产增收的可能性，延续生产技术；鼓励传承民俗节庆和民间艺术。保护非物质文化遗产生存环境，首先要让村民认识遗产价值，以此树立民众的文化自信，加强村民的遗产保护意识，发挥积极主动保护心态。

（1）发挥村民在非物质文化遗产保护中的主体作用。对于梯田遗产保护的关键在于延续稻作传统。而村民则是稻作生产得以传承的主体，是梯田村落景观的创造者、守护者。通过振兴稻作生产以及相关产业的延伸，增加农业的经济吸引力，引导村民从事稻作生产，提高经济收益，他们才会自发地维护和传承传统稻作生产。通过合作社形式，发展与农业相关的其他产业增加就业机会，使村民实现原乡就业，他们才会认同并推动当地休闲农业发展的工作。在此基础上加之引导、教育，对梯田的文化、景观、生态、经济价值和保护意义进行深入宣传，树立村民的文化自信，加强村民的遗产保护意识。

（2）节庆活动策划组织。节庆活动是地方文化的展现，不仅能促进旅游发展，还可激发静态资源生命力，由当地在继承传统节日的基础上组织并举办衍生节庆活动，提供展示非物质文化遗产的平台和活动空间。目前，当地已经举办了多届油菜花节，还需深度开发当地民俗文化，起到更好的宣传和推广目的。油菜花节使基于当地的生产种植结构所打造的旅游节庆日，将农耕传统文化发扬光大，为当地的发展和形象建设作出贡献。

（3）保护和展示。数字化技术的应用能够充分展现多种文化，将活态的稻作生产、民俗文化等非物质遗存以影像记录的方式展现给大众，更加生动全面地保留其原真性。或利用"体验式"方式来指导旅游开发，如在梯田村落发展体验园旅游，在农家乐品味陕南美食，感受当地民风民俗。在景观设计中融入梯田文化色彩，将生产农具作为景观小品点缀其中，通过绘画和雕刻的方式再现湖广移民、梯田开垦的历史场景，使人们融入历史文化的氛围，感受其固有的历史文化价值。

二、文化遗产视角下凤堰梯田景观的保护与利用模式

(一)凤堰梯田景观文化遗产保护的相关概念

陕西汉阴凤堰梯田自清代垦建延续至今,历史悠久,是目前秦巴山区发现的唯一连绵成片、保存最为完整,面积最大的清代梯田,"凤堰梯田这—陕西地区重要的梯田类农业文化遗产在汉阴县区域经济发展中起着重要作用"①。梯田及周边的清代遗存是湖广移民历史及秦巴山地开发历史的重要见证,对研究这一时期的历史具有极其重要的价值。

1. 农业文化遗产

按照联合国粮农组织(FAO)的定义,"全球重要农业文化遗产"(GIAHS)是指农村与其所处环境长期协同进化和动态适应下所形成的独特的土地利用系统和农业景观,这种系统与景观具有丰富的生物多样性,而且可以满足当地社会经济与文化发展的需要,有利于促进区域可持续发展。建立农业文化遗产系统、农业文化遗产相关的自然与文化景观、生物的多样性及相关知识体系、相关文化的动态保护等是GIAHS的主要目标。为此,需要通过认定和选择全球重要农业文化遗产,让人们认识并认同这些农业文化遗产等同于世界遗产。

农业文化遗产作为一种"活态"的遗产类型,是农业区域与其所处环境不断协调、进化、适应的结果。最早对农业文化遗产的认识与研究源于欧洲学者对遗产地的分类,主要是指那些历史悠久、结构复杂的传统农业景观及农业耕作方式。"农业文化遗产"除了普通概念中的农业文化及技术知识以外,它还应该包括那些历史悠久、结构合理的传统农业景观及农业生产系统。

农业文化遗产与其他遗产一样,在文化的角度层面同样有物质性文化遗产和非物质性文化遗产之分。传统农业生产工具、加工工具、饮食用具,以及田契账册、票据文书等都应属于物质性文化遗产;如与传统农业社会农耕文明相关的类似宗教礼仪节庆、禁忌风俗甚至相关的工艺、技术等则应属于非物质文化遗产。

农业文化遗产可以分为三种类型:物质类、非物质类、混合类。其中物质类又被分为农业遗址类、农业工程类、农业工具类、农业物种类及农业景观类遗产;非物质类分为农业技术类和农业民俗类;混合类分为农业文献类与农业品牌类。

梯田在我国的农业史上占有重要的地位。按照其所处的自然地理环境一般分为稻作梯田与旱作梯田。我国的稻作梯田主要分布在南方的山地区域;旱地梯田主要

---

① 任澄雨,徐卫民.凤堰梯田保护管理对策研究[J].文博,2022(3):107.

分布在北方地区。稻作梯田较之旱作梯田在修造技术上要求更高，如对于水源、土壤条件，以及土地平面的平整程度和蓄水能力的要求。从历史而言，南方稻作梯田也早于北方旱作梯田。"汉阴凤堰梯田"应属于农业文化遗产中的农业景观类遗产，但由于"汉阴凤堰梯田"的遗产内容不仅包含梯田本体，还应当包括梯田所依附的当地村落社区及附带的历史民居、伴随梯田历史的寨堡遗址、民俗文化等遗产内容，所以，"汉阴凤堰梯田"应是一个复合性的文化遗存，是一个遗产综合体。

2. 生态旅游

生态旅游就是前往相对没有被干扰或污染的自然区域，专门为了学习、赞美、欣赏这些地方的景色和野生动植物与存在的文化所表现的旅游。

生态旅游其实是相对于自然旅游而言的。自然旅游以满足旅游者需求，获得最大经济利益为主要目标，而生态旅游则以生态、社会和经济的综合效益最大化为主要目标，它更强调生态环境的重要性和环境资源的特殊性。

3. 生态农业

生态农业即生态学原理下的农业生产。它更多地强调农业产业的发展应与之所处的环境、资源及相关产业相互协调发展。它是一种密集型的现代农业体系，要求把农业生态系统与农业经济系统的综合统一，以获取最大生态经济整体效益。将通过人工设计的生态工程，使食物链网络化、农业废弃物资源化，充分发挥资源潜力和物种多样性的优势以建立良性的物质循环体系，以便协调经济发展与环境保护、资源利用与资源保护之间的矛盾，形成生态与经济两大方面的良性循环，以及经济、生态、社会三大效益的统一。生态农业更强调因时因地合理布置农业生产力，实现农业产业的优质、高效、高产。总之，生态农业模式，是要兼顾发展实现农业产业经济、社会效益及生态效益的可持续的农业生态系统。

生态农业的经营模式多种多样，如传统的农业模式中的山区模式、庭院经济模式、水土农业等新型生态农业模式中的北方"四位一体"模式，即结合生态学、经济学等原理，借助土地资源、太阳能动力、沼气能源，种植业和养殖业结合发展。总之，生态农业的任何模式都要遵循资源有效利用、生态环境合理保护的方向和原则，其主要特点在于综合性、高效性、持续性。

4. 生态博物馆

生态博物馆这一概念形式起源于西方发达国家。生态博物馆的理念于20世纪70年代最早出现在法国，生态博物馆运动也是最先在法国发起，旨在对落后的传统博物馆的观念及其在实践中的局限性的批判。同时，它也是人们基于对西方资本主义社会出现的生态破坏、环境污染及传统文化被侵蚀等现象的反思而产生的。它更多地主张生态主义、传统主义、地方主义，倡导区域中人与自然相和谐、文化传承的自觉性与文化保护的统一性、强调文化遗产的原生地整体保护与社区居民的传统文化自治，体现了地方性、民间性的权利意识和民主思想。

从民间发起、由民间自行组织和管理、资金来源多样等是西方概念下的"生态博物馆"的重要特征。生态博物馆的概念自20世纪80年代中期被引入我国之后却发生了与其之前不同的内涵和形态。首先，在理念上，生态博物馆在中国除了强调对物质文化的保护、展示及对非物质文化遗产的收集和展示外，更多的是对传统文化、技术方式的展示传承，目的在于保证其延续性、保存文化多样性。其次，西方的生态博物馆主要是保护代表农业及工业文明的遗址、建筑等物质文化遗产，中国的生态博物馆则带有更多的民族性，往往建设在民族文化浓郁的民族地区，有传承民族文化，促进民族地区经济社会全面发展的使命。最后，由于传统时代特征在中国的社会经济文化中更明显，我们现阶段尚难以形成地域居民自发组织引导区域文化自治及传统文化自觉传承的局面，所以我们的生态博物馆产生及组织模式更多的属于自上而下的方式。虽然我们的生态博物馆发展尚与西方有差距，即存在所谓的"文化代理阶段"，但是要回归到文化自主上。从文化代理回归到文化自主，村民需要经过三个文化的递升层面，这就是利益驱动层面、情感驱动层面和知识驱动层面。

如何能够尽可能避免现有的梯田类农业文化遗产保护、利用中出现的各种问题在凤堰梯田重演，在遗产的保护、遗产与遗产文化内涵的价值实现、地区经济发展、当地居民的发展诉求等诸多相关体之间寻找一种平衡，为汉阴凤堰梯田构建一个可操作的保护利用模式，以期能够让梯田这一宝贵农业文化遗产得到健康、科学的持续性发展，这些是以下主要要探讨的问题。

以下在对汉阴凤堰梯田这一陕西地区重要的稻作梯田类农业文化遗产的本体、景观以及使用状况等现状进行深入调研分析评价、对其遗产体系进行梳理界定、对其整体价值进行全面评估的基础上，提出构建汉阴凤堰梯田的保护与利用的科学模式，以期为同类型农业文化遗产的可持续性发展问题研究作出贡献。

(二)凤堰梯田景观文化遗产保护的理论依据

1.遗产概况及构成

(1)遗产概况。陕西汉阴凤堰梯田自清代垦建延续至今，历史悠久，是目前秦巴山区发现的唯一连绵成片、保存最为完整，面积最大的清代梯田，梯田及周边的清代遗存是湖广移民历史及秦巴山地开发历史的重要见证，对研究这一时期的历史具有极其重要价值。自2009年在文物普查中被发现以来，受到了当地政府及上级文物保护部门的高度重视，针对凤堰梯田的保护与利用问题越来越突出。

早在宋元时期，我国的土地垦殖范围已经出现了"田尽而地，地尽而山"的发展态势。到了明清时期，随着人口的迅速增加，加之土地兼并的不断发展，明代中期之后人们有了更多的迁徙自由，于是大批丧失了土地的农民涌向山区，又由于较易开发的山区已经逐渐被开垦殆尽，人们便逐渐向省际边远区域，甚至之前人迹罕至的深山老林扩张。深入山区的农民往往住在简陋的茅棚之中，故有"棚民"之称。到明代中期之后山西、山东、江西、四川、湖广、河南、陕西、直隶等省域大量的流民冲破明政府的禁令进入荆襄山区去垦荒。

四川、湖北、陕西三省交界的南山与巴山地区位于长江流域腹地，气候比较温润，土地也相对肥沃，有大片茂密的原始森林，在明清之前绝大多数地方基本尚未开发，被称为"内地农业的最后边疆"。明代时期这一地带聚集了大量的人口，成为移民、流民聚集之地。到了清代以后，尤其在乾隆中期到嘉庆年间，随着全国性的人口膨胀的出现，这里再次成为游民迁移的目标地。至嘉庆末，三省边区人口已不下六七百万。这些新垦殖的山区许多以种植粮食作物为主，也有些地方经济作物及经济林木的生产占重要地位，其早期的耕作方式比较粗放，很多地方的垦辟是从刀耕火种开路的。移民带来了先进的生产工具、生产技术和作物品种，也带动了当地农业的发展，使各地区之间的发展不平衡的状况有所缓和。如南人善垦稻田，楚人善开水田，蜀民善开山地，他们迁徙到陕南山区后为当地开发作出了贡献。文献记载，本地区大多区域本来没有水利，是大量湖广移民的身体力行，为其开创、引导、发展了水利灌溉事业。

总体来讲，明清的大规模农业垦殖对生态的影响也是巨大的。首先是对森林资源及山地植被的过分破坏。其次是植被破坏导致的水土流失。凤堰梯田正是开发于这样的时代背景之下，因为开垦者的巧妙选址，所以虽然处于这样的背景下却可以算作"取了利、避了害"的开山佳作，也正是因于此凤堰梯田才能够得以延续使用至今，并在当地的农业生产中发挥着重要作用。

（2）遗产构成。凤堰梯田的遗产构成主要包括古梯田、沟渠堰塘、古建宅院、村寨民居、石堡寨遗址、宗教设施、漩涡古镇，以及与农事及地方文化融合的节庆、方言等非物质文化遗产。

第一，古梯田，其中古梯田主要有凤江、东河、堰坪三处。凤江梯田处于漩涡镇东北约18公里的凤江两岸山坡上，北近庙坪，东接播鼓台西麓，南达象鼻嘴，西至老君关，东西最宽处约1000米，南北宽约2500米，西南—东北向呈梭形分布，共计约4500亩。梯田沿凤江两岸东、西、北三面依山就势修建成水平梯地，引黄龙沟水从上至下自流灌溉，黄泥土坎，大约250层，每层高约0.3～1米，宽3～10米不等，蜿蜒数里，以垄相间。

东河梯田处于凤凰山南侧的东河川道内，位于堰坪梯田与凤江梯田之间，西至李家沟东侧、北近汉漩公路、东接老君关西麓、南至东河村，全部为东河村梯田。东西最宽处约800米，南北宽约2100米，西南—东北向呈倒"L"形，共约2300亩。梯田沿东河两岸川地依山就势修建，片区形态略微狭长，黄泥土坎，大约250层，蜿蜒数里，以垄相间。

堰坪梯田处于漩涡镇北约5公里的堰坪缓坡之中，西至艾子沟茨沟、东临汉漩公路、北靠道士坪、南达天保山，原为堰坪乡政府所在地。梯田东西最宽处约3100米，南北长约3200米，北宽南窄，呈倒三角形，共约6720亩。梯田从龙王沟与茨沟交汇处由南向北逐次升高成水平梯地，黄泥土坎，约200层，每层高0.4~0.5米，宽5~15米。

第二，沟渠堰塘体系。凤堰梯田分布在凤凰山南麓浅山丘陵区域，主要利用茨沟、冷水沟、东沟河、黄龙沟等凤凰山溪自流灌溉，梯田内部堰渠纵横，灌溉系统完备，这些沟渠堰塘体系是凤堰梯田得以开垦发展并延续至今的重要保障。另外有一段古堰渠位于吴家花屋东南，为清代乾隆年间湖南移民到达后修建，是凤堰梯田历史的重要见证。此段堰渠现仍在使用，渠首至茨沟花屋东侧段引水，一直通到今茨沟村与堰坪村的村界，渠岸有的部分为石砌，有的部分为土质，长约2公里，宽约0.5~1米不等。

第三，古建宅院。主要有吴氏花屋、吴氏宗祠、冯家堡子、敞口屋、中庄子等，大多保存较为完整，历史文化内涵丰富，地域特色鲜明。

吴氏花屋位于汉阴县漩涡镇茨沟村，东临道士坪约150米，南临水田，西约20米为通村水泥公路，北临红旗新农村规划点。花屋坐北向南，为两进砖木土坯结构四合院建筑，沿南北中轴线横向展开，分别由中院、东院、西院三部分组成，东、西院与中院由甬道连接，通宽40米，进深25米。中院由厅房、天井、两厢及正房构成，面阔五间。东、西院由耳房、天井及庑房组成。整体建筑为抬梁及梁搭墙构架，两坡水屋面，合瓦覆顶，勾头滴水檐。中院厅房及两厢间二层有木构栏杆回廊。具有明显江南民居风格特点，大约建于清代中期，是判定凤堰古梯田的修建时代的最好物证。

吴氏宗祠位于汉阴县漩涡镇堰坪村，是吴氏后人用于供奉祖先，进行祭祀活动的一组院落。院落坐北朝南，现存格局为南北两进院，外有石砌围墙。南院即前院，为一处场院，正南方宗祠的主入口为一座砖砌大门，场院东侧为一排厢房。北院即后院，又分为两部分，即正院和东跨院。正院正中为天井，南侧为前厅，北侧为正厅，东西厢房尚存。东跨院内，正中亦有一天井，四周为厢房围合。吴氏宗祠现存主要有大门、前院东厢房、前厅、正厅等十余处清末民国初期的文物建筑。宗祠原为吴氏一族祭祀先祖之所，现为吴氏后人居住。虽部分建筑无存，但整体格局保存完好。建筑单体略有改造，但其建筑主体的梁架、屋面、墙体等得以保留，是研究湖广移民的传统建筑与传统习俗的重要物证。

冯家堡子位于凤江乡东河村，建于清代道光年间，是冯氏家族修建的宗祠和防御性建筑。其平面近正方形，坐西朝东，由城墙和住所两部分组成，城堡四面各有一门，主入口为东门，最外围是一圈石砌的高大院墙。院墙四角分别修筑有用于瞭望和攻击的角楼，院墙东、西、南、北四个方面各设置有一门。堡子内建筑沿东西轴线依次展开，主体建筑面阔五间，土木结构，梁搭墙及抬梁穿斗构架，悬山顶，合瓦覆顶。堡内房屋百余间，整体自东向西为四进院，第一进院为一处场院，第二、第三进为天井院，第四进院为花园。第一进场院南北两侧各有一处天井，场院北侧为马厩，东侧紧贴东墙为一排厢房。第二进院与第三进院由南向北可分为南跨院、中院和北跨院，各院正中分别设有天井，但体量不一。第二进院东侧为前厅，西侧为正厅，正厅是冯家祠堂所在，现在仍供奉有冯氏家族先祖灵位。

敞口屋位于东河村五组，地处东河片区核心地带，是吴氏家族第三代后人于清代嘉庆年间修建的。敞口屋占地面积3余亩，现存有房屋近20间。院落整体呈回环式布局，由多个天井院组合而成。院内房屋均为土木结构建筑。

中庄子位于东河村五组，是清朝吴氏家族后人于清嘉庆年间修建的。占地面积3余亩，现存房屋17间，均为土木结构的当地传统民居建筑。中庄子由多个天井式院落组成，整体呈回廊式布局。

第四，村寨民居。梯田所属的黄龙、双河、堰坪、茨沟等村寨，尚存较多土木结构的老式民居，保留有较强的地域特色。

第五，石堡寨遗址。主要有吴家堡子、太平堡、猴儿寨、天巴寨、钟合寨等明末清初社会动荡时期陕南地区居民与土匪斗争及农民起义的历史见证。

吴家堡子位于汉阴县漩涡镇堰坪村，是吴氏家族为了抵抗土匪、强盗及清末农民起义等外来入侵而修建的防御性建筑，与吴氏宗祠遥相呼应。吴家堡子坐北朝南，现仅存一部分围墙及半间堂屋。围墙由圆形石块堆砌而成，墙高约3米、厚约1米，非常坚固。堂屋北面与院墙之间还保留有一小片竹林。

太平堡遗址位于汉阴县漩涡镇堰坪村北，主要是吴氏家族出资修建，建于清代嘉庆时期，同治时期重修，是清代当地居民修建的避匪山寨。寨子依山势而建，南、北、西三面为悬崖陡坡，崖下为龙王沟，东为寨子垭。寨址呈不规则的圆形，内部地势平缓，南北宽120米，东西长150米，寨墙保存较为完整，高3～5米，宽0.8米。东、西、南三面各开一门，现西门已毁，东、南门保存完好。南门高2.2米，宽1.5米，门洞坍塌。寨址中心立有一通圆首石碑，首宽于身，额题"太平堡"，同治元年款，记重修太平堡事宜。通高2米，宽1米，厚0.1米。

第六，宗教设施。黄龙庙、玉皇阁等宗教设施作为农业文明时代民间宗教信仰的历史见证，时至今日，仍然香火兴旺，极具人文色彩。黄龙庙位于凤江梯田群落的东北部，靠近魔芋包。现存建筑6间，呈"L"形，均为悬山顶。庙内保存有大量清代以来的石碑及石刻。

第七，漩涡古镇。漩涡镇位于汉阴县南部，濒临汉江，古称"青龙店"，是古代沿汉水通巴蜀汉中要津，汉阴县南部地区经济文化交通中心，历史上一度商贾云集，水陆交通齐备。

第八，非物质文化遗产。凤堰梯田所在区域保留有大量的非物质遗产，有以"打春"、端阳赛龙舟、六月六"晒箱"、中秋祭月、祭灶与除扬尘等为代表的传统节庆活动及"青苗龙""土地会"等农业节庆活动；以川、湘、皖、鄂语音为基调的移民方言体系；以汉剧、陕南花鼓戏、汉调桃桃、龙灯舞、采莲船、地蹦、道情等传统曲艺、表演等；以欢喜团、油糍、蕨粉皮、烧腊肉等为代表的特色饮食文化。

2. 遗产现状分析

（1）遗产本体现状。

第一，古梯田体系。凤堰梯田自清代延续至今，属于在用的活态的遗产，梯田本身及其灌溉体系均整体保存较好，同时其开垦时间、实施主体从周边文物遗存、当地家族谱牒等方面得以明确，佐证整体真实性保存较好。随着时代发展，社会经济变化，凤堰梯田的经营维护尚处于小农时代流传下来的自然状态，生产中存在随意施用化肥、农药、管理粗放，甚至随着外出务工人员增多导致劳动力不足的撂荒现象等。

第二，古建宅院及村落。梯田分布范围内的古建院落保持了其旧有格局和风貌，但由于时代的变迁、人口增加，建筑负荷过大又缺乏修缮维护，整体较为破落，亟须实施保护措施。梯田所在的村寨民居整体风貌保持较好，大多是多年前甚至更早时期建造的，保持并延续了从湖广移民那里继承下来的宅院、聚落形式，部分民居还保留有典型的风火山墙等南方特色的建筑元素，柱础、窗花经雕琢装饰，石雕、砖雕、木雕纹饰细腻、线条流畅、造型优美。另外，村落与周边环境融为一体的传统模式也没有过大的改变，整体的真实性、完整性都保存较好。但是，随着时间的推移，人口增加，村民新建房和农业生产又缺少统一规划，所以其整体风貌也属于正在被破坏的阶段，延续性受到了威胁。

第三，石堡寨遗址。现存的石堡寨因早已废弃为遗址状态，加之这些堡寨均处在地势相对较险的地段，较少受到居民生产生活的干扰，有的甚至还保存了较多的地上部分，整体保存状况较好。

第四，漩涡古镇。漩涡镇作为古代沿汉水通巴蜀汉中要津，随着时代的发展，交通方式与道路网络的改变早已繁华不在，现状保存的古建筑、院落祠堂等尚有数十处，街巷格局与其临山接水的地理环境尚保存较好。由于镇域范围的社会经济相对于村落内部发展更快，破坏速度也更快，破坏程度更高，所以保护工作迫在眉睫。

第五，非物质文化遗产。物态的遗产相对于非物质的遗产反而更易于保存，或者说非物质文化遗产在时代迅速发展、人们生活方式发生巨大变化的今天更难以保存与延续，凤堰梯田所在区域的传统节庆活动、农事节庆活动以及地方曲艺表演等正在逐渐改变和消退。近年来随着国家对文化事业的重视，当地政府为这些非物质文化遗产的保护做了大量的工作，但是状况并不乐观。

(2) 环境与产业现状。

第一，环境现状。凤堰梯田规模宏大，气势磅礴，景观壮丽，绵延于凤凰山南麓。因为凤堰梯田每年只种植一季水稻，当地居民在水稻收割之后又在梯田中种植油菜，春天的时候漫野的油菜花海甚为壮观，现在已经是汉阴油菜花节的重点举办地了，整体景观环境极佳。凤堰梯田所在区域为陕西南部秦巴腹地汉阴县凤凰山南麓山区，北依凤凰山，与大木坝森林公园相接，南连漩涡镇，可达汉江，东隔天字号梁与紫阳县相接。京昆高速、包茂高速、十天高速构成的高速网络为遗产地提供了外部交通保障，从梯田中间纵贯而过的汉 (阴) 漩 (涡) 公路及通村公路为其提供了内部交通路网，另有通村水泥公路呈环状从梯田中部经过，与所有村民集中居住点连接。同时它又地处汉江旅游开发带上，毗邻汉江经济带、月河经济带，整体区位、交通及经济发展环境都较为成熟，梯田区域所特有的人地关系生态系统现状保持相对较好。

第二，产业状况。汉阴属于整个安康市月河高效农业示范区的中心地带，土地肥沃，尤其盛产水稻，区域内年水稻产量近几年始终维持在 25 万吨左右。这里工业较少，工业污染小，农民种植保留了传统技术，通过政府政策引导种植较规范，农药残留率低，已通过农业农村部绿色无公害种植基地、绿色无公害产品基地双认证。同时汉阴又是全国极少有的土壤含硒的县之一，其地质岩层、土壤及水质含硒量明显高于全国其他地区。富硒粮油是汉阴农业主导产业，先后获得了"国家无公害水稻""富硒油菜基地"等认证。魔芋、蔬菜、茶叶、林果、食用菌等农副产品品类繁多，形成了规模大、特色鲜明的富硒农产品产业带。凤堰梯田所在区域主要生产富硒大米、富硒油菜等，相关产业有富硒大米、油菜的加工项目等。整体产业基础较好，但发展层次较为低端。

(3) 保护与展示现状。凤堰梯田自被调查发现以来，当地政府就将其提升到了文物保护单位的高度，并为其申报文物保护做了大量工作，汉阴县人民政府将凤堰梯田公布为县级文物保护单位并划定了保护范围，其中凤江梯田片区范围为，北至漩涡镇黄龙村通村公路，东至擂鼓台山脉西麓，西至黄龙村通村公路接汉（阴）漩（涡）公路下第三个盘道处，南至原凤江乡政府南 200 米；堰坪梯田片区范围为，北至漩涡镇太平堡遗址，东至汉漩公路，西至漩涡镇茨沟村吴氏民居（俗称吴家花屋），南至原堰坪乡政府南 150 米。

另外，当地文物保护部门还为其建立了文物保护档案，并专门组织了人力着手搜集整理相关遗存资料。

3. 遗产价值分析

（1）基于农业产业形式的生态与经济价值。中国自古以农业立国，农耕文明源远流长。凤堰梯田首先是一种农业产业形式，因此其首位的价值应该是其生态与经济价值。

在漫长的农业生产过程中，人们发现了梯田，利用坡地、增加耕地资源、防治水土流失的耕种方式，并在梯田的发展过程中逐渐摸索出了科学的开垦技术，"水源林—村寨—梯田—江河"这种四素同构的生态模式是稻作梯田的共有特点，凤堰梯田正是利用并延续了这一技术与特点才能够发展沿用至今，形成了严密又科学的传统农业景观与传统空间生态格局。另外，凤堰梯田作为当地的传统农业形式，一直是当地重要的生活来源，在历史时期为缓解人地矛盾作出了贡献，在当今时代则是当地重要的产业形式，具有较高的经济价值以及进一步开发的巨大潜力。

除了以上可以直接感受到的生态、经济价值，还有一些隐性的价值，如植被建设带来的减灾效益和水源涵养效益，生物多样性保护带来的栖息地效益，水土涵养、生物多样性保护带来的资源价值，环境改善带来的生态效益等。

（2）基于文化遗产性质的历史、艺术价值。凤堰梯田的垦建于清乾隆年间，并延续至清咸同时期，最终形成了上万亩的规模。田地的开辟，改变了原有深山"老林"的植被形态及地形地貌；农作物的种植，养育了日渐增加的人口，形成了一定规模的村寨聚落。同时作为南北方文化交融地带，借助历史的机缘，湖广移民把他们的南方习俗与文化带到了秦巴山区，改变了陕南山区原有的农业产业结构，使生产方式带有了明显的南方色彩。随之这一地区的民俗民风也有了南北融合的特色，具体表现在民居、语言、饮食、文化活动等生活的方方面面。因此，凤堰梯田既是"湖广填陕南"移民历史的重要见证，更是移民文化的生动体现。

一方面，湖广移民定居陕南山区后，原本以凝聚同宗为本意的湖广移民聚族而居、连环宅院的居住形式，在建筑周围加筑围墙、门楼、哨垛、角楼等防御设施，形成了独特的寨堡文化并保留至今。以姓氏对寨堡命名，寨内立碑刻记及当地文献记载的寨堡修建历史，同样是陕南山寨文化内涵的重要组成部分。

另一方面，凤堰梯田区域的独特寨堡遗存与文化的产生是伴随着中国历史进程的重大历史事件发生的，它们就是这些重大历史事件的最佳见证。这些对于研究清代湖广移民的地域分布、生产生活具有十分重要的参考价值。

湖广移民依山傍水，顺应自然，开辟出了极具自然生态美的凤堰梯田，其本身就可称为艺术品。另外，湖广移民利用山形地势，结合故乡的传统建筑工艺，修造了一大批独具特色的移民建筑。建筑以宅院、宗祠和寨堡为主，形成聚族而居的连环宅院形式，有着完整的建筑体系。部分民居具有典型的风火山墙等南方特色的建筑元素，柱础、窗花经雕琢装饰，石雕、砖雕、木雕纹饰细腻、线条流畅、造型优美，具有较高的艺术价值。

湖广移民对当地的语言、民风、习俗等产生的深远影响，具体表现在遗产区域丰富的非物质文化形态上，也因此凤堰梯田被誉为中国移民文化与农耕文化相融合的产物，是山地农业技术知识体系的集成，中国农耕文化的"活化石"。

（3）基于农业文化遗产景观特质的旅游资源价值。稻作梯田因其所特有的景观特质而具有了较高的旅游资源价值，尤其是在现代社会中农业文明被现代工业文明的冲击下，现代机械化的农业耕作模式逐渐代替传统的小农精耕细作方式，传统稻作梯田这种景观资源更显得弥足珍贵，更能满足人们远离现代都市，回归乡野生活的精神诉求。

凤堰梯田作为目前秦巴山区发现的面积最大，保存完整的清代梯田，与凤凰山麓自然环境山水相融，体现出人与自然的高度和谐统一，而这种人与自然的和谐共生形式，以及凤堰梯田区域因传统农耕生活的持续而得以保留其原有的居住模式，如民居村落、古建宅院与梯田、气候、地形巧妙融合，蕴含了中国古代天人合一的哲学内涵。先民在长期的农业生产过程中形成了传统精细的耕作方式：一方面，在土地的使用上，见缝插针、寸土必惜；另一方面，采用轮值、间作套种、插耕等传统耕作方式，充分利用地力创造价值。

以上这些都是凤堰梯田作为景观性农业文化遗产的特质与价值内涵，这些都是极好的旅游资源，具有旅游开发的巨大潜力。这使其具有了高层次的文化娱乐价值，这些文化娱乐价值甚至可能会远大于其所能提供的物质生产价值。

（三）凤堰梯田保护与利用机制价值实现的理论基础

生态博物馆的形式是现阶段针对在用的农业文化遗产系统的保护与展示的最佳形式，是基于遗产的形态和资源禀赋、遵循最小干预原则、尊重区域发展诉求的选择。生态博物馆不仅是一个概念，它还应该是一种方式、一种手段，必须能够达到一种保护并发展遗产的使命和责任在里面，能够助力遗产地实现人与自然的长期和谐、历史与现实的并置以及文化自觉与文化保护的统一，而不是仅仅流于名号与概念，束缚遗产地的发展。

生态博物馆不仅要保存地区的实物遗存，还要强调区域内的自然、人文等资源。它主张把整个遗产地作为整体的博物馆来整体展示，强调动态的保护理念，反对将遗产固化定格在建筑物内部的传统博物馆模式，反对过分的旅游业开发。功能更多地定位在保护遗产以及遗产地文化、尊重遗产地居民的原有的生活文化模式上，总之，更多地追寻一种遗产保护与利用的平衡。

我国以往的生态博物馆一般都在偏远山区，这些地方民族文化往往保存得更好、更突出。在这些地区一旦将封闭的环境撕开一个口子便会迅速扩大，因为越是落后的地区，发展、改变的愿望也越强烈，生态博物馆的契机恰好迎合了地区发展的变革诉求，于是在此过程中生态博物馆的促进发展功能会被不断强调和无限放大。随之而来的必然是生态博物馆流为形式与发展旅游业的噱头，最终逐渐背离文化遗产保护的初衷，舍本逐末。

生态博物馆下的生态农业与生态旅游双向循环机制是在对遗产本体及其相关文化价值的正确定位与表达，尊重当地居民的经济发展诉求，了解并利用稻作梯田的资源特质的基础上建立的。目的在于通过合理配置与利用，把文化资本转化为经济资本和物质财富，促进地区自然和文化资源的产业化发展和开发，为地区的经济繁荣和社会进步奠定基础。

生态农业是依靠科学的技术指导，通过合理的空间、时间设计，物质循环的原理达到能量的全面多类型利用。其追求的目标是能源最大化利用、废物循环、经济增值的同时，改善提升区域生态环境、维护生态平衡使之更加稳定、持续。总之，生态农业追求的是一加一大于二的效果，即"实现整体效应大于组分之和"。

梯田农业系统是充分利用当地的自然条件的结果，是具有一定可持续发展特性的生态系统，以生态学原理为指导，坚持生态农业发展之路，大力发展生态农业，拓展产品层次，延长产业链。这样才能维持其系统的稳定性，实现其梯田保护和区域可持续发展。

在生态博物馆的框架下合理发展生态旅游，是以遗产地的特有资源来发展旅游业。其展示是以遗产地的农业景观与产品、农耕生产过程等为内容的，需要的是一种生动鲜活的最本初朴素的表达，反对那些一味地追求旅游而让原生文化衍变为表演工具，甚至把原生景观城市公园化的做法和现象。它应该更多追求的是以旅游带动遗产地的保护与发展、带动当地的综合提升，在原生文化保持下的循序渐进的提高。

生态旅游不仅强调旅游本身，更强调的是一种行为和思维方式，即保护性的旅游——不破坏生态、认识生态、保护生态、达到永久的和谐，是一种渐进行为。发展生态旅游要遵循生态保育的原则、综合发展的原则、和谐发展促进保护的原则以及社区参与的原则。

（四）凤堰梯田保护与利用模式及其管理机制的构建

考虑用开放式生态博物馆的形式，依托此地特有的梯田风光，用移民文化史串线在生态旅游和生态农业的双向发展中，以下用一种鲜活生动的方式来展示明清以来的陕南农业开发史、发展地方特色农业，带动地方文化与经济的共同提升，构建一种生态博物馆下的生态农业与生态旅游双向循环发展模式。

生态博物馆承担的更多的是保护的职能，生态旅游承担更多遗产价值表达与展示的职能，生态农业则承担发展的职能。让生态旅游同生态农业在两个发展的过程中密切联系、互相促进、共同发展，使凤堰生态博物馆走向更科学的道路，最终让凤堰梯田得到保护，让梯田所在区域以及梯田区域的人们得到发展，争取遗产保护与区域发展的双赢。

总结以往经验，综合考虑凤堰梯田地区的发展现状、所面临发展的机遇，以及本文所提出的生态博物馆下的双向循环发展模式所需的支持条件，为凤堰梯田生态博物馆选择"政府主导、专家指导、灵活经营、居民参与、多方共管"的管理机制，具体实施上应对生态博物馆所涉及的各方面按性质进行拆分，将责任交给相应的责任体。

政府主导的生态博物馆的弊端主要在于权、责、利的界限模糊，行为缺乏有效的监督机制和长效机制，最终导致事业、行动的"人治"性、短期性和政绩性特点。农业文化遗产保护涉及遗产保护、农业产业发展、区域经济以及社会进步等多方面社会任务。它既是一种公益行为又是一种经济行为，因此，必须介入政府的力量才能调动方方面面的力量，且不至于偏离遗产保护的初衷。农业文化遗产的保护又是一种专业行为，因此需要相关专家学者的专业性指导，尤其是农学、生态学、文化遗产学以及人文地理、公共管理等多学科的共同研究与指导。遗产所在区域的当地居民是遗产的真正主人，是遗产地传统文化的主要传承者，因此，遗产的保护管理工作必须注重和吸纳当地居民的意愿。农业文化遗产的保护与发展所具有的多重属性又决定了其管理必须采用多方力量和方式，总之，公益的应该用公益的方式去管理、市场的则应该交给市场去进行。

生态博物馆模式作为农业文化遗产保护与利用的重要途径，建立多方参与机制被视为农业文化遗产保护与可持续发展能力建设的重要组成部分。农业首先是一个产业类型，保护农业文化遗产要尊重其基本性质。因此，在管理体制上可考虑通过政府与企业、民间公司以及地方社区的合作，以合作、承包或者租赁生态博物馆的管理权和收益权等多种灵活方式，对博物馆的相关资源和权利进行分割、下移以便合理分配。将生态博物馆的某些要素推入市场经济体系之中，借助市场的力量实现生态博物馆的良性、可持续发展。具体到凤堰梯田生态博物馆的管理上，按各管理任务的性质进行拆分，则生态博物馆的综合筹划、文化遗产收集、保护等直接任务应该交给政府主导下的公益组织，例如，设置凤堰梯田生态博物馆管理处等机构。企业形式管理更多地重视经济效益和社会效益的评估与调控，因此有关生态博物馆下的生态旅游的经营问题则应交给专业的市场化的企业去管理，有关生态农业的产业发展与营销问题同样应该交给专业的企业来运作。当然，这些所有的管理、经营活动都应该在科学保护规划的前提下进行，同时，所有的管理、经营活动行为都应该吸纳当地居民的意见、尊重他们的诉求和权益，接受政府、专家以及当地居民和社会公众的监督。

为了实现管理的规范化，可借鉴国际通行的质量环境管理标准，建立适用于遗产地的生态环境保护的环境质量管理体系并搭建合理的管理模式，使管理走向规范化、系统化。另外，为了保障遗产地的可持续性发展，应首先做好遗产地生态承载力估算、环境容量控制以及生态预警机制等保障措施。避免梯田区域的有限土地及水资源被旅游设施的建设所侵占以及旅游产生的污废水无序排放导致农田污染。

另外，遗产地的细部组织管理模式以及最终利益分配等问题都需要合理有效地引导、支持等。只有科学的组织管理模式才能使遗产地的保护与发展走向合理有序。在遗产地发展收益的利益分配上应兼顾效率与公平，充分考虑遗产地本身、地方政府、社区居民以及投资者的各方面利益，注重对遗产地的补偿分配等。

(五) 凤堰梯田生态博物馆保护模式的综合设计思路

综合凤堰梯田的遗产构成和资源赋存，在凤堰梯田生态博物馆的设计上应拉开框架，不要把范围局限在古梯田的分布区域，应该从区域的范围内来综合布置。以下将凤堰梯田生态博物馆的范围设定在西侧与北侧同梯田的分布范围(或西到拦江河，北到罗家湾、桃子坪、黄家庄、五里坡沿线)，东侧与南侧自梯田分布范围向外拓展，东到郑沟湾，南到漩涡镇、紫荆桥、栗家老屋、和尚湾、象鼻梁、石坝子、郑沟湾沿线。

功能分区：整个区域可以划分为3个主要区域，形成"一轴两线三区"的空间格局。"一轴"指汉漩路观光轴，对汉漩公路到黄龙、堰坪及漩涡镇段做景观整治，贯穿主要景点，作为整个景区的主体观光轴线。"两线"分别是黄龙洞河游线及茨沟游线，前者是以主要引水沟道黄龙洞河为辅助游线组织单元，串接猴儿寨、邹家院子、玉皇阁、邹家老屋、黄龙村、黄龙庙、魔芋包、凤江梯田等资源点；后者是以主要引水沟道茨沟为辅助游线组织单元，串接大巴寨、吴家花屋、茨沟村、堰坪村、堰坪梯田、周家堡子、天巴寨及粟家老屋等资源点。"三区"分别是指乡野梯田农耕文化体验区、客家移民文化保护展示区以及漩涡古镇度假及生态农产品精深加工集散区。乡野梯田农耕文化体验区和客家移民文化保护展示区都是以古梯田及相关文化遗存为主要保护、展示内容，又各有侧重。

1. 乡野梯田农耕文化体验区

乡野梯田农耕文化体验区，即凤江梯田所属黄龙洞河沿线片区，将河流、庙宇、村落、梯田等元素串接起来，以乡野梯田农耕文化为主题，给游客陕南秦巴山区梯田农家生活最生动的体验，主要功能定位在乡野农家生活体验、梯田农耕文化展示、宗教民俗体验、入口标识、游客服务等。

（1）梯田人家区块。利用并开发区域内分散的普通民居及宅院，在保持传统外观、格局、风貌的前提下，资助居民进行修缮和内部功能及卫生条件的提升、景观改造，保证与周边环境相协调。为游客提供餐饮、住宿度假等服务。另外，可让游客参加这些居民家庭的传统梯田耕作活动，增强体验性、参与性。

（2）凤江传统耕作技术展示示范梯田区块。利用凤江梯田片区良好的梯田系统和景观，把几种中国传统稻作梯田耕作经验与技术以最真实生动的形式展示给游客，如轮作、休耕作为对比展示梯田，选择小块梯田分成若干小块，做对比展示，又如可用两块地分别展示轮换休闲以恢复地力的耕作方法和进步的轮作制；旱田、水田作为对比展示梯田，选择小块梯田，分地块分别种植水稻与小麦等，做不同物种产量的对比，展示旱田改做水田的进步性；水稻移栽技术展示梯田，将水稻移栽的方法在这个区域做出示范，让游客在了解梯田耕作知识的同时增加参与性、趣味性；水温控制技术展示梯田，在水稻生长初期需要高水温的时候，进水口与出水口开对直，便于温度提升；夏天将进水口与出水口错开使水迂回流动，防止水温过高。设计用两块梯田，做水温对比实验的展示，让游客在现实的参与中感受传统耕作技术的科学性、先进性等。梯田灌溉系统展示，整修凤江梯田内的沟渠堰塘等灌溉系统，让游客在完整的灌溉系统中体会凤堰梯田完善的生态系统。

2. 客家移民文化保护展示区

客家移民文化保护展示区，即堰坪梯田及东河梯田所属的茨沟、冷水河、龙王沟片区，将山寨、花屋、村落、梯田等元素串起来，以客家移民文化保护与展示为主题，以客家人的迁移、落业、发展为脉络，让游客在客家移民文化的游览中体会秦巴山区开发史、陕南农业发展史。客家移民文化保护展示区的主要功能定位，在客家移民文化保护与展示、秦巴山区开发史展示、陕南农业发展史展示、生态博物馆信息收集展示等方面。重点可设置秦巴山区自然聚落展示、传统作坊展示、梯田空间生态系统展示、灌溉系统细部展示、引水技术系统展示、"石田"展示、主题雕塑展示、生态博物馆的信息中心与陈列馆建设、非物质文化遗产搜集展示，太平堡修复展示等项目。

（1）楚民来秦——落业篇。保持堰坪村、茨沟村的自然村落结构，以吴氏家族"落业堰坪"为缩影，内部布置景观小品等，融入明清时期湖广移民远道迁徙来陕的历史，让游客感受明清以来这一地区的原生态农村状态。

针对秦巴山区自然聚落展示，可帮助村民在保存传统结构、材料与工艺的前提下经行修缮、内部功能及卫生条件的提升，以及景观改造。对遗产区域内近年来已经新建的民居等建（构）筑物进行立面改造，使其与周边环境相协调；遗址区域内不再允许新建其他建（构）筑物。

传统作坊展示，可利用改造后的村落民居扶持当地居民自行经营旅游服务项目。部分设计为传统榨油坊、弹棉花作坊、舂米坊、酿酒坊等地区传统手工业作坊，丰富景区内涵。

（2）筚路蓝缕——立业篇。挖掘吴氏家族来陕之后，率领乡曲"度远近沟渠道，深塘陂时蓄泄"，开垦荒地，变旱田为水田，兢兢业业，耕读兴家的生动历史画面。

梯田空间生态系统展示，对堰坪梯田范围进行环境整治，保护并展示古梯田"森林—梯田—村寨—江河"的传统空间生态格局与自然文化景观；梯田灌溉系统细部展示，梳理灌溉系统，对重点灌溉渠堰部分可标识展示或小段落发掘，展示其剖面，让游客看到最直观的景象；引水技术系统展示，在前述展示项目之间可穿插布置若干传统引水工具及分水设施，如龙骨车、筒车、分水闸石等，实用与艺术相结合，配以解释说明牌，活化明清以来陕南农业开发的历史；"石田"展示，留置小面积梯田部分，作为旱地，不予灌溉，与其余水田形成对比，再现移民到来之前这一地区"不谙沟泄之法，待雨以田，无雨则田石"的靠天吃饭的历史，让游客在对比中体会明清移民对于陕南农业开发的伟大带动作用；主题雕塑展示，在田间地头穿插设置带有生动画面感的雕塑小品，将吴氏先祖率民开垦梯田、挖塘设堰修渠的历史，用艺术的形式演绎出来。

（3）望隆乡曲——兴业篇。搬迁安置吴氏花屋内现有的居民，对其进行整体修复、环境整治，作为吴氏家族来陕之后耕读兴业的活标本，同时兼作凤堰梯田生态博物馆的信息中心与陈列馆。广泛搜集、深入挖掘遗产地文献资料及农业文化相关的文物、传统农具等。对已有的家谱、县志等文献进行深入研究和整理，采用多媒体结合实物的形式展示吴氏家族来陕之后振兴家族、捐田助学、周贫济苦，以及望隆乡曲的历史，延伸展示这一地区的开发史及我国传统农耕文化中人与人之间和睦相亲的人文形态。

（4）多彩文化——乐业篇。非物质文化遗产搜集展示：搜集整理本地传统非物质文化遗产，穿插在本区域中多形式展示，丰富景区文化内涵。

对本地区方言、两湖民歌等进行搜集整理用文化墙、多媒体等物化的形式展现出来，给游客以知识和趣味；传统耕作与生活方式的展示可采用传统农耕工具展示结合主题雕塑小品的形式来表达；对"青苗龙""土地会"等农业节庆活动可加以倡导和艺术提炼，使之具有实用与艺术的双重意义；对此地流传下来的名言警句以及哲理故事等可采用刻石、雕塑小品、美术书画以及舞台演绎等多种形式来表达与传扬；在堰坪小学校址处（原吴氏宗祠所在）树碑撰文，说明吴氏宗祠兴废的历史，展示移民文化中宗族统治的这一传统文化形态。

（5）岁时多艰——守业篇。对太平堡遗址在保护规划的指导下进行合理利用，作为吴氏家族"倡修寨堡，设计御乱军，保一方安全"以及在混乱的时代中艰难守业的历史见证，标识说明明末农民起义的历史背景。同时，利用其制高点的特点，可在此区域结合周边地形环境吸收山寨文化的元素，设计一座观景亭或观景平台，方便游客梯田观景和休憩，增强观赏性。

3. 漩涡古镇度假及生态农产品精深加工集散区

漩涡古镇度假及生态农产品精深加工集散区，主要利用漩涡镇北部老街及群英村所在区域，振兴漩涡古镇，拓展生态博物馆的范围与概念，把生态公园的概念带入生态博物馆的规划设计之中，其功能定位在游客服务、生态度假、生态农产品精深加工集散等。

在群英村位置规划建设生态农产品精深加工产业园一座，发展生态农产品加工业，如富硒大米、富硒菜籽油、富硒茶叶等，促进地区生态产业发展与梯田保护开发的良性循环。

漩涡古镇度假村建设，本区域靠近汉江位置，与漩涡镇总体规划相结合，融合原有景观风貌，统一规划，设置住宿、餐饮、休闲娱乐、购物一条龙的度假服务，提升景区游客服务水平，拓展延伸景区空间，分流游客、疏散遗产地的生态压力。

第三章　生态梯田建设促进水土保持

生态梯田建设是一种可持续的农田治理方法，具有重要的水土保持作用。通过合理的梯田布局和生态修复措施，能有效减少水土流失、提高土壤肥力，促进农田生态系统的健康发展。本章重点探究生态梯田的提出背景、梯田建设对流域水文过程的影响、生态梯田建设在水土保持中的作用、水土保持在水利发展中的作用、水土保持的基本认知。

第一节　生态梯田的提出背景

"梯田是农业生态系统重要的组成部分，具有重要的生态，经济和社会效益。"[①]生态梯田是一种在梯田农耕系统中结合了生态原理和可持续农业技术的农业生产模式。它旨在实现农业生产与生态环境的协调发展，最大限度地减少对环境的影响，并提高农田的可持续利用效益。

在我国，关于国家生态文明建设与社会生态产品价值之间的关系，习近平总书记提出"绿水青山就是金山银山"这一重大理论，该理论为我国生态建设基本路径与模式指明了方向。要想实现具有"金山银山"的经济社会可持续发展状态，就得先要通过"绿水青山"来实现。例如，对于太行山片麻岩山丘区来说，生态环境遭受污染与破坏、水土流失严重等一系列问题制约着社会的健康长安与绿色经济的可持续增长。梯田化的发展，对于缓解当地老百姓的生产生活需求、提升经济收入等方面均表现出了良好效用，山丘区修筑梯田在特定时段和一定程度上缓解了上述问题，但传统梯田，工程量大、对原地貌扰动剧烈、经济造价高、人为维护成本高，引发的一系列新的生态和经济问题，造成梯田建设"一时起、多时废"的不良现象，非但不能长久带动经济，大量的荒废梯田还对生态环境造成了不良影响，需要更长的时间去自然恢复。

---

① 张晓虹，周茂荣，孙浩峰，等.高质量发展背景下甘肃省梯田建设标准探讨[J].中国水土保持，2022，480(3)：8.

生态梯田正是在这种生态经济矛盾的背景下衍生的，提倡建梯田是要在保护生态的前提下，去发展经济而不是牺牲生态去换经济。目前，实现梯田生态产品价值主要有3种方式，即利用梯田自身的水土保持与农业增收作用、发展梯田生态旅游业和梯田特色农林果产品种植业。

生态梯田通常包括以下方面的设计和实施。

梯田结构和水利设施：生态梯田在梯田的设计和布局上注重水土保持和生态平衡。通过合理的梯田结构、梯级水利设施和引水系统，实现水的高效利用和农田排水的合理管理，减少水土流失和水污染。

生态种植方式：生态梯田倡导使用有机农业技术和生态友好的种植方式。这包括选择适应当地生态环境的农作物品种，合理的轮作和休耕制度，减少化学农药和化肥的使用，提倡生物防治和绿色施肥等方法。

生态系统保护和恢复：生态梯田注重保护和恢复农田周围的生态系统。这可以通过保留或恢复湿地、栽植树木和植被、建立生物多样性保护区等方式来实现，促进农田生态系统的平衡和稳定。

农业资源综合利用：生态梯田鼓励综合利用农业资源。例如，农田中的水可以用于养殖或渔业，农作物的剩余部分可以用于饲料或能源生产，实现资源的最大化利用和循环利用。

综上所述，生态梯田是通过集成生态原理和可持续农业技术，实现农业生产的高效性、经济性和生态可持续性的统一。它不仅能提高农业生产的质量和产量，还有助于保护环境、改善生态系统健康，并为农民提供可持续的收入和生计。

第二节　梯田建设对流域水文过程的影响

一、水循环改变

梯田的建设对流域水文过程有着深远的影响。梯田通过修建水利设施和调整地形地貌，改变了流域水循环的模式，对降雨的截留、滞留和径流产生了显著影响，具体如下。

第一，增加土壤湿度。梯田的建设使得土壤形成了多个阶梯状的平台，形成了较多的接触面积，有利于土壤吸水和保水能力的提升。水利设施的建设也有助于水源的供给，增加了土壤中的水分含量。这样可以增加土壤湿度，提供充足的水分供应给作物生长，改善农田的生态环境。

第二，增强降雨的截留和滞留能力。梯田的建设使得流域内形成了大量的水域和水流路径，这些水域和水流路径在雨水集中时起到了重要的截留和滞留作用。当降雨发生时，部分降雨会被梯田中的水域所截留，暂时存储在梯田中，减少了径流的产生。同时，梯田中的坡面和阶梯之间的植被和土壤层也能够吸收雨水，进一步延缓了水流的产生，增强了降雨的滞留能力。

第三，改变水的径流形式。传统的梯田系统中，水流经过梯田阶梯之间的小沟渠或水道，形成了多条细小的水流路径，将水流分散到不同的地方。这种水的分散和分流作用改变了水的径流形式，降低了水流的集中度。相比于坡耕田地，梯田的水流速度更为缓慢，水流量更为分散，减少了坡面径流的强度。

第四，降低洪峰流量。梯田的建设和设计，通过增加水的截留和滞留能力，减缓了水的流动速度，降低了洪峰流量的产生。梯田中的水渠、水库和水闸等水利设施能够有效调节水的流量，避免过高的洪峰流量对下游地区造成灾害性的影响。这对于流域的洪水控制和水灾防治具有重要意义。

第五，减缓水流速度。梯田的阶梯结构和水利设施的建设有助于减缓水流的速度。水流通过梯田阶梯之间的水渠或水道时，会发生水流的分散和摩擦作用，使水流速度减小。这样可以有效降低水流的冲击力，减缓水流速度，防止坡面的水土流失和侵蚀。

第六，降低洪灾的风险。梯田的建设和管理能够有效地降低洪灾的风险。梯田的设计考虑了水文要素和水力特性，通过水利设施的合理配置和调节，将洪峰流量控制在一定范围内。这有效减少了洪灾的发生概率和强度，保护了下游地区的安全。

二、土壤侵蚀控制

梯田的建设在土壤侵蚀控制方面发挥着重要的作用，具体如下。

第一，阶梯式耕作。传统的梯田系统采用阶梯式耕作，即将农田分割成多个水平的台地，形成一级级的梯田。这种耕作方式使得水流在坡面上形成多个小水流径流，并缓慢流向下方。相比于传统的坡耕田地，梯田的阶梯结构可以减少水流的冲击力和流速，降低了坡面侵蚀的风险。

第二，水利设施。梯田的建设涉及水利设施的修建，如水渠、水库和水闸等。这些水利设施的存在使得水流得以被有效地引导和控制。水渠和水道的建设可以减缓水流速度，降低水流冲刷土壤的力量，减少坡面侵蚀的可能性。水库和水闸的建设可以调节水的流量和水位，平衡土壤湿度，进一步减少土壤侵蚀的风险。

第三，植被覆盖。梯田的建设可以促进植被覆盖的形成。植被在土壤侵蚀控制中起到重要的作用，它可以通过根系固土、减慢水流速度、阻滞风力等方式来保护土壤表面。梯田中的阶梯平台和水渠之间的植被可以有效减缓水流的流速，增加水分渗透时间，阻止土壤颗粒的流失。梯田的建设可以提供更多的种植面积，为植被生长提供条件，增加土壤覆盖率，减少水土流失。

第四，植树造林。梯田建设可以为植树造林提供条件。树木的根系可以增加土壤的结构和稳定性，有效固定土壤颗粒，防止坡面土壤的流失。梯田中的一些阶梯平台可以用来种植果树、灌木或乔木，形成绿色植被屏障，进一步增强土壤的保持力，降低土壤侵蚀的风险。

第五，增加有机物质含量。梯田的建设可以促进有机物质的积累，有机物质对土壤结构和质地的改善有着重要作用，它可以增加土壤的保水能力和保持力，减少水流对土壤的冲刷和侵蚀。梯田中的植物残渣、秸秆等农作物废弃物可以被留在田间作为有机肥料，通过还田的方式将有机物质回归土壤，增加土壤有机质的含量，改善土壤质地和结构。

第六，防止土壤侵蚀措施。除了梯田的设计和建设，还可以采取其他防止土壤侵蚀的措施。例如，设置梯田平台之间的防护坎、构建防护墙或防护沟，可以减少水流对土壤的冲击和侵蚀。此外，适当的耕作措施，如合理的耕作深度和方向、合理的轮作制度，也可以减少土壤侵蚀的风险。

三、地下水补给

增加土壤水分含量：梯田的建设主要通过灌溉和水渠输水等方式，为农田提供充足的水源。这些水源在灌溉过程中渗透到土壤中，增加了土壤的水分含量。梯田中的水分可以逐渐渗入土壤深层，补给地下水层。

第一，促进土壤渗透性。梯田建设的水利设施，如水渠和灌溉系统，可以有效改善土壤的渗透性。水渠和灌溉系统的合理设计与管理，可以调节灌水量和灌水频率，确保土壤有足够的时间和条件将水分渗透到深层土壤中，这有利于地下水的补给。

第二，提高地下水储存能力。梯田建设和水管理措施有助于提高地下水储存能力。梯田中的水渠、水库和水闸等水利设施可以对水源进行调节和蓄存，保证有足够的水量供给。水利设施的建设可以增加地下水的储存容量，延长水分的停留时间，促进地下水的补给和蓄积。

第三，提高土壤水分的持久性。梯田的建设可以改善土壤水分的持久性，减少水分的流失和蒸发。梯田中的阶梯式耕作和水利设施能够减少水分的流失和径流，增加水分的滞留时间。土壤中的水分可以更充分地被作物吸收利用，提高水分利用效率，减少水分的浪费，增加土壤的水分持久性。

第四，控制过度抽水。梯田建设和水管理措施有助于控制地下水过度抽取。梯田中的水利设施可以进行水源的合理调度和分配，确保灌溉用水的合理利用。这有助于避免地下水过度抽取造成地下水位下降和水源枯竭的问题，保护地下水资源的可持续利用。

为了促进地下水补给并实现可持续利用，梯田建设需要采取一系列的水管理措施：(1)灌溉管理，合理安排灌溉时间、灌水量和灌水频率，避免过量灌溉和浪费水资源；(2)土壤保水措施，通过增加有机质含量、采取保护性耕作和覆盖作物等措施，提高土壤的保水能力；(3)水源管理，建设水库和水闸等水利设施，合理调控水源的供应和蓄存，确保地下水的持续补给；(4)节约用水，推广节水灌溉技术和设备，提高灌溉水利用效率，减少水分的浪费。

四、水质影响

梯田建设可能对流域水质产生影响。农田中的农药、化肥和其他农业化学品可能通过径流进入水体，造成水体污染。具体如下。

第一，农业化学品的使用。农田中常使用农药、化肥和其他农业化学品来提高农作物产量和质量。然而，这些化学品可能通过径流进入水体，引发水质污染。农田中的施药和施肥活动，尤其是大量的农药和化肥的使用，可能导致农药和养分的流失，对水体造成污染。

第二，水质污染物的径流输送。梯田系统中，降雨过程中的水分会与农田中的污染物接触，并通过径流进入水体。这些污染物包括农药残留、化肥成分、农田中的微生物、悬浮物质和养分等。这些污染物的径流输送可能对水体质量产生负面影响，如水体富营养化、水体中毒、水生生物死亡等。

第三，土壤侵蚀和沉积物的运输。梯田建设有助于减少土壤侵蚀，但在强降雨和不当管理情况下，仍可能发生土壤侵蚀和沉积物的运输。被侵蚀的土壤中可能富含农药残留、养分和其他污染物，这些污染物随着沉积物一起进入水体，导致水质受到污染。

为了减少梯田建设对水质的负面影响，需要采取一系列的措施。(1)合理农业化学品的使用：梯田的设计和管理需要合理控制农药、化肥和其他农业化学品的使用量和施用时间，避免过量使用和频繁施用。应根据农作物的需求和实际情况精确施用化学品，以减少化学物质对水体的污染。(2)农业管理措施：采用科学的农业管理措施有助于减少农田的污染物流失。例如，合理施肥、合理排水、合理灌溉、农田保护性耕作和覆盖作物等措施，可以减少化学物质和养分的流失，降低对水体的污染风险。(3)植被保护和湿地建设：梯田的建设可以结合植被保护和湿地建设，提高水体的净化能力。植被可以起到滞留、过滤和吸附水中污染物的作用,湿地可以作为自然的净水系统,减少污染物的输入。(4)农田与水体的分隔:在梯田设计中,合理规划农田与水体之间的距离和界限,设置相应的缓冲带和防护区域,减少污染物直接进入水体的机会,这可以通过保留自然植被带、建立人工湿地或沉淀池等方式来实现。(5)水资源监测和管理:建立完善的水资源监测体系,定期监测水体的水质指标,及时发现和处理水质问题。同时,加强水资源管理,制定水资源保护政策和规范,加强对农业活动和水利设施的监管,确保梯田系统的可持续发展。

总体而言,梯田建设对流域水文过程的影响是复杂的,既有积极的方面,如控制洪水、减少土壤侵蚀等,也有潜在的负面影响,如水质污染。因此,在梯田建设和水资源管理中需要综合考虑各种因素,并采取合适的措施以实现可持续的水资源利用和管理。

第三节　生态梯田建设在水土保持中的作用

生态梯田建设以水土保持为核心目标。通过梯田的构建和设计,可以有效减缓水流速度,降低水流冲击力和侵蚀力,防止水土流失。梯田的田埂和梯田墙可以固定土壤,防止土壤被冲刷和侵蚀。梯田的水渠和排水系统能够合理调配水资源,保持水分平衡,减少水分的流失和浪费。

一、维护生态平衡

生态平衡的维护在生态梯田建设中扮演着至关重要的角色。为了保护和维护生态平衡,采取了一系列措施,包括植被保护、多样化农作物种植以及当地生态资源的保护和利用,以保护和恢复生态系统的完整性和稳定性。

首先,植被保护是生态梯田建设中的一个重要方面。通过保护现有植被,特别是对于原生植被的保护,可以有效增加植被覆盖,防止裸露土壤的侵蚀。植被的根系能够紧密地固定土壤,减少水土流失的风险。在生态梯田的规划和设计中,要充分考虑到植被保护的需求,避免过度砍伐和滥用土地资源。

其次,多样化的农作物种植对于维护生态平衡也起到了关键作用。在生态梯田中,农民会采取种植多种不同的农作物的方式,以增加农田的生物多样性。这样做有助于提供丰富的食物来源,吸引不同种类的生物前来栖息,形成良好的生态链条。同时,多样化的农作物种植还可以减少对单一作物的过度依赖,降低病虫害的风险,提高生态系统的稳定性。

再次，生态梯田建设注重保护和利用当地的生态资源。在规划和建设过程中，会充分考虑当地生态系统的特点和资源的可持续利用。比如，在选择农作物种植时，会优先选择适应当地气候和土壤条件的农作物，避免引入外来物种对生态系统造成不良影响。同时，也会尊重和保护当地的生态景观和自然生境，避免破坏原有的生态格局。

最后，生态梯田建设还应注重保护和恢复生态系统的完整性和稳定性。在建设过程中，会遵循生态恢复原则，采取措施修复破坏的生态环境，如退耕还林还草、湿地保护等。此外，还会进行生态系统的监测和评估，及时发现和解决生态问题，确保生态梯田的可持续发展。同时，积极推广和应用生态农业技术，如有机农业、生物防控等，以减少对环境的污染和破坏，促进农业与生态的良性互动。

二、保持土壤肥力

生态梯田建设对于保持土壤肥力起着重要的作用。通过一系列措施，如减少土壤侵蚀和流失、合理利用土壤养分以及实施轮作计划等，生态梯田能够帮助保持土壤中的养分和有机质，从而提高土壤肥力。

首先，生态梯田建设可以减少土壤的侵蚀和流失，防止养分的丢失。梯田的设计和构造能够有效地防止降雨引起的土壤侵蚀。通过在梯田之间设置梯度和沟渠，可以减缓水流速度，避免水势过大导致土壤的冲刷和流失。同时，在梯田的建设中还会采取适当的保护措施，如植被覆盖、保持地势稳定等，以进一步减少土壤侵蚀的风险。

其次，生态梯田的农作物种植与轮作计划有助于合理利用土壤养分，减少养分的耗竭。在梯田中，农民会采取种植多种不同农作物的方式，通过轮作来合理分配土壤中的养分。不同农作物对养分的需求不同，有些农作物能够吸收特定养分，而其他农作物则释放出特定养分，形成良性循环。这样做不仅可以减少单一农作物对土壤特定养分的过度耗竭，还能够提高土壤的肥力。

再次，生态梯田建设还注重土壤有机质的保持和增加。有机质是土壤肥力的重要组成部分，对保持土壤结构、提高土壤保水保肥能力有着重要作用。在梯田建设中，会采取措施来促进有机质的积累，如施加有机肥料、采用绿肥作物等。有机肥料的使用可以补充土壤中的营养物质，并促进有机质的分解和积累。同时，绿肥作物的种植也能够增加土壤有机质的含量，通过植物的残体和根系降解，为土壤提供有机质和养分。

最后，在生态梯田建设中，还会注重土壤质量的监测和评估。通过定期的土壤采样和分析，了解土壤的养分含量、pH、有机质含量等指标，以及土壤的结构状况。

这样可以及时发现土壤肥力的问题，并采取相应的措施进行调整和改善。比如，根据土壤分析结果，可以进行有针对性的施肥，补充土壤中缺失的养分；或者进行土壤改良，改善土壤结构和通透性。通过这些措施，可以提高土壤的肥力和农作物的产量。

三、提高水资源利用效率

生态梯田建设在水资源利用效率方面具有显著的优势。通过梯田的设计和建设，能够有效地收集和利用降雨水，并通过合理的排水系统和灌溉系统实现水的循环利用。这些措施能够减少水的浪费和过度使用，提高水资源的利用效率。

第一，生态梯田的设计考虑到降雨水的收集和储存。在梯田之间设置水渠和沟渠，能够有效地收集和引导降雨水。梯田的建设会考虑降雨水的流向和分布规律，以最大限度地收集降雨水资源。在梯田的上部设置收集池或蓄水池，用于储存降水。这样做不仅可以防止降水直接流失，还可以为后续的灌溉和农业用水提供可靠的水源。

第二，生态梯田通过合理的排水系统和灌溉系统实现水的循环利用。在梯田的建设中，会设置排水系统，以排除过剩的水分。通过合理的排水设计，可以防止水分在梯田之间滞留，导致水浸和水分过度饱和的问题。同时，灌溉系统也是生态梯田建设中重要的一部分。通过精确的灌溉技术，如滴灌、喷灌等，可以根据农作物的需水量提供适量的水源，避免过量浇灌和水资源的浪费。这些系统的使用能够保证水的有效利用，提高灌溉效率，减少水分的损失。

第三，生态梯田的排水系统和灌溉系统能够实现水资源的合理分配和利用。通过梯田之间的水渠和排水管道，可以将水资源合理地分配到不同的梯田中。根据植物的需水量和土壤的湿度状况，通过开启或关闭灌溉管道，可以精确控制每个梯田的水源供应。这样可以避免水的浪费和过度使用，确保水资源得到最有效的利用。

第四，生态梯田建设还注重水资源的节约和循环利用。通过采用节水灌溉技术和农业水资源管理措施，如精确灌溉、覆盖式灌溉等，能够减少灌溉水的使用量。此外，采用农田水利工程设施，如水窖、水塘等，用于收集和储存雨水及灌溉水，使其得以循环利用。同时，也会倡导农民节约用水的意识，提倡科学合理的农业用水习惯，进一步降低水资源的消耗。

第五，在生态梯田建设中，水资源利用效率的监测和评估也是至关重要的。通过监测灌溉量、用水量和土壤水分状况等指标，了解水资源的使用情况，及时发现和解决用水过量或不足的问题。根据监测结果，可以调整灌溉计划，优化水资源的利用方式，以提高水资源的利用效率。

四、加强生态环境保护

生态梯田建设在生态环境保护方面发挥着重要的作用。通过一系列措施，如减少农业化学物质的使用、推动生态农业的发展等，生态梯田能够保护和改善农田周围的生态环境，减少对生态系统的负面影响。

首先，生态梯田建设可以有效减少农药、化肥等农业化学物质对环境的污染。传统农田的农药和化肥使用量通常较高，这会导致农药残留和养分过剩的问题，对土壤、水体和生物多样性产生不利影响。而在生态梯田建设中，倡导使用生态友好的农业管理方法。例如，采用有机肥料代替化学肥料，采用生物防控代替农药，以减少农业化学物质的使用。这样不仅可以降低对环境的污染，还可以改善土壤质量和农产品的安全性。

其次，生态梯田建设鼓励生态农业的发展，推动有机农业和生态农业的实践。生态农业强调与自然生态系统的协同，注重生物多样性保护、土壤生态系统的建设和水资源的合理利用。在生态梯田中，农民倡导使用有机农业技术，如有机种植、生物防控、有机肥料的应用等。有机农业不仅减少了农药和化肥的使用，还通过提高土壤质量、保护生态系统和促进农作物与生态的互动，进一步改善农田周围的生态环境。此外，生态梯田建设还推动了农业与生态旅游的结合，促进了农村地区的可持续发展。

再次，生态梯田建设注重保护和恢复生态系统的健康。在梯田建设过程中，会考虑当地生态系统的特点和需求，保护和恢复梯田周围的生物多样性和生态功能性。例如，保留和恢复湿地、水体和森林等生态要素，提供适宜的栖息环境和食物来源，吸引各种野生动植物栖息繁衍。此外，生态梯田建设还注重保护水源地，减少污染物的输入，维护水体的清洁和生态平衡。

最后，生态梯田建设还鼓励农民参与生态保护和环境教育活动。通过宣传和培训，增强农民的环保意识和环境保护技能，使他们成为生态环境保护的积极参与者和推动者。农民可以通过科学的农业管理和资源利用，减少对生态环境的压力，促进生态系统的恢复和可持续发展。

综上所述，生态梯田建设与水土保持密切相关，并且相互促进。生态梯田的建设可以有效保护水资源、维护生态平衡、保持土壤肥力、提高水资源利用效率，促进农业的可持续发展。同时，它也为社会经济带来了多重效益，推动了农村地区的可持续发展。因此，生态梯田建设与水土保持的关系是密不可分的，它们共同构建了一个可持续发展的农业与生态环境相协调的模式。

第四节　水土保持在水利发展中的作用

一、减少泥沙淤积堵塞

水土保持工程措施在生态梯田建设中起着重要的作用。这些措施可以显著提高土壤的含水能力，增加蓄水量，并有效避免土壤的大量流失和泥沙的河道堆积。此外，通过植被的有效保护，还可以减少地表径流量，控制水量的流入河道，从而预防洪涝等灾害的发生。

首先，水土保持工程措施能够提高土壤的含水能力和蓄水量。在生态梯田的建设中，常采取一系列的水土保持工程措施，如梯田、沟渠和堤坝等。这些措施能够有效改善土壤结构，增加土壤的含水能力和保水性。梯田的设计和构造使得雨水能够在梯田之间形成水分的集聚和滞留，不会迅速流失。沟渠和堤坝的设置可以阻止雨水的迅速冲刷，减缓水流速度，增加水分的渗透和存储。这样，土壤能够更好地保持水分，提高蓄水能力，减少因水分流失而导致的土壤侵蚀和河道泥沙堆积。

其次，水土保持工程措施通过植被的有效保护，减少地表径流量，控制水量的流入河道。在生态梯田中，会注重保护植被，特别是对于原生植被的保护和恢复。植被的根系能够牢固地固定土壤，减少水土流失的风险。植被覆盖可以有效减少雨水的直接冲刷，形成植被层的抵抗力，使水分得以逐渐渗入土壤中。

最后，水土保持工程措施还可以减少土壤侵蚀和河道泥沙的堆积。通过合理的排水系统和植被覆盖，可以减少土壤的侵蚀和流失。在梯田的设计和建设中，会考虑水流的分布和流速，通过沟渠和堤坝的设置，使水流缓慢流动，减少土壤的冲刷和流失。同时，保护植被能够有效固定土壤，减少土壤的侵蚀和河道泥沙的输入。这样可以避免河道的堵塞和水流的阻塞，保持水道畅通，减少洪涝等灾害的发生。

二、保障水利工程作用

水土保持工程措施对水利工程的综合效益提高起着重要的作用。通过严格落实水土保持措施，并加强基础设施建设和完善，可以有效拦截泥沙，减少水流中的含沙量，防止湖泊、水库等水域受到大量泥沙的淤积，保障水库的蓄水量和防洪能力，延长水利工程的使用年限。

首先，水土保持工程措施通过基础设施建设，对泥沙形成有效拦截。在水土保持工程中，常采用各种拦沙设施，如拦沙坝、沉沙池等，以阻止泥沙的继续运移。这些设施能够在水流通过时拦截和沉淀泥沙颗粒，减少泥沙的含量和运输量。通过对基础设施的合理布置和设计，可以在泥沙悬移负荷高的河道、湖泊、水库等水域中，有效拦截和截留泥沙，减少泥沙对水利工程的不利影响。

其次，水土保持工程的完善可以保障水库的蓄水量和防洪能力。水土保持工程通过减少土壤侵蚀和流失，进一步减少泥沙的输入，可以有效降低水库的淤积速度。水库淤积是水利工程面临的一个重要问题，它会导致蓄水量减少、防洪能力下降等一系列问题。通过加强水土保持工程的落实，减少泥沙的输入，可以有效防止水库淤积，保障水库的蓄水量和防洪能力。这样能够充分发挥水利工程的功能，提高水利工程的综合效益。

最后，水土保持工程的实施还能够延长水利工程的使用年限。水土保持工程的落实可以有效减少土壤侵蚀和流失，保护水利工程的基础土壤。土壤的侵蚀和流失会导致水利工程的地基不稳定和土泥石流等灾害的发生，从而缩短水利工程的使用寿命。而通过加强水土保持工程的建设和管理，可以有效保护水利工程的基础土壤，减少土壤侵蚀和流失的风险，延长水利工程的使用年限。

三、确保区域水资源质量

水土保持工程措施的实施能够明显减少水土流失现象，有效避免有害物质大量流入水体，减轻水土流失对水环境的影响。这些措施起到了关键的作用，可以防止水环境污染的严重恶化，实现水环境质量的有效提高。同时，水土保持工程措施也对生态环境的改善和恢复具有重要的影响和作用。

首先，水土保持工程措施的实施可以显著减少水土流失现象。水土流失是指水流冲刷和风力侵蚀等作用下，土壤表面发生破坏和流失的现象。水土流失不仅导致土壤质量的下降，还会将土壤中的有害物质带入水体，引起水环境的污染。通过采取水土保持工程措施，如梯田建设、沟渠和堤坝的设置，可以有效减缓水流速度，减少土壤冲刷和侵蚀的发生，降低水土流失的程度，这样能够避免大量土壤和有害物质进入水体，减轻水土流失对水环境的不良影响。

其次，水土保持工程措施的实施对水环境质量的提高起到了关键作用。水土保持工程的实施能够有效防止土壤中的养分、农药、重金属等有害物质流入水体，减少水体的污染。土壤中的有害物质一旦进入水体，会对水生物和生态系统产生严重的危害。通过采取水土保持工程措施，如拦沙设施、植被保护和植物的根系固土作用，能够有效截留和净化水中的有害物质，减少水环境的污染，提高水环境质量。

最后，水土保持工程措施对生态环境的改善和恢复也具有重要的影响和作用。生态环境是生物多样性和生态系统的关键组成部分，对维持地球的生态平衡起着重要的作用。水土保持工程措施的实施可以保护和改善土壤质量，增加植被覆盖，提供适宜的栖息环境，促进生物多样性的保护和恢复。植被的保护能够提供防风固沙、保水保肥的功能，为植物和其他生物提供适宜的生存条件。通过水土保持工程的实施，可以改善生态环境，促进生态系统的健康和发展。

四、避免自然灾害的出现

水土保持工程措施的实施能够有效调节地面径流，改善水循环速度，从而控制水土流失量，避免发生泥石流和山体滑坡等灾害。同时，它还能降低自然灾害对水利工程造成的严重损害，确保水利工程的功能和使用年限，为水利工程的可持续发展提供重要的基础保障。

首先，水土保持工程措施的实施对地面径流的调节起着重要作用。通过采取合理的水土保持工程措施，如梯田建设、沟渠和堤坝等，可以减缓降雨水流的流速和流量，有效调节地面径流的形成和流动。这有助于减少水流对土壤的冲刷和侵蚀，降低水土流失量。水土保持工程的设施和设计能够分散与缓冲径流，使水分得到更好的渗透和滞留，增加土壤的湿润程度，改善土壤的质地和结构，减少土壤的侵蚀和流失。

其次，水土保持工程措施的实施能够有效防止泥石流和山体滑坡自然灾害等问题，泥石流和山体滑坡是由于水土流失和地质条件不稳定而引起的自然灾害。通过采取工程措施，如拦沙设施、防护林带和地质防灾措施，可以有效减少水土流失，增加土壤的稳定性，防止泥石流和山体滑坡的发生。拦沙设施可以截留泥沙，减少泥石流的泥沙输送；防护林带可以增加植被的根系牢固土壤，减少山体滑坡的风险；地质防灾措施可以对地质灾害点进行修复和治理，提高地质环境的稳定性。这些措施的综合应用可以保护水土资源，减少自然灾害对水利工程的影响。

最后，水土保持工程措施的实施还可以降低自然灾害对水利工程造成的损害，确保水利工程的功能和使用年限。水土保持工程的实施可以有效保护水利工程的基础土壤和地质环境，减少自然灾害对水利工程的冲刷和侵蚀。通过加强水土保持工程的建设和管理，水利工程的稳定性和安全性得到提升，使用年限得以延长。这样可以保障水利工程的正常运行和发挥其功能，为水利的可持续发展提供重要的基础保障。

五、缓解水资源短缺情况

在当前的情况下，我国人均水资源占有量有限，且淡水资源面临持续减少的挑战。然而，依托水土保持工程措施，可以显著改善和提升水质，并有效保护淡水资源，从而缓解和改善水资源短缺问题。

首先，水土保持工程措施的实施可以改善水质。水土保持工程的目标之一是减少土壤侵蚀和流失，防止土壤中的养分、农药和其他有害物质流入水体。通过采取梯田建设、沟渠和堤坝等措施，可以减缓水流速度，降低水流中的悬浮物含量，过滤掉悬浮物中的有害物质。此外，保护和增加植被覆盖也有助于净化水体，植被能够吸收和固定一部分污染物质，改善水质。通过水土保持工程的实施，能够减少水体中的污染物输入，提升水质，为人们提供更清洁的水资源。

其次，水土保持工程措施有助于保护淡水资源。水土保持工程的实施能够减少水土流失和泥沙淤积，防止泥沙堵塞河道和水库，减少淡水资源的浪费。水土流失不仅导致水体的污染，还造成了水资源的损失。通过采取水土保持工程措施，如拦沙设施和防护林带的建设，可以有效减少泥沙的输入，保护水库和水道的通畅。此外，水土保持工程还能提高土壤的保水能力，增加地下水的储存量，为淡水资源提供更好的保护和利用。

第五节 水土保持的基本认知分析

一、水土保持的相关概念

(一) 土壤侵蚀

1. 土壤侵蚀的作用力

"土壤侵蚀制约着社会、经济和环境的协调发展，已经成为全球性的主要环境问题之一。"[①] 土壤侵蚀是在水力、风力、冻融、重力等自然营力和人类活动作用下，土壤或其他地面组成物质被破坏、剥蚀、搬运和沉积的过程。土壤侵蚀是陆地表面演变的一种自然现象，陆地表面的组成物质和地表形态处在不断变化发展之中。导致土壤侵蚀的作用力，包括水力、风力、冻融、重力等自然营力及人类对土地破坏的作用力称为侵蚀营力。改变地表起伏状态，促使土壤侵蚀发生发展的基本力量是内营力（或称内力）和外营力（或称外力）。在内、外营力的相互作用、相互影响、相互制约下，形成了高山、丘陵、高原、平原、盆地、湖泊、河流等，奠定了地形的轮廓，并决定着土壤侵蚀的形成、发生和发展过程。

(1) 内营力作用。内营力作用是由地球内部能量引起的，它的主要表现形式是地壳运动、岩浆活动和地震等。

---

① 李占斌，朱冰冰，李鹏.土壤侵蚀与水土保持研究进展 [J].土壤学报，2008，45 (5)：8.

第一，地壳运动。地壳运动使地壳发生变形和变位，改变地壳构造形态，又称为构造运动。根据地壳运动的方向和性质，可分为垂直运动和水平运动两类。这两类运动并不是截然分开的，它们在时间和空间上可以交替出现，有时也可能同时出现。

垂直运动又叫升降运动或振荡运动。运动方向垂直于地表，即沿地球半径方向运动。这种运动表现为地壳大范围的缓慢抬高和沉降，造成地表的巨大起伏。其作用时间长、影响范围广，是垂直运动的一个显著特点。

水平运动又叫板块运动。运动方向平行于地表，即沿地球切线方向运动。这种运动形成巨大、复杂的褶皱构造、断裂构造等，造成地表的剧烈起伏。

第二，岩浆活动。岩浆活动是地球内部的物质运动（又称地幔物质运动）。地球内部的熔融物质在压力、温度改变的条件下，沿地壳裂隙或脆弱带侵入或喷出。岩浆侵入地壳形成各种侵入体，喷出地表则形成火山，改变原来的形态，造成新的起伏。

第三，地震。地震也是内营力作用的一种表现形式。地幔物质的对流作用使地壳及上地幔的岩层遭受破坏，把所积蓄的应变能转化为波动能，引起地表剧烈振动。地震往往是和断裂、火山现象相联系，世界主要火山带、地震带与断裂带分布的一致性就是这种联系的反映。

（2）外营力作用。外营力作用的主要能源来自太阳能。地球表面直接与大气圈、水圈、生物圈接触，它们之间发生着复杂的影响和作用，从而使地表形态不断发生变化。外营力作用总的趋势是通过剥蚀、搬运、沉积，使地面逐渐夷平。外营力作用的形式很多，如流水、地下水、波浪、冰川、风沙等。各种作用对地貌形态的改造方式虽不相同，但从过程实质来看，都经历了风化、剥蚀、搬运和沉积（堆积）几个环节。

第一，风化作用。风化作用就是指矿物、岩石在地表新的物理、化学条件下所产生的一切物理状态和化学成分的变化，是在大气及生物影响下岩石在原地发生的破坏作用。风化作用可分为物理风化作用和化学风化作用，生物风化就其本质而言可归入物理风化或化学风化作用之中。物理风化主要是在机械力（如水分结冰的冻胀力、植物根系的挤压力等）的作用下，使大的岩土体上分离出较小的组成部分。化学风化主要是指在水、空气、生物等的作用下，岩土体中的矿物发生化学反应，从而使完整的岩土体崩解，分裂成较细小、碎裂的部分。

第二，剥蚀作用。各种外营力作用（包括风化、流水、冰川、风、波浪等）对地表进行破坏，并把破坏后的物质搬离原地，这一过程或作用称为剥蚀作用。狭义的剥蚀作用仅指重力和片状水流对地表侵蚀并使其变低的作用。一般所说的剥蚀作用，是指各种外营力的侵蚀作用，如流水侵蚀、冰蚀、风蚀、海蚀等。剥蚀作用营力的差异，是划分土壤侵蚀类型的重要依据，如水力侵蚀、风力侵蚀、冰川侵蚀等类型。

第三，搬运作用。风化、侵蚀后的碎屑物质，随着各种不同的外营力作用转移到其他地方的过程称为搬运作用。根据搬运的介质不同，分为流水搬运、冰川搬运、风力搬运等。在搬运方式上也存在很多类型，有悬移、拖曳（滚动）、溶解等。

第四，堆积作用。被搬运的物质由于介质搬运能力的减弱或搬运介质的物理、化学条件改变，或在生物活动参与下发生堆积或沉积，称为堆积作用或沉积作用。按沉积的方式可分为机械沉积作用、化学沉积作用、生物沉积作用等。搬运物堆积于陆地上，在一定条件下就会形成"悬河"并导致洪水灾害发生；堆积在海洋中，会改变海洋环境，引起生物物种的变化。

内营力形成地表的起伏，外营力则对地表进行夷平。内营力产生隆起和沉降，外营力则将隆起的部分剥蚀，搬运到地势低洼的地方堆积。内营力与外营力相互作用、相互影响的过程，实际上就是地表形态与土壤侵蚀发生、发展和演化的过程。

2. 土壤侵蚀的基本类型

（1）按土壤侵蚀发生的速率划分。按土壤侵蚀发生的速率大小和是否对土地资源造成破坏，将土壤侵蚀划分为自然侵蚀和加速侵蚀。

第一，自然侵蚀。土壤侵蚀是动态地、永恒地发生着的。在不受人为影响的自然环境中发生的土壤侵蚀称为自然侵蚀，亦称为正常侵蚀。这种侵蚀不易被人们察觉，实际上也不会对土地资源造成危害，它的发生发展完全取决于自然环境因素的变化，例如，地质构造运动、地震、冰川及生物、气候变化等。自然侵蚀过程及其强弱变化呈明显的时空分异。新构造运动活跃和地震发生频繁地区，自然侵蚀相对强烈；干旱、半干旱时期的自然侵蚀强度显著大于植被丰茂的湿润时期。在地质时期，尽管没有人类对植被造成破坏，自然植被也不是一成不变的，随着气候的恶化和植被的自然稀疏和退化，自然侵蚀进程相应强化。人力无法消除自然侵蚀，自然侵蚀过程也如同雕塑家手中的刻刀一样，塑造着地球表面的形态。

第二，加速侵蚀。随着人类的出现，人类活动逐渐破坏了陆地表面的自然状态，如陡坡开荒、乱砍滥伐、过度放牧等，加快和扩大了某些自然因素的作用，引起地表土壤破坏和移动，使土壤侵蚀速率大于土壤形成速率，导致土壤肥力下降、理化性质恶化，甚至使土壤遭到严重破坏，这种侵蚀过程称为加速侵蚀。这种由人类活动，如开矿、修路、工程建设以及滥伐、滥垦、滥牧、不合理耕作等，引起的土壤侵蚀，也被称为人为侵蚀。

（2）按土壤侵蚀发生的时间划分。以人类在地球上出现的时间为分界点，将土壤侵蚀分为古代侵蚀和现代侵蚀。

第一，古代侵蚀。古代侵蚀是指人类出现以前的历史时期内，在构造运动和海陆变迁所造成的地形基础上进行的一种侵蚀。古代侵蚀的结果，形成了当今的侵蚀地貌，是当代人类赖以生存的基础；而现代侵蚀是在古代侵蚀的基础上进行的，古代侵蚀的实质就是地质侵蚀。

第二，现代侵蚀。现代侵蚀是指人类出现以后，受人类生产活动影响而产生的土壤侵蚀现象。人类出现以后，开始是刀耕火种，逐渐开发和利用自然资源，伴随而来的是地面植被的大量破坏，土壤侵蚀的规模和速率逐渐增加，从而又影响和限制着人们的生产经济活动。这种作用往往在几天甚至一年的时间之内，就会侵蚀掉在自然状态下千百年才能形成的土壤层，因而给生产带来严重恶果，所以这种现代侵蚀又被称为现代加速侵蚀。

(3) 按引起土壤侵蚀的外营力种类划分。国内外关于土壤侵蚀的分类多以导致土壤侵蚀的主要外营力为依据进行分类。

一种土壤侵蚀类型的发生往往主要是由一种或两种外营力导致的，因此这种分类方法就是依据引起土壤侵蚀的外营力种类划分出不同的土壤侵蚀类型。按导致土壤侵蚀的外营力种类进行土壤侵蚀类型的划分，是土壤侵蚀研究和土壤侵蚀防治等工作中最常用的一种方法。

在我国，引起土壤侵蚀的外营力主要有水力、风力、重力的综合作用力，温度作用力（由冻融作用而产生的作用力）、冰川作用力、化学作用力等，因此土壤侵蚀类型就有水力侵蚀类型、风力侵蚀类型、重力侵蚀类型、混合侵蚀类型、冻融侵蚀类型、冰川侵蚀类型和化学侵蚀类型等。

另外，还有一类土壤侵蚀类型称为生物侵蚀，它是指动、植物在生命过程中引起的土壤肥力降低和土壤颗粒迁移的一系列现象。一般植物在防蚀固土方面有着特殊的作用，但人为活动不当也会发生植物侵蚀，如部分针叶纯林可恶化林地土壤的通透性及其结构等物理性状。

(二) 水土流失

水土流失是指土壤在水流、风力等外力作用下，表面发生破坏和流失的现象。这种现象主要发生在缺乏植被覆盖或地表覆盖不足的地区，以及在陡坡、裸露土壤和弱土壤等易受侵蚀的地形条件下。

1. 水土流失的成因

水土流失是一种严重的环境问题，对土壤质量、农田生产和水资源造成负面影响。以下是一些导致水土流失的主要原因。

(1) 水流冲刷。降雨和河流冲刷是主要的水流冲刷因素。大雨或洪水会增加水流速度和能量，导致土壤颗粒被冲刷走，造成土壤流失。

（2）风力侵蚀。风力是引起土壤飞扬和风蚀的主要原因。在干旱地区或裸露土地上，风可以吹走土壤表面的颗粒，导致土壤质量下降。

（3）人为活动。人类的农业、建筑、采矿等活动也会加剧水土流失。过度的耕作、不合理的排水系统、过度放牧和滥伐森林都会破坏土壤结构和覆盖层，导致水土流失加剧。

2. 水土流失的影响

（1）土壤质量下降。水土流失导致土壤表层的养分和有机质流失，降低土壤的肥力和农田的产量。

（2）水质污染。流失的土壤中含有农药、化肥、重金属等有害物质，进入水体会导致水质污染，影响水生生物和生态系统的健康。

（3）河道淤积和水库堵塞。大量流失的泥沙进入河道和水库，会导致河道淤积和水库容量减少，影响水资源的储存和调节能力。

（4）生态破坏。水土流失破坏了植被覆盖和栖息地，影响生物多样性和生态系统的稳定性。

二、水土保持的基本原则

（一）小流域水土保持综合治理原则

1. 以小流域为单元，统筹规划

小流域是河流源头的集水区，是产、汇流的基本单元，也是侵蚀、产沙的基本单元。小流域面积一般只有几个到十几个平方千米，一般不超过50平方千米，大体上是乡镇或者乡镇以下的行政尺度。小流域内自然情况、水土流失情况和经济社会发展水平基本一致，因此便于统一规划和综合治理，也便于基层政权（乡、村）组织实施。以小流域为单元，进行水土保持综合治理，也便于协调好治理与开发之间，治坡与治沟之间，工程、林草、农业三大措施之间，上下游、左右岸之间的辩证关系，形成合力，避免措施单一，或边治理、边破坏，下游治理、上游破坏的负外部性，使水土保持事业事半功倍；以小流域作为基本单元，进行科学规划、综合治理、突出重点、成片推进，这是我国水土保持工作的成功经验和基本原则之一。

2. 因地制宜，因害设防

水土流失类型多样，不同类型水土流失的作用机理和危害形式都不一样，因此只能针对具体的水土流失现象，因地制宜，选择合适的防治措施。如植被拦蓄降水，减少地表产流，可以有效控制坡面水土流失，但在陡峻的塬边、崖畔地带，降水入渗转化为土壤水和地下水，由于岩土体的容重增加和渗流作用，发生崩塌、滑坡等重力侵蚀的概率可能增加。又如在山丘区广泛采用山头植树，山腰和坡脚修梯田的水土保持治理模式，但是在沟间地较为开阔平坦的高原沟壑区，则适宜在塬面上进行土地平整，兴修基本农田，沟缘线以下则植树种草。为了巩固支流成效，控制暴雨洪水危害，小流域治理的一般顺序是先坡后沟、先支后干、先上游后下游，为加快治理进度也可以以支流分片、干流划段，同时治理，全面推进；但是在相对地广人稀、水土流失较为轻微的地区，将有限的人力、物力、财力主要投放到远离村庄的山头、支毛沟和沟道上游是不明智的，应该以川道治理为主，优先治理村庄周围的水土流失，治河造地，改善生产生活条件；而远山的水土流失则以封禁、恢复植被为主，以提高治理效率和效益。

(二) 生产建设项目水土保持原则

生产建设项目水土保持应坚持"责任明确、预防为主、因地制宜、综合防治、生态优先、三效并重"等原则。

责任明确：谁开发、谁保护，谁造成水土流失、谁负责治理，明确建设单位水土流失防治的时段和责任范围；水土保持措施应与主体工程"同时设计、同时施工、同时投产使用"。

预防为主：针对项目区自然条件、水土流失以及主体工程的特点，进行主体工程设计，并科学合理地配置各类水土保持措施，尽可能地减少项目建设引起的新增水土流失；如在工程选址、选线的过程中应尽量避免通过泥石流、滑坡、崩塌危害的地区，以及生态环境脆弱易引发水土流失的地区，道路、管线等线性工程在通过水土流失区时应尽可能采用桥、隧等方式穿越，减少挖填方工程量；在山丘区进行工矿业建设和房地产开发时，应尽可能根据地势采用阶梯式整地，避免大挖大填形成的高边坡；土石方工程应尽可能实现挖填方平衡，减少外排的弃土弃石数量。

因地制宜：根据项目占地类型、建设和生产特点，项目区自然、经济、社会条件和水土流失情况，合理地布设水土保持措施，重点防治施工过程中的水土流失。

综合防治：结合主体工程实际情况，布置各类水土流失综合防治措施，充分发挥主体工程已有措施(如挡土墙)的水土保持功能，新增水土保持措施应结合主体工程的目标功能，建立造型美观、结构合理、功效齐全、效果显著的生产建设项目水土保持流失防治体系。

生态优先：开发项目工程建设和生产过程中，施工工艺与时序的安排应突出生态环境优先的特点，注意临时性水土保持措施，在施工过程中应尽量实现开挖方平衡，减少远距离运土，避免弃土弃石外排，房地产开发中如存在弃土，可以就地堆土造景，应采用临时性挡土墙和覆盖措施防止临时堆土场的水蚀和风蚀。在风蚀区进行露天矿开采时，应采用条带式开采，在矿坑上风方向布设防风林，矿坑由下风方向向上风方向移动，用新矿坑剥离表土回填老矿坑造地。

三效并重：生产建设项目水土保持并不是仅仅为了控制土壤侵蚀，也不能脱离主体工程成为独立的存在，而是为了实现主体工程的目的，充分发挥主体工程的经济效益和社会效益，应结合主体工程自身及其周边环境景观，通过景观绿化、复垦造地等途径，使水土保持措施成为集功能性、观赏性的综合体系。如弃土弃石场可以选择荒沟、荒滩等废弃地，在堆填弃土弃石后覆盖剥离表土造地；对取土场、弃土场进行景观绿化，并将其改造为可供人休憩的园林、绿地。

（三）地质与山地灾害防治原则

我国滑坡、崩塌、泥石流等地质灾害，大致集中在大兴安岭—燕山—太行山—巫山—雪峰山山脉一线及以西地区。该线以东则分布零星，以西特别是青藏高原东南缘山地、四川盆地周边山地以及陇南、陕南、晋西、冀北等黄土高原边缘山区泥石流沟、滑坡、崩塌体成片集中分布。因此防治泥石流和地质灾害一般应以坚持预防为主、防治结合、综合治理的原则。预测、预警、防灾、减灾是消除地质灾害危害的主要途径。预测就是对山地灾害的发生可能性进行预测，在易发生泥石流、地质灾害的区域和时间尽量避免大规模的基础建设和人员聚集的活动；预警是根据泥石流和地质灾害发生的前兆现象，发出警报，及时转移灾害影响区内的人员和财产；防灾是通过综合治理措施，降低山地灾害发生的频率和规模；减灾是一旦发生泥石流和地质灾害，尽可能避免和减少人员、财产损失及二次灾害。

1.地质灾害的风险预测

预测泥石流发生的风险性是泥石流综合治理的基础。泥石流发生一般符合上述3个条件。泥石流具有周期性的特点，泥石流沟存在再次活跃复发的风险。泥石流遗迹是鉴别一条沟谷是否暴发过泥石流，是否是泥石流沟谷的直接证据，一般从以下两个方面证明。

（1）泥石流堆积物。泥石流堆积在平面上呈扇形，纵剖面上呈锥形。地面纵向坡度一般为3°~12°，横坡一般为1°~3°，地面坎坷不平，垄岗起伏。堆积物岩性为黏土、砂、碎块石、砾卵石混杂，无分选性。碎块石、砾石有定向排列现象，表面有碰撞擦痕，黏性泥石堆积物可见泥球和泥裹石现象。

（2）泥石流活动遗迹。在同一溪沟内，泥石流的规模和运动能量一般都比洪水大，泥石流顶面位置（泥位）比洪水位高，再加上泥石流在流动过程中有超高、爬越现象，它残留的泥石流土和擦痕常在高处有保留。

　　泥石流堆积区和泥石流顶面或洪水线以下的沟道，都有再次遭遇泥石流灾害的风险，应避免基础设施建设和大量人口聚集。如无法避免，应建立泥石流灾害应急预警机制，并建立相应的撤离通道和避难所。此外还应该对泥石流沟进行综合支流，降低泥石流复发的频率和规模，预防泥石流灾害。

　　2. 地质灾害的预防措施

　　泥石流预防是目前备受关注的关键问题，防治措施主要包括生物措施和工程措施以及两者相结合的综合措施。生物措施是通过种植乔、灌木、草丛等植物，充分发挥其滞留降水、保持水土、调节径流等功能，以减少径流和土壤侵蚀，从而达到预防和制止泥石流发生或减小其规模，减轻其危害程度的目的。其特点是应用范围广、投资少、风险小、能改善自然环境、作用持续时间长等，但一般很难全面控制泥石流灾害。

　　泥石流防治的工程措施具有更直接的意义，一般是在泥石流的形成流通堆积区内，采取相应的治理工程（如蓄水、引水工程，拦挡、支护工程，排导、引渡工程，停淤工程及改土护坡工程等），以控制泥石流的发生和危害。通常适用于泥石流规模大、暴发不频繁、松散固体物质补给及水动力条件相对集中的地区。工程措施中又可以分为以下方面。

　　（1）治水。利用蓄水、引水和排水等工程控制地表洪水径流，削减水动力条件，减少径流对松散碎屑物的冲蚀，适用于水石流的治理。

　　（2）治土。利用拦挡、支护工程，拦蓄泥石流固体物质，稳定沟岸，防止崩塌或滑坡，减少固体碎屑物来源，适用于泥流、土石流等滑塌型泥石流沟的治理。

　　（3）排导。利用排洪道、渡槽、堤坝等工程，控制泥石流，使泥石流远离保护区，减轻危害。

　　为抵御泥石流灾害，往往采用综合治理的方案，即坡、沟道兼顾，上、中、下游统筹的综合治理方案。一般在沟谷上游以治水为主，中游以制土为主，而下游则以排导为主。通过上游的稳坡截水和中游的拦挡护坡等，减少了泥石流固体物质，控制了泥石流规模，改变了泥石流的性质，有利于下游的排导效果，从而能够有效控制泥石流的危害。

　　城镇、矿山和废弃地具有三位一体相邻分布的特征，并形成了块状集群分布的空间构架。塌陷区和矿业废弃地一方面是城市扩展的限制因素，另一方面经过整理也可以成为农业和城镇建设用地。

　　对尚在进一步发展的采煤沉陷区可以发展为农业用地和城市绿地。通过平整土地，采取煤矸石回填、挖深垫浅等方式，可以挖塘养鱼、整地种稻、稻田养蟹、畦埂道路果树绿化，将荒废的塌陷区变为农林牧渔结合的生态庄园，如对范各庄、尖角、大安等采煤沉陷区的农业综合开发。

在评估地基稳定性的基础上，已经基本稳定的老沉陷区还可以作为工业和城镇建设用地。主要做法是钻孔灌浆、稳定基础，用高压泵注入水泥及砂浆，以加固岩层和充填裂缝，确保建筑物基础不再下沉；建筑物独立、低层楼的长轴限制在30m以内，且平行于煤层走向，每15m设置一条变形缝，以防止地面不均匀沉降对建筑物的破坏；采用钢筋混凝土圈梁、构造柱等增强建筑物结构强度，防止建筑物变形。

3. 山地灾害的预报预警

（1）泥石流的预警和紧急避险。泥石流预报是预先通报某一地域、山沟或坡面发生泥石流灾害的时间。泥石流警报是指泥石流灾害正在发生或已经发生时做出的紧急警告。

以单条沟道或相邻几条沟小范围的泥石流预报、警报系统，采用在不同位置设置自记和遥测雨量计，根据监测的降雨与泥石流发生的资料统计得到临界雨量线，绘制出预报图，然后通过雨量计对泥石流沟的雨量数据进行实时采集、演算和判别，发布泥石流预报，同时在沟道上设置水尺、地声或泥位预警器等监测设备，根据捕捉到的泥石流流动时产生的信息，然后发出警报，并通过相应的通信线路和其他有效传输方式，通知到每一个村庄。当地干部立即按预先制定的撤离方案，将危险区内的人员撤离到安全区。

泥石流来临前，一般会出现巨大的响声、沟槽断流和沟水变浑等现象。泥石流发生时，泥石流携带巨石撞击产生沉闷的声音，明显不同于机车、风雨、雷电、爆破等声音。沟槽内断流和沟水变浑，可能是上游有滑坡活动进入沟床，或泥石流已发生并堵断沟槽，这是泥石流即将发生最明显的前兆。在这些现象发生时，一定要根据预先制定的防灾预案，及时撤离到安全地带。

（2）崩塌、滑坡区和紧急避险。崩塌、滑坡的临灾预警主要是通过地表变形观测和地应力观测实现的。滑坡的地表变形观测主要包括地表开裂变形观测与滑坡后缘裂缝变形观测。

地表开裂变形观测与滑坡后缘裂缝变形观测基本相同，可采用在裂缝两侧埋桩进行观测。若为坚硬岩体裂缝，木桩无法埋进可使用在裂缝两侧岩石刻"十"字，测量两侧"十"字中心的距离便是裂缝变形张开量。

崩塌发生前的前兆现象与滑坡前兆现象也基本相同，但有一条应引起关注，一个大型崩塌发生之前，在前缘陡崖上会有明显变形，并有小块垮塌。若岩质陡坡，通过后缘裂缝观测，裂缝已开始出现加速变形，同时又在崩塌前缘陡坡上见有小块坍塌，这预示崩塌很快就要发生。

目前，变形观测正在逐步实现自动化、数字化以及数据的远程传输，诸如采用激光测距仪，地应力传感器等可以对地表形变和地应力变化进行实时动态监测。

如必须从崩塌、滑坡区通过，应"一看，二听，三快速通过"，避免不必要的伤亡。即进入崩塌、滑坡区前，先作短暂停留，看有无落石和泥土下溜的现象，再目测一条相对好走的路线，对中小型崩塌、滑坡而言，一般穿过崩、滑体中部相对容易一些；仔细听崩塌、滑坡区有无滚石、流沙和树木倒塌的声音；确认崩塌、滑坡当时没有活动，再进入崩塌滑坡区，按预先选定的路线快速通过；进入崩滑区后，若发现崩塌、落石突然发生，不要慌张，应就近躲避在巨石的下方，防止被飞石击中和被泥土掩埋。

一般除高速滑坡外，只要行动迅速，都有可能跑离危险区段。跑离时，以向两侧跑为最佳方向。在向下滑动的山坡中，向上或向下跑是很危险的。当遇无法跑离的高速滑坡时，更不能慌乱，在一定条件下，如滑坡呈整体滑坡时，原地不动或抱住大树等物体，也是一种有效的自救措施。

三、水土保持的规划设计

水土保持规划是指为了防止水土流失，做好国土整治，合理开发和利用水土及生物资源，改善生态环境，促进农林牧及经济发展。根据土壤侵蚀状况，自然社会经济条件，应用水土保持原理，生态学原理及经济规律，制定的水土保持综合治理开发的总体部署和实施安排的工作计划。水土保持设计是在规划、可行性研究报告等前期文献指导下，在小流域尺度上，对水土保持措施定点、定位的配置和具体安排。

(一) 水土保持规划的设计意义

水土保持规划设计的意义，在于它是为防治水土流失，保护、改良和合理利用水土资源，维护和提高土地生产力而进行的对土地的空间配置和治理工作的时序安排，以最终达到规划设计提出的综合防治目标。从资源利用方面，合理开发利用规划设计区域的水土资源，并进行综合措施配置，以保持系统具有持续稳定的生产力；从社会经济方面，实现良好的经济效益和社会效益，满足人民日益增长的物质和文化需要，脱贫致富；从生态环境的保护方面，改善、提高生产和生活环境，保护生物多样性；从整体上保持规划区域内的社会经济、资源与环境之间的动态平衡，充分发挥流域单元的系统功能，使系统持续、稳定、高效地发展。

水土保持规划是合理开发利用水土资源的主要依据，也是农业生产区划分和国土整治规划的重要组成部分。其作用是为了指导水土保持实践，使控制水土流失和水土保持工作按照自然规律和社会经济规律进行，避免盲目性，达到多、快、好、省的目的，主要体现在以下方面。

（1）调整土地利用结构，合理利用水土资源。我国一些山地丘陵区，广种薄收，单一农业经营十分普遍，这种不合理的土地利用是造成水土流失和人民生活贫困的主要原因之一。因此，通过合理的规划，可以明确生产发展方向，对原来不合理的土地利用进行有计划的调整，改变单一的农业生产结构，恰当地安排农林牧业生产用地比例，变广种薄收、单一经营为少种、高产、多收的农林牧副综合发展，从而达到合理利用水土资源的目的。在许多地广人稀的水土流失严重地区，通过调整农业产业结构和科学的水土保持规划，坚决实施退耕还林还草工程，最终实现经济效益和生态效益和谐统一的目标。

（2）确定合理的治理措施，有效开展水土保持工作。水土保持工作的一条基本经验就是全面规划，综合治理。水土保持综合治理规划是开展水土保持治理的一项重要基础工作和前期工作。由于水土保持综合治理涉及面较广、工作量较大、开展时间较长，需要采取综合措施，而且各项措施、多种因素相互关系复杂，要经过一定的分析、计算、预测、评价。因此，要做好水土保持的防治工作，就必须制定科学的规划。没有规划凭主观意愿去发挥，具有盲目性、随意性，结果会事与愿违或事倍功半，挫伤群众的积极性。通过规划，可确定需采取的各项水土保持治理措施，包括工程措施、林草措施、农业耕作措施，如梯田、坝库、林草、沟垄种植等的科学布局、建设规模和发展速度等，做到心中有数，有条不紊。特别要处理好治坡与治沟的关系，上游和下游的关系，工程、林草、农业耕作三大措施之间的关系，以及工程措施与林草措施的配套、治理和管护。多年来，不少地方由于处理不当，投入大量的人力、物力、财力，治理效果却不显著。因此，必须研究制定科学的规划，协调处理好这些关系，使水土保持工作得以顺利地向前发展。

（3）制定改变农业生产结构的实施办法和有效途径。水土保持是一项涉及自然科学和社会科学的系统工程，因此，必须通过规划，根据客观的自然规律和社会经济规律，采取建设高产稳产的基本农田等有效措施，在解决群众温饱问题的基础上，再逐步加以改变。

（4）合理安排各项治理措施，保证水土保持工作的顺利进行。对于规划中的任务，一方面，要充分挖掘劳动潜力和机械设备，把一切能用上的力量全部都使出来；另一方面，要注意协调各项措施的关系，包括施工季节和年进度安排，使各项措施相互促进。

（5）分析和估算水土保持效益，调动群众积极性。治理水土流失、开展水土保持工作，其根本目的就是要改变山丘区贫穷落后面貌，增加群众收入，同时改善生态环境，提高环境质量。如在经济效益方面，实施各项水土保持措施后，在提高粮食产量，增加现金收入，改变群众贫困面貌等方面能达到什么程度。用这些能达到的美好前景激励群众，调动群众治理水土流失的积极性。水土保持防洪、减沙效益的估算，可为大中河流的开发治理和各项水利工程建设的规划设计，提供科学依据。

（二）水土保持规划的设计思想

水土保持工作的目的就在于防治水土流失，减少自然灾害，建立良性生态环境，保护、开发和合理利用水土资源，建立稳定的生态经济系统，发展经济，脱贫致富。在此基础上，实现水土流失区资源、环境和社会经济的持续发展。水土保持规划设计工作的指导思想就是根据这一目标确定的，并要贯穿在水土保持规划工作的始末。

第一，贯彻"预防为主、保护优先、全面规划、综合治理、因地制宜、突出重点、科学管理、注重效益"的水土保持方针。

第二，在水土保持规划设计中，将水土流失治理与水土资源的开发、利用相结合，经济效益与生态效益相结合，努力发展商品生产。以提高土地生产力、控制水土流失、保护生态环境为中心，建立持续、稳定、高效的流域生态经济复合系统。

第三，在治理措施规划设计中，要一切从实际出发，实事求是地对水土流失区的自然资源和社会经济的有利因素、制约因素、可开发因素进行综合分析，根据当地的实际情况和市场需求确定发展方向和治理的具体目标，使治理工作具有鲜明的科学性、典型性和效益性，起到示范推广作用。

第四，在水土资源的利用中，通过合理优化农、林、牧业用地比例和产业结构，提高水土资源的利用效益。采取水土保持综合措施，产销配套等一系列相应的配套技术，维护和改善系统的物质循环、能量转换、价值增值和信息传递功能，使综合治理的劳动消耗最少，生态、经济和社会效益最好。

第五，因地制宜、因害设防、全面统筹，科学地配置各项水土保持措施。工程措施和生物措施相结合，治坡和治沟相结合，工程措施采取大、中、小相结合，生物措施采取乔、灌、草相结合，小流域治理与骨干工程相结合，立体配置、层层设防，建立群体防护体系。

第六，以科技为先导，提高水土流失区的人口素质。通过典型示范、培训、田间试验示范等多种形式和方法推广科技知识，实行科学种田，以实现农业的高产、优质、高效。

第七，建立一套完整的监督管理体系。对承包责任制、投劳承诺制、林草所有权、合同签订、检查验收、收益分配，以及管护、奖罚等方面做出明确规定，在技术、资金、物资、人员及机构的管理等方面实现科学化、标准化、制度化。

第八，建立资源、环境与社会经济的动态监测体系，为预防新的水土流失的发生，巩固治理的效益和生态环境保护提供依据。

（三）水土保持规划的设计目标

规划目标应分近期目标和远期目标。远期规划目标可进行展望或定性描述。近期规划目标和设计目标应明确生态修复、预防监督、综合治理、监测预报、科技示范与推广等项目的建设规模，提出水土流失治理程度、人为水土流失控制程度、土壤侵蚀减少率、林草覆盖率等量化指标。

水土保持规划设计的目标主要是实现规划区域水土流失综合防治后的经济目标、社会发展目标和生态环境治理及保护目标。

1. 经济发展目标

经济发展目标要提出生产力发展以及不断完善生产关系的具体目标。

（1）土地生产力目标。主要有单位面积土地的产量和产值、土地利用率或土地生产潜力实现率及其他有关指标等。

（2）经济发展目标。采用总产值或总收入、收入或产值的增长速度、劳动生产率提高、产投比的增加指标等。

（3）生产发展目标。如人均基本农田面积、灌溉用地面积、工矿用地、城镇交通建设用地等各类用地面积等。

2. 社会发展目标

社会发展目标主要指人口增长及社会、国家、群众对不同产品的需求和人均收入水平等。

（1）人口增长目标。包括人口出生率、计划生育率、人口自然增长率及治理期人口控制的目标。

（2）人口对产品的需求目标。包括粮食、油料、木材、蔬菜、肉类、燃料等的需求量，畜牧需求量，牧草需求量，果品需求量等一系列的需求所达到的目标。

（3）生活水平及其他目标。包括人均纯收入、教育普及率、劳动力利用率等。

3. 生态环境目标

防治水土流失的一个根本任务就是进行生态环境的治理，保护和改善生态环境，为水土流失区的社会经济发展创造条件。

（1）生态环境建设目标。指对规划设计区域的生态环境问题（如水土流失、过度放牧造成的草场退化、乱砍滥伐造成的森林破坏等）进行整治，以实现生态环境的改善。具体目标有土壤流失量、水土流失治理程度、治理面积、林草覆盖率，以及防风固沙面积等。

（2）生态环境保护目标。生态环境保护目标主要在于水土保持规划设计区域内特殊景观、生物多样性的保护，以及预防大气污染、水污染，防灾，生态平衡（如农田矿物质平衡、能量的投入产出平衡）等方面。

（四）水土保持规划的设计原则

第一，坚持以人为本，人与自然和谐相处。注重保护和合理利用水土资源，以改善群众生产生活条件和人居环境为重点，充分体现人与自然和谐相处的理念，重视生态自然修复。

第二，坚持整体部署，统筹兼顾。对水土保持工作进行整体部署，统筹兼顾中央与地方、城市与农村、开发与保护、重点与一般、水土保持与相关行业。

第三，坚持分区防治，合理布局。在水土保持区划的基础上，紧密结合区域水土流失特点和经济社会发展需求，因地制宜，分区制定水土流失防治方略和途径，科学合理布局和配置措施。

第四，坚持突出重点，分步实施。充分考虑水土流失现状和防治需求，在水土流失重点预防区和重点治理区划分的基础上，突出重点，分期分步实施。

第五，坚持制度创新，加强监管。分析水土保持面临的机遇和挑战，创新体制，完善制度，强化监管，进一步提升水土保持社会管理和公共服务水平。

第六，坚持科技支撑，注重效益。强化水土保持基础理论研究、关键技术攻关和科技示范推广，不断创新水土保持理论、技术与方法，加强水土保持信息化建设，进一步提高水土流失综合防治效益。

（五）水土保持规划的主要程序

启动水土保持建设项目的第一步是编制水土保持规划，规划经县级以上人民政府批准后，指导今后一定时期内的水土保持生态建设工作。水土保持规划编制的任务主要是对规划区域的基本情况作宏观说明，对治理开发方向、任务和目标作重点研究和论证，对各级政府划定的水土保持防治区落实分类指导，整体推进措施，拟定分区防治的主要措施，估算工程量和投资，对比选择实施方案，提出优先实施的项目和排序等。

具体实施的小流域综合治理项目要编制初步设计文件，报有关部门批准后组织实施。水土保持工程初步设计以小流域为单元进行编制，对建设目标进行量化。对防治方案、总体布局、措施配套要落实到地块，对各项措施要做标准设计、单项设计或专项设计，编制施工组织设计方案、分年度实施计划、项目组织管理方案，核定投资概算等。

水土保持规划设计的一般程序，就是在水土保持综合调查的基础上，根据当地农村经济发展方向，合理调整土地利用结构和农村产业结构，针对水土流失特点，因地制宜地配置各项水土保持防治措施，提出各项措施的技术要求，分析各项措施所需要的劳力、物资和经费，在规划设计治理期限内安排好治理进度，预测规划设计方案实施后的效益，提出保证规划设计方案实施的有效措施。

第一，确定目标，编制大纲。大区域或大江大河流域的水土保持发展战略规划目标要与国家或区域社会经济发展战略规划相协调；专项规划要与总体规划的目标相一致；规划设计目标确定要与已批准的相应规划文件相一致。

水土保持规划设计工作，一般在工作正式启动之前，根据任务、要求，制定规划设计大纲。大纲要涵盖水土保持规划设计工作的主要内容，作为规划设计工作各个环节的参照依据。

第二，水土保持综合调查。调查分析规划设计范围内的自然条件、自然资源、社会经济情况、水土流失特点以及水土保持工作的成就与经验。

第三，规划设计区域系统综合分析与评价。分析规划设计区域生态经济系统的要素组成和相互关系，流域生态经济系统的自然、生态和社会经济环境特征及其水土流失特征。

第四，水土保持分区和类型区划分。在水土保持战略规划或大江大河流域的水土保持发展等规划中，要划分水土保持重点预防区和重点治理区。在水土保持综合调查的基础上，根据规划范围内的不同自然条件、资源状况、社会经济和水土流失特点划分不同类型区，各区分别提出不同的土地利用规划和防治措施布局。

第五，编制土地利用规划。根据规划范围内的土地利用现状调查和土地资源评价，考虑人口发展情况和农业生产水平、发展商品经济与提高人民生活水平的需要，研究确定农村各业（农、林、牧、副、渔）用地和其他用地的数量与位置，作为部署各项水土保持措施的基础。

第六，防治措施规划与设计。根据土地上不同的水土流失特点，分别采取不同的防治措施。对有轻度以上水土流失的坡耕地、荒地、沟壑和风沙区，采取综合防治措施，控制水土流失，并利用水土资源发展农村经济。对坡度在15°以上的林地、草地等水土轻微流失但有流失潜在危险的区域，采取"预防为主"的保护措施。在发展战略规划中，对大片林区、草原和大规模开矿、修路等开发建设项目地区，应分别列为重点预防区，加强预防保护工作，防止产生新的水土流失。对有一定植被郁闭度的疏林地、幼林地、荒草地等，有一定水土保持功能但达不到水土保持要求的地类，应采取水土保持生态修复措施。

第七，环境影响评价。根据规划区面源污染、江河水质、生态环境等环境现状，预测、评估项目实施后的环境影响，提出预防和减免对策，得出规划区环境影响评价的结论。

第八，分析技术经济指标。主要包括投入指标、进度指标、效益指标3方面。3项指标相互关联，根据投入确定进度，根据进度确定效益。

第九，整理规划设计成果。写出规划设计报告，同时完成必要的附表和附图。

四、水土保持的综合调查

水土保持战略规划或区域规划的水土保持调查，应根据有关资料，将调查范围划分为若干不同类型区，在每一类型区内，各选一条有代表性的小流域，按上述原则进行详细调查，结合各区面上普查，得出大面积的综合调查结果。水土保持战略规划或区域规划的水土保持调查中，要充分运用有关科研和业务部门的专业调查成果或区划成果。对有关部门在大面积范围的地貌、土壤、植物、气象、农业、林业、畜牧业等现成的专业调查或专业区划成果，应经过分析，吸取其与水土保持规划有关的内容。在综合调查初期，就应索取上述有关成果，或邀请有关部门人员参加，在调查过程中对其原有成果进行验证和补充。小流域初步设计的水土保持综合调查，应对流域内的主要分水岭、干沟和主要支沟，逐坡、逐沟和逐乡、逐村进行现场调查，按照调查项目和内容，取得第一手资料。

(一) 调查目的

第一，通过综合调查，了解规划范围内的自然条件、自然资源、社会经济情况、水土流失特点和水土保持现状（成就、经验和问题）。

第二，综合调查的主要成果，应经过文字、图表的加工整理，纳入水土保持规划报告，作为其中一个重要的组成部分，全面系统地阐明规划的科学依据与工作基础。

第三，大面积水土保持规划应通过综合调查进行分区，划分类型区；根据各区的不同特点，分别采取不同的生产发展方向和防治措施布局。

(二) 调查准备

第一，调查前应制定统一的调查提纲和相应的调查表格，紧紧围绕编制水土保持规划的需要，安排调查的项目和内容。

第二，调查时间较长、参加单位人员较多时，应根据需要，在调查前举办培训。全体调查人员通过培训，应明确调查的目的、要求、内容和方法。

（三）调查内容

调查内容主要包括自然条件调查、自然资源调查、社会经济情况调查、水土流失和水土保持现状调查。

1. 自然条件情况

自然条件包括气候、水文、地貌、土壤、植被等，重点是地形、降雨、风、土壤（地面组成物质）、植被5项因素，以及温度、霜等其他气象因素。

（1）地质岩石。主要包括地质构造，地层，岩石种类、分布面积和范围，风化程度，风化层厚度，以及突发性和灾害性地质现象等。

（2）地理地貌。地理位置、面积、高程高差，流域长度、宽度，沟道平均比降，流域形状。地貌类型、坡面坡度、沟壑密度等。

（3）土壤。土壤种类、质地，土层厚度，土壤沙砾含量，孔隙度、土壤密度、土壤养分含量，pH等。

2. 自然资源情况

（1）土地资源。土地利用现状，不同土地类型的土地利用方式、面积、土地质量等。

（2）水资源。分为地表水、地下水、水质。地表水：年径流量、暴雨量、洪峰流量、洪水过程线、年际及年内分布、可利用水量等；地下水：地下水资源类型、储量、分布、可开发利用量等；水质：地表水和地下水资源的水质，是否符合生活饮用水质标准或农田灌溉用水水质标准。

（3）生物资源。分为植物资源和动物资源。植物资源（森林：森林的起源、结构、类型，树种、年龄、平均树高、平均胸径，林冠郁闭度；灌草的覆盖度、生长势、枯枝落叶层等。草地：草地的起源、类型、草种、覆盖度、生产力、高度，草场利用方式和利用程度，轮牧轮作周期等。农作物：作物种类、品种，播种面积、产量等）；动物资源（野生动物：物种、数量及观赏价值等。人工饲养动物：种类、数量、用途、饲养方式等）。

（4）光热资源。分为光能、热量、降水、风、气象灾害等。光能主要包括太阳辐射和日照时数，热量是指农业界限温度稳定通过的出现和终止日期，持续日期，≥10℃积温，无霜期，最热月和最冷月平均温度等，降水多年平均降水量及其在年际与年内分配，年均及最大、最小蒸发量，干燥度等，风是指平均及最大风速、风向等，气象灾害包括涝灾、旱灾、风灾、冻灾及病虫害等灾害天气出现的时间、频率及危害程度等。

（5）矿藏资源。矿产资源的类型、储量、品种、质量、分布、开发利用条件及其价值等。

3. 社会经济情况

着重人口、劳力、土地利用、农村各业生产、粮食与经济收入（总量和人均量）、燃料、饲料、肥料情况、群众生活水平、人畜饮水情况等。

（1）人口和劳动力。户数（总户数、农业户数、非农业户数），人口（总人口、男女人口、人口年龄结构、人口密度、出生率、死亡率和人口自然增长率、平均年龄、老龄化指数、抚养指数、城镇人口、农村人口、农村人口中从事农业和非农业的人口等），劳动力（总劳力、劳动力结构、劳动力使用情况等），人口质量（人口文化素质，包括文化程度、科技水平、劳动技能、生产经验等）。

（2）农村各业生产。产业结构（农、林、牧、副、渔及工商业的产值结构，产品结构，土地利用结构等），生产水平和技术，种植业（耕地组成、作物组成、各类作物的投入和产出状况、生产方式、生产工具和管理水平等），林果业（林种、树种、产值、产品、投入产出状况、管理技术、作业工具和方式等），畜牧业（畜群结构，畜产品及产值，投入产出状况，饲养规模、水平等），副业（主要副业类型、投入产出状况等），渔业（人工养殖和天然捕捞的产品种类、利用或捕捞水面的面积、产品产值、投入产出状况和技术水平等），其他产业（包括工业、建筑业、交通运输业和服务行业的产品、产值、发展前景等）。

（3）燃料、饲料、肥料的满足程度。

（4）群众生活水平。收入水平（人均收入、收入来源等），生活消费水平（人均居住面积、平均寿命、适龄儿童入学率；消费支出、消费结构；能源消费的种类、来源），人畜饮水状况。

4. 水土流失情况

着重各类水土流失形态的分布、数量（面积）、程度（侵蚀量）、危害（对当地和对下游）、原因（自然因素与人为因素）等。

5. 水土保持情况

着重各项治理措施的数量、质量、效益、开展水土保持的主要过程和经验、教训。水土保持信息库建设：着重信息采集、传输与储存。

（四）调查方法

1. 自然条件调查

着重调查地貌、水文和气象、土壤、植物被覆等与水土流失和水土保持有关的项目和内容。

（1）地貌调查。

第一，宏观地貌调查。

调查内容：山地（高山、中山、低山）、高原、丘陵、平原、阶地、沙漠等地形以及大面积的森林、草原等天然植被，作为大面积水土保持规划中划分类型区的主要依据之一。

调查方法：首先从现有资料上了解地貌分区，其次在调查范围内选几条主要路线进行普查，对分区的界线和各区的范围进行验证。普查中带海拔仪，对各区主要高程点进行验证。

第二，微观地貌调查。

以小流域为单元进行地形测量；或利用现有的地形图进行有关项目的量算，并在上、中、下游各选有代表性的坡面和沟道，逐坡逐沟地进行现场调查，调查内容主要有流域面积（km²）、流域形状（流域长度和宽度与洪水汇流速度有关）从地形图上量得；海拔高程、最高点与最低点相对高度，一般坡顶与沟底相对高度用海拔仪测得，或从地形图上量得。沟道情况调查，主要包括干沟长度、主要支沟长度。

（2）水文和气象调查。

第一，宏观调查。

降雨：①年降雨量，最大年、最小年、多年平均和丰水年、枯水年、平水年各占比例。根据年降雨量等值线，了解其地区分布。②年降雨量的季节分布，特别注意农作物播种、出苗与不同生长期的雨量、汛期与非汛期的雨量。③暴雨出现季节、频次、雨量、强度（最大、一般）占年雨量比重。

温度：①年均气温、季节分布，最高、最低气温，大于等于10℃积温。根据有关等值线了解其地区分布。②无霜期，早霜、晚霜起讫时间。

蒸发：①了解水面年蒸发量与陆面年蒸发量，根据有关等值线了解其地区分布；②调查中以年蒸发量（陆面）与年降雨量的比值为干燥度（d）。d值大于2.0的为干旱地区；d值小于1.5的为湿润地区；d值在1.5～2.0的为半干旱地区。以此依据划分调查范围的气候分区。

风：①年平均风速，最大风速，主导风向，主害风向；风速的季节分布；②大风日数、沙尘暴天数。

灾害性气候：霜冻、冰雹、干热风等分布的地区、范围与面积、出现的季节与规律、灾害程度等

第二，微观调查。小面积规划中，在上述各项宏观调查内容基础上，还需补充相关要求：①引用有关气象站、水文站或水土保持站的气象观测资料时，该站与规划小流域应属于同一个类型区，并且观测站位置与规划小流域之间没有高山阻隔等

影响；②在山区、丘陵区暴雨分布区域性很强的地方，调查中对小流域上、中、下游的暴雨分布应作补充了解，为坝库的规划、设计收集更准确的暴雨资料。

（3）土壤（地面组成物质）调查。

第一，宏观调查。作为划分不同类型区的主要依据之一，根据现有地理、土壤等科研部门的研究成果作初步划分，然后到现场调查验证，了解其分布范围、面积和变化情况。主要有3个方面：根据山区地面组成物质中土与石占地面积的比例，划分石质山区、土质山区或土石山区。对土层较薄、土地"石化""沙化"发展较严重的地方，需了解其土层厚度与每年冲蚀厚度，计算其侵蚀"危险程度"（土层被冲光年代）。划分的标准是：①以岩石构成山体、基岩裸露面积大于70%者为石质山区；②以各类土质构成山体、岩石裸露面积小于30%者为土质山区；③介于二者之间为土石山区，着重了解裸岩面积的变化情况；④根据丘陵或高原地面组成物质中大的土类进行划分，如东北黑土区、西北黄土区、南方红壤区等，着重了解土层厚度的变化情况；⑤根据地面覆盖明沙的程度，确定沙漠或沙地的范围（如我国西北、华北、东北的风沙区，我国中部黄河故道的沙地和东南沿海的沙滩等）。着重了解沙丘移动情况和规律、沙埋面积、厚度及沙化土地扩大情况。

第二，微观调查。用土钻或其他方法取样，进行土壤理化性质等分析，调查坡沟不同部位的土层厚度、土壤质地、容重、孔隙率，氮、磷、钾、有机质含量，了解其对农、林、牧业的适应性，作为土地资源评价依据之一；对于需修梯田的坡耕地，重点调查其土层厚度是否能适应修建水平梯田；对于需造经济林或建果园的荒山荒坡，也应调查其土层厚度，以便规划中采取适应的树种和整地工程；对需要取土、取石作为修筑坝库建筑材料的地方和对土料场、石料场的情况应作详细调查，了解土料、石料的位置、数量和质量。

（4）植被调查。

第一，宏观调查。根据自然地理、植物、林业、畜牧等部门的科研成果作初步划分，然后到现场调查验证。

第二，微观调查。在小面积规划中，对天然林草和人工林草都应进行现场调查。调查的内容基本上与宏观调查一致，包括林草植被的分布、面积、种类、群落、生长情况和历史演变等。林地的郁闭度、草地的盖度和林草的植被覆盖度的观测方法和计算公式，也与宏观调查一致。

2.自然资源调查

（1）土地资源调查。

第一，调查项目及内容。

土地类型：一般按土地所在位置及其地貌特征分类。宏观调查中，应按GB/

T21010 区划一类地、二类地；微观调查，在山地中可分山顶地、山腰地、山脚地，在坡地中可分缓坡（小于5°）、中坡（5°~15°）、陡坡（15°~25°）、急陡坡（大于25°），在沟地中可分沟坡地、沟台地、沟底地等。

土地利用现状：分别调查各类用地分布位置与面积、人均各类土地数量，结合土地资源评价，指出土地利用中存在的问题，特别是由于土地利用不合理，导致水土流失和低产、贫困等方面的问题。

土地资源评价：根据调查范围内各类土地的地貌与地面完整程度、地面坡度、土层厚度、土壤侵蚀、土壤质地、表层土壤有机质含量、石砾含量、盐碱化程度，以及有无灌溉条件等指标，将各类土地分为6个等级，评价其对林、牧各业的适宜性。一般高等级的土地首先为宜农地，其次为果园和经济林地，最后为牧草地和水土保持林地。

第二，调查方法。

宏观调查：应收集土地管理部门和农、林、牧等部门的普查和分区成果，结合局部现场调查，并在不同类型区内选有代表性的小流域进行具体调查，加以验证。

微观调查：应与当地农民和乡、村干部结合，用土地详查的办法，一坡一沟地进行调查，着重了解土地资源评价和土地利用现状中存在的问题，为水土保持规划中的土地利用规划打好基础。

(2) 水资源调查。

宏观调查：收集水利部门的水利区划成果和水文站的观测资料，结合局部现场调查验证。

微观调查：以小流域为单元，对上、中、下游干沟和主要支沟进行具体调查。调查非汛期的常水流量和汛期中的洪水流量、含沙量。

(3) 矿藏资源调查。

宏观调查：应向各地、各级计划委员会和地质、矿产部门收集有关资料，结合局部现场调查进行验证。着重了解煤、铁、铝、铜、石油、天然气等各类矿藏分布范围、蕴藏量、开发情况、矿业开发对当地群众生产生活和水土流失、水土保持的影响、发展前景等。

微观调查：调查内容与宏观调查大面积相同。调查方法除查阅有关资料外，应着重对规划范围内各类矿点逐个进行具体调查。对因开矿造成水土流失的，应选有代表性的位置，具体测算其废土、弃石剥离量与年均新增土壤流失量。

3. 社会经济调查

(1) 人口劳力调查。

第一，调查项目及内容。

人口：现有人口总量、人口密度、城镇人口、农村人口，农村人口中从事农业（大农业）和非农业生产的人口；各类人口的自然增长率；规划期内可能出现的变化（由于各种原因迁入或迁出）；人口素质、文化水平。

劳力：现有劳力总数，其中城镇劳力与农村劳力，农村劳力中男、女、全、半劳力，从事农业（大农业）与非农业生产的劳力；从事农业生产劳力中一年实际用于农业生产的时间（d），可能用于水土保持的时间（d），在水土保持中使用半劳动力和辅助劳力的情况。各类劳力的自然增长率，规划期内可能出现的变化。

第二，调查方法。

大面积规划：主要从县以上各级民政部门和计划部门收集有关资料，按不同类型区分别进行统计计算。对各类型区劳力使用情况，应选有代表性的小流域进行典型调查。

小面积规划：主要从乡、村行政部门收集有关资料，按规划范围进行统计计算。如小流域内上、中、下游人口密度和劳力分布等情况不一样，应按上、中、下游分别统计。对其中劳力使用情况，需向群众进行访问，结合在某些施工现场进行调查加以验证。

（2）农村各业生产调查。

第一，调查项目及内容。

农村产业结构：①了解农、林、牧、副、渔各业在土地利用面积（hm²）、使用劳力数量（工·日）、年均产值（元）和年均收入（元）等各占农村总生产的比重；②同时调查近年来拍卖"四荒"地（未治理小流域，包括荒山、荒沟、荒滩、荒丘）使用权及其对农村各业生产与水土保持的影响。

农业生产情况：①着重调查粮食作物与经济作物各占农田面积、种植种类、耕作水平（每公顷投入劳力、肥料）、不同年景（丰年、平年、歉年）的单产和总产。②耕地中基本农田（梯田、坝地、小片水地等）所占比重、一般单产、修建进度、主要经验和问题。

林业生产情况：着重调查不同林种（水土保持林、经济林、果园等）各占林地面积、主要树种、经营管理情况、生长情况、成活率与保存率、经济收入情况、主要经验与存在问题。

牧业生产情况：着重调查各类牲畜数量、品种、饲料（饲草）来源、天然牧场与人工草地情况（数量、质量）、载畜量情况（是否超载）、经营管理情况、存栏率与出栏率、经济收入情况、主要经验与存在问题。

副业生产情况：着重调查副业生产门路（种植、养殖、编织、加工、运输、建筑、采掘、第三产业等）占用劳力数量和时间、经营方式与水平、经济收入、主要经验和问题。

渔业生产情况：着重调查养鱼水面的类型（水库、池塘或其他）、面积、经营管理情况、单产和总产、主要经验和问题。

其他：与农村经济发展有关的交通运输、市场贸易、经济信息等情况和问题。

第二，调查方法。主要包括：①大面积规划，侧重农村产业结构，根据规划范围内各地农村不同的产业结构，提出不同类型区的生产发展方向；②小面积规划，侧重根据农村产业结构和各业生产中存在的具体问题，研究在规划中采取相应的对策；③大面积规划中，从农业、林业、畜牧、水利、水产、综合经营、土地管理等部门收集有关资料，并进行局部现场调查加以验证；④小面积规划中，除收集并查阅有关资料外，还应在小流域的上、中、下游，各选有代表性的乡、村、农户和农地、林地、牧地、鱼池和各类副业操作现场进行深入的典型调查或抽样调查。

五、水土保持的主要分区

（一）分区的主要任务

第一，根据区内相似性和区间差异性原则，将规划范围划分为若干个不同的类型区。

第二，应以自然条件、自然资源、社会经济情况、水土流失特点等因素为依据，研究不同类型区的生产发展方向和防治措施布局。

（二）分区的基本原则

第一，同一类型区内，各地的自然条件、自然资源、社会经济情况、水土流失特点应有明显的相似性；不同类型区内，其自然条件、自然资源、社会经济情况、水土流失特点有明显的差异性，其相似性和差异性均应有定量的指标反映。

第二，同一类型区内的生产发展方向（或土地利用方向）与防治措施布局应基本一致；不同类型区内的生产发展方向与防治措施布局应有明显的差异。

第三，应以影响水土流失和生产发展的主导因素作为划分不同类型区的主要依据。不同情况下，主导因素应有所侧重。

在自然条件中，对水土流失和生产发展起主导作用的因素应着重地貌、水文、气象、土壤、植被等。在地貌因素中，应明确划分山区、丘陵与平原（地面坡度组成不同）；在水文、气象因素中，应明确划分多雨区与少雨区；在土壤因素中，应明确划分土类、岩石、沙地；在植被因素中，应明确划分林区、草原与无植被山丘。

在自然资源中，对水土流失和生产发展起主导作用的因素应着重土地资源、水资源、生物(特别是植物)资源、光热资源和矿藏资源，并应明确划分这5项资源的丰富区与贫乏区。

在社会经济情况中，对水土流失和生产发展起主导作用的因素，应着重人口密度、人均土地、人均耕地、土地利用现状、农村各业生产和群众生活水平等。

第四，在坚持上述分区原则基础上，应适当照顾行政分区的完整性；同时，每一类型区应集中连片，不应有"飞地"或"插花地"。

(三)分区的重要内容

第一，各个类型区的界限、范围、面积和行政区划。

第二，各类型区的自然条件，着重说明以下因素。

地貌：宏观上说明各区的山地、丘陵、高原、平原、阶地等不同地貌；微观上说明地面坡度组成、沟壑密度等定量指标。

水文：说明各区的年均雨量、汛期雨量、降雨的年际分布与季节分布、暴雨情况、干旱缺雨情况等。

气象：温度、无霜期、风力、霜冻、冰雹等。

土壤：说明各区的土类、岩石、沙地的分布、农业土壤的主要物理化学性质等。

植被：说明各区的林地(天然林与人工林)、草地(天然草地与人工草地)分布情况、植被覆盖度、主要树种、草种等。

第三，各类型区的自然资源，着重说明以下因素。

土地资源：耕地、林地、牧草地、未利用土地等各类土地的总量、人均量、土地质量、生产能力。

水资源：地面水、地下水、总量、人均量、耕地平均量。

生物资源：能提供用材、果品、药用、编织、淀粉、调料、观赏等用途的植物和有开发价值的动物。

光热资源：各区的日照数、辐射热量、大于等于10℃积温。

矿藏资源：煤、铁、铜、铝、石油、天然气等矿藏资源的分布、数量和开采情况。

第四，各类型区的社会经济情况。着重说明相关因素：(1)各区人口、劳力、人均土地、人均耕地；(2)各区土地利用现状、存在问题；(3)各区农村各业生产情况、经验和问题；(4)各区群众生活水平、人均粮食、人均收入、人畜饮水和燃料、饲料、肥料供需情况。

第五，各类型区的水土流失特点。应着重说明3个方面：(1)各区水土流失主要形式(沟蚀、面蚀、重力侵蚀、风力侵蚀)、侵蚀强度(按侵蚀模数定量指标)、分布情况;(2)各区水土流失造成的危害,包括对当地农村生产、群众生活的危害和对下游淤积水库、河道、造成洪涝灾害等危害;(3)各区水土流失成因,包括自然因素和人为因素(不合理的土地利用、开发建设不注意保持水土,造成新的水土流失等)。

第六,各类型区的生产发展方向与防治措施布局。应着重说明两个方面:(1)各区的生产发展方向,具体表现为土地利用区划,提出各区农、林、牧、副、渔业用地和其他用地的位置和面积比例;(2)各区的防治措施布局,根据各类土地上不同的水土流失形式与强度,有针对性地提出主要防治措施及其配置特点,并简述其依据。

(四)分区的方法步骤

第一,进行水土保持综合调查,应根据调查结果划定各类型区的界限,分别调查各区的自然条件、自然资源、社会经济情况、水土流失特点和水土保持现状等。

第二,应将调查中收集的有关专业的分区成果(包括农业、林业、畜牧、水利、自然地理、土壤侵蚀等分区成果)作为水土保持分区的重要依据之一。

第三,在上述调查中,除进行各类型区的面上普查外,还应在每一类型区内选一有代表性的典型小流域(面积 $20 \sim 50km^2$)进行详查,将普查与详查情况点面结合,互相验证。

第四,根据上述调查情况,结合区域性经济发展与流域性开发治理,研究提出不同类型区的生产发展方向与防治措施布局。

第五,整理分区成果。编写水土保持分区报告,并附有关图表。分区成果应作为大面积水土保持规划的重要组成部分,也可以独立运用。

(五)分区的分级要求

第一,根据规划范围分区可分为国家级、大流域级(以上两级都跨省)和省级、地区级、县级 5 个层次,各级的精度要求不同。省级及以上高层次的分区着重宏观战略,相对粗略些;地区级及以下低层次的分区应能具体指导实施,要求精度较高些。在国家级和省级分区中属同一类型区的,在地区级和县级分区中可能还需再划分为两个以上的类型区。

第二,根据影响因素可分为一级分区(类型区)、二级分区(亚区)、三级分区(小区)。在省以上大面积分区中,一级分区不能满足工作需要时,应考虑二级、三级分区。(1)一级分区应以第一主导因素为依据,二级、三级分区以相对次要的其他因素为依据。(2)多数情况下以地貌为第一主导因素,一级分区分山地、丘陵、高原、平原等;二级、三级分区则以微地貌、地面组成物质、降雨、植被、气候、耕垦指数等相对次要的因素为依据。(3)如一级分区为山地,二级分区根据海拔高度不同可分高山、中山、低山；如一级分区为丘陵，二级分区根据地面坡度不同可分缓坡丘陵、陡坡丘陵等。

第三，在同一类型区（一级区）内不同的二级、三级区，其生产发展方向与防治措施布局在基本相近的基础上，还应有某些具体差异。

（六）分区的命名方式

分区命名的目的是反映不同类型区的特点和应采取的主要防治措施，在规划与实施中能更好地指导工作。命名的组成有二因素、三因素、四因素三类，不同层次的分区，应分别采用不同的命名。

二因素：由地理位置和各区地貌与土质特点二因素组成，一般适用于省级以上高层次的分区。如在全国水土保持工作分区中，有东北黑土区、西北黄土区、南方红壤丘陵区等。

三因素：在上述二因素基础上，再加侵蚀强度，由三因素组成，一般适用于省级以下较低层次的区划。如某省或某地区的水土保持分区中，有北部红壤丘陵严重侵蚀区、南部冲积平原轻度侵蚀区等。

四因素：在上述三因素基础上，再加防治方案，由四因素组成。一般适用于省级以下较低层次的分区。如北部红壤丘陵严重侵蚀坡沟兼治区、南部冲积平原轻度侵蚀护岸保滩区等。

（七）分区的显著成果

水土保持分区报告：阐明分区依据、各区特点、分区分级和命名。

水土保持分区图：反映各区位置、范围和分区分级。一级分区线比二级分区线粗一倍，二级分区线比三级分区线粗一倍。

六、片麻岩山地的水土保持

下面以保定西部太行山区项目为例，针对片麻岩山地梯田开发扰动强度大、范围广、水土流失严重等问题，提出水土保持关键技术。

保定西部太行山区，人口密集，耕地资源少，土壤贫瘠，人地矛盾突出，水土流失类型多样，生态环境十分脆弱。尤其片麻岩区母质深厚，土体松散，开发利用极易造成水土流失。近几年，随着土地开发整理项目的实施，大规模的机械化开发作业进行梯田建设，山体扰动开发强度大，历时短，范围广，开发过程中因土体松软，田坎施工难度大，措施单一，从而人为造成更为严重的水土流失，严重威胁下游王快水库及河流的安全。为科学合理配置各种水土保持措施，防止水土流失，保护生态环境和工程安全，实现贫困山区群众脱贫和生态、经济和社会发展共赢，开展该项目已迫在眉睫。

（一）片麻岩项目背景

第一，保定西部山区面积 11200km²，其中片麻岩山区占一半，该区土壤瘠薄，干旱缺水，植被稀少，水土流失严重。但该区风化层较厚，易开发利用。该区山场面积大，代表性强，其水土保持治理模式在太行山片麻岩区可复制并广泛应用。目前，片麻岩山区土地开发整理规模巨大。

第二，京津冀协同发展已成为国家发展战略，精准扶贫、建设美丽乡村，为片麻岩山区开发提供了良好的发展机遇。

第三，阜平是国家级贫困县，习近平总书记亲临调研，联系点，扶贫攻坚任务大，该县将片麻岩土地开发作为扶贫攻坚和社会经济发展的的主要任务和基础性工作，该地生态梯田建设已开展 3 年，具有一定基础条件，开展实验示范具有现实意义和政治意义。

第四，阜平位于王快水库上游，王快水库和西大洋水库已实现联通，是保定市城市供水水源地和北京市应急供水水源地，建设生态梯田意义重大。

第五，片麻岩山区开发全部采用机械化作业，因山体扰动开发强度大、动土方量巨大，土体松软，极易造成水土流失，如何开发，实现生态、经济和社会发展共赢，如何建设生态梯田，是我们急需解决的技术性问题。

第六，开发土地土壤无毒，便于实施无毒化栽培，生产绿色食品。

第七，示范项目可推广到太行山广大片麻岩地区或类似地区，效益巨大，前景广阔。

综上，该项目实施不但是保护城市水源地生态环境的需要，也是精准扶贫、建设美丽乡村的现实需要，是落实生态文明建设的要求，适应水土保持新思路、新理念的需要，是研究和再现太行山区不同生态环境下水土流失类型、规律、危害及土壤侵蚀强度的需要，为水土流失治理、监测提供展示及示范平台，提高水土保持监测能力，指导太行山区水土流失防治措施布设，宣传和普及水土保持法律法规，推广水土保持治理模式，为更好的开展区域内水土保持工作，保护、改善生态环境提供技术依据和服务。

（二）片麻岩项目内容

第一，收集调查资料。主要包括试验区自然及社会经济状况、土地利用、水土流失及水土保持生态建设情况等有关资料。

第二，掌握水土流失状况。在收集调查资料的基础上，全面了解区域内水土流失类型、面积、强度及形式。

第三，分析水土流失成因，提出防治对策。总结分析产生水土流失成因、危害，因地制宜，因害设防，提出防治措施。

第四，实验示范工程建设。根据实验示范区的情况，完成片麻岩山地水土保持示范工程建设：①片麻岩山地梯田复式坎、预制件、植生袋田坎实验示范（包括施工工艺）。②植物护坎（埂）实验示范。田坎香豌豆、瓜蒌、扶芳藤护坡，地埂种植食用玫瑰、药用连翘等，采取荆条编织防护＋客土等。③植草沟实验示范。（陡沟采用沟底碎石覆盖、植物跌水、缓沟采用植草）④道路边坡防护技术示范（设挡土墙＋植物护坡）

第五，监测水土流失情况，分析实验示范效果。针对实验示范的具体水土保持工程措施配置，开展水土保持监测，分析产生的社会、经济和生态方面的效益。

第六，示范推广水土保持治理模式。在监测和效益分析的基础上，研究出适宜片麻岩山地生态梯田建设水土保持治理模式，并辐射推广应用。

（三）片麻岩水土流失特点

第一，坡度较陡，风化母质粗骨土深厚，土壤瘠薄，土壤松散，遇暴雨，极易造成土流失。

第二，干旱缺水，透水性强，保水能力差，水流失严重。

第三，生态环境脆弱，土壤流失与水流失伴生并存，面试、沟蚀、重力侵蚀并存。

第四，土地整理开发施工时间短，扰动面积大，动土方量大，植被破坏严重，侵蚀强度大，剧烈。由面蚀为主转化为重力侵蚀为主（坎坡度大于35度）。

第五，植被一旦破坏，形成的高陡边坡或裸露废弃的地表，植被恢复难度大，时间长，成本高。

第六，水的流失是片麻岩地区水土流失重要形式，极易发生干旱或洪涝灾害。

（四）片麻岩项目要点

第一，补充线型工程（输水管道、道路、排水沟纵向布置高程线）。

第二，有坡度的路尽可能修建水泥路。

第三，体现节能、环保、生态、经济、施工简单、易操作特点。

第四，考虑水资源、土资源承载力。尤其水资源，增设截潜流设施。

第五，优化关牌工程设计，考虑集雨池连通、利用排水沟灌溉、雨水、地表水、地下水、土壤水联合运用。重复考虑节水措施，节排蓄引结合。

第六，梯田宜建土石坎、植生袋坎，优化施工工艺。高出建设标准要稳定分析，必要增设马道、截排水。

第七，划分田块要细，土石方平衡要细化，准确核定土石方量。

第八，排水优先考虑，安全。应道路、排水先布置，再田块、灌溉工程布置。

第四章　水土保持的工程技术

水土保持工程技术在保护土地资源、防止自然灾害、维护生态平衡方面发挥着重要作用，可以实现土地的可持续利用，促进农业生产的稳定发展，同时也为人类创造更好的生活环境。本章从山坡防护、山沟治理、山地灌溉 3 项工程具体阐释。

第一节　山坡防护工程

山坡是山地最重要的组成部分，在山区生产中占有重要地位，同时又是泥沙和径流的策源地，通过山坡防护可以从源头治理水土流失，有固土保水的作用。山坡防护工程是治理水土流失的第一道防线，其作用在于改变小地形的方法防止坡地水土流失，将雨水及融雪水就地拦蓄，使其渗入农地、草地或林地，减少或防止形成坡面径流，增加农作物、牧草以及林木可利用的土壤水分；将未能就地拦蓄的坡地径流引入小型蓄水工程；在有发生重力侵蚀危险的坡地上，修筑排水工程或支撑建筑物，防止崩塌、滑坡等灾害的产生。

一、梯田工程

梯田是指在坡地上沿等高线修成阶台式或坡式断面的田地，是劳动人民长期利用自然、改造自然、发展生产的产物，在我国已有数千年的历史，据考证，在西汉时期就已出现了梯田雏形。在世界上，梯田的分布也很广泛，尤其是在地少人多的其他国家的山丘地区。我国的梯田不仅分布广泛，而且形式也很多样，不论平原区、山区或丘陵区，梯田都已成为基本的水土保持工程措施，也是山区土地资源开发、坡耕地治理、农业产量提高的一项基本农田建设工程。

"梯田是山区、丘陵区常见的一种基本农田，进行水平梯田的治理是我国坡地治理的一项重要工程，对指导坡地治理开发、建设生态农业、实现农业机械化等方面具有重要意义。"①

（一）水平梯田的设计

1. 梯田的需功量

（1）梯田需功量的概念。修水平梯田不只考虑土方的多少，同时要考虑运距，才能比较确切地统计修梯田所需要完成的全部工作量。梯田的需功量或梯田土方运移工作量，是指土方乘运距（m³·m）。它不同于物理学中"功"的概念。搬运一定体积的土方，是需要一定数量的"力"的。这个"力"的大小，不仅与土方体积有关，而且与土体的容重和搬运的方式也有关，同样体积的土是多种多样的，因而所需的"力"和所作的"功"都不一样。

（2）梯田需功量的计算。

每 666.7m² 梯田需功量

$$W_a = V \cdot S_0 \tag{4-1}$$

式中：W_a——每 666.7m² 梯田需功量（m³·m）；

V——梯田每 666.7m² 土方量（m'）；

S_0——修梯田时土方的平均运距（m）。

（3）梯田需功量的意义。

第一，计算施工工效。在坡地修梯田时，计算人工或机械施工的工效，可采用下述公式：

$$T_a = \frac{W_a}{P} \tag{4-2}$$

式中：T_a——修成每 666.7m² 梯田所需人工或机械施工的工时（h）；

W_a——修成每 666.7m² 梯田的土方需功量（m³·m）；

P——人工或机械的运土工率（m³·m/h）。

第二，提高相对工效的途径。从 $T_a = \frac{W_a}{P}$ 的关系式中可以看出，要提高相对工效，也就是要求修成每 666.7m² 梯田所需的人工或机械用时 T_a 为最小，就必须：①要求梯田每 666.7m² 需功量 W_a 为最小；②要求人工或机械的运土工率 P 为最大。合理地规划地块和最优断面设计，其主要目的就是使梯田每 666.7m² 土方需功量 W_a 为最小，采用最优的施工机具和施工方法，改进施工技术，其主要目的就是使运土工率 P 为最大。

---

① 朱林. 项目区梯田工程设计分析 [J]. 河南水利与南水北调，2018，47(10)：61.

第三，断面设计与梯田需功量的关系。

根据关系式：

$$W_a = 55.5B^2 \frac{1}{ctg\theta - ctg\alpha}$$ (4-3)

可知梯田每 $666.7m^2$ 需功量（W_a）与田面宽度（B）的平方成正比，这是在断面设计中一个必须重视的问题。因为，当田面宽度分别为原来宽度的2倍、3倍、4倍和5倍时，则梯田每 $666.7m^2$ 需功量分别为原来宽度的4倍、9倍、16倍和25倍。所以，断面设计中，只要在保证适应机耕和灌溉要求的前提下，应尽量不要采用过宽的田面。

2. 梯田田面宽度的设计

梯田最优断面的关键是最优的田面宽度，所谓"最优"田面宽度，就必须是保证适应机耕和灌溉的条件下，田面宽度为最小。

根据不同地形和坡度条件，在不同地区分别采用不同的田面宽度。

（1）在残塬、缓坡地区，农耕地一般坡度在5°以下。在实现梯田化以后，可以采用较大型拖拉机及其配套农具耕作。实践证明，拖拉机带悬挂农具时，掉头转弯所需最小直径为 $7 \sim 8m$；拖拉机带牵引农具时，掉头转弯需最小直径为 $12 \sim 13m$。一般拖拉机翻地时，都把 $20 \sim 30m$ 宽的田面作为一个耕作小区。如果田面宽 $50 \sim 60m$ 时，则分为两个小区进行耕作；如果田面宽 $80 \sim 100m$ 时，则分为 $3 \sim 4$ 个小区进行耕作；以免掉头转弯时空行程太大。同时30m左右的田面宽度，灌溉时作为畦子长度，也比较合适。有些地方，当田面宽度100m左右，灌溉时往往每隔 $20 \sim 30m$ 作一道"腰渠"，不使畦子太长，以免造成灌水不匀和费水的发生。因此，无论从机耕或灌溉的要求来看，太宽的田面没有必要，一般以30m左右为宜。

（2）丘陵陡坡地区。丘陵陡坡地区一般坡度10°~30°，目前很少实现机耕，根据实践经验，一般采用小型农机进行耕作，这种农具在 $8 \sim 10m$ 宽的田面上就能自由地掉头转弯，这一宽度无论对于畦灌或喷灌都可以满足，因此，在陡坡地（25°）修梯田时，其田面宽度不应小于8m。

（3）特殊情况下的田面宽度。在一些特殊情况下，还必须根据具体条件，灵活运用，不能只根据某一原则，一成不变。例如，①当灌溉渠道高程已确定，采取的田面宽度其相应的田面高程大于渠底高程时，水就灌不上地，这时应降低田面高程，可以加宽田面宽度，使切土土方增大，田面高程就可降低；②有的缓坡地区，为了加快梯田建设，采取田面宽度15m左右，机械耕作时，相邻上下两台套起来，机械在梯田两头地边的道路上掉头转弯，这种具体做法也是可取的。

总之，田面宽度设计，既要有原则性，又要有灵活性。原则性就是必须在适应机耕和灌溉的同时，最大限度的省工。灵活性就是在保证这一原则的前提下，根据具体条件，确定适当的宽度，不能只根据某一具体宽度，一成不变。

(二) 隔坡水平梯田的设计

隔坡水平梯田的设计任务是根据地面坡度与暴雨径流，合理确定梯田的断面尺寸和斜坡宽度。设计时应考虑两方面的要求：第一，自然山坡面应保持一定宽度，为其下坡的梯田提供一定的地面水量；第二，梯田地埂能拦蓄自然坡面与梯田面承接的全部设计频率降雨径流。依这两方面要求来计算梯田宽度和隔坡段宽度。

1. 承流面与产流面的比值（η）的计算

隔坡梯田具有一定的集流面积，存在着淤积与防洪的问题。从保证梯田安全考虑，具有一定拦蓄能力的梯田（承流面）面积，要和具有一定产流能力的隔坡段（产流面）面积保持一个相对合理的比例数值（η），使在工程有效期内，梯田能够拦蓄一定设计频率的暴雨径流和历年累计泥沙的淤积量。兰州水土保持科学试验站提出确定 η 值的关系式如下：

$$\eta = \frac{h_B}{h_A N + h_1 \varphi} \tag{4-4}$$

式中：h_A——产流面年侵蚀深（mm）；

h_B——梯田设计拦蓄深（mm）；

h_1——设计频率 24h 降雨深（按规范取 10 年一遇 24h 降雨进行设计）(mm)；

φ——径流系数；

N——工程有效年限（按 5 年计算）；

η——承流面与产流面的比值。

2. 隔坡梯田断面设计

(1) 田坎高度 (H)。

$$H_1 = \frac{1}{2} \times \frac{B}{ctg\alpha - ctg\beta} \tag{4-5}$$

式中：B——隔坡梯田田面净宽（m）；

α——原地面坡度（°）；

β——田坎外侧坡度（°）。

隔坡梯田的田坎全部为回填土，土壤较疏松，外侧坡度较水平梯田田坎外侧坡度要缓，一般在 45°~63°。

(2) 田面宽度 (B)。

$$B = 2H_1(ctg\alpha - ctg\beta) \tag{4-6}$$

（3）田埂高度（h）。隔坡梯田的田埂高度，要能够满足拦蓄承流面与产流面上设计频率降雨径流，以及设计使用年限内的全部泥沙淤积的要求。由下式计算：

$$h = (1+\eta)h_1\varphi + \eta h_A N + \Delta \tag{4-7}$$

式中：Δ——安全超高，一般为 0.1 ~ 0.15m；

其余符号意义同（4-4）。

（4）隔坡段宽度（B_1）。隔坡梯田的隔坡段宽度可用下式计算：

$$B_1 = \eta B \tag{4-8}$$

式中的 η 值还可采用经验数据，如山西省，当原坡面坡度小于 10° 时，η 值取 2；当原坡面坡度为 10°~25° 时，η 值取 3。

（三）梯田的施工

1.坡式梯田设计

（1）确定等高沟埂间距。根据国家水土保持技术规范的要求，确定沟埂间距时须从以下 5 方面考虑。

第一，每两条沟埂之间的斜坡田面宽应有足够的宽度，以满足耕作的要求。

第二，根据地面坡度情况，一般是地面坡度越陡，沟埂间距越小；地面坡度越缓，沟埂间距越大。

第三，根据地区降雨情况，一般是雨量和强度大的地区沟埂间距应小些；雨量和强度小的地区沟埂间距应大些。

第四，根据耕地土质情况，一般是土壤颗粒中含沙粒较多、渗透性较强的土壤，沟埂间距应大些；土质黏重，渗透性较差的土壤，沟埂间距应小些。

第五，确定沟埂间距时，也可同时参考当地水平梯田断面设计数值，并考虑坡式梯田经过逐年加高土埂，最终变成水平梯田时的断面，应与一次修成水平梯田的断面相近。

（2）确定等高沟埂断面尺寸。

第一，沟埂的基本形式应采取埂在上、沟在下，从埂下方开沟取土，在沟上方筑埂，以有利于通过逐年加高土埂，使田面坡度不断减缓，最终变成水平梯田。

第二，埂顶宽 0.3 ~ 0.4m，埂高 0.5 ~ 0.6m，外坡 1∶0.5，内坡 1∶1。沟与埂的断面应相同，以保证填挖土方平衡。

第三，通过降雨—径流—泥沙计算，干旱、半干旱地区要求土埂上方容量能拦蓄当地 10 ~ 20 年不遇的一次降雨中两埂之间坡面所产生的地表径流和泥沙。多雨地区土埂不能全部拦蓄的，应结合坡面小型蓄排工程，妥善处理多余的径流和泥沙。

第四，土埂上方由于泥沙淤积导致容量减小时，应及时从下方取土加高土埂，保持初修的尺寸和容量。

2. 土坎梯田的施工

（1）放线。在施工前要做好放线工作。先按照规划在实地划出地埂基线，然后按照划出的地埂线筑埂。

梯田放线就是根据设计在实地定出田坎线和开挖线，作为施工的依据。放线的步骤是先选基线，再定田坎线，最后定开挖线。

第一，选基线。基线是划分田块的基本线，如图4-1所示[①]。基线顺坡向布设（与等高线垂直），其位置应视地形情况确定，在坡面坡度均匀一致的山坡上，基线应设在坡面中部；在坡面坡度陡缓悬殊的山坡上，基线应设在山坡陡峻的地方，以免出现田面过窄或不易耕作的地段。基线位置选定后，根据设计确定的田面宽或田坎高沿基线自上而下定出每块梯田的田坎基点（图4-1中的A_0、B_0、C_0），用木桩打入地下作为标志。

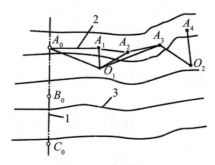

图4-1　梯田放线

第二，定坎线。依据田坎基点等高定出田坎的基础线（图4-1中的A_0、A_1、A_2、A_3……）。两相邻坎线之间的平面，是拟修水平梯田田面。因此，定坎线实际上就是划分田块。定坎线的方法一般是用手持水准仪测定。测定时，两人操作，甲持标杆，乙持手持水准仪，从基点出发，沿等高线方向测定。开始，标杆立于A_0点，乙在O_1点观测，当水泡水准仪中间时，镜中横线切于标杆上某一位置，用红布捆在这个位置作标志。然后甲持标杆沿同高程移动2～3m。

在地面上竖立标杆。乙仍在O_1点观测，用手势指挥甲沿坡面上下移动标杆。当水准仪的横线切于红布条标志时，标杆下面即是该田坎线上的一点A_1。依同样方法可测定A_2、A_3。如视距太远或因转弯遮挡视线时，可利用转点转移观测位置，继续测定。把测定的A_0、A_1、A_2、A_3……，各点连接起来，即为测定的第一条田坎线，依同样的方法测定其余各田坎线。

① 刘乃君. 水土保持工程技术 [M]. 咸阳：西北农林科技大学出版社，2010：21.

凡有灌溉条件的梯田，应考虑渠道的田面都要有一定的比降，所以地坎线也应有相应的比降（1/1 000～1/500）。

在坡向和坡度变化较大的山坡地段，田坎线极为弯曲，给耕作带来困难。为使田面整齐，利于机耕，应本着大弯就势，小弯取直的原则，对所测定的田坎线进行适当调整。

第三，定开挖线。开挖线是挖方区与填方区的交界线。有了开挖线，就明确区别开挖与填筑的范围。定开挖线应本着就近上挖下填，填挖平衡的原则。在山坡均匀一致的地段，开挖线即在两相邻田坎线的中间；在地形复杂山坡多变的地段，开挖线极不规则，确定较困难，可用方格法测算确定。

第四，定线的顺序。定线的顺序一般是从顶部开始，逐台往下定线。但遇到一些特殊地形，用一般的定线方法就会出现长土或者短土的现象，造成田面不平或不能连条成片等弊端。因此，对特殊地形，就要采取灵活的方法，因地制宜，通过调整坎线等方法去解决。

（2）清基培埂。清基培埂是把埂基和开沟处的表土清除干净，一般清基深20cm左右，清除的表土堆在田块中间。然后把埂基底铲平，夯实（或踩实）使底座稳固。筑埂要全部利用生土，并分层培土踩实，外坡打紧拍光。筑埂所用生土，应从埂的下方挖取（下台梯田内侧的挖方部位），以节省用工。

各地常用的人工筑埂方法有：①铁锹筑埂。用铁锹铲土往埂上分层上土，分层踩实，同时用铁锹拍实外坡，一直修到设计的坎高。每层土层15～20cm，便于踩实。②挑土筑埂。在南方，多用锄头挖土，再用簸箕挑土，往埂上分层上土，分层踩实，按田坎侧坡收坡，并用木棍拍实外坡。依次类推，修到要求的高度。③椽帮埝。椽帮埝在黄河中游的塬区和阶地地区采用较多。地埝清好基座底后，把木椽放在地埝外侧坡地上，两头和中间都用泡湿压扁的高粱秸或柳条做成的"腰子"扭着，上土时用脚踩着"腰子"用力将椽向外绷紧，另一人先在"腰子"上填土夯实，再上土于椽边捣实，然后全面铺土，一般铺土宽0.8～1.0m，厚度与椽相平，用夯打实。铺土应尽量从埝埂下方挖取，或者结合平整土地，由高处挖沟取土。土料应是湿润的生土，没有坷垃。依次筑高6椽后，下面的椽子才可以逐根抽出往上继续修筑，直至修到设计高度。椽子接头缝要上下错开。

地埝超高部分，分软埝和硬埝两种。软埝内侧坡为1∶3至1∶4，可以种农作物，同时可以起缓洪作用。软埝只是外侧拍光，硬埝是三面拍光。地埝修完后，超高的顶部要基本水平，不能修成"长城"埝。

（3）处理表土。表土是群众经过多年培肥的，在修梯田时，切忌打乱表土层，要注意尽量多保留表土，以免减产。处理表土一般有以下几种方法。

第一，中间堆土法。修梯田时，先将表土集中在地块的中间，梯田修平后再均匀铺开。此法可保留表土70%左右，适用于地面坡度20°~25°、田面宽5m左右的梯田。

第二，分带堆土法。首先将修梯田的地块顺坡划成若干条3m左右宽的带，把两侧的表土集中在中间一带，其次修平去掉表土的两带，最后再将表土还原，平铺在修平的生土带上。其他带均依此处理。这种方法可保留表土70%以上，适用于坡度10°~15°、田面宽7~8m的梯田。

第三，蛇蜕皮法。自下而上逐台施工，第一台不保留表土修平，然后把第二台表土刮下来铺在第一台上，第二台生土平整后将第三台的表土铺在第二台上，依次逐台移表土，直至修完。这样，施工方便，但最后一台无表土，要注意增施肥料。此法可保留表土90%以上，适用于田面宽4m左右、坡度24°~25°的梯田。

(4) 生土平整。表土处理好以后，田面生土整平常用以下两种方法。

第一，外切里垫和里切外垫结合法。先在地埂的下方取土上垫，这叫外切里垫。地坎筑高后，向上撩土费力时，就在本台的上方（内侧）取土垫到低处，这叫作里切外垫。在坡度较陡、田面较窄、地坎又高时，从下方撩土费力，也可以只用里切外垫、起高垫低；在坡度较缓、田面较宽、地坎低时，从上方撩土费力，也可以只用外切里垫。田面窄时，用铁锹撩土；田面宽时，可用平车运土。

第二，中间开沟掏洞塌落法。先在地块中上部挖一条深0.5~0.6m的沟，用锄头挖空沟墙，让上面的生土塌落下来，然后把生土运到填方处。此法适用于冬季施工，田面较宽，地坎不太高时采用，但要注意安全。

用上述方法把生土整平后，再将表土均匀铺在生土上。

上述修筑梯田的几道工序可以同时进行，但有分配好劳力组合，否则影响工效。如用推土机修梯田，要采用运筹学，事先规划好地块，最好是连台梯田，坡度在15°以下，坡度越缓，工效越高。在推平每块坡地时，要尽量减少空转，运距不能太短，以减少机械磨损和耗油，并提高工效。采用机械修梯田，一个台班可顶50~60个人工，有的可顶100个以上人工。人、机结合是最好的，人工修埂和平整地头地边，而推土机则平整土地，机修梯田不易保留表土。

3. 石坎梯田的设计和施工

(1) 石坎梯田的设计。石山区和土石山区的特点是坡陡、石多、土少。因此，在设计田面宽度时，一定要考虑坡地土层的厚薄。修平后，梯田表面一般至少要有0.5m厚土层。

梯田宽度可按下列公式计算：

$$B = 2(T - h)ctg\alpha \qquad (4-9)$$

式中：T——原坡地土层厚度（m）；

　　　h——修平后挖方处保留的土层厚度（m）；

　　　α——地面坡度。

当石坎高在3m以下，断面一般采用顶宽0.3m，外坡1：0.2，内坡垂直是安全的，安全系数达1.6～2.5。

（2）石坎梯田的施工。放线、清基等工序同土坎梯田。

第一，挖坎基。坎基要挖到石底或硬土层上，挖深随土层厚度而定，一般深在0.5m以上，宽1m左右，最好挖成外高内低的浅槽。

第二，垒砌石坎。砌前要选好石料，并把石料分为大、中、小3类堆放。然后分层垒砌。第一层要选用有棱角的、比较平整的大块石头砌在底层和外侧，要把石块的平面朝下，垫平放稳，以后各层石块平面朝上，以便垒砌近于水平。中等的石块砌在内侧，石缝要用小石块嵌紧，并敲打牢固，石块的大小头要错开咬紧，上下层石缝要错开，上层的石块要压住下层的石缝，这样，石坎才稳固。边砌石边收坡，石坎的外侧坡，一般为1：0.2或1：0.25，即每砌高1m收进0.2m或0.25m。当然还要看石坎的高低来定，高了就缓些，低了就陡些，随时调整。石砍的外侧坡要砌成直坡，不能有凹入和凸出的现象。

有些地方的石坎是砌单层石块，有些地方是砌双层石块。若要排水，在水流集中处留0.5m见方的排水口，并砌成跌水，使水舌往外伸出。

第三，填土、平整土地。石坎垒砌2～3层后，坎内侧要填土踩实，特别是土与石块接缝处要夯实。如果地里有碎石，也放在坎内侧。

石坎砌好后，就平整田面，方法同土坎梯田。

4. 机械修梯田的施工

（1）推土机修梯田。推土机能挖土、平土、压实和短距离运土。在不太大的施工范围内，它可以把挖、运、平、压合并为一个工序来完成，工效可以成倍提高，是比较适合修筑梯田的一种机械。

第一，推土机的类型。推土机按推土器活动的方式，可分为固定式和万能式。固定式推土机的推土器只能升降，不能转动调整其方向。万能式推土机的推土器不仅能升降，还可在3个方向调整其角度，以适应多方位的切土和推运工作。按操纵机构分为索式及油压式。索式推土机的推土器用卷扬机和钢索操纵，升降速度快，操纵方便，缺点是不能强制切土。油压式推土机的推土器是利用液压装置操纵，可强制切土，但提升高度和速度不如索式。由于油压式能强制切土，且又具有重量轻、结构简单、易操作、振动小等特点，因此，在修筑梯田施工中应用较多。

另外，按推土机的行驶机构分为轮胎式和履带式。轮胎式推土机比履带式推土机转动灵活，但其功率较履带式推土机小。

第二，推土机修梯田的施工方法。推土机修梯田的施工工序是放线、清理田坎基础、处理表土、挖填推运土方、压实修筑田坎、田面平整、深田改土等。在一般情况下，挖、运、填、压、修坎和平整都是交叉协调进行。挖和填同时进行，填与压实轮番交叉，填一层压一层，压好下一层再填铺上层，修坎与田面回填同步进行。

推土机修梯田的关键是土方调运规划，要尽可能顺坡直线向下推运，就近挖填平衡。应避免迂回和二次推土，根据不同情况，有下面几种开挖推运施工方法。

表土逐台下移法与心土就近上移法。这两种方法要求田面不能太宽，一般以10~15m为宜。表土逐台下移法的工作步骤是：先修最后一台的梯田，不保留表土，用推土机从上到下正向推土，以挖土处为准，起高填低，把地面修平。再将第二台田面表土推到第一台平整的田面上，用人工或机械均匀铺开，依此类推，逐台修筑。心土就近上移法的工作步骤是：先将表土推置于起土线处的2~3m"推土带"上，然后将第一台心土向上推到第二台填方部位，修平地面，推回表土。

直线推土法。适宜于10°以下的缓坡地，采用顺坡先推后顶的推运方法。从最下一级梯田开始，先从上田坎顺坡下切开挖推运至开挖线以下的填方区田面，同时修筑下田坎，当挖至设计高程时，调转机车由下向上开挖贴近上田坎基础部分的残留土方，将其顶推至上一级田面，修筑上田坎。当第一级田面按设计要求修成后，再向上转移至第二级梯田。用推土机修筑的田坎需要再经人工切削，拍光打平。

用直线法推土修梯田，运土距离最近、省工，但不能保留表土，造成当年的农作物减产。

倒行轮翻开槽修梯田。这种方法适宜于缓坡（< 10°），需要保留表土的坡地。其施工方法与人工修梯田的分带堆土法类似。沿田块方向等宽（2~3m）划分条段，把1、3、5、7、……条段的表土堆放在2、4、6、8、……条段上，在1、3、5、7、……各条段分别顺坡直线开槽挖填，然后再把2、4、6、8、……条段堆放的表土连同自身表土推入1、3、5、7、……条段沟槽内，顺坡势开挖推填2、4、6、8、……各条段，修平后，摊开表土，进行深翻。

开挖平台逐步扩大法。这种方法适宜于15°~25°的陡坡地。在陡坡上，推土机开始工作困难，可先沿土坎线开挖平台，斜推向下送土，逐步扩大平台，降低平台高度，直至设计田面高程为止。平台逐步扩大法是沿弧线调运土方，在梯田两端靠上田坎的地方形成死角，死角的土方不能用推土机开挖推运，需用人工开挖运输。

第三，提高推土机推运效率的方法。推土机修梯田的土方调运特点是机修梯田土方调运，应按横向就近平衡，以提高工效。由于机械施工要一定的工作面，因此，在地块的一定范围内，它的推运方向往往不能与要求的出土方向相一致，致使在梯田的挖方部位形成 3 个不同的土方调运情况的工作区，分别是近埝区、地角区和中间区。

近埝区位于上一地块的埝坎之下，宽约 4m，与埝线平行呈带状。它是推土机的起始工作位置，在推土过程中，逐渐按曲线向填方部位送土。

地角区位于挖方部位两个地角，这一区的下部土方往往难以调运至本地块，或机械不便作业，需要人力辅助。

中间区是在开挖与近埝区之间，土方运送不受限制，可以就近调运。下面的方法可以提高推土机推运效率：①沟槽推土法与前述沟槽开挖相同，但沟槽的宽度应与推土机铲刀宽度一致，在推运时，铲刀两侧土方不致散失，可提高单刀推土量和推运的工效。这种方法适合出土方向单一固定的推运线路。②浅沟推土法，是利用推土机线路上铲刀两侧遗留土方形成的土埝，在这一线路上多次重复运土而造成的浅沟。浅沟同样能减少铲刀两侧土方散失，提高工效。浅沟两侧的土埝高一般在 0.8m 左右，沟宽与铲刀宽应保持一致，浅沟的方向可根据需要随时变更。③双机并推法，是以其中一台推土机为主，另一台为辅。两机的车速和方向要一致，两机铲刀间应保持 200～250mm 的距离。在路线平直的情况下，远距离大量运送土方，可提高运送效率。

第四，推土机修筑田坎的施工技术。

①清基。在 15° 以下的坡面上可用推土机沿田坎线把表土连同杂草和作物根茬一并清除，其宽度视田坎高度而定，一般为一铲刀宽。15° 以上的陡坡，推土机很难沿田坎线行走工作，可用人工清基。

②田坎外侧铺土宽度。机械压实田坎的外侧为虚土，其坡角近于土壤自然安息角。为保证碾压切削后，田坎能在原规划坎线上，筑坎时需要在坎线外铺土。

其宽度按下式计算：

$$L + L_1 + L_2 = \frac{H_1(cag\varphi - ctg\beta)\sin\varphi}{\sin g(\varphi - \alpha)} + L_2 \tag{4-10}$$

式中：L——田坎外铺土宽度（斜距）(m)；

L_2——切削宽度，一般为 0.3m；

H_1——田坎碾压填筑高度（m）；

φ——土壤自然安息角（°）；

α——地面坡度（°）；

β——设计田坎侧坡（°）。

③分层铺土碾压。在分层铺土压实中，铺土厚度，压实遍数，是保证田坎施工质量的重要参数，应根据土质，土壤含水率和机械性能选择经济的铺土厚度和压实

遍数。在黄土山区，一般情况下铺土厚度为0.4m，用推土机压实两遍，干密度可达到1 400kg/m³以上。在较均匀坡面上，可结合平地修筑田坎，先顺坡把土推至田坎外计算铺上宽度处，当推土达到一定高度时，推土机沿坎线摊平并逐渐碾压。压实宽根据机车而定，如东方红60/75推土机链轨宽0.4m，轨内沿间距1.0m，要使轨间普遍压实一遍，其压实宽度最低为2.8m。

用人工铺土机械碾压方法修筑田坎时，先用推土机把土推至田坎线以上2m左右处，然后从田坎一端，推土机顺次清基，结合人工铺土，每铺一层，压实一层，直至设计高度。

在山坡地形凹凸不平时，应先填筑低处田坎。从凸形部位挖方区开槽向凹部推土，边填边压实，当凹部田坎基本与凸形部位坎线高度一致时，再全坎摊土碾压。

④切削田坎。田坎碾压达到设计高度后，用人工自坎顶向下按设计边坡切削，边切削边拍打，使田坎坡面光滑紧密，推土机在坎下将切削的虚土摊平到下台的梯田内。

（2）机引犁修梯田。机引犁修梯田是利用犁的侧向翻土能力，可以使土沿侧向搬运一定距离的特点，经过多次连续向一侧或两侧闭垄翻土，最后把坡地变成梯田，再经人工整修成水平梯田。

机引犁修梯田，方法简单，易于推广，可连续修成梯田，亦可结合每次耕作深翻土地，逐年变成梯田，可完整地保留表土，做到农作物不减产。但是机引犁只能侧向翻运不能纵向运送土方，所以它只适用于在坡度平缓，坡度均一的坡面上修梯田。

机引犁修梯田的方法有全面向下翻土法及上下结合翻土法。

第一，全面向下翻土法。①定线。按照规划要求定出田坎线，并在地坎线两端插上红旗，以便翻耕时掌握方向。②翻土。用全悬挂装置的拖拉机，带上翻转犁，从田坎线上沿开始，与耕地一样，一趟接一趟地向下翻土。拖拉机从田坎一端犁到另一端，掉头转弯的同时，将翻转犁的方向调整180°，以保证每趟都能向下翻土。田面翻完一遍时，再重新从田坎线上沿开始向下翻第二遍，直至翻平为止。③人工修整田坎、地头及田面。机引犁翻平后地边只是一条土埂，用人工从土埂下取土加高土埂，边加高边踏实，用铣拍光削齐筑成标准田坎。田坎两端是拖拉机掉头转弯的地方，转弯同时要升起犁铧，因此在端头约有5m的一段内得不到充分翻耕，需用人力加工修平。同时，结合修好田块两端的道路。机引犁翻平的田面，常有大平小不平的现象。对有灌溉要求的梯田，需要再经人工整平，达到能均匀灌水的程度。

第二，上下结合翻土法。①定线。上下结合翻土法修梯田需要定出两种线，即田面宽度线与翻土线，按规划设计田面宽度在坡面上定出田面宽度线，这条线并不是田块之间分界的田坎线，它是进一步确定机引犁翻土线的依据。翻土线在两田面宽度线之间，距下田面宽度线为 1/3 田面宽度，即翻土线以上是田面宽的 2/3，翻土线以下是田面宽的 1/3。②翻土。用拖拉机带一般犁铧，围绕翻土线作闭垅翻耕，翻土线以下的 1/3 田面向上翻土，翻土线以上的 2/3 田面向下翻土，当下部 1/3 田面翻完一遍时，上部田面只翻完了一半，这时下部再从翻土线处开始继续向上翻第二遍，上部则继续翻完后一半田面。当上部 2/3 田面向下翻完一遍时，下部 1/3 就向上翻了两遍。如此继续反复翻耕，直到田面被翻平为止。

在上述翻土平地的过程中，应注意以下 4 点。①当由上向下翻土和由下向上翻土的最大挖深，等于 1/3 设计田坎高度（H）时，田面已翻平，不可过量超挖。②翻土线闭垅处的填高应为设计田坎高的 1/3。在施工前可用秸秆插记标志，当填土高达标志时，在闭垅线上会出现约一米宽的平台。这时应停止加高，以后继续翻土，应在上下两个方向使这个小平台逐步加宽。③两边挖深已达到 H/3 时，分别形成一道宽而浅的沟壕，以后继续翻土时，应只是加宽这个沟壕，而不可加深。④人工修整。翻平的田面，需要人工加工修理才能成为标准水平梯田。

（3）机修梯田的工效提升。机修梯田的工效高低是以单位时间内所修的梯田面积多少来衡量的。因此，提高工效的有效途径就是降低修筑所用工时。其方法：一是降低需工量；二是提高推土机的运土功率，使之在同样功率下达到运土量最大。

第一，降低需功量的技术途径。根据单位面积需功量与田面宽度的二次方成正比，在梯田规划设计时，首先要考虑梯田的合理宽度。在不影响机耕、灌溉、田间运输的情况下，田面宽度应尽量小些。合理的规划也可使大部土方侧向运送，从而减小运距，使需功量最低。

第二，提高机械的运土功率。提高机械运土功率的主要方法有：①采用合理的运土方法。一是埂底开沟和顺坡推土相结合，此法可减小运距；二是开沟骑垄推土法，提高推土机每刀的推土量，每刀可推土 2 米 3 以上。②多机联合作业。多机联合作业可发挥每种机具的长处，克服短处，起到取长补短的作用，使推土量达到最大。③改进施工机具。采用八字铲、铲抛机、八字松推铲、破冻土机等改进机具和辅助工具，可有效提高单位时间内的运土工效。

（4）机修梯田与人工修梯田比较。

第一，挖掘机修梯田。单斗履带式反铲挖掘机修筑土坎水平梯田、反坡梯田、水平阶具有灵活机动、不受地形限制、工效高、进度快的特点。经实地考察，在Ⅵ级以下、240 以内的坡地上修筑水平梯田、反坡梯田，按较经济断面田面宽 4～8m 核算，单位造价为 10029 元 /hm²。

第二，人工修梯田。按最新定额Ⅲ级土核算，人工修筑田面宽度 7m 的土坎水平梯田，在地面坡度 10 ~ 15° 时，单位造价 25968 元 /hm²；地面坡度 15 ~ 20° 、田面宽 6m 时，单位造价 35418 元 /hm2；地面坡度 20 ~ 25° 、田面宽 5m 时，单位造价 44943 元 /hm²。以上三种地面坡度人工修筑土坎水平梯田的平均造价为 35443 元 /hm²。

第三，推土机修梯田。按最新定额核算，推土机在地面坡度 5 ~ 10° 、田面宽度 11m、Ⅲ级土时修筑水平梯田，单位造价为 10940 元 /hm²；在地面坡度 10 ~ 15° 、田面宽 11m、Ⅲ级土时的单位造价为 21713 元 /hm²。当地面坡度超过 15° 时，推土机根本无法作业。以上推土机在地面坡度 5 ~ 15° 、田面宽 11m、Ⅲ级土时修梯田的平均造价为 16327 元 /hm²。

（5）修筑土坎梯田的基本操作。

第一，设置基准点。根据原地面坡度、地坎高、梯田毛宽、田坎坡度等设计参数，按照建设单位施工要求，在欲施工的山坡每隔 3 ~ 5m 用水准仪测出等高点，用白石灰对测点标注清楚，供挖掘机施工时机手参考。每一组等高点就是梯田的基准面。上下相邻各等高点的间距（或斜长）的距离决定了梯田田面宽度。坡度相同的山坡，田面宽度与工程量成正比，适当的田面宽度是提高整地效率的关键。一般收割机或旋耕犁的作业宽度为 2m，田面净宽应为农机作业宽度的整倍数。

第二，确定作业道路。每块欲施工的地块，要首先确定农机进出道路，施工时先修路再修田或路田同步施工。路面宽一般为 3 ~ 4m。

第三，梯田施工。机手参照等高点起高垫低，易地搬运，一次完成。当边埂需要碾压时，可将挖掘机外侧履带调整到边埂上通过。边埂需要加高时，可调转车身撒土培埂。通过培埂，起高垫低和平整田面即可完成修筑水平梯田或反坡梯田作业。梯田里侧遇到稍硬的岩石或原状土不适合植物生长时，挖掘机可按用户要求适当超挖，然后再用表层土回填，实现表土复原。

第四，后期整修。挖掘机本身属于大型施工机械，其机械动力在 150 马力以上。在修筑水平梯田时，其操作重点是横向掌握挖填平衡，纵向控制总体水平误差 100 米内不大于 0.5m。所修水平梯田宏观上控制挖填平衡、外边埂碾压密实，梯田内有 0.4m 的活土层。理论上，挖掘机可将整修的田面高低误差控制在 0.20m 以内，受机手操作水平限制，梯田局部可能出现高低不平的现象，单靠机械本身整修较小误差要消耗较多的时间，降低生产效率，一般需要投入少量的人工进行辅助性培埂、整平等修复性细致作业。一般每 hm2 用人工 45 ~ 75 工日之间，后期整修费用 1040 元 /hm²。

（四）梯田的管护与利用

1. 梯田的养护管理

梯田修成后的第一年，新培成的埂坎和平整的田面，土壤结构尚疏松，容易遭受暴雨袭击和人畜践踏而损坏，应该特别注意加强管理养护工作，具体方法如下。

（1）培修、补修埂坎。梯田都具有一定承担暴雨径流的能力，在施工质量不高或遇到强暴雨时，田面、埂坎易形成不均匀沉陷，出现垮塌或冲毁。所以对新修梯田应及时培修夯实埂坎，铺平田面，填洼堵洞，补修拦蓄高度不够的田埂，增加拦蓄容积。对于土坎梯田，若埂坎发生局部倒塌，应先清理倒塌部位的基部和滑落面，然后采用铣拍法或椽帮埝法逐层铺土拍平夯实，直至坎顶，再筑田埂。对于石坎梯田，局部损坏修复时，如果是内侧石块胡乱堆放未按砌筑要求砌筑，可把毁坏部位的石块取下来，内外一致重新砌筑；如果石坎砌筑没有问题，而是内侧虚土填充，没有夯实，遇到沉陷，石缝漏水造成的倒塌，修复时可以用大块石砌底和封顶，内外一致重新砌筑，尤其注意砌筑和内侧填土夯实要同时进行。

（2）植物护埂。植物护埂就是在埂坎外侧坡上种植适生植物，利用植物的根系（指须根发达的植物）盘缠团结土体，枝叶交错覆盖埂面，达到护埂的目的。这一措施对软埂特别重要。利用植物护埂，选择适合生长的树种草种应随各地的自然条件差异而不同，但总的要求应是须根发达、主根不明显、耐干旱耐瘠薄、具有较强繁殖能力和一定经济实用价值的灌木和草本植物。植物护埂不仅是保护地埂免遭破坏，还可以充分利用埂坎，增加经济收入，同时用工少，效益持续久。

（3）修筑梯田的蓄水排水系统。北方地区由于少雨干旱，所修的梯田都是吸水性梯田，修建时没有合理布设蓄排水系统，一旦遇到超设计标准的降雨，产生的山洪、路洪就威胁到梯田的安全。所以，在梯田修建和管理养护过程中最好在梯田区布设修建安全蓄排水系统。一般降雨年份利用集雨蓄水工程的蓄水进行梯田抗旱灌溉，特殊年份则将多余集雨径流利用排水系统排泄，确保梯田安全生产。南方地区降雨多、地表径流大，易引起梯田的毁坏，因此梯田修建和管护过程中应注意梯田排水问题。如将梯田田面沿长度方向修成一面或两面缓坡，再在田块两端或一端布设合理安全的排水沟渠，排除多余的雨水径流。也可根据当地的实际情况和地形条件修建蓄水工程，雨蓄晴灌，充分利用降雨，保证农作物生长期对水分的所需。

（4）落实监管责任。新修梯田，可按照"谁种地、谁管护、谁受益"的原则，承包到户，落实管护责任制度，并经常检查、督促、奖罚兑现，以确保梯田高效、安全。

2. 梯田的改造利用

坡地修成梯田，从根本上讲，达到了保水、保土、增产的目的。但在修筑的过程中，不可避免地要引起土层扰动，下层的生土裸露地表，若不采取措施培肥改造生土，一般要减产1~2年，影响了梯田经济效益的发挥。因此，必须加强新修梯田的培肥改造，科学耕作种植，确保稳产增产。

（1）坡改梯的工程规划。

总体要求：

第一，坡改梯应以小流域为单元进行全面规划，合理布设梯田工程、灌溉与排水工程、道路工程、防护林工程、地力建设工程和现代高效生态农业建设工程。

第二，水源工程布设根据当地具体条件，采取地下取水以及地面水引、蓄、提等工程，合理利用水资源，大力发展节水灌溉，提高水的利用率和利用效率。

第三，遵循高水高用、低水低用的原则，采用"长藤结瓜"式的灌溉系统，并宜利用天然河道与沟溪布置排水系统，合理布设蓄水池、沉沙池、截水沟和排水沟等小型蓄排工程，构成完整的防御体系。

第四，坡改梯工程规划应遵循的原则：①坚持因地制宜的原则，根据不同区域自然资源特点、经济社会发展水平、土地利用状况，有针对性地采取坡改梯综合整治措施，通过田、水、路、林综合治理，把跑土、跑水、跑肥的"三跑地"建设成为保土、保水、保肥的"三保地"，有效地控制水土流失。②坚持数量、质量、生态并重的原则，确保耕地数量稳定、质量提高，促进山区景观美化，水土资源优化配置与永续利用，生态良性循环。③坚持生态环境与经济效益兼顾的原则，结合现代高效生态农业建设，着力改善农业生产生活条件，推进现代农业发展，提高农业收益，确保农民增收。④坚持以人为本的原则，充分征询项目区农民意愿，开展坡改梯项目建设。

第五，坡改梯工程规划总体布局应根据项目区自然条件，打破地块间界限，统一规划，集中连片布置，进行田、水、林、路综合治理。

第六，应以现有工程布局为基础，充分利用现有工程，各项工程兼顾协调，合理利用水土资源。

第七，充分考虑项目区社会经济条件、土地利用条件及农业生产布局状况，通过项目建设，增加有效耕地面积，提高农业基础设施配套水平和机械化耕作水平，促进农业规模化经营，改善农业生产条件和生态环境，全面提升农业综合生产能力。

第八，坡改梯工程规划应与当地水土保持规划、水利规划、农业规划、林业规划等有关规划相衔接。

梯田工程规划：

第一，根据地面坡度不同，梯田分陡坡区梯田与缓坡区梯田；根据断面形式不同，梯田分水平梯田、坡式梯田和隔坡梯田；根据埂坎修筑材料不同，梯田分土坎梯田与石坎梯田。在山地丘陵区和坝上高原区，应根据地面坡度、土壤质地、土层厚度的不同，因地制宜修筑不同类型的梯田。

第二，梯田规格及埂坎形态宜因地制宜，视地形、地面坡度、机耕条件、土壤的性质和干旱程度而定。梯田应尽量集中，并考虑防冲措施。

第三，梯田（田面）布置应遵循一定准则：①地面坡度 5～15° 土层较厚的区域，应以道路为骨架布置田面宽 15～30m、田坎高 1～2.5m 左右的梯田。同时应尽量满足小型机械耕作和提水灌溉需要。②地面坡度在 15°～25°、土层较薄的土石山区，应布置田面宽 15～30m、田坎高 1～2.5m 左右的梯田。

第四，梯田修筑应符合下列技术要求：①梯田田块的长边应顺山坡地形，大弯就势，小弯取直；梯田形状宜呈长条状或带状。②田面宽度应考虑提水灌溉和小型机械耕作的要求。③梯田田坎上部应修筑田埂；个别多雨地区，梯田内侧应布设排水沟。④在土质粘性较好的区域，埂坎一般采用土质；在土质粘性差的地区，应尽量采用石质或土石混合，在土壤强渗透区梯田与石坎间可设土工布防渗。⑤梯田的纵向应保留 1/300～1/500 的比降。

水源工程规划：

第一，坡改梯水源工程布局：根据不同的地形条件、水资源条件和作物类型等，配置各种水源。水资源利用做到蓄（水）、引（水）、提（水）、集（水）相结合，中（型）、小（型）、微（型）工程并举，充分挖掘水源潜力，扩大灌溉面积，提高灌溉保证率。不同水源工程布局要求包括：①塘堰（坝）应修筑在冲沟或坡面局部低凹处，地质条件好，施工管理方便，有一定的集雨面积，通过挡水坝拦蓄坡面径流，汇集水量；②小型拦河坝（闸）应修筑在山前河道内，用于抬高河道水位，满足灌溉引水要求。坝顶高度、坝长应按灌溉水位、河段宽度、地质条件等确定；③管井布置应兼顾流域和行政区划的关系，应优先开采浅层地下水，严格控制开采深层地下水，严禁在超采区开采地下水用于农业灌溉；④大口井应建于地下水埋藏浅、含水层渗透性强、有丰富补给水源的山前洪积扇、河漫滩及一级阶地、干枯河床和古河道等地段；⑤水窖应选择合理的集雨场，可采用自然集流面或修建人工集流面。位置布置

第二，引蓄地表水工程规划布局应符合《灌溉与排水工程技术规范》（GB50288—1999）的有关规定。

第三，管井、大口井工程规划布局应符合《机井技术规范》（GB/T50625—2010）的有关规定。

第四，以集蓄利用雨水为水源的集雨水窖（窑）工程规划布局除应符合《雨水集蓄利用工程技术规范》（GB/T50596—2010）的有关规定外，集雨水窖（窑）工程规划布局尚应符合下列要求：①集雨水窖（窑）选址应尽量利用荒坡、隙地修建，一般布设在坡脚或坡面局部低凹处；②集雨水窖（窑）容积应遵循因地制宜、使用方便、利用率高的原则，实行不同容积蓄水池的合理搭配；③选择棚面、硬化道路、草地或土质地面作集雨面，根据集雨面条件，在集雨水窖（窑）入口前 2～5m 处要设置一级

或多级沉沙池；④土质集雨面可选择"外侧清淤自流出水式水窖"（专利）；⑤集雨水窖（窑）要与节水灌溉措施配套设置；⑥坡改梯集雨水窖（窑）一般作为下一梯田台面自流供水水源。

第五，坡改梯泵站布设可按《泵站设计规范》（GB50265—2010）的规定执行。

第六，将低位水源扬至某一高度处时，需在管道系统首部兴建调压蓄水池。若地形坡度较大；管内水流可以靠重力满足输送设计流量的要求，可以不设蓄水池；如果不能确保池内水流是稳定流，或者确有蓄水任务，则蓄水池容积应经过调蓄演算确定。蓄水工程布置应符合以下规定：①蓄水池建筑位置处地质条件良好，地基具有一定的承载力，蓄水池不应建在地下水严重渗漏处；②蓄水池应建在高处，以满足自流出水灌溉的条件；③蓄水池的泵管进口应布设在池顶部；出水口布设在池底以上 20~30cm；④蓄水池的池墙应高于蓄水池最高蓄水位 0.3~0.5m；⑤敞口蓄水池池顶应设置护栏等安全保护装置。

灌溉输水工程规划：

第一，按地形条件、交通与耕作要求及灌水习惯，合理布局各级输配水渠道；井灌区、提水灌区和小流量的旱地灌溉区，宜采用管道输水。不同输水工程布局要求如下：①田间灌溉渠道应以斗渠、农渠顺序设置固定渠道。灌溉面积较大的可增加渠道级数；反之可减少渠道级数。灌溉渠道应与梯田布置、农机具宽度相适应；②渠道应布置在其控制范围内地势较高地带，尽量满足自流灌溉要求。渠线应避免通过风化破碎的岩层、可能产生滑坡及其它地质条件不良的地段。渠线宜短而直，避免深挖、高填和穿越村庄；③斗渠宜采用续灌，农渠采用轮灌；若斗渠直接从水源取水，采用续灌方式，农渠采用轮灌；若从附近大中型灌区的渠道取水，应根据取水渠道的运行要求确定工作方式；④田间灌溉渠道应有足够的过水断面、合理的比降、稳定的内外边坡，并进行防渗衬砌；⑤低压管道系统布设：旱作物区当系统流量小于 30m3/h 时可采用一级固定管道；系统流量在 30m3/h ~ 60m3/h 时可采用干管输水支管配水两级固定管道；系统流量大于 60m3/h 可采用两级或多级固定管道；⑥干管从高到低或从低到高垂直等高线或沿上下山道路布设；支管顺梯田台面沿等高线平行于作物种植行布设；对于渗透性强的沙质土区末级还应增设地面移动管；⑦给水栓（出水口）应按灌溉面积均衡布设，并根据作物种类确定布置密度，单口灌溉面积宜为 0.25~0.60hm2；⑧管道埋深应在冻土层以下，并满足地面荷载和机耕要求；⑨坡改梯低压管道系统一般应视情况增加逆止阀、水锤消除器、真空破坏阀等附属设备。

第二，在经济条件较好或水资源较缺乏的大田粮食作物或果树灌溉区，宜选用管道式喷灌系统；在自然压力满足喷灌要求的水头时，宜选用自压喷灌系统。

第三，在温室大棚、花卉等高附加值经济作物种植区，宜选用微灌系统。

排水工程规划：

第一，梯田排水系统布设要达到布局合理、排水畅通、水不乱流与土不下山的要求，梯田区以上坡面和梯田区内小型排水工程布设按《水土保持综合治理技术规范小型蓄排引水工程》（GB/T16453.4—2008）执行。

第二，当梯田区以上坡面为坡耕地或荒地，且有地表径流进入梯田区时，应在坡地与梯田交界处布设截排水沟工程，以保证梯田区安全。

第三，当梯田区上方汇水面积较大、威胁梯田区安全时应布设截水沟，视地面坡度、土质和暴雨径流等情况具体计算确定。

第四，截水沟基本沿等高线布设，截水沟与等高线取 1 ~ 2% 的比降；当截水沟不水平时，应在沟中每隔 5 ~ 10m 修筑一高 20 ~ 30cm 的小土挡；截水沟排水端应与坡面排水沟相接，并在连接处做好防冲措施。

第五，坡面排水沟一般利用天然排水沟道或在下山道路两侧或一侧布设。

第六，坡面排水沟一般布设在坡面截水沟的两端或较低一端，用以排除截水沟不能容纳的地表径流，排水沟的终端应连接水窖或天然排水道。梯田区两端的排水沟，大致与梯田两端的道路同向。

第七，梯田田面较宽时应布设土质排水沟，排水沟一般布设在梯田区内侧，两端与坡面排水沟相连接，在连接处做好防冲措施。

第八，一般土质排水沟应分段设置跌水，排水沟纵断面可采取与梯田区大断面一致，以每台田面宽为一水平段，以每台田坎高为一跌水，在跌水处做好防冲措施（铺草皮或石方衬砌）。

道路工程规划：

第一，道路工程布局应满足居民点和田块之间保持便捷的交通联系的需要，合理确定道路面积与路网密度，确保田块耕作，促进田间生产作业效率的提高和耕作成本的降低。

第二，道路工程应尽量减少道路占地面积，并与渠系布局相结合，提高土地利用率。

第三，上山路：面积较大的项目区需要新建、改建上山道路时，应尽量利用原有的田间道或乡村道路，加固加宽。并与渠系布局相结合，与其他田间道和公路配套，形成完善的交通路网。

第四，生产路：道路沿梯田田面内侧布设，路两端与上山路相连。根据梯田田面宽度，每隔 3 ~ 5 个台面规划一条生产路。

防护林网规划：

第一，根据项目区地形、气候条件、风害严重程度和农田保护要求，因地制宜布设农田防护林，确定林带结构、种类、宽度。

第二，路、沟、渠防护林一般布置在靠近农田一侧，一般种植单行或双行式，在风沙危害严重地区可采用多行式种植。

第三，根据梯田所处地形、位置和保护要求，因地制宜布设梯田埂坎防护林。①根据埂坎宽度、高度与坡度确定利用方式，并选种经济价值高、对田面作物生长影响小的树种和灌木，如紫穗槐、沙棘、荆条、枸杞等。②土质较好且较宽的梯田埂坎宜种植豆类等经济作物。③埂坎利用应与埂坎维修养护、确保埂坎安全相结合。

地力建设工程规划：

第一，结合坡改梯工程建设，引进优良品种，推广先进适用的耕作与栽培技术，采用间种、轮作、套种和立体种植等，大力开展旱作农业技术，提高肥水利用率。

第二，结合坡改梯工程建设，推广以秸秆覆盖和地膜覆盖为主的地面覆盖技术和测土配方施肥技术，增施有机肥、间套种植绿肥，培肥地力。

现代高效生态农业建设规划：

第一，以市场需求为导向，以科学技术为支撑，以效益为中心，改进农业发展方式和机制，进行自然资源合理开发和可持续利用。

第二，坡改梯建设宜与高效农业种植相结合，合理调整农业种植结构，推广名、优、新、特特色种植，提高种植业产出效益，增加农民收入。

第三，坡改梯建设宜与生态观光农业相结合，发展农地立体经营生态模式、林地立体经营生态模式、种—养—加生态模式、绿色产品生态模式和旅游观光农业模式，有效防治水土流失，改善生态环境。

(2) 坡改梯的工程施工。

梯田工程施工：

第一，包括施工定线、表土剥存、坡改梯、修筑田坎、表土回填、表土整理、修筑土埂、硬化护埂等工序，均应符合《水土保持综合治理技术规范坡耕地治理技术》(GB/T16453.1—2008) 的有关要求。

第二，施工定线程序如下：①在准备进行坡改梯区域，在其正中 (左右两端大致相等) 从上到下划一条中轴线；②根据梯土断面设计的土面斜宽，在中轴线上划出各台梯土的基准点；③从各台梯土的基准点出发，用水准仪向左右两段分别测定其等高点；连各等高点成线，即为各台梯土的施工线；④如地形复杂处，可据大弯就势，小弯取直的原则处理，确有必要可适当调整坎线位置。

第三，表土剥存是将坡改梯地块表土用机械或人工开挖，平均剥离厚20cm，运到指定地点堆放。

第四，坡改梯采用表土逐台下移法，在同一块梯土内进行挖填方平衡，将挖方区域的土运至填方区域，逐台处理，其程序如下：①整个坡面梯地逐台从下向上修，先将最下面一台梯地修平，不保留表土；②将第二台拟修梯地田面的表土取起，推到第一台田面上，均匀铺好；③第二台梯地修平后，将第三台拟修梯地田面的表土取起，推到第二台田面上，均匀铺平；④如此类推逐台进行，直到各台修平。

第五，修筑田坎程序如下：①修筑田坎前先进行田坎清基，即以各台梯地的施工线为中心，上下各划出50~60cm宽，作为清基线，在清基线范围内清除表土厚约20cm，堆放在下一台田；②用除去石砾、草根等杂物的生土分层填筑田坎，每层虚土厚约20cm，夯实后厚约15cm；③保证每道田坎均匀同时升高，升高时应根据田坎坡度逐层向内收缩，并将坎面拍光。

第六，石坎施工包括定线、清基、修砌石坎、坎后填膛等工序。定线、清基参照土坎梯田的施工要求。①修砌石坎先要备好石料，大小搭配均匀，堆放田坎线下侧。膛层向上修砌，每层需用比较规整的较大块石砌成田坎外坡，各块之间上下左右都应挤紧，上下两层的中缝要错开呈"品"字形。较长石坎每10~15m留一沉陷缝。②坎后填膛可与修平田面工序结合进行。在下挖上填与上挖下填修平田过程中，将夹在土内的石块、石砾拾起，分层堆放在石坎后，形成一个三角形断面对石坎的支撑。堆放石块、石砾的顺序是：从下向上，先堆大块，后堆小块。然后填土进行田面平整。通过坎后填膛，要求平整后的田面30~50cm深以内没有石块、石砾，以利耕作。③石坎防渗土工布应在坎后填膛前铺设，土工布与石坎间应回填5~10cm细土。

第七，表土回填是将先期剥离的表土均匀铺至已修平的台面，若不足则还需就近寻找客土进行回填，厚度不小于40cm。

第八，表土整理是先对回填的表土采用机械翻耕，再用旋耕机疏松表土。

第九，修筑土埂程序如下：①沿坎线位置先对筑坎区进行清理，不能夹有石砾、树根、草皮等杂物；②本项目旱地坡改梯地埂采用土质埂。

第十，硬化护埂是将基层表面采用人工夯实，预制空心六棱块之间用M10砂浆填缝饱满抹平，水平接缝要求平直，缝宽一致，空心六棱块中间采用人工回填粘性壤土夯实。

水源及灌溉工程施工：

第一，坡改梯管井、大口井以及集雨水窖（池）等水源工程的施工技术和要求应分别参照《机井技术规范》（GB/T50625—2010）中机井施工部分的规定、《雨水集蓄利用工程技术规范》（GB/T50596—2010）中施工部分的有关规定执行。

第二，地面渠道输水工程和低压管道工程施工应分别参照《灌溉与排水工程设计规范》（GB50288—1999）、《渠道防渗工程技术规范》（GB/T50600—2010）和《农田低压管道输水灌溉工程技术规范》（GB/T20203—2006）的有关规定执行。

第三，蓄水池施工按照选定的蓄水池位置和设计尺寸先挖土石方，并将土、石料分别进行堆放。蓄水池的池底用不低于C25的混凝土填覆，厚度一般≥10cm；池墙用M7.5水泥砂浆浆砌砖或条石，厚度一般＞24cm；浆砌后的池墙内壁应用M7.5水泥砂浆抹面，厚度应≥2cm。在正常气温下，一般在水泥浇筑或砌筑后6～18h即应进行养护，养护期要勤洒水，始终保持砼表面湿润状态，从而提高砼的强度。根据使用水泥和气温，确定养护的时间；待养护期结束后，在蓄水池周围进行泥土回填夯实。

第四，沉沙池衬砌材料主要根据当地取材方便而定。施工方法是先挖好沉沙池毛坯，夯紧夯实侧面和底面，池底子用C25的混凝土或石板处理，C25的混凝土厚度3～5cm，石板8～10cm，再用M7.5水泥沙浆衬砌侧面，厚度6～10cm。衬砌沉沙池应及时进行养护。

排水工程施工：

第一，截水沟施工前首先合理确定开挖位置，然后测量放线；堆土置于梯田区一侧，并整形拍实；沟内小土挡高度控制在坡面线以下。

第二，田面排水沟施工，将挖出的土料撒于田面，或用于田埂修筑。

道路工程施工：

第一，道路工程应先进行施工放线，确定路面高程。

第二，路基施工应满足设计和使用要求，首先清除有机土、种植土，然后分层回填、整平、压实；石质挖方路基的施工，不宜采用大爆破法，必须采用时，应作出专门设计，并按大爆破规定执行。

第三，泥结碎石路面施工包括：准备工作、碎石摊铺和初碾压、灌浆及带浆碾压和最终碾压等工序。

第四，沥青混凝土路面施工采用滑模、轨道、碾压等施工方式，其施工工艺分别按《公路沥青路面施工技术规范》（JTGF40—2004）和《公路水泥混凝土路面施工技术规范》（JTGF30—2003）的规定执行。

防护林工程施工：

第一，整地工程分为带状整地和穴状整地，带状整地适用于地形比较完整、土层较厚的坡面，整地基本顺等高线连续布设；穴状整地主要适用于地形破碎，土层较薄的地方。各种形式整地工程适用条件和技术要求应符合《水土保持综合治理技术规范荒地治理技术》（GB/T16453.2—2008）的规定。

第二，造林季节应根据当地气候特点、树种和种植习惯确定。①春季造林一般应在苗木萌动前 7~10d、土壤解冻达到栽植深度时造林。②雨季造林应尽量在雨季开始后的前半期、连阴天土壤墒情好时造林。③秋冬造林应在树木停止生长后和土地封冻前抓紧造林，冻害严重的山区不宜秋季造林。

第三，苗木质量应符合以下要求：①起苗前必须严格按照标准要求起壮苗、好苗，防止弱苗、劣苗、病苗等混入；②苗木出土前 2~3d 应浇水，起苗后分级、包装、运送，整个过程需注意根部保湿，防止受冻和遭受风吹日晒；③起苗后应尽快栽植，做到随起随栽。如因故不能及时栽植，应采取假植措施，做到疏排、深埋、踩实，适量浇水；如假植时间较长，或大苗长途运送，栽植前应将根系短期浸水复壮。

第四，植苗造林质量应符合以下要求：①在带状整地工程内，按照设计的株距，挖好植树坑。一般坑径 0.3~0.5m，深 0.3~0.5m，根据不同树种和树苗情况，以根系舒展为标准。②栽植时应将树苗扶直，栽正，根系舒展，深浅适宜。③填土时应先填表土、湿土，后填生干土，分层踩实；墒情不足时，要浇水补墒。

地力建设工程施工：

第一，梯田修平后，要在挖方部位多施有机肥，同时深耕 30cm 左右，保进生土熟化。

第二，新修水平梯田第一年应选择适应生土熟化的作物，如马铃薯和豆类牧草或一季绿肥作物。

（3）坡改梯的增产措施。

第一，保留好表土。保留好表土是保证梯田增产的重要环节。应保留表土 70% 以上。要设法做到生土搬家，表土还原。

第二，生土熟化。

深翻。在挖方部位的生土上，深翻 20~25cm，改善其透气、渗水和温度状况，促进生土熟化，活土层要求达 30cm 以上。

增施有机肥（如厩肥等）。每公顷施肥量依据各地肥源情况而定，如黄土高原每公顷应施 15000kg 以上，同时，在挖土部位要多施肥，一般施用量占总施用量的 70%~80%，填土部位占总施用量的 20%~30%，最好再施些化肥（氮、磷肥）。

增施化学物质。有条件的地方，在挖方部位的生土上，可施用黑矾（硫酸亚铁），每公顷 150~225kg，有利于加速生土熟化。

选种适生的先锋作物。生土部位种马铃薯、豆类较好，如果表土保留得好，又增施了肥料，墒情也好，种其他作物也可以。

竣工后的梯田尽可能灌溉。在有水源条件的地方，梯田修好后，可以浇灌一次，但灌水量不要太大，灌后会出现填方部位虚土下沉，要防止田坎坍塌，干后要再平整一次。

实行草田轮作。在新修梯田上种植草木樨等一年生牧草，用作绿肥压青，改良土壤结构。

3.梯田地埂的利用

(1)种植农作物。

种豆类和瓜类，瓜藤覆盖在坎壁上：①可防止雨水击溅坎壁；②可防止太阳曝晒而大量蒸发梯田内的水分；③可立体利用空间和光能；④可增加收益。

(2)种植经济树木。

第一，种红柳或杞柳。在靠梯田田面的田坎外侧栽种红柳，可以固土保埂，密度是2m左右一丛。红柳条是编织的原料，可以发展加工业，是致富的好门路之一。山西省河曲、偏关等县在梯田埂上种红柳的不少。三四年生红柳，每公顷田坎产条量达2 250~4 500kg。河曲县曲峪村利用地埂栽植红柳2.2万丛，年产条2.0~2.5万kg，产值4 000~5 000元。

第二，种桑树。在地埂边种桑树，发展养蚕业，如山东省临朐、沂源、沂水、沂南、平邑等县较为普遍，不仅保持水土，也有较好的经济效益。

第三，种花椒树。在华北土石山区较常见，株距2~3m。

第四，种柿子树和枣树。北京、陕西、山西、河北、山东等省、市的地埂上都有栽植，株距4~5m。

第五，种香椿。在山东省沂南县，农民在地埂上种香椿树，春季卖香椿芽，经济收益较好。

第六，种金银花。山东省平邑县，在地埂上种金银花，株距1.0~1.5m。一般栽后2~3年开花，5~6年金银花每米地埂能收入1元。金银花根深，固土强，不占地也不胁地。

第七，种黄花菜。黄土高原董志塬及其他一些地方，在地埂上种黄花菜，收入十分可观，栽植后第二年开花，4~5年进入开花盛期，每米地埂长可收鲜花0.5kg，3.5kg鲜花可晒干黄花0.5kg。

第八，种菠萝。福建省南安县美林乡群众在梯田埂上种两行菠萝，种后18个月就有收益。

第九，种玫瑰。山东省平阴县、江苏省铜山县汉王乡在地埂上种玫瑰，经济收入很高，每公斤玫瑰油8 000~10 000元。玫瑰栽后，2~3年开花，4年达到开花盛期，5年以后产花量下降。株行距一般为0.8~1.0m。

第十，种紫穗槐、蜡条和胡枝子等小灌木，作编织原料。山东省泗水等县在地埂边和坎壁上种"三条"(紫穗槐、蜡条、杞柳),固土和经济效益均好,每公斤鲜条子可收入0.1元,每年割一次,越割越旺盛。黑龙江省拜泉等县在梯田埂上种胡枝子,效果也好。

第十一,种牧草。也有在坎壁上种牧草的,如福建省霞浦等县的产茶区,在梯田坎壁上种木兰,防止冲刷。

二、斜坡固定工程

斜坡固定工程是指为防止斜坡、岩体和土体的运动、保证斜坡稳定而布设的工程措施,包括挡墙、抗滑桩、排水工程、护坡工程、植物固坡措施等。斜坡固定工程在防治滑坡、崩塌和滑塌等块体运动方面起着重要作用,比如,排水工程能降低岩土体的含水量,使之保持较大的凝聚力和摩擦力,挡土墙、抗滑桩能增大坡体的抗滑阻力。

(一) 挡墙

挡墙又叫挡土墙,可防止崩塌、小规模滑坡及大规模滑坡前缘的再次滑动,用于防止滑坡的又叫抗滑挡墙。

挡墙的构造有重力式、半重力式、倒"T"形或"L"形、扶壁式、支垛式、棚架扶壁式和框架式等。

重力式挡墙可以防止滑坡和崩塌,适用于坡脚较坚固、允许承载力较大、抗滑稳定较好的情况。根据建筑材料和形式,重力挡墙又分为片石垛、浆砌石挡墙、混凝土或钢筋混凝土挡墙和空心挡墙(明洞)等。片石垛可就地取材,施工简单,透水性好,适用于滑动面在坡脚以下不深的中小型滑坡,不适于地震区的滑坡。

若滑动面出露在斜坡上较高位置,而坡脚基底较坚固,这时可采用空心挡墙,即明洞,明洞顶及外侧可回填土石,允许小部分滑坡体从洞顶滑过。

浅层中小型滑坡的重力式挡墙宜修在滑坡前缘,若滑动面有几个,且滑坡体较薄,可分级支挡。

重力式挡墙的稳定计算方法与重力坝相同,参见后面有关章节。

其他几种类型的挡墙多用于防止斜坡崩塌,一般用钢筋混凝土修建。倒"T"形因材料少,自重轻,还要利用坡体的重量,适用于4~6m的高度;扶壁式和支垛式因有支挡,适用于5m以上的高度;棚架扶壁式只用于特殊情况。框架式也称垛式,是重力式的一个特例,由木材、混凝土构件、钢筋混凝土构件或中空管装配成框架,框架内填片石,它又分叠合式、单倾斜式和双倾斜式。框架式结构较柔韧,排水性好,滑坡地区采用框架式较多。

（二）削坡和反压填土

削坡主要用于防止中小规模的土质滑坡和岩质斜坡崩塌。削坡可减缓坡度，减小滑坡体体积，从而减小下滑力。滑坡体可分为主滑部分和阻滑部分，主滑部分一般是滑坡体的后部，它产生下滑力，阻滑部分即滑坡体前端的支撑部分，它产生抗滑阻力，所以削坡的对象是主滑部分，如果对阻滑部分进行削坡反而有利于滑坡。高而陡的岩质斜坡受节理缝隙切割，比较破碎，有可能崩塌坠石时，可剥除危岩，削缓坡顶部。

当斜坡高度较大时，削坡常分级留出平台，台阶高度可参照滑体稳定极限高度图解法来确定。

反压填土是在滑坡体前面的阻滑部分堆土加载，以增加抗滑力。填土可筑成抗滑土堤，土要分层夯实，外露坡面应干砌片石或种植草皮，堤内侧要修渗沟，土渗沟堤和老土间修隔渗层，填土时不能堵住原来的地下水出口，要先做好地下水引排工程。

（三）抗滑桩

抗滑桩是穿过滑坡体将其固定在滑床的桩柱，使用抗滑桩，土方量小，省工省料，施工方便，工期短，是广泛采用的一种抗滑措施。

根据滑坡体厚度、推力大小，防水要求和施工条件等，选用木桩、钢桩、混凝土桩或钢筋（钢轨）混凝土桩等。木桩可用于浅层小型土质滑坡或对土体临时拦挡，木桩很容易地打入，但其强度低，抗水性差，所以滑坡防治中常用钢桩和钢筋混凝土桩。

抗滑桩的材料、规格和布置要能满足抗剪断、抗弯、抗倾斜、阻止土体从桩间或桩顶滑出的要求，这就要抗滑桩有一定的强度和锚固深度，桩的设计和内力计算可参考有关文献。

（四）排水工程

排水工程可减免地表水和地下水对坡体稳定性的不利影响，一方面能提高现有条件下坡体的稳定性，另一方面允许坡度增加而不降低坡体稳定性。排水工程包括排除地表水工程和排除地下水工程。

1. 排除地表水工程

排除地表水工程不仅可以拦截病害斜坡以外的地表水，还可以防止病害斜坡内的地表水大量渗入，并尽快汇集排走，它包括防渗工程和水沟工程。

（1）防渗工程。防渗工程包括整平夯实和铺盖阻水，可以防止雨水、泉水和池水的渗透。斜坡上有松散易渗水的土体分布时，应填平坑洼和裂缝并整平夯实。铺盖阻水是一种大面积防止地表水渗入坡体的措施，铺盖材料有黏土、混凝土和水泥砂浆，黏土一般用于较缓的坡。坡上的坑凹、陡坎、深沟可堆渣填平（若黏土丰富，最好用黏土填平），使坡面平整，以便夯实铺盖。铺土要均匀，厚度1～5m，一般为水头的1/10。有破碎岩体裸露的斜坡，可用水泥砂浆勾缝抹面。水上斜坡铺盖后，可栽植植物以防水流冲刷。坡体排水地段不能铺盖，以免阻挡地下水外流造成渗透水压力。

（2）水沟工程。水沟工程包括截水沟和排水沟。截水沟布置在病害斜坡范围外，拦截旁引地表径流，防止地表水向病害斜坡汇集，排水沟布置在病害斜坡上，一般呈树枝状，充分利用自然沟谷。在斜坡的湿地和泉水出露处，可设置明沟或渗沟等引水工程将水排走。坡面较平整，或治理标准较高时，需要开挖集水沟和排水沟，构成排水沟系统。集水沟横贯斜坡，可汇集地表水，排水沟比降较大，可将汇集的地表水迅速排出病害斜坡。水沟工程可采用砌石、沥青铺面、半圆形钢筋混凝土槽、半圆形波纹管等形式，有时采用不铺砌的沟渠，其渗透力和冲刷力较强，达不到想要的效果。

2. 排除地下水工程

排除地下水工程的作用是排除和截断渗透水。它包括渗沟、明暗沟、排水孔、排水洞、截水墙等。

渗沟的作用是排除土壤水和支撑局部土体，比如，可在滑坡体前缘布设渗沟。有泉眼的斜坡上，渗沟应布置在泉眼附近和潮湿的地方。渗沟深度一般大于2m，以便充分疏干土壤水。沟底应置于潮湿带以下较稳定的土层内，并应铺砌防渗。渗沟上方应修挡水埝，防止坡面上方水流流入，表面成拱形，以排走坡面流水。

排除浅层（约3m以上）的地下水可用暗沟和明暗沟。暗沟分为集水暗沟和排水暗沟。集水暗沟用来汇集浅层地下水，排水暗沟连接集水暗沟，把汇集的地下水作为地表水排走。暗沟结构底部布设有孔的钢筋混凝土管、波纹管、透水混凝土管或石笼，底部可铺设不透水的杉皮、聚乙烯布或沥青板，侧面和上部设置树枝及砂砾组成的过滤层，以防淤塞。

明暗沟即在暗沟上修明沟，可以排除滑坡区的浅层地下水和地表水。

排水孔是利用钻孔排除地下水或降低地下水位，排水孔又分垂直孔、仰斜孔和放射孔。

垂直孔排水是钻孔穿透含水层，将地下水转移到下伏强透水岩层，从而降低地下水位。垂直孔排水是将钻孔穿透滑坡体及其下面的隔水层，将地下水排至下伏强透水层。仰斜孔排水是用接近水平的钻孔把地下水引出，从而疏干斜坡。仰斜孔施工方便，节省劳力和材料，见效快，含水层透水性强时效果尤为明显；裂隙含水类型，可设不同高程的排水孔。根据含水类型、地下水埋藏状态和分布情况等布置钻孔，钻孔要穿透主要裂隙组，从而汇集较多的裂隙水。钻孔的仰斜角约为10°~15°，由地下水位来定。若钻孔在松散岩层中有塌壁、堵塞可能，应用镀锌钢滤管、塑料滤管加固保护孔壁。对含水层透水性差的土质斜坡（如黄土斜坡），可采用沙井和仰斜孔联合排水，即用沙井聚集含水层的地下水，仰斜孔穿连沙井底部将水排出。

排水洞的作用是拦截和疏导深层地下水。排水洞分截水隧洞和排水隧洞。截水隧洞修筑在病害斜坡外围，用来拦截旁引补给水；排水隧洞布置在病害斜坡内，用于排泄地下水。滑坡的截水隧洞洞底应低于隔水层顶板，或在坡后部滑动面之下，开挖顶线必须切穿含水层，其衬砌拱顶又必须低于滑动面，截水隧洞的轴线应大致垂直于水流方向。排水隧洞洞底应布置在含水层以下，在滑坡区应位于滑动面以下，平行于滑动方向布置在滑坡前部，根据实际情况选择渗井、渗管、分支隧洞和仰斜排水孔等措施进行配合，排水隧洞边墙及拱圈应留泄水孔和填反滤层。

如果地下水沿含水层向滑坡区大量流入，可在滑坡区外布设截水墙。将地下水截断，再用仰斜孔排出。注意不要将截水墙修筑在滑坡体上，因为可能诱导滑坡发生。修筑截水墙有两种方法：①开挖到含水层后修筑墙体；②灌注法。含水层较浅时用第一种方法，当含水层在2~3m以下时，采用灌注法较经济。灌注材料有水泥浆和化学药液，含水层大孔隙多且流量流速小时，用水泥浆较经济，但因黏性大、凝固时间长，压入小孔隙需要较大的压力，而灌注速度大时则可能在凝固前流失，因此，有时与化学药液混合使用。化学药液可以单独使用，其咬凝时间从几秒钟到几小时，可以自由调节，黏性也小。具体灌注方法可参阅有关资料。

（五）滑动带加固措施

防治软弱夹层的滑坡，加固滑动带是一项有效措施。即采用机械的或物理化学的方法，提高滑动带强度，防止软弱夹层进一步恶化，加固方法有普通灌浆法、化学灌浆法、石灰加固法和焙烧法等。

普通灌浆法采用由水泥、黏土等普通材料制成的浆液，用机械方法灌浆。为较好的充填固结滑动带，对出露的软弱滑动带，可以撬挖掏空，并用高压气水冲洗清除，也可钻孔至滑动面，在孔内用炸药爆破，以增大滑动带和滑床岩土体的裂隙度，然后填入混凝土，或借助一定的压力把浆液灌入裂缝。这种方法可以增大坡体的抗滑能力，还有防渗阻水的效果。

由于普通灌浆法需要爆破或开挖清除软弱滑动带，所以化学灌浆法比较省工。化学灌浆法采用由各种高分子化学材料配制的浆液，借助一定的压力把浆液灌入钻孔。浆液充满裂隙后不仅可增加滑动带强度，还可以防渗阻水。我国常采用的化学灌浆材料有水玻璃、铬木素、丙凝、氰凝、尿醛树脂、丙强等。

石灰加固法是根据阳离子的扩散效应，由溶液中的阳离子交换出土中的阴离子而使土体稳定。具体方法是在滑坡地区均匀布置一些钻孔，钻孔要达到滑动面下一定深度，将孔内水抽干，加入生石灰小块达滑动带以上，填实后加水，然后用土填满钻孔。

焙烧法是利用导洞焙烧滑坡前部滑动带的沙黏土，使之形成地下"挡墙"，从而防止滑坡。沙黏土用煤烘烧后可变得像砖一样结实，增加了抗剪强度和抗水性。另外，地下水也可自被烧土的裂隙流入导洞而排出。导洞开挖在滑动面下 0.5～1m 处，导洞的平面布置最好呈曲线或折线，以使烘烧土体呈拱形。

（六）护坡工程

为防止崩塌，可在坡面修筑护坡工程进行加固，这比削坡节省投工，速度快。常见的护坡工程有干砌片石和混凝土砌块护坡、浆砌片石和混凝土护坡、格状框条护坡、喷浆和混凝土护坡、锚固法护坡等。

干砌片石和混凝土砌块护坡用于坡面有涌水，坡度小于 1：1，高度小于 3m 的情况，涌水较大时应设反滤层，涌水很大时最好采用盲沟。

防止没有涌水的软质岩石和密实土斜坡的岩石风化，可用浆砌片石和混凝土护坡。坡度小于 1：1 的用混凝土，坡度在 1：0.5 至 1：1 的用钢筋混凝土。浆砌片石护坡可以防止岩石风化和水流冲刷，适用于较缓的坡。

格状框条护坡是用预制构件在现场装配或在现场直接浇制混凝土和钢筋混凝土，修成格式建筑物，格内可进行植被防护，有涌水的地方干砌片石，为防止滑动，应固定框格交叉点或深埋横向框条。

在基岩裂隙小，没有大崩塌发生的地方，为防止基岩风化剥落，进行喷浆或喷混凝土护坡。若能就地取材，用可塑胶泥喷涂较为经济，可塑胶泥也可做喷浆的底层，注意不要在有涌水和冻胀严重的坡面喷浆或喷混凝土。

在有裂隙的坚硬的岩质斜坡上，为了增大抗滑力或固定危岩，可用锚固法，所用材料为锚栓或预应力钢筋。在危岩上钻孔直达基岩一定深度，将锚栓插入，打入楔子并浇水泥砂浆固定其末端，地面用螺母固定。采用预应力钢筋，将钢筋末端固定后要施加预应力，为了不把滑面以下的稳定岩体拉裂，要事先进行抗拔试验，使锚固末端达滑面以下一定深度，并且相邻锚固孔的深度不同。根据坡体稳定计算求得的所需克服的剩余下滑力来确定预应力大小和锚孔数量。

（七）落石防护工程

悬崖和陡坡上的危石会对坡下的交通设施、房屋建筑及人身安全产生很大威胁，而落石预测很困难，所以要及时进行防护，常用的落石防治工程有防落石棚、挡墙加拦石栅、囊式栅拦、利用树木的落石网和金属网覆盖等。

修建落石棚，将铁路和公路遮盖起来是最可靠的办法之一，防落石棚可用混凝土和钢材制成。

在挡墙上设置拦石栅是经常采用的一种方法。囊式栅拦即防止落石坠入线路的金属网。在距落石发生源不远处，如果落石量不大，可利用树木设置铁丝网，其效果很好，可将1t左右的岩石块拦住。

在特殊需要的地方，可将坡面覆盖上金属网或合成纤维网，以防石块崩落。

斜坡上若有很大的孤石时，应立即清除，因为孤石存在随时滚落的风险，如果清除有困难，可用混凝土固定或用粗螺栓锚固。

防治各种块体运动要采取不同的措施。因此，首先要判明块体运动的类型，否则，治理不会切中要害，达不到预期的效果，有时还会促进块体运动。例如，大型滑坡在滑动前，滑坡体前部往往出现岩土体松弛滑塌，如果当作崩塌而进行削坡，削去部分抗滑体，减小了抗滑力，反而促进了滑坡发育，但如果把崩塌当作滑坡，只在坡脚修挡墙，而墙上的坡体仍会继续崩塌。

（八）植物固坡措施

植被能防止径流对坡面的冲刷，在坡度不很大（小于50°）的坡上，能在一定程度上防止崩塌和小规模滑坡。

植树造林、种草可以降低地表径流流量和流速，从而减轻地表侵蚀，保护坡脚。植物蒸腾和降雨截持作用能调节土壤水分，控制土壤水压力。植物根系可增加岩土体抗剪强度，增加斜坡稳定性。

植物固坡措施包括坡面防护林、坡面种草和坡面生物工程综合措施。

坡面防护林对控制坡面面蚀、细沟状侵蚀及浅层块体运动起着重要作用。深根性和浅根性树种结合的乔灌木混交林，对防止浅层块体运动有一定效果。

坡面种草可提高坡面抗蚀能力，减小径流速度，增加入渗，防止面蚀和细沟状侵蚀，也有助于防止块体运动。选用生长快的矮草种，并施用化肥，可使边坡迅速绿化。坡面种草方法有播种法、覆盖草垫法、植饼法和坑植法等。播种法就是把草籽、肥料和泥土混合，满坡撒播。覆盖草垫法是把附有草籽和肥料的草垫覆盖在坡上，并用竹签钉牢草垫，以防滑走。植饼法是把草籽、肥料和土壤制成饼，在边坡上挖好水平沟，然后呈带状铺植。坑植法是在边坡上交错挖坑，然后填草籽、肥料和泥土，常用于很密实的土质边坡。

坡面生物工程综合措施，即在布置有拦挡工程的坡面或工程措施间隙种植植被，例如，在挡土石墙、木框墙、石笼墙、铁丝链墙、格栅和格式护墙加上植物措施，可以增加这些挡墙的强度。

第二节　山沟治理工程

一、沟头防护工程

沟头侵蚀防护是沟道治理的起点，目的是保护因坡面径流侵蚀而引起的沟头前进、沟床下切和沟岸扩张。沟头防护工程还可以拦蓄坡面径流泥沙，提供生产和人畜用水。

(一) 沟头侵蚀的基本形式

沟头侵蚀的几种主要形式是由于斜坡块体运动所引起的，主要侵蚀形式为沟头溯源侵蚀、沟床下切侵蚀、沟谷扩张侵蚀。如黄土地区的沟头前进主要由串球状陷穴和陷穴间孔道的塌陷引起，沟谷扩张则由沟坡崩塌、滑塌和泻溜引起。由于黄土入渗力强、多孔疏松、湿陷性大，经暴雨径流冲刷，岸坡稳定性差，沟蚀剧烈，沟头溯源侵蚀速度快，一般沟头每年可前进 2~3m，沟谷扩张 2m 以上。沟头侵蚀发生在有集中径流的地方，沟坎高差多在 10m 以上，下泄径流冲刷力强。沟床下切快，往往一次洪水沟底切深达 1~2m，导致沟谷越深，沟坎相对高差越大。随之沟头前进和扩张越剧烈，造成严重的沟头侵蚀。

沟头侵蚀对工农业生产危害主要表现为以下 3 点。①土壤流失。沟头集水面积小而侵蚀量大，崩塌、滑坡的疏松土体和沟床下切是沟蚀的主要侵蚀泥沙来源，大大增加沟道输沙量。②毁坏农田。沟头延伸和扩张，毁坏了大量农耕地，使可耕地面积逐年减少，沟谷逐年扩大。③切断交通。沟头侵蚀如不防治，延伸将无休止，直到溯源侵蚀至分水岭后，沟谷还要下切和扩张。这样，原来的交通要道或生产道路就会被数十米的沟壑隔断，严重影响山区交通和农业生产。

（二）沟头防护形式及适用条件

1. 沟头防护的原理

从沟头侵蚀的基本形式和过程可知，引起沟头侵蚀最主要的侵蚀营力是径流冲刷，无论是沟头的前进还是沟床的下切和沟壁的扩张，都是由于径流的冲刷所引起的。因此，沟头防护主要是对沟头径流的防护，减弱或消除掉径流的冲刷作用。

（1）利用工程措施将沟头上部的来水或径流拦截即蓄的方式，不让径流进入沟头来消除掉径流的冲刷作用。

（2）采用工程措施使径流在进入沟头时不与沟头进行直接的冲刷接触，使径流隔离沟头组成部分安全的排入沟头来减弱或消除掉径流的冲刷作用，达到对沟头侵蚀的防护目的。

2. 沟头防护的形式

（1）蓄水型。当沟头以上坡面来水量不大时，沟头防护工程可以全部拦蓄，采用蓄水型。蓄水型又分为两种：①围埝式。在沟头以上 3～5m 处，围绕沟头修筑土埝，拦蓄上部来水，制止径流进入沟道。②围埝蓄水池式。沟头以上来水量单靠围埝不能全部拦蓄时，在围埝以上附近低洼处修建蓄水池，拦蓄坡面部分来水，配合围埝共同防止径流进入沟道。

（2）排水型。沟头以上来水量较大，蓄水型防护工程不能完全拦蓄，或受侵蚀的沟头临近村镇，威胁交通，而又无条件或不允许采取蓄水型沟头防护，或由于地形、土质限制，不能采用蓄水型时，应采用排水型沟头防护，其分 3 种：①台阶跌水式。沟头陡崖或陡坡高差较小时，用浆砌石修成跌水，下设消能设备，水流通过跌水安全进入沟道。②悬臂跌水式。沟头陡崖高差较大时，用木制水槽或混凝土管悬臂置于土质沟头陡坎之上，将来水挑泄下沟，沟底设消能设施。③陡坡跌水式。陡坡是用石料、混凝土或钢材等制成的急流槽，因槽的底坡大于水流临界坡度，所以一般发生急流会采用这种方式。陡坡跌水式沟头防护一般用于落差较小，地形降落线较长的地点。为了减少急流的冲刷作用，有时采用人工方法来增加急流槽的粗糙程度。

3. 沟头防护的规定

（1）修建沟头防护工程的重点位置。当沟头以上有坡面天然集流槽，暴雨中坡面径流由此集中泄入沟头，引起沟头剧烈前进的地方。

（2）沟头防护工程的主要任务。制止坡面暴雨径流由沟头进入沟道或使之有控制地进入沟道，从而制止沟头前进，保护地面不被沟壑切割破坏。

（3）当坡面来水不仅集中于沟头，还在沟边另有多处径流分散进入沟道的，应在修建沟头防护工程的同时，围绕沟边，全面地修建沟边埂，制止坡面径流进入沟道。

（4）沟头防护工程的防御标准是10年一遇3～6h最大暴雨。根据各地不同降雨情况，分别采取当地最易产生严重水土流失的短历时，高强度暴雨。

（5）沟头以上集水面积较大（10hm²）时，应该布设相应的治坡措施与小型蓄水工程，以减少地表径流汇集沟头。

（三）沟头防护工程设计

1. 蓄水型沟头防护设计

设计内容：围埂的位置、沟埂的高度、蓄水沟的深度、沟埂的长度及道数。

（1）来水量计算公式：

$$W = 10KRF \tag{4-11}$$

式中：W——来水量（m³）；

F——沟头以上集水面积（hm²）；

R——10年一遇3～6h最大降雨量（mm）；

K——径流系数。

（2）围埂位置。围埂位置应根据沟头深度确定。第一道封沟埂与沟顶的距离，一般沟头深10m以内的，围埂位置距沟头3～5m，其他一般等于2～3倍沟深，至少相距5～10m，以免引起沟壁崩塌。

各沟埂间距可用下式计算：

$$L = H / I \tag{4-12}$$

式中：L——封沟的间距（m）；

H——埂高（m）；

I——最大地面坡度（%）。

（3）围埂断面。围埂为土质梯形断面，埂高0.8～1.0m（根据来水量具体确定），顶宽0.4～0.5m，内外坡比为1∶1。

围埂蓄水量计算公式：

$$= \frac{Lhb}{2} = \frac{Lh}{2} \tag{4-13}$$

式中：V——蓄水量（m³）；

L——围埂长度（m）；

b——回水长度（m）；

h——埂内蓄水深度（m）；

i——地面比降（%）。

来水量大于蓄水量时，应在围埂上游附近修建蓄水池，池的位置必须距沟头 10m 以上，如地形条件允许，也可在第一道围埂上游加修多道围埂。

2. 排水型沟头防护设计

设计流量计算公式：

$$Q = 278KIF10^{-6} \qquad (4-14)$$

式中：*Q*——设计流量（m³/s）；

I——10 年一遇 1h 最大降雨强度（mm/h）；

F——沟头以上集水面积（hm²）；

K——径流系数。

跌水式沟头防护建筑物由进水口、陡坡、消力池、出口海漫等组成。

悬臂式沟头防护建筑物，主要用于沟头为垂直陡壁、高 3～5m 情况下，由引水渠、挑流槽、支架及消能设施组成。

（四）沟头防护工程施工

1. 蓄水型沟头防护施工

（1）围埂式。①根据设计要求，确定围埂位置、走向，作好定线；②清基，沿埂线上下两侧各宽 0.8m 左右，清除地面杂草、树根、石砾等杂物；③开沟取土筑埂，分层夯实，埂体容重达 1.4～1.5t/m³。沟中每 5～10m 修一小土挡，防止水流集中。

（2）围埂蓄水池式。根据设计要求，确定蓄水池的位置和形式、尺寸进行开挖，需要制作石料衬砌部位，开挖尺寸应预留石方衬砌位置。

2. 排水型沟头防护施工

（1）悬臂跌水式。

第一，用木料作挑流槽和支架时，木料应作防腐处理。

第二，挑流槽置于沟头上地面处，应先开挖地面，深 0.3～0.4m，长宽各约 1.0m，埋一木板或水泥板，将挑流槽固定在板上，再用土压实，并用数根木桩锚固在土中，保证其牢固。

第三，木料支架下部扎根处，应浆砌料石，石上开孔，将木料下部插于孔中固定，扎根处须保证不因雨水冲蚀而动摇；浆砌块石支架应作好清基，坐底 0.8m×0.8m 至 1.0m×1.0m，逐层向上缩小；消能设备（筐内装石）应先向下挖深 0.8～1.0m，然后再放进筐石。

（2）陡坡跌水式。

第一，沟道设计。根据陡坡的坡度和水流量，确定适当的沟道尺寸和形状。沟道应具备足够的宽度和深度，以容纳预期的水流量，并保持稳定性。

第二，跌水设计。在沟底设置跌水结构，将水流引导到沟底，形成跌水落差。跌水的设计应根据实际情况确定，以适应水流速度和冲击力的减小。

第三，沟底形状。沟底应具有一定的凹凸形状，以增加水流路径长度和摩擦力，从而减缓水流速度。常见的沟底形状包括"S"形、阶梯状等，这些形状能有效地分散水流能量。

第四，坡面保护。为了进一步保护陡坡，可以在坡面设置植被或其他保护措施。植被能够吸收水分和减缓水流速度，起到稳定坡面和防止侵蚀的作用。

（五）沟头防护工程的管理

第一，汛前检查维修，保证安全度汛，汛后和每次较大暴雨后，派专人到沟头防护工程巡视，发现损毁及时补修。

第二，围埂后的蓄水沟及其上游的蓄水池，如有泥沙淤积，应及时清除，以保持其蓄水量。

第三，沟头、沟边种植保土性能强的灌木或草类，并禁止人畜破坏。

二、谷坊工程

谷坊又名防冲坝、沙土坝、闸山沟等，是水土流失地区沟道治理山洪与泥石流的一种主要工程措施，相当于日本沟道防沙工程中的固床工程。谷坊一般布置在小支沟、冲沟或切沟上，是防治沟壑侵蚀的第二道防线工程，稳定沟床，防止因沟床下切造成的岸坡崩塌和溯源侵蚀，坝高 3~5m，拦沙量小于 1 000m³，以节流固床护坡为主。一般在小流域治理规划中，修筑梯级谷坊群，使之成为一个有机的整体，其功能将更佳。其作用是固定与抬高侵蚀基准面，防止沟床下切；抬高沟床，稳定山坡坡脚，防止沟岸扩张及滑坡；减缓沟道纵坡，减小山洪流速，减轻山洪或泥石流灾害；拦蓄、调节径流泥沙，变荒沟为生产用地。

（一）谷坊的种类

1. 土谷坊

土谷坊是由土料筑成的高度小于 5m 的小土坝，不透水，顶宽 1.0~3.0m，内坡 1：1，外坡 1：1 至 1：1.5。谷坊坝与地基结合槽紧密联结，由于坝面一般不过水，所以，须在坝顶或坝端一侧设溢水口，溢水口应用石料砌筑。不设溢流口而允许坝顶溢流时，可在坝顶、坝坡种植草灌或砌面防护。

土谷坊在西北黄土高原水土流失较大的地区和土质沟道地区广为采用。近年来，用塑料编织袋填砂土累建筑施工更方便，特别是它能适应地基变形沉陷要求，可大力推广。

2. 石谷坊

（1）干砌石谷坊。谷坊由干砌块石筑成，顶面和下游面用毛料石护面，高度一般不大于3m，断面为梯形，上游边坡1：0.5，下游边坡1：1，底部设有结合槽，用以防渗截水、增加稳定，顶宽1.0m，为泄洪，谷坊顶可设梯形或簸箕形断面溢流口，下游沟床铺设海漫防冲，海漫长为坝高的2~3倍，海漫厚0.3~0.5m。

（2）浆砌石谷坊。谷坊用浆砌石或毛料石筑成，断面为梯形或曲线形，迎水坡1：0.2至1：0.5，下游面1：1至1：1.5，山洪大的沟道，迎水坡1：0.5，下游面1：1.5至1：2.0，以增大稳定性。顶宽1.0m，坝基上下游设一齿坎，淤积厚的地基，清基深度在1.0m以上，两侧深0.5~1.0m，下游为防冲须设护坦，若为岩基，可不设齿坎与护坦。

浆砌石谷坊适用于石质沟道岩石露头或土石山区有石料的地方，谷坊高度可大可小，一般高3~5m，它坚固可靠，防冲性好，其中曲线断面谷坊过流量达，水利工程上叫滚水坝，对常流水沟道和洪水流量变化较大的沟道应用最为理想，它的曲面尺寸可用水力学实用断面堰公式求算。

（3）石笼谷坊。石笼谷坊一般是用8号或10号铁丝编网，卷成宽0.4~0.5m，长3~5m的网笼，内装石块堆筑而成，南方可用毛竹编网制作。

石笼谷坊适用于清基困难的淤泥地基沟道，施工时为了加强其整体性，常将石笼用中 Φ 8、Φ 10钢筋串联在一起。如谷坊不需要排水，可在上游填土夯实，网笼间空隙填以小块石或砾石。为防止下游冲刷，可在下游作一定长度（通常为谷坊高度的1.5~2.0倍）的石笼护底，护底末端打木桩加固保护。

3. 柳谷坊

柳谷坊又叫生物谷坊，它是把植物措施与工程措施结合在一起的谷坊。制作柳谷坊的主要材料是活柳柳枝，将活柳柳枝选取直径5~10cm的端直枝条，截成长1~2m的柳桩，然后将柳桩打入沟底（入土深度0.5~0.8m），按沟底坡度和沟道的宽窄，设为一排或两排，并用柳条交叉形成柳排，柳排上游底部铺垫梢枝，上压石块或堆筑塑料编织土袋即成柳谷坊，柳谷坊通常只拦泥而不蓄水，南北方均可应用。

（二）谷坊的设计

1. 谷坊布设位置确定

谷坊主要修建在沟底比降较大（5%～10%或更大）、沟底下切剧烈发展的流域毛支沟中，自上而下，小多成群，组成谷坊系，进行节节拦蓄分散水势，控制侵蚀，减少支毛沟径流泥沙对干流的冲刷。

谷坊布设原则是"顶底相照、小多成群、工程量小、拦蓄效益大"。因此，在选择谷坊坝时，应考虑以下5个方面的条件：①沟谷狭窄；②沟床基岩裸露；③上游有宽阔平坦的贮砂地方；④在有支流汇合的情形下，应在汇合点的下游修建谷坊；⑤谷坊不应设在天然跌水附近的上游，但可设在有崩塌危险的山脚下。

判断基岩埋藏深度（或砂砾层厚度），是选择谷坊坝址的重要依据之一。由于一般不具备钻探的条件，可根据5个迹象作出初步估计：①两岸或沟底的一部分有基岩外露时，则可估计砂砾层较薄；②两岸及附近的沟底基岩外露时，坝址处沟底虽被砂砾层覆盖，仍可估计砂砾层较薄；③沟底有大石堆积，基岩埋深一般较浅；沟底无大石堆积，基岩埋深一般较深；④沟底特别狭窄，或呈"V"字形的地方，砂砾层多较厚；⑤坡度大的沟道上游部分，一般基岩埋深不大。

2. 谷坊高度的确定

一般谷坊最高高度在5m以下，常见者为1.5～3m，设计时可参照下列情况选取。

（1）干砌石谷坊：1.5m左右。

（2）浆砌石谷坊：3.5m左右。

（3）土谷坊：3～5m左右。

（4）柳谷坊：1.0m左右。

在一条具体的沟道中，每座谷坊应是多高，要根据沟道地形、沟床宽窄、径流泥沙大小和谷坊类型而定，一般可作工程量比较择优而定。

3. 谷坊座数和间距确定

（1）沟道底坡均匀一致时，来水量大致相同时的沟道，一般谷坊淤满后形成川台地，此时谷坊的间距 L 与谷坊的高度 h 可按下式确定：

$$L = h / i \tag{4-15}$$

式中：i——沟床比降。

当采用谷坊高度 h 相同时，其座数 n 等于：

$$n = H / h \tag{4-16}$$

式中：H——沟道沟头至沟口地形高差（m）。

（2）沟道底坡不均，有台阶或跌坎时，应根据台阶跌坎间地形高差确定谷坊座数及高度。

（3）比降较大的沟道，为减少谷坊座数，可允许两谷坊淤积后有一定坡度比降 i，实际调查资料证明，在谷坊淤满后，其淤积泥沙的表面不可能绝对水平，而具有一定高度，叫稳定坡度，目前常用以下 4 种方法来估算谷坊淤土表面的稳定坡度 i_{o} 的数值。

第一，根据坝后淤积土的质地来决定淤积物表面的稳定坡度，沙土为 0.005，黏壤土为 0.008，黏土为 0.01，粗沙兼有卵石子者为 0.02。

第二，按照瓦兰亭（Valentine）公式来计算稳定坡度：

$$i_{o} = 0.093d / H \tag{4-17}$$

式中：d——砂砾的平均粒径（m）；

H——平均水深（m）。

瓦兰亭公式适用于粒径较大的非黏性土壤。

第三，认为稳定坡度等于沟底原有坡度的一半。例如，在修建谷坊之前，沟底天然坡度为 0.01，则认为谷坊淤土表面的稳定坡度为 0.005，这种方法在日本用得最为广泛。

第四，修建实验性谷坊，在实验性谷坊淤满后实测稳定坡度。根据谷坊高度 h，沟底天然坡度 i，以及谷坊坝后淤土表面稳定坡度 i_0，谷坊的间距 L 可按下式确定：

$$L = h / (i - i_0) \tag{4-18}$$

当采用谷坊高度相同时，则座数 n 等于：

$$n = H / (h + Li) \tag{4-19}$$

4.谷坊溢流口尺寸确定

溢流口有矩形和梯形两种，尺寸可按堰流流量公式确定，确定后尚需校核溢流口下游端流速是否小于材料的最大允许流速 $V_{允}$，下游端流速 V_k 可根据末端临界水深 h_k 按下式计算：

$$V_{允} = Qm / h_k \tag{4-20}$$

（三）谷坊的施工

1.土谷坊的施工

（1）定线。根据规划测定的谷坊位置（坝轴线），按设计的谷坊尺寸，在地面划出坝基轮廓线。

（2）清基。将轮廓线以内的浮土、草皮、乱石、树根等全部清除。

（3）挖结合槽。沿坝轴线中心，从沟底至两岸沟坡开挖结合槽，宽深各 0.5 ~ 1.0m。

（4）填土夯实。填土前先将坚实土层探松 3 ~ 5cm，以利结合。每层填土厚度 0.25 ~ 0.3m，夯实一次；将夯实土表面刨松 3 ~ 5cm，再上新土夯实，要求干容重 1.4 ~ 1.5t/m³。如此分层填筑，直到设计坝高。

（5）开挖溢洪口，并用草皮或砖、石砌护。

2. 石谷坊的施工

（1）岩基沟床清基。应清除表面的强风化层，基岩面应凿成向上游倾斜的锯齿状，两岸沟壁凿成竖向结合槽。

（2）砌石。根据设计尺寸，从下向上分层垒砌，逐层向内收坡，块石应首尾相接，错缝砌筑，大石压顶。

石谷坊施工要求石料厚度不得小于 30cm，接缝宽度不大于 2.5cm。同时应做到砌石顶部要平，每层铺砌要稳，相邻石料要靠紧，缝间砂浆要灌饱满。

3. 柳谷坊的施工

（1）桩料选择。按设计要求的长度和桩径，选生长能力强的活立木。

（2）埋桩。按设计深度打入土内；注意桩身与地面垂直，打桩时勿伤柳桩外皮，牙眼向上，各排桩位呈"品"字形错开。

（3）编篱与填石。以柳桩为经，从地表以下 0.2m 开始，安排横向编篱；与地面齐平时，在背水面最后一排桩间铺柳枝厚 0.1 ~ 0.2m，桩外露枝梢约 1.5m，作为海漫。各排编篱中填入卵石或块石，靠篱处填大块，中间填小块。编篱顶部作成下凹弧形溢流口。编篱与填土完成后，在迎水面填土，高与厚各约 0.5m。

暴雨中应有专人到谷坊现场巡视，如有险情，及时组织抢修；每年汛后和每次较大暴雨后，及时到谷坊现场检查，发现损毁等情况及时补修；坝后淤满成地，应及时种植喜湿、耐淹、经济价值较高的林木或作物；柳谷坊的柳桩成活后，可利用其柳枝，在谷坊上游淤泥面上成片种植柳树，形成沟底防冲林，巩固谷坊治理的成果。

三、淤地坝工程

"淤地坝工程的施工难度较大、复杂度高且周期较长，对施工建设技术要求较高。但一旦淤地坝工程完成施工，将会在改善生态环境、避免水土流失等方面发挥巨大作用。因此，不论是从完成淤地坝工程施工要求而言，还是从优化其生态效益价值方面而言，都应加强对淤地坝工程建设技术的分析与研究。"①

(一) 淤地坝的组成与作用

1. 淤地坝的组成

淤地坝主要目的在于拦泥淤地，一般不长期蓄水，其下游也无灌溉要求。随着坝内淤积面的逐年提高，坝体与坝地能较快地连成一个整体，实际上坝体可以看作一个重力式挡泥（土）墙。淤地坝枢纽工程一般由"三大件"组成，即坝体（土坝）、溢洪道和放水建筑物。

（1）坝体。坝体是横拦于沟道的挡水拦泥建筑物，用以拦蓄洪水，淤积泥沙，抬高淤积面，一般不长期用于蓄水，当拦泥淤成坝地后，即投入生产种植，不再起蓄水调洪的作用。

（2）溢洪道。溢洪道主要作用是排洪，保证大坝及坝地生产安全。一般要求在正常情况下能排除设计洪水径流，在非常情况下能排除校核洪水径流。

（3）放水建筑物。放水建筑物又称放水洞或清水洞，主要作用是排除坝地中的积水（防止作物受淹和坝地盐碱化），在蓄水期间为下游供水和灌溉等，或为常流水沟道经常性排流，有的可兼顾部分排洪任务。

2. 淤地坝的作用

淤地坝是小流域综合治理中一项重要的工程措施，也是最后一道防线，它在控制水土流失，发展农业生产等方面具有极大的优越性，具体作用归纳如下。

（1）稳定和抬高侵蚀基点。淤地坝可以稳定和抬高侵蚀基点，防止沟底下切和沟岸坍塌，有效控制沟头的前进和沟壁的扩张。通过抑制侵蚀的发展，淤地坝能够减少土壤的流失，保护地表的稳定性。

（2）蓄洪、拦泥、削峰。淤地坝可以用于蓄洪，有效减轻洪水对下游地区的冲击。同时，淤地坝还可以拦截泥沙，减少泥沙进入河流和水库，从而降低下游地区的洪涝灾害风险。此外，淤地坝还可以削减洪峰流量，平衡洪水的流量分布，使其更加平稳，减轻洪水对河道和沿岸地区的破坏。

（3）拦泥、落淤、造地。淤地坝能够有效地拦截泥沙，使其在坝体附近沉积，形成淤积区域，进而实现土地的落淤和造地。这一过程可以将原本荒废的沟壑地区转化为肥沃的农田，为山区的农林牧业发展提供良好的土地资源和生产条件。

（4）拦洪蓄水。淤地坝可以用作拦洪的措施，阻止洪水过程中的洪峰流量进一步向下游传播，保护下游地区的安全。同时，淤地坝还能够蓄积水资源，提供稳定

---

① 纪建兵. 淤地坝工程建设技术及效益 [J]. 城镇建设，2020(11)：91.

的水源供应，为农业灌溉和人畜用水等方面的需求提供支持。

（5）以坝代路。一些较小的淤地坝还可以用作道路的代替，便利交通。通过在适当位置修建淤地坝，可以打通交通要道，解决偏远山区的交通难题，促进地区经济的发展和社会的进步。

（二）淤地坝分类及标准

1.淤地坝的分类

淤地坝按筑坝材料可分为土坝、石坝、土石混合坝等；按坝的用途可分为缓洪骨干坝、拦泥生产坝等；按建筑材料和施工方法可分为夯碾坝、水力冲填坝、定向爆破坝、堆石坝、干砌石坝、浆砌石坝等；按结构性质可分为重力坝、拱坝等；按坝高、淤地面积或库容可分为大型淤地坝、中型淤地坝、小型淤地坝等。

2.淤地坝的分级标准

淤地坝一般根据库容、坝高、淤地面积、控制流域面积等因素分级。参考水库分级标准并考虑群众习惯叫法，可分为大、中、小 3 级，见表 4-1。[①]

表 4-1　淤地坝分级标准

分类标准	库容（万 m³）	坝高（hm²）	单坝淤地面积（km²）	控制流域面积（km²）
大型	500~100	>30	>10	>15
中型	100~10	30~15	10~2	15~1
小型	<10	<15	<2	<1

3.淤地坝设计洪水标准

工程设计标准一般是根据其重要性（在经济建设中的作用和地位）和失事后的危害性制定。一般由国家或省区制定，设计时须按规定执行。

（三）淤地坝的工程规划

淤地坝工程规划是水土保持总体规划的一部分，也是农业综合规划的重要组成部分。工程规划应在小流域坝系规划的基础上，按照工程类型（拦洪坝、小水库等）分别进行工程规划。具体内容包括确定枢纽工程的具体位置，落实枢纽及结构物组成，确定工程规模，拟定工程运用规划，提出工程实施规划、工程枢纽平面布置及技术经济指标，并估算工程效益。

1.坝系规划原则与布局

在一个小流域内修有多种坝，有淤地种植的生产坝，有拦蓄洪水、泥沙的防洪

---

① 刘乃君.水土保持工程技术 [M].咸阳：西北农林科技大学出版社，2010：99.

坝，有蓄水灌溉的蓄水坝，各就其位，能蓄能排，形成以生产坝为主，拦泥、生产、防洪、灌溉相结合的坝库工程体系，称为坝系；坝系可分为干系、支系、系组。在某级支沟中的坝系，称为某一级淤地坝支系，干沟上的则为干系。在一条沟道中，视沟的长短可分为一个或几个系组。

合理坝系布设方案，应满足投资少、多拦泥、淤好地，使拦泥、防洪、灌溉三者紧密结合为完整的体系，达到综合利用水沙资源的目的，尽快实现沟壑川台化。为此，必须做好坝系的规划。

(1) 坝系规划的原则。

第一，坝系规划必须在流域综合治理规划的基础上，上下游、干支沟全面规划，统筹安排。要坚持沟坡兼治、生物措施与工程措施相结合和综合、集中、连续治理的原则，把植树种草、坡地修梯田和沟壑打坝淤地有机地结合起来，以利形成完整的水土保持体系。

第二，最大限度地发挥坝系调洪拦沙、淤地增产的作用，充分利用流域内的自然优势和水沙资源，满足生产上的需要。

第三，各级坝系，自成体系，相互配合，联合运用，调节蓄泄，确保坝系安全。

第四，坝系中必须布设一定数量的控制性的骨干坝、安全生产的中坚工程。

第五，在流域内进行坝系规划的同时，要提出交通道路规划。对泉水、基流水源，应提出保泉、蓄水利用方案，勿使水资源埋废。坝地碱化影响产量，规划中拟就防治措施，以防后患。

(2) 坝系布设。坝系布设由沟道地形、利用形式以及经济技术上的合理性与可能性等因素来确定，一般常见的有以下9种。

第一，上淤下种，淤种结合布设方式。凡集水面积小，坡面积治理较好，洪水来源少的沟道，可采取由沟口到沟头，自下而上分期打坝方式，当下坝淤满能耕种时，再打上坝拦洪淤地，逐个向上发展，形成坝系。在一般情况下，上坝以拦洪为主，边拦边种，下坝以生产为主，边种边淤。

第二，上坝生产，下坝拦淤布设方式。在流域面积较大的沟道，坡面治理差，来水很多，劳力又少的情况下，可以采取从上到下分期打坝的办法，待上坝淤满时，再打下坝，滞洪拦淤，由沟头直打到沟口，逐步形成坝系，坝系的防洪办法是在上坝淤成后，从溢洪道一侧开挖排洪渠，将洪水全部排到下坝拦蓄，淤淀成地。

第三，轮蓄轮种，蓄种结合布设方式。在不同大小的流域内，只要劳力充足，同时可以打几座坝，分段拦洪淤地，待这些坝淤满生产时，再在这些坝的上游打坝，作为拦洪坝，形成隔坝拦蓄，所蓄洪水可浇灌下坝，待上坝淤满后，由滞洪改为生产，接着加高下坝，变生产坝为滞洪坝，这就是坝系交替加高，轮蓄轮种，蓄种结合。

第四，支沟滞洪，干沟生产布设方式。在已成坝系的干支沟中，干沟坝以生产为主，支沟以滞洪为主，干支沟各坝应按区间流域面积分组调节，控制洪水，达到拦、蓄、淤、排和生产的目的。这种坝系调节洪水的办法是干支沟相邻的 2～3 个坝作为一组，丰水年时可将滞洪坝容纳不下的多余洪水漫淤生产坝进行调节，保证安全度汛。

第五，多漫少排，漫排兼顾布设方式。在形成完整坝系及坡面治理较好的沟道里，可通过建立排水滞洪系统，把全流域的洪水分成两部分，大部分引到坝地里，漫地肥田，小部分通过排洪渠排到坝外漫淤滩地。布设时，在坝系支沟多的一侧挖渠修堤，坝地内划段修拦水埂，在每块坝地的围堤上端开一引水口进行漫淤，下端开一退水口，把多余的洪水或清水通过排洪渠排到坝外。

第六，以排为主，漫淤滩地布设方式。对于一些较大的流域往往由于洪水较大，所有坝地不能吸收掉大部洪水时，就采取以排为主的方式，有计划的把洪水泥沙引到沟外，漫淤台地、滩地，其办法主要通过坝系控制，分散来水，将洪水由大比小、由急化缓，创造控制利用洪水的条件，把排洪与引洪漫地结合起来。

第七，高线排洪、保库灌田布设方式。在坝地面积不多的乡或者有小水库的沟道，为了充分利用好坝地或使水库长期运用，不能淤积，可以绕过水库、坝地，在沟坡高处开渠，把上游洪水引到下游沟道或其他地方加以利用。

第八，隔山凿洞，邻沟分洪布设方式。在一些流域面积较大且坡面治理差的沟道，虽然沟内打坝较多，但由于洪量太大，坝系拦洪能力有限，或者坝地存在严重盐碱化和排洪渠占用坝地太多等原因，既不能有效地拦蓄所有洪水，又不能安全向下游排洪。在这种情况下，只要邻近有山沟，隔梁不大，又有退洪漫淤条件，就可开挖分洪隧洞，使洪水泄入邻沟内，淤漫坝地或沟台地，分散洪水，不致集中危害，达到安全生产，合理利用。

第九，坝库相间，清洪分治布设方法。这种利用形式就是在沟道里能多淤地的地方打淤地坝，在泉眼集中的地方修水库，因地制宜地合理布置坝地和水库位置。具体布设有 3 种形式：①拦洪蓄清方式，在水库上游只建设有清水洞而不设溢洪道的拦洪坝。拦洪坝采取"留淤放清，计划淤种"的运用方式，而将清水放入水库蓄起。②导洪蓄清方式，洪水较大或拦洪坝淤满种植后，洪水必须下泄时，可选择合适的地形，使拦洪坝（或淤地坝）的溢洪道绕过水库，把洪水导向水库的下游。③排洪蓄清方式，上游无打拦洪坝条件时，可以利用水库本身设法汛期排洪，汛后蓄清水，方法是在溢洪道处安装低坎大孔闸门或用临时挡水土埝。汛期开门（扒开埝土），洪水经水库穿堂而过，可把泥沙带走，汛后关门（再堆土埝）蓄清水。

（3）坝系形成和建坝顺序。

第一，坝系形成的顺序。流域坝系形成的顺序根据其控制流域面积的大小和人力、财力等条件合理安排，一般有以下3种方法。①先支后干符合先易后难、工程安全和见效快的原则；②先干后支，干沟宽阔成地多，群支汇干淤地快，但工程设计标准高，需投入较多的财力和人力；③以干分段，按支分片，段片分治，流域面积较大、乡村多时，可以按坝系的整体规划，分段划片实行包干治理。

第二，坝系中建坝的顺序。坝系中打坝的先后，直接影响到坝系能否多快好省地形成。不论是干系、支系和系组，建坝的顺序有两种：①自下而上，从下游向上游逐座兴建，形成坝系。这种顺序可集中全部泥沙于一坝，淤地快，收益早；淤成一坝，上游始终有一个一定库容的拦洪坝，确保下游坝地安全生产，并能供水灌溉；同时上坝可修在下坝末端的淤积面上，有利减少坝高和节省工程量，但采用这种顺序打坝，初期工程量较大，需要的投工、投资也多。②自上而下，从上游向下游逐座修建，上坝修成时，再修下坝，依次形成坝系。这种顺序，单坝控制流域面积小，来洪少，可节节拦蓄，工程安全可靠，且规模不大，易于实施。但坝系成地较慢，上游无坝拦蓄洪水，坝地防洪保收不可靠，初期防洪能力较差。

第三，流域建坝密度。流域建坝密度应根据降雨情况，沟道比降，沟壑密度，建坝淤地条件，按梯级开发利用原则，因地制宜的规划确定。据各地经验，在沟壑密度 $5 \sim 7 \text{km/km}^2$，沟道比降 $2\% \sim 3\%$，适宜建坝的黄土丘陵沟壑区，每平方公里可建坝 $3 \sim 5$ 座；在沟壑密度 $3 \sim 5 \text{km/km}^2$，适宜建坝的残垣沟壑区，每平方公里建坝 $2 \sim 4$ 座；沟道比较大的土石山区，每平方公里建坝 $5 \sim 8$ 座比较适宜。

2. 坝址选择

坝址选择合理与否，直接关系到拦洪淤地效益、工程量及工程安全。一个好的坝址应是淤地面积大，工程量小，施工方便，运用安全可靠。为此，坝址选择应考虑以下7点。

（1）坝址在地形上要求河谷狭窄、坝轴线短，库区宽阔容量大，沟底比较平缓。

（2）坝址附近应有宜于开挖溢洪道的地形和地质条件。最好有鞍形岩石山凹或红黏土山坡，还应注意到大坝分期加高时，放、泄水建筑物的布设位置。

（3）坝址附近应有良好的筑坝材料（土、沙、石料），取用容易，施工方便，因为建筑材料的种类、储量、质量和分布情况，影响到坝的类型和造价。采用水坠坝时应有足够的水源和一定高度的（比坝顶高约20m）土料场，在施工期间所能提供的水源应大于坝体土方量。坝址应尽量向阳，以利延长施工工期和蒸发脱水。

（4）坝址地质构造稳定，两岸无疏松的坍土、滑坡体，断面完整，岸坡不能大于60°。坝基应有较好的均匀性，其压缩性不宜过大；岩层要避免活断层和较大裂隙，尤其要避免有可能造成坝基滑动的软弱层。

（5）坝址应避开沟岔、弯道、泉眼，遇有跌水应选在跌水上方。坝扇不能有冲沟，以免洪水冲刷坝身。

（6）库区淹没损失要小，应尽量避免村庄、大片耕地、交通要道和矿井等被淹没。有些地形和地质条件都很好的坝址，就是因为淹没损失过大而被放弃，或者降低坝高，改变资源利用方式，这样的例子并不少见。

（7）坝址还必须结合坝系规划统一考虑，有时单队坝址本身考虑比较优越，但从整体衔接、梯级开发上看不一定有利，这种情况需要注意。

3.设计资料收集与特征曲线绘制

（1）设计资料收集。

第一，地形资料。包括流域位置、面积、水系、所属行政、地形特点。

坝系平面布置图在 1∶10 000 地形图标出。

库区地形图一般采用 1∶5 000 或 1∶2 000 的地形图。等高线间距用 2～5m，测至淹没范围 10m 以上。它可以用来计算淤地面积、库容和淹没范围，绘制高程与淤地面积曲线和高程与库容曲线。

坝址地形图一般采取 1∶1 000 或 1∶5 000 的实测现状地形图，等高线间距 0.5～1m，测至坝顶 10m 以上。用此图规划坝体、溢洪道和泄水洞，估算大坝工程量，安排施工期土石场、施工导流、交通运输等。

溢洪道、泄水洞等建筑物所在位置的纵横断面图、横断面图用 1∶100 至 1∶200 比例尺；纵断面图可用不同比例尺。这两种图可用来设计建筑物，估算挖填土石方量。

上述各图在特殊情况下，可以适当放大和缩小。规划设计所用图表，一般均应统一采用黄海高程系和国家颁布的标准图式。

第二，流域、库区和坝址地质及水文地质资料。有以下 4 个：①区域或流域地质平面图；②坝址地质断面图；③坝址地质构造，河床覆盖层厚度及物质组成，有无形成地下水库条件等；④沟道地下水、泉逸出地段及其分布状况。

第三，流域内河、沟水化学测验分析资料。包括总离子含量、矿化度（mL/g）、总硬度、总碱度及 pH 在区域变化规律，为预防坝地盐碱化提供资料。

第四，水文气象资料。包括降水、暴雨、洪水、径流、泥沙情况，气温变化和冻结深度等。

第五，天然建筑材料的调查。包括土、沙、石、砂砾料的分布，结构性质和储量等。

第六，社会经济调查资料。包括流域内人口、经济发展现状、土地利用现状、水土流失治理情况。

第七，其他条件。包括交通运输、电力、施工机械、居民点、淹没损失、当地建筑材料的单价等。

(2) 集水面积测算及库容曲线绘制。

第一，集水面积计算方法。计算集水面积的方法很多，一般淤地坝的控制集水面积可用求积仪法、方格法、经验公式法。

求积仪法采用求积时，要注意校核仪器本身的精度和比例，一般将量出图上的面积乘以地形图比例尺的平方值，即得集水面积。

方格法用透明的方格纸铺在划好的集水面积平面图上，数一下流域内有多少方格，根据每一个方格代表的实际面积，乘以总的方格数，就得出集水总面积。

经验公式法：

$$F = fL^2 \tag{4-21}$$

式中：F——集水面积（m^2）；

L——流域长度（m）；

f——流域形状系数。狭长形 0.25，条叶形 0.33，椭圆形 0.4，扇形 0.50。

第二，淤地坝坝高与库容、面积关系曲线绘制方法。淤地面积和库容的大小是淤坝工程设计与方案选择的重要依据，而它又是随着坝高而变化的，确定其值时，一般采用绘制坝高与淤地面积和库容关系曲线，以备设计时用，绘制的方法有等高线法和横断面法。

等高线法利用库区地形图，等高距按地形条件选择，一般为 2～5m。计算时首先量出各层等高线间的面积，其次计算各层间库容及累计库容，最后绘出坝高—库容及坝高—淤地面积关系曲线。相邻两等高线间的体积为：

$$V_n = \frac{F_n + Fn + 1}{2} \cdot H_n \tag{4-22}$$

式中：V_n——相邻两等高线之间的体积（m^3）；

F_n、$F_n + 1$——相邻两等高线对应的面积（m^2）；

H_n——两相邻等高线的高差（m）。

横断面积法没有库区地形图时，可用横断面法粗略计算。首先测出坝轴线处的横断面，其次在坝区内沿沟道的主槽中心线测出沟道的纵断面，最后在有代表性的沟槽（或沟槽形状变化较大）处测出其横断面。计算库容时，在各横断面图上以不同高度线为顶线，求出其相应的横断面面积，由相邻的两横断面面积平均值乘以其间距离，便得出此二横断面不同高程时的容积。最后把部分容积按不同高程相加，即为各种不同坝高时的库容。

同理，在上述计算过程中，首先量出每个横断面在同一坝高上的横断面顶部宽度，根据相邻两断面的顶部距离，则可求得两个横断面之间的水面面积，其次把同一坝高时各个横断面之间的水面面积累加起来，即为该坝高相应的淤地面积。最后根据不同坝高计算求得的库容和淤地面积，绘出坝高—库容—淤地面积曲线。坝区内如有较大的支沟时，计算中应将相应水位以下支沟中的容积和面积加入。

（四）土坝设计

土坝是由土料填筑而成的挡水建筑物，它是淤地坝和小型水库采用最多的一种坝型。

1. 土坝枢纽布置与坝型选择

（1）土坝枢纽布置。土坝枢纽布置是根据综合利用的要求，把各项建筑物有机地、互相关联地妥当安排，各得其所。既要安全可靠，又要经济合理，要尽可能避免施工干扰，还要考虑运行管理方便。枢纽建筑物以坝为主体，包括有泄洪建筑物、放水建筑物、灌溉引水建筑物等。在高山深谷地带，河谷窄山坡陡，建筑物不易分散布置，只能紧凑一起，如岸坡溢洪道常与土坝连接。丘陵地带河谷宽山坡平缓，而且常有垭口可布置溢洪道，建筑物可分散布置，施工方便。总之，应根据地形、地质条件合理安排。

（2）土坝坝型选择。土坝按土料组合和防渗设备的位置等不同，可分均质土坝、心墙土坝、斜墙土坝和多种土质坝等；按施工方法的不同，又可分为碾压式土坝、水中填土坝以及水力冲填（水坠）坝等。

第一，均质土坝。用一种土料筑成的坝称为均质土坝。这种坝型的优点是就地取材，施工简单，投资也少，对坝基地条件要求较低。它的缺点是由于透水性大，抗渗透破坏的能力弱，需要平缓坝坡，工程量较大。

第二，心墙土坝。在坝体中用透水性小的黏性土作防渗心墙，置于坝体中部，构成不透水心墙，而心墙两侧的坝体则用透水性较强的土料（砾石或风化土料等）填筑而成，这种坝体称为心墙土坝。

第三，斜心墙土坝。对于土石坝，用斜心墙是较好的，如用直心墙，则作用在心墙的水压力和土压力只能由心墙和下游坝壳的抗滑力抵抗，下游坝坡陡、坝基土层摩擦系数小，抗滑稳定安全系数不够时，就要改缓下游坝坡，因而增加工程量。如用土质斜墙，则需要平缓的上游坝坡。所以对土石坝来讲，以采用斜墙坝有利。

第四，多种土质坝。有的坝址，储藏着多种土质，例如，黏土、轻沙壤土、风化岩等，本着就地取材、因材设计的精神，把各种土料合理地配置在适当部位，就形成了多种土质坝。

第五，土石坝。土石组合坝简称土石坝，凡是土坝的某些部位配置堆石、石渣、风化岩块的，或是堆石坝采取黏壤土作斜心墙的都称为土石坝。采用土石坝不仅可以充分利用坝址附近的土石料，还可以充分利用基坑开挖、溢道开挖的弃渣筑坝，这对于山谷地址尤其重要。

第六，水力冲填坝。水力冲填坝是利用丘陵沟壑区的天然地形，用水将沟壑两岸高处的土冲成泥浆，通过较陡的输泥沟送到两边筑有围埂的坝面沉淀池中，泥浆经脱水固结，形成均匀密实的坝体。

与碾压式坝比较，水力冲填坝省去土料运输和碾压工序，在地形、土料适宜的情况下，可以节省劳动力，加快建设速度，降低工程造价。但由于泥浆脱水固结需要一定时间，为避免滑坡，施工时坝体升高速度受到一定限制，而且由于土料干容重较低，抗剪强度较小，需较平缓坝坡，工程量比碾压式坝大一些。

水力冲填坝每立方米土大约耗水量1m³。冲填坝因采用的土料性质不同而在冲填时自然形成不同的坝型。不均匀系数小的砂、粉质壤土、砂壤土等形成均质坝。不均匀系数大的砾砂、风化碎屑土、含砾土形成心墙坝。沉淀池宽则形成的心墙较宽，沉淀池窄形成的心墙较窄，但是心墙与边棱没有明确的分界线。

坝型的选择要根据地形、地质、当地筑坝的土砂石料、气候和施工等条件，首先选择几种较为合理的坝型，其次对这几种坝型做粗略的断面设计，计算工程量和造价，最后选定技术上可靠、经济上合理的坝型。

淤地坝坝型选择，要考虑到淤地坝是拦泥造田的，而不是蓄水灌溉的小型水库。常用的心墙坝的坝型，能够防止库水外渗，它是小型水库较好的坝型。但是对淤地坝来说，就不是好的坝型，因为这种坝型没有给地下水和坝内积水留有出路，随着地下水的积聚，容易发生坝地土壤次生盐碱化。所以，为了排除坝内地下水，淤地坝的坝型应当选择能透水的均质土坝等坝型，并设置反滤排水设施，以防止坝地盐碱化。

2. 土坝断面尺寸的拟定

拟定土坝断面尺寸，在土坝设计中是很重要的，它直接影响到土坝工程是否安全可靠，是否经济合理。淤地坝一般可根据各地的筑坝经验确定其断面尺寸，后通过稳定分析计算最后结果。

(1) 坝顶和坝坡。

第一，坝顶高程。坝顶高程根据拦泥坝高和滞洪坝高加相应的安全超高予以确定。设计的坝高是针对坝沉降稳定以后的情况而言的，因此，竣工时的坝顶高程应预留足够的沉降量。一般施工质量良好的土石坝，坝体沉降量为坝高的0.2%~0.4%。

第二，坝顶宽度。坝顶宽度根据运行、施工、构造、交通和人防等方面的要求综合研究后确定。坝顶宽度与坝高和施工方法有关，可参考表3-20选定。

坝顶有交通要求时，应根据交通部门有关公路等级规定来确定其宽度，一般单车道为5m，双车道为7m。

第三，坝坡。土坝坝坡的陡缓是决定坝体稳定的主要条件之一，可根据坝高、筑坝土料、施工方法和坝前是否经常蓄水等条件，参考已建成的同类土坝等拟定。水坠坝的坝坡还应考虑冲填泥浆浓度、冲填速度和围埝宽度等施工条件确定。水坠坝的坝坡应满足在施工期间的坝体稳定，不发生滑坡事故，其坝坡应比夯碾坝要缓些。

第四，坝坡人行道。坝高在10~15m时，考虑到施工行人、交通、堆放材料机件和坝坡排水之需，常设1.0~1.5m宽的横向（平行坝轴线）水平通道。通道下部坝坡比上部缓（变坡比），通道与坝坡相连处设排水沟。

第五，坝坡保护。坝的上游淤积面以上和下游坝面为防冲，须设置保护，种植牧草、栽植灌木或砌石均可。下游坝面必须设置纵向排水沟，特别是坝端与沟坡相接处，必须做好排水设施，以防止暴雨径流冲刷。

（2）防渗设施。设置防渗设施的目的有以下3点：①减少通过坝体和坝基的渗漏量；②降低浸润，以增加下游坝坡的稳定性；③降低渗透坡降，以防止渗透变形。土坝的防渗措施应包括坝体防渗、坝基防渗和坝身与坝基、岸坡及其他建筑物连接的接触防渗。

第一，坝体防渗。坝体防渗设施形式的选择与坝体选择是同时进行的。除均质土坝因坝体土料透水性较小（一般渗透系数 $K < 1 \times 10^4$cm/s）可直接起防渗作用外，一般土坝均应设专门的坝体防渗设施。常用的是黏性土料筑成的防渗心墙或斜墙（分区坝）。筑坝地区缺乏合适的防渗土料时，可考虑采用人工防渗材料，如沥青混凝土心墙或沥青混凝土、钢筋混凝土面板斜墙。

第二，坝基防渗。坝基防渗也是坝基处理的一部分。对于一般地基，如岩基、砂卵石地基，通常都有足够的抗剪强度和承载能力，要解决的主要问题是防渗问题。

当坝基为透水性较大的岩基时，对浅层岩石地基，可开挖截水槽至相对不透水岩石，回填黏土或建造混凝土截水墙并与坝体防渗设施相连接；对深层岩石地基，一般采用帷幕灌浆来控制渗流。

坝基为砂及砂卵石透水地基时，可采用截水槽、混凝土防渗墙、灌浆帷幕和铺盖等几种防渗设施。

第三，接触防渗。土石坝与坝基、岸坡及其他建筑物的接触面是一个关键部位，水流最易从此面渗透形成集中渗流，也容易因处理不当而导致坝体产生裂缝。

土石坝与坝基的连接填筑坝身之前，首先要清基，将坝基范围内的淤泥、杂草、树根、乱石等清除掉，清理深度一般为 0.3 ~ 1.0m。

土坝与岸坡的连接除了要注意防止在接合面上产生集中渗流外，还要注意到岸坡处土坝高度的变化比较大，要避免由于接合面的坡度和形式不当而产生不均匀沉降引起土坝裂缝。土质防渗心墙或斜墙与岸坡连接时，可根据需要扩大断面。

土坝与混凝土建筑物的连接在土坝枢纽中，有时采用坝下涵管及坝肩溢洪道，土坝和这些建筑物连接的好坏直接影响其的安全。连接处可通过设置截渗环、翼墙、侧墙等，加长接触渗透途径，或使连接处适应土坝本身沉降，保证紧密结合，防止集中渗流。

（3）土坝的排水。均质土坝的坝体渗透可分为稳定渗透和不稳定渗透。其在汛期的渗透属于不稳定渗透，坝内地下水渗透属于稳定渗透。

对坝基排水不良或建筑在有常流水沟道的大中型淤地坝均应设置坝趾反滤排水，以控制和引导渗流，降低浸润线，加速孔隙水压力消散，以增强坝的稳定，并保护下游坝坡免遭冻胀破坏。坝趾排水设施样式很多，常用的有以下 3 种。

第一，堆石排水体（或称棱体排水体）。堆石排水体排水是一种可靠的、被广泛采用的排水设施，优点是可以降低浸润线，防止坝坡冻胀，保护下游坝脚不受尾水淘刷且有支持坝体增加稳定性的作用。

第二，贴坡斜卧式排水体（或称表面排水）。贴坡斜卧式排水体排水是用一二层堆石或砌石加反滤层直接铺设在下游坝坡表面不伸入坝体的排水设施。排水顶部需高出浸润线逸出点，排水体的厚度应大于当地的冰冻深度。这种形式的排水构造简单、用料节省、施工方便、易于维修，可防止渗透破坏。

第三，平垫式排水体（或称坝内排水）。平垫式排水体排水的排水设施是伸展到坝体内的，在坝基面上平铺一层厚 0.4 ~ 0.5m 的块石，并用反滤层包裹。平垫伸入坝体内的长度应根据渗流计算确定，适用于不透水地基或透水性较差的地基，对水坠法施工排除坝体水非常有利。当下游无水时，它能有效降低浸润线，有助于坝基排水，加速黏土地基的固结。

（4）反滤层。土坝设置排水后，缩短了渗径，加大了渗透坡降，在排水与地基或排水与坝体接触处容易发生渗透变形，为此必须设置反滤层以保护地基土及坝体土，防止土粒被水流带入排水。反滤层由 2 ~ 4 层不同粒径的砂石料组成，层面大体与渗流方向正交，粒径顺着水流方向由细到粗。

反滤层必须满足以下 4 点。①反滤层的透水性应大于被保护土的透水性，能畅通地排除渗水；②反滤层每一层自身不发生渗透变形，粒径较小的一层颗粒不应穿过粒径较大一层颗粒间的孔隙；③被保护土的颗粒不应穿过反滤层而被渗流带走；④特小颗粒允许通过反滤层的孔隙，但不得堵塞反滤层，也不得破坏原土料的结构。

如果在防渗体下游铺反滤层，则还应满足在防渗体出现裂缝的情况下，土颗粒不会被带出反滤层，并能使裂缝自行愈合。如果反滤层的每一层都采用专门筛选过的土料，则很容易满足上述要求，但造价较高。在实际工程中，应尽可能找到可直接应用的天然砂料做反滤料。

（五）溢洪道设计

由于溢洪道在枢纽工程投资中费用较大（可达总投资的 1/3 至 1/2），溢洪道的设计与施工等的好坏是确保淤地坝安全的主要环节，所以对溢洪道工程必须有足够的重视。

1. 溢洪道位置的选择

（1）工程量小时，要尽量利用天然的有利地形，常将溢洪道选择在坝端附近"马鞍形"地形的凹地处，或地形较平缓的山坡处，这样，就可以节省出开挖土石方量，减少工程投资，缩短工期。

（2）地质良好时，溢洪道应选在土质坚硬，无滑坡塌方，或非破碎岩基上。

（3）溢洪道泄洪安全时，将溢洪道进口布设在距坝端至少 10m 以外，出口布设在距坝坡坡脚线 20m 以外。溢洪道尽可能不和放水建筑物放在同一侧，以免互相造成水流干扰和影响放水建筑物的安全。

（4）水流条件良好时，溢洪道轴线布设为直线状，若因地形、地质条件不允许，布置成曲线时，转弯半径应不小于渠道水面宽度的 5 倍，并应在凹岸做好砌护工程。

2. 溢洪道的形式

（1）明渠式溢洪道。明渠式溢洪道的特点是溢洪道为一明渠（或称排洪渠），设在坝端一侧，通常不加砌护，工程量小，施工简单，一般小型淤地坝库，泄洪量较小时常用。

（2）溢流堰式溢洪道。堰流式溢洪道适用于流域面积较大、泄洪流量较大的情况。溢洪道常用块石或混凝土建造。其形式根据地形落差特点有台阶式、跌水式及陡坡式等，最常用的是陡坡式溢洪道。这种溢洪道的优点是结构简单，水流平顺，施工方便，工程量小。

溢流堰根据地形条件可以布置成正堰形式（水流方向与溢洪道轴线一致）或侧堰形式（水流方向与轴线垂直），堰本身可以为宽顶堰（常用）或实用堰（需增大泄流量时）。一般陡坡式正堰式溢洪道的布置由进口段、陡坡段和出口段 3 部分组成。为使溢流通畅、工程量较小，溢流堰应有足够的长度和宽度，故溢洪道应布设在坝的一端地形较平坦、土质较好的地段上。

3.溢洪道断面尺寸的确定

通过水力计算可以确定溢洪道各部分的水力尺寸。

(1)明渠式溢洪道水力计算。土基上的明渠溢洪道多为梯形断面,边坡视土质不同常采用1:1至1:1.5,纵坡可用1/50至1/100。石基溢洪道断面多为矩形,纵坡比土渠溢洪道稍陡。

泄流量根据淤地坝调洪计算求得的最大泄流量 qm 确定。溢洪道断面尺寸可根据水力学明渠均匀流公式计算,即:

$$q_m = \omega \cdot C\sqrt{Ri} \qquad (4-23)$$

式中:q_m——溢洪道的设计最大泄洪流量(m^3/s);

ω——溢洪道过水断面面积(m^2);

C——谢才系数,参看水力学相关书籍确定;

R——水力半径(m);

i——溢洪道明渠段的纵坡,可视地形、地质等情况采用。

(2)堰流陡坡式溢洪道水力计算。陡坡式溢洪道的水力计算主要是确定溢流堰尺寸、陡坡段尺寸和出口段尺寸。

第一,溢流堰尺寸计算。溢流堰采用宽顶堰形式时,可按 $Q = MBH_0^{3/2}$ 计算;采用实用堰形式时,可按水力学中不淹没实用断面堰流量公式 $Q = \varepsilon mbH_0^{3/2}$ 计算。

此处须指出的是,溢流堰上水深(H_0)大小与工程造价关系密切,水深大,则堰顶宽度小,溢洪道开挖工程量小,造价低,但坝高增大,建坝造价增加;反之,建坝造价降低,故应进行经济技术方案比较确定。一般水深以不大于1.5m为宜,堰长按水力要求在 $2.5 \sim 10H_0$ 为宜,通常多采用 $3 \sim 8H_0$。

第二,陡坡段尺寸计算。陡坡段尺寸根据水力学中明渠渐变流的理论确定,水力计算主要是计算水面曲线,用以确定边墙高度和砌护高度。计算时要根据已知水力要素先判断是否属于陡坡,陡坡坡度 $i >$ 临界坡度 i_k 时,即为陡坡,否则不属于陡坡。

水流在陡坡内产生降水曲线,随陡坡底部高程的下降,其末端水深以正常水深 h_0 作为渐近线(见图4-2)。[①]

---

① 刘乃君.水土保持工程技术 [M].咸阳:西北农林科技大学出版社,2010:120.

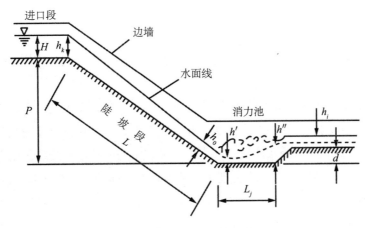

图 4-2　陡坡段尺寸计算示意图

所以只要求得临界水深 h_k 和正常水深 h_0，即可以按下列步骤计算并绘制出水面曲线。

计算临界水深 h_k 对矩形断面陡槽，h_k 可采用下面水力学公式计算，即

$$h_k = \sqrt[3]{\frac{aq^2}{g}} \tag{4-24}$$

式中：h_k——临界水深（m）；

a——流速分布不均匀系数，一般取 $1.0 \sim 1.1$；

q——单宽流量 $[\text{m}^3/(\text{s} \cdot \text{m})]$；

g——重力加速度（m/s^2），一般取 9.81。

对梯形断面陡槽，h_k 可按水力学公式试算求得：

$$\frac{\omega_k}{B_k} = \frac{ap_m}{g} \tag{4-25}$$

计算临界底坡 i_k。临界底坡 i_k 可用下面水力学公式计算求得：

$$i_k = \frac{g}{aC_k^2} \cdot \frac{X_k}{R_k} = \frac{q_m^2}{K_k^2} \tag{4-26}$$

式中：K_k——流量模数；

C_k，X_k，R_k——分别为相应的临界水深时的谢才系数、湿周、水力半径。

如求出的 $i_k < i$（陡坡底坡），且当正常水深 h_0 小于临界水深 h_k 时，则陡坡水流为急流，可按陡坡计算。

计算陡坡长度 L。陡坡段总落差为 P、底坡坡度（比降）为 i 时，则由几何关系得：

$$L = \sqrt{P^2 = \left(\frac{P}{i}\right)^2} \tag{4-27}$$

计算正常水深 h_0。正常水深 h_0 的计算可按水力学中均匀流公式用试算法或迭代法求解。

计算水面曲线。陡坡水面曲线的计算方法很多，有分段法、水力指数法、电算法，以及这些方法的简化法等。必须指出的是陡坡上的水流在陡坡段变为急流状态（$i_k < i$）时，水面曲线为降水曲线。降水曲线随它本身的长度和陡坡长度的不同将会出现两种情况：一种是降水曲线长度小于陡坡长度，即降水曲线在陡坡段中间结束，此后水流逐渐接近均匀流，到陡坡末端水流等于正常水深；另一种是降水曲线长度大于陡坡长度，此时陡坡末端水深应按明渠变速流公式计算。究竟是哪种情况，须通过计算确定。

由水力学知识可知，明渠渐变流微小流段的能量方程为 $\dfrac{dE_s}{dL} = i - J$，将此式写成下面的有限差分方程为：

$$\frac{\Delta E_s}{\Delta L} = i - \overline{J} \tag{4-28}$$

式中：ΔE_s——溢洪道陡坡段相邻两过水断面单位能之差（kW）；

ΔL——溢洪道陡坡段过水断面分段长度（m）；

i——溢洪道陡坡段底坡；

J——溢洪道陡坡段相邻断面水力坡度的平均值。

根据已知断面形状、尺寸、流量及两过水断面间的水深，求算断面之间的距离，即可绘出水面曲线。

确定陡坡终点水深 h_a 和末端流速 v_a。求出的水面曲线长度 $L <$ 溢洪道陡坡段长度 L_0 时，则陡坡末端水深 $h_a =$ 正常水深 h_0；若求出的水面曲线长度 $>$ 溢洪道陡坡段长度 L_0 时，则须按已知 L_0 及起点水深 h_1 由变速流公式试算求得陡坡末端水深 h_a $= h_2$。

末端流速 v_a 可按下式计算：

$$v_a = \frac{q_m}{\omega_a} \tag{4-29}$$

式中：v_a——末端流速（m/s）；

ω_a——水深为 h_a 时的过水断面面积（m²）；

q_m——溢洪道设计流量（m³/s）。

求出的末端流速 v_a 应小于溢洪道陡坡护面材料的不冲允许流速，否则应重新调整。

陡坡边墙（侧墙）高度 H 确定。考虑到陡坡段流速较大时掺气水流使水深增加，故溢洪道陡坡边墙（侧墙）H 应按下式确定：

$$H = h + h_B + \Delta h \tag{4-30}$$

式中：H——边墙高度（m）；

h——未掺气时陡坡中的水深（m）；

h_B——掺气后水深增加值（m）；

Δh——安全加高（m），$0.5 \sim 1.0$。

第三，出口段尺寸计算。溢洪道出口段一般由消能段、出口渐变段和下游尾渠组成。出口渐变段和下游尾渠的断面尺寸确定与溢流堰尺寸计算相同，下面主要介绍消能段尺寸的计算方法。

水流从陡坡段的急流过渡到尾渠段的缓流时，将产生高速水流，对下游渠段产生强烈冲刷，为此，需设消能设施，以减缓高速水流对河渠的冲刷，在工程上称为消能工。

这种消能设施常见的有底流式消能和挑流式消能。消能工的形式可根据地形、地质和水流特点选择，底流式消能常见的有消力池、消力坎和综合式消能，挑流式消能常采用挑流鼻坎消能。底流式消能常用于发生远驱式水跃时的消能，挑流式消能适用于地形和河床地基抗冲性能良好的河道。

设计消力池的基本原理是：增加下游水深，提供发生淹没水跃的条件。消力池的水力计算就是确定消力池的池深 S 和水跃长度 L_j（见图4-3）[①]。

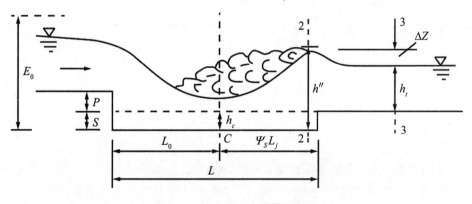

图4-3　消力池水力计算示意图

---

① 刘乃君. 水土保持工程技术 [M]. 咸阳：西北农林科技大学出版社，2010：122.

消力池池深计算。当消力池断面为矩形，且消力池纵坡为水平或很小时（一般淤地坝工程均能满足要求），消力池深度 S 的计算可采用下述水力学公式联立求解，即：

$$h_c = \frac{q}{\Phi \sqrt{2g(E_0 + S - h_c)}} \tag{4-31}$$

$$h'' = \sigma h''_c = \frac{\sigma h''_c}{2}\left[\sqrt{1 + \frac{8q^2}{gh_c^3}} - 1\right] \tag{4-32}$$

$$S = h'' + \frac{q^2}{2gh^{22}} - \frac{q^2}{2g(\varphi h_t)^2} - h_t \tag{4-33}$$

式中：h_c——消力池收缩断面水深（m）；

q——渠道单宽流量 m³/（s·m）；

φ——流速系数，初步计算可取 0.95；

E_0——收缩断面单位能（kW）；

h''_c——以收缩断面水深为跃前水深，计算出的跃后水深（m）；

σ——安全系数，一般取 1.05 ~ 1.10；

h_t——尾水渠水深（m）。

对于大多数淤地坝工程，也可采用下述经验公式近似计算消力池池深为：

$$S = 1.25(h'' - h_t) \tag{4-34}$$

式中：h''——以溢洪道陡坡段末端水深 h_a 为跃前水深计算出的跃后水深（m）；

h_t——渠道单宽流量 [m³/（s·m）]。

消力池池长计算消力池长度 L 由下述经验公式确定，即

$$L = L_0 + \Psi_s L_j \tag{4-35}$$

$$L_0 = 1.74\sqrt{E_0(P_0 + S + 0.24H_0)} \tag{4-36}$$

$$L_j = 6.9(h'' - h') \tag{4-37}$$

式中：Ψ_s——完整水跃长度 L_j 的折减系数，为 0.7 ~ 0.8；

h''——以溢洪道陡坡段末端水深 h_a 为跃前水深计算出的跃后水深（m）；

h'——水跃跃前水深，即溢洪道陡坡段末端水深（m）。

第三节 山地灌溉工程

一、灌溉水源与取水方式

灌溉水源是指可以用于灌溉的地表水、地下水以及经过处理并达到灌溉利用标准的污水总成。其中地表水是灌溉水源的主要形式。地表水包括河川、湖泊径流及在汇流过程中被拦蓄的地面径流。地下水一般是指浅层的地下水，由于埋深较浅，便于开采，是灌溉水源之一。灌溉回归水也可以用于灌溉，灌溉回归水是指灌溉水由田间、渠道排出或渗入地下并汇集到沟、渠、河道和地下含水层中的灌溉水，是一种可再利用的水源。

(一) 灌溉对水源的要求

开发灌区，先要选择好水源。选择水源时，除了要考虑水源的位置尽可能靠近灌区，还应该对水源的水质、水量、水位条件进行分析研究，制定合理的水源开发方案。

灌溉水质是指灌溉水的化学、物理性状，水中含有物的成分及含量。主要包括水温、含沙量、含盐量以及有害物质含量等。以地面水、地下水或处理后的城市污水与工业废水作为灌溉水源时，其水质均应符合国家标准。在作物的生育期内，灌溉时的灌溉水温与农田地温之差宜小于10℃，水稻田灌溉的适宜水温为15℃~35℃。

灌溉对水源水位的要求，应该保证灌溉所需要的控制高程，以便能够自流灌溉或使提水扬程最小。

灌溉对水源在水量方面要求是，水源的来水过程应满足灌区不同时期的用水过程。灌溉水源受自然条件(降雨、蒸发、渗漏等)的综合影响而随时变化，灌溉用水则有它的规律，所以未经调蓄的水源与灌溉用水常发生不协调的矛盾，即作物需水较多时，水源水量可能不满足灌溉要求，需要采取一定工程措施。根据灌区实际情况修建壅水坝、水库或抽水站，抬高水源水位，调蓄水量；或调整灌区灌溉制度，采用节水灌溉技术，以变动灌溉对水源水量提出要求，使之与水源状况相适应。

(二) 灌溉取水方式

灌溉水源不同，相应的取水方式也不同。山区丘陵地区常利用当地地面径流灌溉，可修建塘坝与水库；地下水资源丰富的地区，可打井取水灌溉。灌溉水源的取水方式，依据河川径流和灌溉用水的平衡关系以及灌区的具体情况，可分为无坝取水、有坝取水、水库取水和抽水取水大类。

第一，无坝取水。无坝取水是一种最简单的自流取水方式。一般灌区附近的河流枯水期的水位和流量均能满足灌溉要求时，即可在河岸上选择适宜的地点作为引水口，修建取水建筑物，从河流侧面引水，这种取水方式称作无坝取水。无坝取水适宜于水位与流量都满足灌溉要求的灌区，其特点是工程简单、投资较少、施工容易、工期较短，但是不能够控制河流的水位和流量，枯水期用水保证率较低，并且取水口往往距离灌区较远，需要修建较长的渠道引水。

第二，有坝取水。河流流量较丰富，但水位低于引水要求的水位时，可在河道上修建壅水建筑物(低坝或闸)，抬高水位，自流引水灌溉，这种引水方式称作有坝取水。在灌区位置已定时，有坝取水比无坝取水增加了拦河坝(闸)，但是却缩短了干渠的长度，减少了渠道工程量，而且引水可靠，利于冲沙。

第三，抽水取水。当河流水量比较丰富，但灌区位置较高，修建其他自流引水工程困难或不经济时，可就近采取抽水取水方式。抽水取水干渠工程量小，但增加了机电设备及年管理费用。

第四，水库取水。河流的流量、水位均不能满足灌溉要求时，在河流的适当地点修建水库进行径流调节，用来解决来水和用水之间的矛盾。采用水库取水，必须修建大坝、泄水洞(溢洪道)和进水闸等建筑物，工程较大，且有相应的库区淹没损失，但其径流调节能力好，能充分利用河流水资源。

二、灌溉渠系规划

(一) 灌溉引水枢纽规划

依据取水方式不同，引水枢纽可以分为无坝引水枢纽、有坝引水枢纽、水库引水枢纽和抽水引水枢纽四大类。此处主要研究无坝引水枢纽和有坝引水枢纽规划与布置。

1. 无坝引水枢纽

无坝引水渠首一般由引水口、进水闸组成。

无坝引水渠首引水口的位置选择应符合规定：①河、湖枯水期水位能够满足引水设计流量的要求；②应避免靠近支流汇流处；③位于河岸较坚实、河槽较稳定、断面较匀称的顺直河段，或位于主流靠岸、河道冲淤变化幅度较小的弯道段凹岸顶点的下游处，其距弯道段凹岸顶点的距离，按公式(4-38)计算；④在弯道河势不稳定的情况下，可根据高、中、低水位时不同弯曲半径所形成的弯道形态，采取必要的防洪护岸措施。

$$L = KB\sqrt{4\frac{R}{B}+1} \tag{4-38}$$

式中：L——引水口至弯道凹岸顶点的距离；

K——系数，$K = 0.6 \sim 1.0$，一般取 0.8；

B——弯道段水面宽度；

R——弯道段河槽中心线的弯曲半径。

无坝引水枢纽一般有以下布置形式。

（1）弯道凹岸渠首。由拦沙坎、引水渠、进水闸及沉沙设施等组成，它适用于河床稳定，河岸土质坚固的凹岸。引水口位置一般设在弯道顶点以下水深最大、环流量强的地方。

引水口的最优位置不仅与弯道的半径和水面宽度有关，还涉及推移质运动规律和侧面分水理论等。因此，在大型工程中必须通过水工模型试验最后确定。

引水口进水方向与河道水流方向的夹角 α，称为引水角。为了减少泥沙入渠量，一般采用 $\alpha = 30° \sim 60°$，引水口前沿宽度不宜小于进水口宽度的 2 倍。拦沙坎布置在引水口前缘，其形状有"Γ"形和梯形等。坎顶高程宜比设计水位时的河床平均高程高出 $0.5 \sim 1.0$m。设置拦沙坎后可使表层水流的引水宽度增加，底层水流的宽度减小，从而减少入渠泥沙。进水闸底板高程一般与引水渠底高程相同或稍高。沉沙设施一般布置在进水闸下游的适当位置，通常将一段干渠加宽加深，从而形成沉沙池。

（2）导流堤式渠首。在不稳定的河流上及山区河流坡降较陡，引水量较大的情况下，采用导流堤式渠首来控制河道流量，保证引水。导流堤式渠首由导流堤、进水闸及泄水冲沙闸等建筑物组成。导流堤的作用是束窄水流，抬高水位，保证进水闸能引取所需要的水量。导流堤轴线与主流方向夹角成 $10° \sim 20°$，向上游延长，接近主流。

我国历史悠久的著名的四川都江堰水利工程，由创建时的鱼嘴分水堤、飞沙堰、宝瓶口三大主体工程和百丈堤、人字堤等附属工程构成。鱼嘴是修建在江心的分水堤坝，把岷江分隔成外江和内江，外江排洪，内江引水灌溉。飞沙堰起泄洪、排沙和调节水量的作用。宝瓶口能控制进水流量。此工程科学地解决了江水自动分流、自动排沙、控制进水流量等问题，消除了水患，使川西平原成为"水旱从人"的"天府之国"。

（3）多首制渠首枢纽。在不稳定的多泥沙河流上，引水口常常由于泥沙淤塞而不能引水，此时可采用多首制渠首。多首制渠首常设有 $2 \sim 3$ 条引水渠，各渠相隔 $1 \sim 2$km 至 $3 \sim 4$km。洪水期仅从一个引水口引水，其他引水口临时堵塞；枯水期可由几个引水口同时取水。若某引水口淤积后，可以轮流清淤，不致停水。这种渠首中的引水渠容易淤积，因此清淤工作量大，每年维修费用也大。

2.有坝引水枢纽

有坝引水渠首主要由拦河坝（闸）、进水闸、冲沙闸及防洪堤等建筑物组成。拦河坝作用是拦截河道水流，抬高水位，满足自流灌溉引水的要求，汛期则在溢流坝顶溢流，宣泄河道洪水。进水闸作用是引取灌溉所需要的流量，冲沙闸的作用是冲走淤积在进水闸前的泥沙，防止泥沙入渠。冲沙闸是多泥沙河道上有坝引水枢纽中不可缺少的组成部分，其过流能力一般应大于进水闸的过流能力，闸底板的高程则低于进水闸的底板高程，以便在进水闸前形成冲沙槽，取得良好的冲沙效果。防洪堤是为了减少壅水坝上游的淹没损失，洪水期间保护上游城镇和交通安全，一般在拦河坝的上游河岸修建。

根据河流泥沙情况的不同，有坝取水枢纽的平面布置有以下两种形式。

（1）侧面引水、正面排沙的有坝取水渠首：这种布置方式一般只用于含沙量较小的河道。进水闸位于溢流坝一端或两端的河岸上，冲沙闸紧靠进水闸布置。在多泥沙河道上，还应在进水闸前设置拦沙坎；在冲沙闸前设置由导流墙分隔的沉沙槽，并在闸后设置冲沙槽。

进水闸宜采用锐角进水方式，其前缘线与溢流坝轴线呈 70°~75° 夹角。冲沙闸前缘线与河道主流方向垂直，其底板高程低于进水闸闸槛高程，且不高于多年平均枯水位时的河床平均高程。进水闸前的拦沙坎断面为"Γ"形，坎顶高程比设计水位时的河床平均高程高 0.5 ~ 1.0m。

（2）正面引水、侧面排沙的有坝取水渠首：进水闸过闸水流方向与河流方向一致或斜交。这种取水方式，能在引水口前激起横向环流，促使水流分层，表层清水进入进水闸，底层含沙水流则涌向冲沙闸而被排掉，是一种较好的取水方式。

（二）灌溉排水系统规划

1.灌溉系统的规划

灌溉渠道系统是指从水源取水、通过渠道及其附属建筑物向农田供水、经田间工程进行农田灌溉的系统，包括渠首工程、输配水工程、田间工程。

对于既有灌溉任务又有排水任务的灌区，灌溉渠道系统与排水沟道系统应统一规划。

灌溉渠道应依干渠、支渠、斗渠、农渠顺序设置四级固定渠道。对于 20 000hm² 以上的灌区必要时可以增设总干渠、分干渠、分支渠、分斗渠，在灌溉面积较小的灌区，渠道的级数可以减少，灌溉渠道系统不宜越级设置渠道。

（1）灌溉渠道系统规划布置原则。

第一，各级渠道应布置在各自控制范围内的较高地带。干渠、支渠宜沿等高线或分水岭布置，斗渠宜与等高线交叉布置。

第二，渠线应避免通过风化破碎的岩层、可能产生滑坡及其他地质条件不良的地段。

第三，渠线应尽可能短直，以减少占地和工程量，并应有利于机耕。避免深挖、高填和穿越村庄。

第四，四级及四级以上的土渠，依据地形和地质条件，如果必须设置弯道，则弯道的曲率半径应大于该弯道段水面宽度的5倍；石渠或刚性衬砌的渠道的弯曲半径可以适当减小，但是不应小于2.5倍水面宽度。

第五，灌溉渠道的位置应参照行政区划确定，每个乡、村都有独立的配水口，以利管理。

第六，自流灌区范围内的局部高地，经论证可以实行提水灌溉。

第七，干渠上主要建筑物及重要渠段的上游，应设置泄水渠、闸，干渠、支渠和位置重要的斗渠末端应有退水设施。

第八，对渠道沿线山洪应予以截导，防止山洪进入灌溉渠道。必须引洪入渠时，应校核渠道的泄洪能力，并应设置排洪闸、溢流堰等安全设施。

（2）干、支渠的规划布置形式。山区、丘陵区地形比较复杂，河、溪、沟、岗、冲纵横交错，地面起伏剧烈，坡度较陡，耕地分散。地高水低，引水困难，河流、水流急，河床切割较深，比降较大，干旱问题较为突出。为了充分利用各种水源，渠道常和沿途的塘坝、水库相连，建立以蓄为主、蓄引提结合，形成"长藤结瓜"式水利系统。山丘、丘陵区的干、支渠布置，主要有以下两种形式。

第一，干渠沿灌区上部边缘布置，大体上和等高线平行。灌区位于分水岭与河流之间，等高线大致与河流平行，向一面倾斜。灌区上游地形较陡，地面狭窄，下游地势平坦，地面开阔。干渠沿灌区上部边缘布置，大体上和等高线平行，支渠从干渠的一侧引出。这类灌区干、支渠道的布置特点是渠道高程较高，干渠渠线长，渠底比较平缓，控制面积大，结合开挖山坡截水沟修筑渠堤，拦截坡面径流，防止水土流失。但深挖、高填渠段较多，沿渠交叉建筑物较多，土石方工程量大，易受山洪威胁。

第二，干渠垂直于等高线布置灌区地形中间高、两侧低，呈脊背形，耕地位于分水岭两侧。干渠沿岗脊线布置，大致与等高线垂直。支渠自干渠两侧分出，控制岗岭两侧的坡地。这种布置特点是干渠沿岗脊线布置，渠底比降可能较大，渠内水流速度大，渠道横断面尺寸较小，工程量小，与河道交叉少，沿渠交叉建筑物较少。但是因为渠道比降大，渠内水流速度大，渠道容易冲刷，而且控制面积较小。

（3）斗、农渠的规划布置。斗、农渠的主要任务是向各个用水部门分配水量，比干、支渠的数量多、分布广，所以在规划布置时除了要满足干、支渠的布置原则，还要结合灌区的实际情况，分析影响渠道布置的主要因素，合理布置。一般情况下，斗、农渠的布置还要满足以下方面的要求。

第一，斗渠以下的各级渠沟宜相互垂直布置，以使土地方正，方便机耕。各个斗、农渠控制的灌溉面积尽可能相等。

第二，要与道路、林带等结合布置，以方便田间运输、管理养护和机械化生产。

第三，要做好渠道的防渗，配套设施齐全。斗渠的长度和控制面积随地形变化很大。山区、丘陵地区的斗渠长度较短，控制面积较小。平原地区的斗渠较长，控制面积较大。我国北方平原地区一些大型自流灌区的斗渠长度一般为 3～5km，控制面积为 200～333hm^2。斗渠的间距主要根据机耕要求确定，和农渠的长度相适应。农渠是末级固定渠道，控制范围为一个耕作单元。农渠长度根据机耕要求确定，在平原地区通常为 500～1 000m，间距为 200～400m，控制面积为 13～40hm^2。丘陵地区农渠的长度和控制面积较小。在有控制地下水位要求的地区，农渠间距根据农沟间距确定。

（4）田间工程的规划布置。田间工程是指农渠以下的毛渠、灌水沟、畦，也称田间灌水系统。由毛渠、输水垄沟、畦田、格田及小型量水设备组成。田间灌水系统将水直接输送到田间，是调节土壤水分状况的临时灌水系统。

第一，田间工程的布置要求有以下 4 点。①有完善的田间灌排系统。做到灌溉有渠道、排水有沟道，旱作物田间有畦、沟，水稻有格田，配套建筑物齐全。灌溉能控制，排水有出路，遇旱能灌，遇涝能排，并能有效地控制地下水位，防止土壤盐碱化。②与农村道路、防护林带规划相结合，以利于农业机械化耕作和农业生产。③有利于改良土壤，提高肥力，增进农作物的高产与稳产。④工程量小，造价低，方便施工，方便管理。

第二，田间工程的布置形式。田间工程的布置布置形式主要有两种：①横向布置。毛渠方向与灌水沟、畦方向垂直，灌溉时，水直接从毛渠流入灌水沟、畦。这种布置一般是毛渠沿等高线布置，灌水沟、畦垂直于等高线布置，方便灌水。适用于地形平坦、坡向一致、坡度较小的情况。②纵向布置。毛渠方向与输水沟、畦方向一致，灌溉水从毛渠经过输水沟，然后进入灌水沟、畦。毛渠可以布置成单向控制，也可以布置成双向控制。一般情况下，毛渠垂直于等高线布置，使灌水方向与地面坡度方向一致，为灌水创造有利的条件。当地形条件适宜时，毛渠则布置成双向控制、双向输送水流，以减少土地平整工程量。

2.排水系统的规划

"在土地整治工程中，灌溉与排水系统十分重要，对周边人类与动植物的生产生活状态有着极大的影响。"① 排水系统一般由田间排水网、骨干排水系统、排水闸站和排水容泄区等组成。骨干排水系统由干沟、支沟、斗沟、农沟四级固定沟道以及其上的附属建筑物组成，其中起输水作用的干、支级排水沟宜选用明沟，斗级及其以下的田间排水工程应视涝、渍、盐碱的灾害成因和排水任务，因地制宜，可以选取明沟、暗管、鼠道、竖井等单项排水措施或不同排水措施结合的组合措施。田间排水网是指末级固定沟道控制范围内的田间沟网或暗管系统。它是排水系统的基础工程，可以排除田间的积水、降低地下水位，控制农田的水分状况，防止涝、渍和土壤盐碱化。

（1）田间排水系统规划布置。田间排水系统一般可以分为明沟排水、暗管排水、竖井排水 3 类。

第一，明沟排水是在地面上开挖沟道进行排水。其具有适应性强、排水流量大、降低地下水位效果好、施工方便、维修方便、造价低等优点，故其被广泛地应用。明沟排水既可以排除地面水，也可以降低地下水位。但是明沟排水占地多、开挖工程量大、桥涵等交叉建筑物多，田间耕作不便，沟坡易淤堵，养护费用高。明沟排水系统的规划布置应结合田间灌溉渠系和田间道路进行布置，在地形平坦地区宜采用与灌溉渠道相同的双向排水形式；在倾斜平原地区宜采用与灌溉渠道相邻的单向排水形式。在轻质土地区，相邻的沟、渠之间布置道路与林带，有机械清淤要求时，宜采用路、林、沟相邻的布置形式。

第二，暗管排水是在地面下适当的深度埋设管道或修建暗沟进行排水。主要优点有占地少，交叉建筑物少，方便耕作，管理维护方便。但是其需要大量的管材，一次性投资较大，施工技术要求严格，清淤困难。暗管排水系统规划布置中，田间暗管排水工程一般由吸水管、集水管（沟）、附属建筑物、出口控制建筑物组成。吸水管是田间末级排水暗管，其利用管壁上的孔眼把土壤中过多的水分，通过反滤料渗入管内。集水管的作用是汇集吸水管内的水流，并输送至排水明沟排走。附属建筑物有检查井，其作用是观测暗管内的水流及进行清淤和检修，出口控制建筑物作用是控制暗管水流并防止明沟水倒流。

第三，竖井排水，地下水位降低得快，能有效控制地下水位，防止土壤盐碱化。地下水质良好时，还可以结合排水进行灌溉，提高井排的经济效益。但是其结构复杂，投资大，运行成本高。在我国北方某些地区，地下水位埋深较浅，往往采用结合井灌进行排水。这种方法不仅给灌溉提供了水源，而且可以有效地降低地下水位、治碱防渍。实践证明，井灌井排是综合治理旱、涝、渍、碱的重要措施。

① 张苏茂. 灌溉与排水系统在土地整治工程中的设计思考 [J]. 南方农业，2019，13(17): 177.

由于地下水的埋藏条件不同，井的型式也有很多种。常见的井的型式有管井、筒井、筒管井、坎儿井等。

管井的井壁采用各种管子加固，它不仅可以开采深层的承压水，还可以用来开采潜水。管井的井径一般300~400mm，一般用机械提水，故也称作机井。

筒井是一种大口径的取水建筑物，其直径一般为1~2m，个别管井的直径甚至达3~4m，故筒井又称作大口井，井壁多采用砌石或砌砖加固。筒管井是筒井与管井组合的一种型式，在筒井的底部打管井。

坎儿井是利用竖井分段开挖的地下暗渠，是开发利用地下水的一种很古老式的水平集水建筑物，适用于山麓、冲积扇缘地带，主要是用于截取地下水，自流引出地面进行农田灌溉和居民用水，主要分布在我国新疆地区山前冲积扇下部和冲积平原的耕地上。坎儿井是一种结构巧妙的地下引水灌溉工程，由竖井、暗渠、明渠和涝坝(一种小型蓄水池)4部分组成。竖井的深度和井与井之间的距离，一般都是越向上游竖井越深，间距越长，约有30~70m；越往下游竖井越浅，竖井是为了通风和挖掘、修理坎儿井时提土用的。暗渠的出水口和地面的明渠连接，可以把几十米深处的地下水引到地面上来，自流灌溉。

担负排水任务的竖井，其规划布置应视自然特点、水利条件和井的任务而定。只有井排任务的地区，井的间距取决于控制地下水位的要求。在有地面灌溉水源并实施井渠结合的地区，井灌井排的任务是保证灌溉用水，控制地下水位、除涝防渍治碱。此时井的间距一方面取决于单井出水量所能控制的灌溉面积，另一方面也取决于单井控制地下水位的要求。

(2)骨干排水系统规划布置，布置骨干排水系统时要满足以下方面的要求。

第一，各级排水沟应根据治理区的地形条件，按照高水高排、低水低排、就近排泄、力争自流的原则选择线路。

第二，排水沟沿低洼积水线布置，并尽量利用天然的河沟。

第三，干沟与天然河流之间宜成锐角连接，支沟、斗沟、农沟宜互相垂直连接。

第四，各级排水沟的线路应选择在有利于沟坡稳定的土质地带，若必须通过不稳定的土质地带时，应采取防止塌方处理的措施或改用其他排水措施。

第五，排水承泄区应保证排水系统的出流条件具有稳定的河槽或湖床、安全的堤防和足够的承泄能力。

第六，排水出口的设计水位低于承泄区同期水位，或受下一级排水沟水位顶托不能自流排水时，应设置抽排泵站。若仅有部分时间不能自流排水时，可采用自流与抽排相结合的排水工程设施。

（三）灌排建筑物

灌排建筑物系指各级渠道上的建筑物，其位置应根据工程规模、作用、运行特点、灌区的总体布置要求，选择在地形条件适宜、地质条件良好的地点。灌排建筑物的结构形式应根据工程的特点、作用和运行要求，结合建筑材料来源和施工条件等选定。

1. 水闸

水闸是一种低水头的水工建筑物，具有挡水和泄水的双重作用。关闭闸门，可以拦洪、抬高水位，以满足上游取水或通航的需要；开启闸门，可以泄洪、排涝、冲沙、取水或根据下游用水需要调节流量。

灌排渠道上的水闸按其功用可分为渠首闸（进水闸）、分水闸、节制闸、排水闸、退水闸、泄水闸、冲沙闸等。

进水闸：又称渠首闸，位于江河、湖泊、水库岸边，用以控制引水流量。

分水闸：位于各级渠道的分水口处的水闸，其作用是控制和调节向下级渠道的配水流量。斗、农渠的进水闸惯称为斗门、农门。

节制闸：在临近分水闸或泄水闸的渠道下游设置，用以调节上游水位，控制下泄流量，建于河道上的节制闸也称拦河闸。

排水闸：建于排水沟的出口段，既可防止河水倒灌，又可排除洪涝渍水。洼地内有灌溉要求时，也可关门蓄水或从江河引水。具有双向挡水，有时兼有双向过流的特点。

退水闸：在干、支渠的末端应设置退水闸，排泄渠道内多余的水量。

泄水闸：在渠道流经重要城镇、工矿区、重要建筑物的上游，在旁山渠道有排水任务的地段，以及干渠上泄水区段超过一定长度时，均应设置泄水闸。其作用是宣泄洪水、保证渠道及建筑物的安全。

冲沙闸：用于排除进水闸或节制闸前淤积的泥沙，常建在进水闸一侧的河道上，与节制闸并排布置，或建于引水渠内的进水闸旁。

2. 渡槽

渡槽是渠道跨越渠（沟）、河流、道路、洼地时采用的架空输水建筑物，是一种交叉建筑物。穿过河沟、道路时，如果渠底高于河沟最高洪水位或渠底高于路面的净空大于行驶车辆要求的安全高度时，可架设渡槽，让渠道从河沟、道路的上空通过。渠道穿越洼地时，如采取高填方渠道工程量太大，也可采用渡槽。适用于渠（沟）道跨越深宽河谷且洪水流量较大、跨越较广阔的滩地或洼地等情况。它与倒虹吸管相比较，水头损失小，便于通航，不易淤积堵塞，管理与运用方便，是交叉建筑物中采用最多的一种型式。一般由进口连接段、槽身、出口连接段、支承结构、基础等组成。槽身搁置于支承结构上，槽身自重及槽中的水重等荷载通过支承结构传递给基础，基础再传给地基。

3. 倒虹吸

倒虹吸是渠道穿越渠（沟）、河流、道路、洼地时采用的压力输水建筑物，是一种交叉建筑物。与渡槽相比，倒虹吸管具有工程量小、造价低、施工安全方便、不影响河道宣泄等优点。缺点是水头损失较大、输送小流量多泥的沙水时易淤积堵塞、由于承受高压水头，所以运用和管理不方便、通航渠道上不能采用。一般在下列情况时采用倒虹吸。

（1）渠道与山谷、洼地等交叉，高差较小，做渡槽、涵洞、填方渠道均不能满足洪水宣泄、车辆通行时，应修建倒虹吸管从障碍物底部通过。

（2）渠道与道路交叉，高差较小，做渡槽、涵洞不能满足车辆通行时，应修建倒虹吸管从道路底部通过。

（3）渠道与河流或其他渠道交叉，高差较小，做渡槽、涵洞不能满足洪水宣泄或有碍船只时，应修建倒虹吸管从障碍物底部通过。

（4）跨越的山谷、河流很深且宽，若修建渡槽则支墩高，需要高空作业，施工吊装困难且造价高，若做填方渠下涵洞，则土方工程大，排水涵洞又长，工程量大时，可采用倒虹吸管。

4. 涵洞

涵洞是填方渠道跨越沟溪、洼地、道路、渠道或穿越填方道路时，在渠道下面或道路下面设置的输送水流的建筑物，它是一种交叉建筑物。通常所说的涵洞主要指不设闸门的输水涵洞和排洪涵洞，一般由进口、洞身、出口3部分组成。

当渠道与河沟相交，河沟洪水位低于渠底高程，而且河沟洪水流量小于渠道流量时，可用填方渠道跨越河沟，在填方渠道下面建造排洪涵洞。涵洞形状有圆形、矩形及拱形等，常用砖、石、混凝土和钢筋混凝土等材料筑成。

涵洞的轴线宜短而直，与沟溪、道路、渠道的中心线正交布置，进、出口应与上、下游渠道平顺连接。

5. 隧洞

渠道遇到山岭，采取绕行或明挖工程量太大不经济时，可以在山体内开挖隧洞以输送水流，穿越山岭。隧洞和涵洞的区别在于施工方法不同，隧洞是在山体内暗挖毛洞、经过衬砌而成；涵洞则是明挖、砌筑、再回填而成。灌溉隧洞纵剖面宜采用低流速、洞内不产生水跃的无压隧洞，其底坡宜缓于渠道纵坡。

6. 跌水与陡坡

渠道通过地面过陡的地段时，为了保持渠道的设计比降，避免大填方或深挖方，往往将水流落差集中，修建建筑物连接上下游渠道，这种建筑物称为落差建筑物，常见的有跌水和陡坡两种形式。

在落差建筑物中水流呈自由抛射状态跌落于下游消力池的叫跌水；水流受陡槽约束而沿槽身下泄的叫陡坡。

渠道上的特设量水设施有量水堰、量水槽、还可以利用水工建筑物量水。量水堰是常用的量水建筑物，三角形薄壁堰、矩形薄壁堰和梯形薄壁堰在灌区量水中广为使用。巴歇尔量水槽也是广泛使用的一种量水建筑物，其优点是量水精度较高、水头损失较小、不易淤积、测流范围广。缺点是结构比较复杂、造价较高，可用于浑水渠道和比降小的渠道。利用水闸、涵洞、倒虹吸管、渡槽、跌水、陡坡等现有渠系建筑物量水，通过实测水头等水力因素及闸门开启度，按经过率定分析确定的流量系数，用水力学原理推求流量的一种量水方法。此方法具有投资少、收效快、操作安全以及能与工程管理相结合等优点，在满足测流精度要求的前提下，应尽可能优先选用。尽管有时根据量水精度或其他要求需进行整修或改造，或添置某些设备，但总的来说，在技术上和经济上是合理的。

（四）灌区查勘与测量要求

第一，查勘。先在小比例尺（一般为 1/50 000）地形图上初步布置渠线位置，地形复杂的地段可布置几条比较线路，然后进行实际查勘，调查渠道沿线的地形、地质条件，估计建筑物的类型、数量和规模，对险工地段要进行初勘和复勘，经反复分析比较后，初步确定一个可行的渠线布置方案。

第二，纸上定线。对经过查勘初步确定的渠线，测量带状地形图，比例尺为1/1 000～1/5 000，等高距为 0.5～1.0m，测量范围从初定的渠道中心线向两侧扩展，宽度为 100～200m。在带状地形图上准确地布置渠道中心线的位置，包括弯道的曲率半径和弧形中心线的位置，并根据沿线地形和输水流量选择适宜的渠道比降。在确定渠线位置时，要充分考虑到渠道水位的沿程变化和地面高程。在平原地区，渠道设计水位一般应高于地面，形成半挖半填的渠道，使渠道水位有足够的控制高程。在丘陵山区，渠道沿线地面横向坡度较大时，可按渠道设计水位选择渠道中心线的地面高程，还应使渠线顺直，避免过多的弯曲。

第三，定线测量。通过测量，把带状地形图上的渠道中心线放到地面上去，沿线打上木桩，木桩的位置和间距视地形变化情况而定，在木桩上写上桩号，并测量各木桩处的地面高程和横向地面高程线，再根据设计的渠道纵横断面确定各桩号处的挖、填深度和开挖线位置。

在平原地区和小型灌区，可用比例尺等于或大于万分之一的地形图进行渠线规划，先在图纸上初定渠线，然后进行实际调查，修改渠线，最后进行定线测量，一般不测带状地形图。

三、灌溉渠道设计

"在水利灌溉渠道设计过程中，通常先根据灌溉要求，利用数学推导的方法进行相关灌溉渠道参数的设计，求出灌溉流量，最后依据所在地形的坡度以及相对应的渠道断面形式进行计算。"[①] 灌溉渠道设计包括灌溉设计标准、灌溉用水量、灌溉渠道的流量计算、渠道的断面设计、土石方量估算及灌排建筑物设计依据等内容。

(一) 灌排渠系规划和设计步骤

灌排渠系规划与设计一般按以下步骤进行。

第一，资料分析，提出设计任务。

第二，确定灌溉设计标准。

第三，水文水利计算。

第四，灌区灌排系统的规划布置与设计：①灌排渠道系统的规划布置；②灌排渠道流量的设计；③渠道纵横断面设计；④土方工程量估算。

第五，水工建筑物设计。

第六，投资估算及效益分析。

设计时，一般选择若干个灌区灌排系统的规划方案，通过设计以及对工程投资估算、效益分析，确定最优设计方案。

(二) 灌溉设计标准与灌溉用水量

1. 灌溉设计标准

设计灌溉工程时应首先确定灌溉设计保证率，它综合反映了灌溉水源对灌区用水的保证程度，灌溉设计保证率越高，灌溉用水得到水源供水保证程度越高。灌溉设计保证率关系到工程规模、投资、效益的重要设计指标。对于南方小型水稻灌区的灌溉工程的设计标准也可以按抗旱天数进行设计。

(1) 灌溉设计保证率。灌溉设计保证率是指灌区灌溉用水量在多年期间能够得到充分满足的概率，一般用设计灌溉用水量全部获得满足的年数占计算总年数的百分率表示。一般情况下，灌溉设计保证率可以根据水文气象、水土资源、作物的组成、灌区规模、灌水方法及经济效益等因素进行确定。

[①] 王晓.水利灌溉渠道流量的优化设计 [J]. 中国水运 (下半月)，2015，15(2)：201.

灌溉设计保证率也可以采用经验频率法按下式计算，计算系列年数不宜少于30年。

$$p = \frac{m}{n+1} \times 100\% \tag{4-39}$$

式中：p——灌溉设计保证率（%）；

m——按设计灌溉用水量供水的年数（a）；

n——计算总年数（a）。

（2）抗旱天数。抗旱天数反映了灌溉工程的抗旱能力。抗旱天数是指农作物生长期间遇到连续干旱时，灌溉设施能确保用水要求的天数。

以抗旱天数为标准设计灌溉工程时，旱作物和单季稻灌区抗旱天数可为30～50d，双季稻灌区抗旱天数可为50～70d。

2. 灌溉用水量

灌溉用水量是指灌溉田地需要从水源取用的水量，它是根据灌溉面积、作物的种植情况、土壤、水文地质和气象等因素而定。灌溉用水量的大小直接影响灌溉工程的规模。

灌溉用水量是根据灌溉面积、作物的组成、灌溉制度、灌溉延续时间等直接计算。为了简化计算，常用灌水率来推求灌溉用水量。

（1）灌溉制度。农作物的灌溉制度是指作物播种前（或水稻插秧前）及全生育期内的灌水时间、灌水次数、灌水定额、灌溉定额。灌水定额是指一次灌水单位面积上的灌水量，各次灌水定额之和叫灌溉定额。在灌区规划、设计或管理中，常采用以下3种方法来确定灌溉制度。

第一，根据群众丰产灌水经验。多年来进行灌水的实践经验是制定灌溉制度的重要依据。灌溉制度调查应根据设计要求的水文年份，仔细调查这些年份的不同生育期的作物田间耗水强度（mm/d）及灌水次数、灌水时间间隔、灌水定额及灌溉定额。分析这些资料，确定这些年份的灌溉制度。

第二，根据灌溉试验资料。我国各地许多灌区设置了灌溉试验站，试验项目包括灌溉制度、灌水技术等。灌溉试验站积累了丰富的相关的试验观测资料，这些资料为制定灌溉制度提供了重要的依据。

第三，按水量平衡原理的分析制定灌溉制度。水量平衡法以作物各生育期内水层变化（水田）或土壤水分变化（旱田）为依据，从对作物充分供水的观点出发，要求在作物各生育期内水层变化（水田）或计划湿润层内的土壤含水量维持在作物适宜水层深度或土壤含水量的上限和下限之间，降至下限时则应进行灌水，以保作物充分供水。应用时一定要参考、结合前几种方法的结果，这样才能使得所制定的灌溉制度更为合理与完善。

（2）灌水率。灌水率是指灌区内单位灌溉面积上所需的净灌溉流量，又称为灌水模数。利用它可以计算灌区渠首的引水流量，还可以计算灌溉渠道的设计流量。

灌水率应根据灌区各种作物的每次灌水定额，分别进行计算。

$$q_{ik} = \frac{\alpha_i m_{ik}}{864 T_{ik}} \tag{4-40}$$

式中：q_{ik}——第 i 种作物第 k 次灌水的净灌水模数；

T_{ik}——第 i 种作物第 k 次灌水的灌水延续时间；

m_{ik}——第 i 种作物第 k 次灌水的灌水定额。

灌水延续时间直接影响着灌水率的大小，也影响着渠道的设计流量和渠道及渠系建筑物的造价。作物灌水延续时间应根据当地作物品种、灌水条件、灌区规模与水源条件以及前茬作物收割期等因素确定。

为了确定设计灌水率以便推算渠首引水流量或灌溉渠道设计流量，通常可先针对某一设计代表年计算出灌区各种作物每次灌水的灌水率，并可将所得灌水率绘成直方图，称为初步灌水率图。由于各时期作物需水量因气候等多因素的影响相差悬殊，因此，各时期的灌水率差异较大，造成渠道输水断断续续，不利于管理。必须对初步算得的灌水率图进行必要的修正，尽可能消除灌水率高峰和短期停水现象。

（3）灌溉用水量。灌溉用水量是指灌区需要从水源引入的水量，灌溉用水流量是指灌区需要从水源引入的流量。灌区的净灌溉用水量和毛灌溉用水量，可以用综合灌水定额计算，也可以用灌水定额和灌溉面积直接计算。

$$W_i = A \sum_{n}^{i=1} a_i m_i \tag{4-41}$$

$$W = \frac{W_j}{\eta} \tag{4-42}$$

$$Q_j = 10^2 A q \tag{4-43}$$

$$Q = \frac{Q_j}{\eta} \tag{4-44}$$

式中：W_j——某时段灌区净灌溉用水量；

A——灌区灌溉面积；

$\sum_{n}^{i=1} a_i m_i$——灌区综合灌水定额；

n——灌区内该时段灌溉作物种类数;

a_i——第 i 种作物的种植比例,其值为第 i 种作物的灌溉面积与灌区灌溉面积之比;

m_i——第 i 种作物在该时段的灌水定额;

W——某时段灌区毛灌溉用水量;

η——灌溉水利用系数;

Q_j——某时段灌区净灌溉流量

q——灌水率;

Q——某时段灌区毛灌溉流量;

(三)灌溉渠道流量和工作制度

1.灌溉渠道的流量

"渠道是灌溉系统中的中心部分,没有渠道灌溉系统也就没有运输环节,无法保证水的运送,鉴于灌溉系统的中心位置,应当充分给予重视,对于渠道的设置应当充分注意。"[1] 在灌溉实践中,渠道的流量是在一定范围内变化的,设计渠道断面时,要考虑流量的变化对渠道的影响。一般情况下,渠道的设计流量、加大流量和最小流量可以覆盖流量的变化范围,代表在不同运行条件下的工作流量。

(1)渠道的设计流量。渠道的设计流量是指在设计年内作物灌水期间渠道需要通过的最大流量,或者说在正常工作条件下,渠道需要通过的流量,也称作正常流量,常用 Q_d 表示。灌溉需要渠道提供的流量称为渠道的净流量,计入水量损失后的流量称为毛流量,毛流量即为渠道的设计流量。

(2)渠道的加大流量。渠道的加大流量是指在短时增加输水的情况下,渠道需要通过的最大灌溉流量,常用 Q 加大表示。如扩大灌溉面积、改变作物的种植计划等都需要增加供水量。

(3)最小流量。最小流量是指在设计标准条件下,渠道在正常工作时输送的最小流量,常用 Q 最小表示。

渠道的设计流量是确定渠道断面大小、建筑物尺寸的主要依据;加大流量用以校核设计渠道的最大过水能力是否满足通过加大流量的要求,它也是设计渠堤堤顶高程的依据;确定最小流量的目的在于校核渠道通过最小流量时是否会产生泥沙淤积、下级渠道水位控制是否满足要求以及节制闸应建在什么位置。

渠道的设计流量与渠道控制面积、控制面积内的作物组成、作物灌溉制度、渠

① 王玉坤.灌溉渠道设计问题探讨 [J].科技创新与应用,2012(17):149.

道的工作方式、渠道在输水过程中有蒸发渗漏等因素有关。

2. 渠道的工作制度

渠道的工作制度就是渠道的输水工作方式，分为续灌和轮灌两种。

（1）续灌。在一次灌水延续时间内，自始至终连续输水的渠道称为续灌渠道。这种输水工作方式称为续灌。续灌可以使各用水单位受益均衡，避免因水量过分集中而造成灌水组织和生产安排的困难。一般灌溉面积较大的灌区，干、支渠多采用续灌。

（2）轮灌。同一级渠道在一次灌水延续时间内轮流输水的工作方式叫做轮灌。实行轮灌的渠道称为轮灌渠道。轮灌时，由于加大了输水的流量，故缩短了各条渠道的输水时间，减小输水损失，有利于提高灌水工作效率。但是，由于轮灌加大了渠道的设计流量，从而增加了渠道的土方量和渠系建筑物的工程量。若流量过分集中，还会造成劳动力紧张，在旱季还会影响各用水单位的均衡受益。所以，一般万亩以上的灌区、斗渠以下的渠道实行轮灌。

实行轮灌时，渠道分组轮流输水，其分组方式可归纳为集中轮灌、插花轮灌。集中轮灌是将临近的几条渠道编为一组，上一级渠道的来水按组轮流供水。插花轮灌是将同级渠道按编号的奇数或偶数分别编组，上级渠道按组轮流供水。

实行轮灌时，无论采取哪一种编组方式，轮灌组的数目都不宜过多，一般以2～3组为宜。划分轮灌组时，应使各组灌溉面积相近，以利于配水。

四、喷灌系统的规划与设计

（一）喷灌系统的一般规定

喷灌系统总体设计应符合当地水资源开发利用及农业、林业、牧业、园林绿地规划的要求，并与工程设施、道路、林带、供电等系统建设和土地开发整理复垦规划、农业结构调整规划相结合。总体设计应根据地形、土壤、气象、水文与水文地质、灌溉对象以及社会经济条件，通过技术经济及环境评价确定。发展灌溉工程应优先考虑经济作物、园林绿地、蔬菜、花卉等高附加值作物；灌溉水源缺乏地区、高扬程提水灌区、受土壤或地形限制难以实施地面灌溉的地区和有自压喷灌条件地区，喷灌系统宜采取连片开发、整体设计、分期实施的方式，形成具有适度规模的喷灌系统。

（二）水源分析计算

喷灌系统总体设计必须对水源水量进行分析计算。水源为河川径流时，应通过频率计算推求设计频率的年径流量及年内分配、灌水临界期日平均流量。水源为地下水时，水源水量应根据已有的水文地质资料，分析本区域地下水开采条件，并通过对邻近机井出水情况的调查确定；对于无水文地质资料地区，应打勘探井并经抽水试验确定水源水量。

(三) 系统选型

喷灌工程应根据因地制宜的原则，综合考虑以下因素选择系统类型：(1) 水源类型及位置；(2) 地形地貌、地块形状、土壤性质；(3) 降水量、灌溉期间风向及风速；(4) 灌溉对象；(5) 社会经济条件、生产管理体制、劳动力状况及使用管理者素质；动力条件：例如，地形起伏较大，灌水频繁，劳动力缺乏的地区，灌溉对象为经济作物及园林、果树、花卉和绿地时，适宜选择固定管道式喷灌系统。地面较平坦、气候严寒、冻土层较深，灌溉对象为大田作物时，选择动式喷灌系统或半固定式喷灌系统比较理想。

(四) 喷头选择

喷头应根据地形、土壤、作物、水源和气象条件以及喷灌系统类型，通过技术经济比较，优化选择。首选是采用低压喷头，灌溉季节风大的地区或实施树下喷灌的喷灌系统，宜采用低仰角喷头，草坪宜采用地埋式喷头。同一轮灌区内的喷头宜选用同一型号，选择喷头时，应该考虑喷头的水力性能是否与作物、土壤条件相适应，是否能够使喷灌的质量达到主要技术参数的要求。

喷头型号选定后，即可从喷头性能表中查出喷头的工作压力、流量、射程、喷灌强度和喷嘴直径等。

喷洒方式主要有全圆喷洒与扇形喷洒两种。一般固定式喷灌系统和半固定式喷灌系统以及多喷头移动式机组中，多采用全圆喷洒。但是在地边、田角、坡度较陡的山区、风力较大、单喷头移动式机组应采用扇形喷洒。

喷头的组合形式是指喷灌系统中喷头间相对位置的安排。常用的喷头组合形式有正三角形、正方形、矩形、等腰三角形4种。

风向比较稳定的地区，可以采用矩形或等腰三角形组合形式；风向多变的地区，可以采用正方形组合形式。正三角形组合形式由于支管间距小于喷头间距，对节省支管及减少支管移动次数不利，故一般不采用。

五、泵站的规划设计

排灌泵站是指为灌溉、排水而设置的抽水装置 (排灌用泵)、进出口建筑物、泵房 (泵站建筑物) 及附属设施的综合体，简称泵站。适用于无法采用自流排灌或采用自流引水不经济，需要自流与提水结合，抽水蓄能与某些跨流域调水、人畜饮水、城镇供水及喷灌、滴灌系统等情况。

排灌泵站按安装使用形式分固定式、半固定式和移动式 3 种；按主泵的类型分离心泵站、轴流泵站和混流泵站等；按用途分灌溉泵站、排水泵站、排灌结合泵站、供水泵站、加压泵站等；按消耗的能源分电力泵站、内燃机泵站、水轮泵站、水锤泵站、潮汐泵站、太阳能泵站、风力泵站等。按泵站设计总流量、总功率以及排灌面积大小，分为大、中、小型泵站。

排灌泵站规划设计的主要内容，是根据建（泵）站地点的水文、气象、地形、地质、水源、能源和灌排区域的社会经济状况，确定泵站的扬程与流量，进行机电设备的优化选型和枢纽建筑物的设计等。

（一）泵站等级划分

1. 泵站等别

灌溉、排水泵站应根据装机流量与装机功率划分为 5 个不同的等别，其等别应按表 4-2 确定 [①]。

表 4-2 灌溉、排水泵站分等指标

泵站级别	泵站规模	装机流量（m³/s）	装机功率（104kW）
I	大（1）型	≥ 200	≥ 3
II	大（2）型	200 ~ 50	3 ~ 1
III	中型	50 ~ 10	1 ~ 0.1
IV	小（1）型	10 ~ 2	0.1 ~ 0.01
V	小（2）型	< 2	< 0.01

需要注意的 3 点：①装机流量、装机功率系指单站指标，且包括备用机组在内；②由多级或多座泵站联合组成的泵站工程的等别，可按其整个系统的分等指标确定；③泵站按其分等指标分属于两个不同的等别时，应以其中的高等别为准。

2. 泵站建筑物级别

泵站建筑物根据使用时间分为永久性建筑物和临时性建筑物。永久性建筑物是指泵站运行期间使用的建筑物，根据其重要性分为主要建筑物和次要建筑物。主要建筑物是指失事后造成灾害或严重影响泵站使用的建筑物，如泵房、进水闸、引渠、进、出水渠、出水管道和变电设施等；次要建筑物是指失事后不致造成灾害或对泵站使用影响不大并易于修复的建筑物，如挡土墙、导水墙、护岸等。临时性建筑物

---

① 刘乃君. 水土保持工程技术 [M]. 咸阳：西北农林科技大学出版社，2010：240.

是指泵站施工期间使用的建筑物，如导流建筑物、施工围堰等。

泵站建筑物应根据泵站所属等别及其在泵站中的作用和重要性划分为 5 级。其级别按表 4-3 确定。

表 4-3　泵站建筑物级别划分

泵站级别	主要建筑物级别	次要建筑物级别	临时性建筑物级别
I	1	3	4
II	2	3	4
III	3	4	5
IV	4	5	5
V	5	5	-

对于位置特别重要的泵站，其主要建筑物失事后将造成重大损失，或站址地质条件特别复杂，或采用实践经验较少的新型结构者，经过论证可以提高其级别。

(二) 泵站选址

1. 灌溉泵站的站址选择

灌溉泵站的站址选择应根据工程规划的规模、特点和运行要求，考虑地形、地质、水源或承泄区、电源、枢纽布置、交通、占地、施工、管理等因素，经技术分析选定。站址选择是否合理，直接关系到工程的投资、建成后的安全取水和运行管理等问题。所以，在规划中必须予以足够的重视，选择出最佳位置。

(1) 水源。为了便于控制全灌区，并尽可能地减少提水高度，泵站的站址应选在灌区的上游，且水量充沛，水位稳定，水质良好的地方。

从河流取水时，泵站或其取水建筑物的位置，要选择在河流的直段或凹岸下游河床稳定的河段上，不要选在容易引起泥沙淤积、河床变形、冰凌阻塞和靠近主航道的地方。尽可能地避免在有沙滩、支流汇入或分岔河段上建设泵站及其取水建筑物。此外，还应注意河流上已有建筑物对站址的影响，例如，在建有丁坝、码头或桥梁等建筑物时，其上游水位被壅高，而下游水流发生偏移，容易形成淤积。因此，站址或取水口宜选在桥梁的下游，丁坝、码头同岸的上游或对岸的下游。同时，也应防止后建建筑物对站址或取水口的影响。

从水库取水时，因水库水位变幅较大，应首先考虑在坝的下游建站的可能性，要远离易淤积的区域。其次站址要靠近灌区，岸坡应稳定，取水要方便。

(2) 地形。泵站应选在地形开阔、岸坡适宜的地方。站址地形应满足泵站建筑物布置，土石开挖量较小，便于通风采光，对外交通方便，适宜布置出水管道、出水池和输水渠道，并便于施工等要求。同时，要考虑占地、拆迁因素，尽量减少占地和拆迁赔偿的费用。

（3）地质。泵站的主要建筑物应建在岩土坚实、抗渗性能良好的天然地基上，不能选在断层、滑坡、软弱夹层及有隐患的地方，如遇淤泥、流沙、湿陷性黄土、膨胀土等地基不可避开时，应慎重研究确定基础类型，采用相应的基础加固措施。

（4）交通。选择站址时，应充分考虑交通问题，尽量使交通方便，以便于设备及材料运输和工程的管理。

（5）电源及其他。为了降低输变电工程的投资，泵站应尽可能地靠近电源，减少输电线路的长度。同时，应尽可能靠近居民点，以及考虑工程建成后的综合利用问题，也应考虑到今后扩建的可能性。

2. 排水泵站的站址选择

排水泵站工程的任务是排涝、排渍，减轻洪涝灾害。

排水泵站工程建于沿江（河）滨湖、滨海圩垸和平原地区的低洼地带，暴雨季节，涝水不能自流排出，必须提排才能避免或减轻涝灾的地方。规划中应充分注意到，暴雨历时短、水量大的特点。第一，充分利用地形高差和有利时机，自流排水；第二，充分利用区内河、湖、沟、渠等作为调蓄容积，以削减洪峰，减少装机容量。另外，排水泵站在整个使用期间的运行时间很短，应尽量使其兼作排涝、排渍、治碱、灌溉提水，又能进行加工生产、调相运行、改善环境等方面的服务。提高设备利用率，充分发挥工程的综合效益。

第一，以排涝为主的排水泵站，站址应选在排水区的较低处，与自然汇流相适应；第二，要尽可能靠近河岸且外河水位较低的地段，以便降低排水扬程，减少装机容量和电能消耗并缩短排水渠的长度；第三，尽量利用原有排水渠系和涵闸设施，减少工程量和挖压耕地的面积；第四，充分考虑自流排水条件，尽可能使自流排水与提排相结合。

站址和排水渠应选在承泄区岸坡稳定，冲刷和淤积较少的地段；应有适宜的外滩宽度，以利于施工围堰和料场布置，而且不使泄水渠过长，其他要求则与灌溉泵站的站址选择相同。

（三）枢纽的组成及其布置

枢纽的组成包括泵房，进水建筑物（进水闸、引渠、前池和进水池等），出水建筑物（出水管道、出水池或压力水箱等），专用变电站，其他枢纽建筑物和工程管理用房，职工住房，内外交通，通信以及其他管理维护设施等。它们的组合和布置形式取决于建站目的、水源特征、站址地形、站址地质和水文地质等条件。

从河流（渠道或湖泊）取水的泵站，一般分为引水式和岸边式两种。水源与灌区控制高程之间距离较远，站址的地势平坦时，采用引水式布置，利用引渠将水从水源引至泵房前，泵房接近灌区，这样可以缩短出水管道的长度。水源水位变化不大时，可不设进水闸控制；水源水位变化较大时，在引渠渠首设进水闸，这样，既可控制进水建筑物的水位和流量，又有利于水泵的工作和泵房的防洪。但泵房常处于挖方中，地势较低，影响泵房的通风和散热。

灌区靠近水源，或站址地面坡度较陡时，常采用岸边式泵站的布置形式，即将泵房建在水源的岸边，直接从水源取水。根据泵房与岸边的相对位置，其进水建筑物的前沿有与岸边齐平的，也有稍向水源凸出的。这种布置形式不足之处是水源水位直接影响到水泵的工作和泵房的防洪，泵房的工程投资较大。

从多泥沙河流上取水的泵站，具备自流引水沉沙、冲沙条件时，应在引渠上布置沉沙、冲沙设备；不具备自流引水沉沙、冲沙条件时，可在岸边设低扬程泵站，布置沉沙、冲沙及其他除沙设施，为泵房抽引清水创造条件。

（四）泵站设计特征水位与特征扬程

泵站的设计流量（Q）和设计扬程（H）是水泵选型的基本依据。

提水灌区泵站的设计流量，是在灌区规划所确定的灌溉设计保证率（85%~95%）的条件下，根据作物组成、灌溉面积、灌水定额等资料来确定。

1.进水池特征水位

（1）防洪水位：对于直接挡洪的泵房，可根据泵房建筑物的级别，采用表6-32规定的设计防洪标准，推求泵房的设计防洪水位。防洪水位是确定泵房建筑物防洪墙顶部高程的依据。

（2）最高运行水位：用于确定泵站的防洪高程和最小扬程。根据建筑物防洪设计标准所规定的保证率来计算，一般采用灌溉期某一保证率（如10%~20%）的日平均水位来推求。若泵站位于防洪堤内，泵房前设有进水闸，下水位受到节制，应根据具体情况来确定，一般按灌溉期内河最高蓄水位来推求；从渠道取水时，取渠道通过加大流量时的水位。

（3）设计水位：用于确定泵站的设计扬程等。以江河、湖或水库为水源的泵站，采用历年灌溉期相应于灌溉设计保证率85%~95%的水源日或旬平均水位；以渠道为水源的泵站，采用渠道的设计水位。

（4）最低运行水位：用于确定水泵的安装高程和进水闸的底板高程等。以江河、湖泊和水库为水源的泵站，取历年灌溉期保证率95%~97%的最低日平均水位；从渠道取水时，取渠道通过单泵流量时的水位。

（5）平均水位：从河流、湖泊或水库取水时，取灌溉期多年日平均水位；从渠道取水时，取渠道通过平均流量时的水位。

2. 出水池特征水位

（1）最高运行水位：用以确定出水池的墙顶高程。出水池与输水河道相接时，取输水河道的校核洪水位；出水池与输水渠道相接时，取泵站最大流量时出水池中相应的水位。

（2）设计水位：灌区的干渠通过设计流量时，取出水池（灌区干渠的渠首）中相应的水位即设计水位，应按灌区末级渠道的设计水位推算出来。

（3）最低运行水位：一般为泵站运行时单泵流量相应的出水池水位，用来确定出水池内出水管道的管口上缘高程。

（4）平均水位：取灌溉期多年平均水位。

（五）水力机械及附属设备

水力机械及附属设备包括主泵选型、动力配套、管路及其附件的配套、泵站水锤及其防护、充排水系统、供水系统等内容。

1. 水泵分类

泵是一种转换能量的机械。它通过工作体的运动，把外加的能量传给被抽送的液体，使其能量（位能、压能、动能）增加。工作体因泵的种类不同而有所差异，既可以是固体，也可以是液体或气体。用于输送水的泵，叫水泵。用于农业灌溉及排水的泵被称为农用水泵。叶片泵覆盖了从低扬程到高扬程、从小流量到大流量的广阔区间，使用范围宽广。

在排灌用泵中使用最多的是叶片泵。叶片泵按工作原理的不同，可分为离心泵、轴流泵和混流泵3种。

（1）离心泵。按其基本结构、型式特征分为单级单吸式离心泵、单级双吸式离心泵、多级式离心泵以及自吸式离心泵。轴流泵按主轴方向可分为立式泵、卧式泵和斜式泵，混流泵按结构分为蜗壳式混流泵和导叶式混流泵。

单级单吸式离心泵由叶轮、泵轴、泵体等零件组成。叶轮的中心对着进水口，进、出水管路分别与水泵进、出口连接。离心泵在启动前应充水排气。当电动机通过泵轴带动叶轮高速旋转时，叶轮中的水由于受到惯性离心力的作用，由叶轮中心甩向叶轮外缘，并汇集到泵体内，获得势能和动能的水在泵体内被导向出水口，沿出水管输送至出水池。与此同时，叶轮进口处产生真空，而作用于进水池水面的压强为大气压强，进水池中的水便在此压强差的作用下，通过进水管吸入叶轮。叶轮不停地旋转，水就源源不断地被甩出和吸入，这就是离心泵的工作原理。

离心泵抽水时，水泵安装在进水池的水面以上，电动机驱动，电动机与水泵通过联轴器直接连接。水泵进水端接进水管路，出口端接出水管路。在进、出管路上还装有各种管件、闸阀、仪表等管路附件。水泵启动前泵壳与进水管内必须充满水。

（2）混流泵。混流泵中液体的出流方向介于离心泵与轴流泵之间。所以，叶轮旋转时，液体受惯性离心力和轴向推力的共同作用。

混流泵按结构可分为蜗壳式和导叶式两种。蜗壳式混流泵有卧式和立式两种。中、小型泵多为卧式，立式用于大型泵。卧式蜗壳式混流泵的结构与单级单吸式离心泵相似，只是叶轮形状不同。导叶式混流泵有立式和卧式两种，其结构与轴流泵很相似。与蜗壳式混流泵比较，它的径向尺寸较小，但水力性能稍差。卧式导叶式混流泵的泵体为水平中开式，安装、维修都较方便。

混流泵的特点是：①流量比离心泵大，但较轴流泵小；②扬程比离心泵低，但较轴流泵高；③泵的效率高，且高效区较宽广；④流量变化时，轴功率变化较小，动力机可经常处于满载运行；⑤抗气蚀性能较好，运行平稳，工作范围广，在需要小流量的场合可连续运转；⑥中、小型卧式混流泵，结构简单，重量轻，使用维修方便。它兼有离心泵和轴流泵两方面的优点，是一种较为理想的泵型。广泛用于平原地区、圩区，以及丘陵山区的灌溉与排涝。

（3）轴流泵。轴流泵由叶轮、泵轴、喇叭管、导叶和出水弯管等组成。立式轴流泵叶轮安装在进水池最低水面以下，当电动机通过泵轴带动叶片旋转时，淹没于水面以下的叶片对水产生推力（又称升力）并使液体在泵体内旋转，在此升力和导叶体的共同作用下，水流经导叶而沿轴向流出，然后通过出水弯管、出水管输送至出水池。

2. 叶片泵型号的识读

叶片泵的品种与规格繁多，为便于技术上的应用和商业上的销售，对不同品种、规格的水泵，按其基本结构、型式特征、主要尺寸和工作参数的不同，分别制定各种型号的水泵。国产水泵通常用汉语拼音字母表示泵的名称、型式及特征，用数字表示泵的主要尺寸和工作参数，也有单纯用数字组成的。了解水泵型号的含义，可以帮助看懂标于泵体上的"铭牌"，以及便于选择和使用水泵。

型号为IB50-32-125离心泵，IB表示符合国际标准的单级单吸式离心泵，50——泵的进口直径为50mm；32——泵的出口直径为32mm；125——叶轮名义直径为125mm。

型号为250S-39离心泵，250——泵进口直径为250mm；S——单级双吸卧式离心泵；39——额定扬程为39m。

型号为150D-30×10离心泵，150——泵进口直径为150mm；D——分段式多级离心泵；30——单级叶轮额定扬程30m；10——泵的级数为10级。

型号为400HW-5蜗壳式混流泵，400——泵进口直径为400mm；HW——蜗壳式混流泵；5——额定扬程5m。

3.叶片泵的选型原则

叶片泵的选型原则如下。

（1）满足泵站设计流量、设计扬程的要求。

（2）水泵在整个运行期内，有最高的平均效率，运行费用低。

（3）按照选定的机组建站，设备投资和土建投资最省。

（4）水泵的水力性能、抗气蚀性能好，便于运行和管理。

（5）优先选用国家推荐的系列产品和经过鉴定性能优良的新产品。

离心泵、轴流泵和混流泵各有其适用的扬程范围。一般扬程在20m以上时用离心泵（大于100m用多级离心泵或其他类型的水泵），离心泵中因单级双吸泵（Sh或S）结构对称、运行性能好，常优先选用；扬程在5~20m宜用混流泵；扬程在10m以下宜用轴流泵，而轴流泵和混流泵的流量在很大的范围内是重叠的，因混流泵的高效率区宽，流量变化时，轴功率变化小，动力机满载或接近满载运行，比较经济，适应流量范围广，在同样的参数下混流泵的转速比轴流泵高，泵的体积小，水泵站的投资小，故在选型时，应优先选用混流泵。

4.水泵台数的确定

水泵台数影响到泵站的以下方面。

（1）建站投资。无论是机电设备还是土建工程，在设备容量一定的条件下，机组的台数越少，则其投资越小。

（2）运行管理。机组台数越少，运行管理方便，机构人员少，则运行管理费用越低。

（3）泵站的适应性。机组台数越多，适应性越强，个别机组出现故障对整个泵站的排灌影响越小。

（4）泵站的性质。一般排水泵站设计流量的变化幅度较大，台数宜多；灌水泵站设计流量变化幅度较小，台数宜少；灌排结合泵站，既要满足灌溉要求，又要满足排水要求，台数宜多。

一般主水泵台数宜为3~9台，为保证泵站稳定运行还应考虑备用机组，备用机组数根据供水的重要性及年利用小时数和满足机组正常检修的要求确定。对于灌溉泵站装机3~9台时，其中应有1台备用机组，多于9台时应有2台备用机组；年利用小时数很低的泵站，可不设备用机组；处于含沙量大或含腐蚀性介质等工作环境的泵站，备用机组经过论证后可增加数量。

第五章 水土保持的植被措施

水土保持的植被措施是在治理水土流失和土地退化问题中常用的一种方法。合理的植被措施可以减缓水流速度、防止土壤侵蚀、保持土壤湿度、提高土壤质量，从而改善生态环境。基于此，本章主要研究植被防治水土流失工程、植被措施中的生态水文原理、植被措施中的土壤生态原理。

第一节 植被防治水土流失工程

我国是一个有着悠久农业开发历史的大国，在长期的农业实践中，祖先积累了丰富的建设家园、保护环境的经验。但由于长期的人口增长和发展农业种植业，使林地面积不断减少，更由于近数百年来人口压力的缘故，以及对耕地和薪柴的需求，使森林资源越来越少，我国的自然环境不断恶化，生物多样性面临越来越严重的威胁。近年来，通过造林（种草）植被工程建设在一定程度上缓解并控制了水土流失，对此，研究我国已实施的一些防治水土流失的重要植被建设工程，对未来水土流失的防治十分重要。

一、林业生态工程

林业生态工程就是以改善和优化生态环境、提高人民生活质量、实现经济社会的可持续发展为目标，以大江大河流域、重点风沙区、生态脆弱区和森林植被功能低下区为重点，在一定区域开展的以植树造林（种草）、现有森林生态群落保育为主要内容的工程建设。它紧紧围绕着生态环境面临的突出矛盾，遵循自然和经济规律，统筹规划，合理布局，突出重点，科学实施，广泛组织社会力量，实行保护、治理、开发相结合的发展战略，大力植树造林（种草）和森林保育，控制水土流失，防治荒漠化，保护生物多样性，抵御自然灾害，构建结构完整、功能强大、良性循环的区域森林生态系统，从而建立林业生态体系，从根本上解决生态环境问题，实现人与自然的生态和谐。

我国在古代就有植树造林活动，植树造林历史悠久，有朴素的生态建设思想和相关著作，却没有实际意义上的林业生态工程建设。在新中国成立以前，我国林业生态工程建设仍处在农民群众自发栽植的"启蒙阶段"。同期，华北地区也仅残留一些天然次生林，森林覆盖率很低。

在东北西部、河北西部和北部、陕西北部、新疆北部、河南东部等地，沙区群众为了保护农田，历史上曾自发地在沙地上营造以杞柳、沙柳、旱柳、杨树、白榆、白蜡条等为主的小型防护林带。但出现的问题是，由于小农经济的限制，这些林带布局零乱、规模窄小、生长低矮、防护作用较差。

新中国成立后，林业生态工程建设进入了真正的发展阶段。这一时期，在党和国家高度重视下，全国开展了大规模的植树造林，取得了举世瞩目的成绩。自新中国成立以来，我国林业生态工程建设可分为以下4个阶段。

第一阶段：起步阶段（20世纪50年代—60年代中期）。新中国成立后，在"普遍护林、重点造林"的方针指导下，我国由北向南相继开始营造各种防护林，包括防风固沙林、农田防护林、沿海防护林、水土保持林等。

第二阶段：停滞阶段（20世纪60年代中期—70年代后期）。林业建设与各行各业一样，速度放慢甚至完全停滞，有些先期已经营造的林遭到破坏，致使一些地方已经固定的沙丘重新移动，已经治理的盐碱地重新盐碱化，出现了生态环境严重恶化的局面。

第三阶段：体系建设阶段（20世纪70年代后期—90年代末期）。改革开放以来，在党中央、国务院的正确领导下，我国林业生态工程建设出现了新的形势，步入了"体系建设"的新阶段，改变了过去单一生产木材的传统思维，采取生态、经济并重的战略方针。在发展林业产业的同时，狠抓林业生态体系建设，先后确立了以遏制水土流失、改善生态环境、扩大森林资源为主要目标的十大林业生态工程，即"三北"、长江中上游、沿海、平原、太行山、防沙治沙、淮河太湖、珠江、辽河、黄河中游防护林体系建设工程。十大林业生态工程规划区覆盖了我国的主要水土流失区、风沙侵蚀区和台风、盐碱危害区等生态环境最为脆弱的地区，构成了我国林业生态工程建设的基本框架。

第四阶段：林业生态重点工程实施阶段（2000年至今）。以工程的方式推进林业建设在第三阶段取得了巨大的成就，一些地区的生态环境明显改善，重点治理区的生态环境的开始发生有益的变化。针对以前启动的工程建设投入水平低，工程范围相互重叠，功能上相互交叉，工程建设管理布局规范、政策不统一，工程建设不稳定、不连续等问题，以及国家生态建设的总体要求，我国政府对正在实施和规划建设的17个林业工程进行了整理和归并，最终整合为六大林业重点工程，即天然林资源保护工程、"三北"和长江中下游地区等防护林体系建设工程、退耕还林工程、京津风沙源治理工程、野生动植物保护及自然保护区建设工程、重点地区速生丰产林基地建设工程。

(一)天然林资源保护工程

天然林资源保护工程于2000年10月经国务院批准正式实施。天然林资源保护工程是我国林业的"天"字号工程,也是投资最大的生态工程。这个工程的实施主要是解决长江上游、黄河上中游地区,以及东北、内蒙古等重点国有林区和其他地区的天然林资源保护、休养生息和恢复发展的问题。这是捍卫森林生态体系基础、强化生态保护、对林业实施战略性调整的历史性选择。

天然林资源保护工程(以下简称"天保工程")共涉及17个省(自治区、直辖市),分为长江上游、黄河上中游和东北、内蒙古等重点国有林区两大区域。

天然林资源保护工程政策措施包括以下7个方面。

第一,对长江上游、黄河上中游地区工程区全面停止天然林采伐。在工程区内,除满足基本生活需要保留一部分农民自用材、薪炭材及经过核准的速生丰产人工林的资源消耗以外,严禁其他人为的森林资源消耗。

第二,对东北、内蒙古等重点国有林区在森林分类区划的基础上,大幅度调减木材采伐量。将工程区林业用地划分为禁伐区、限伐区和商品林经营区。

禁伐区:将江河源头、库湖周围、干流、支流两侧(以山脊为界)、路渠两侧、高山陡坡地带、山脉顶脊部位、生物多样性丰富地区和其他生态环境脆弱地区划为禁伐区,强化现有林的保护和恢复,全面停止森林采伐,依法严加保护。

限伐区:将生态环境相对较脆弱、但恢复能力比较强的地区划为限伐区,调整森林采伐方式,调减木材产量,进行适度的择伐和抚育间伐。

商品林经营区:将自然条件优越、林地条件好、地势较平缓、不易造成水土流失的地区划为商品林经营区,并采取集约经营方式,大力发展速生丰产用材林、短周期工业原料林和经济林等,以解决森林资源接续的问题,增加木材和林产品的有效供给,满足经济建设和人民生活的需求。

第三,大力加强森林资源管护,强化资源和林政管理,杜绝超限额采伐。狠抓森林采伐限额管理,加大森林资源管理的检查监督力度,坚决杜绝超限额采伐,强化林地林权管理,严格禁止林地逆转和非法流失。坚持一手抓禁伐、一手抓保护和管理。

第四,大力推行个体承包,落实森林资源管护责任制。国有林的管护要根据工程区内的森林分布及地理环境特点,对不同区域和地段,主要采取两种方式进行森林管护：对交通不便、人员稀少的远山区的林地实行封山管护，建立精干的森林专业管护队伍；对交通较为便利，人口稠密，林、农交错的近山区的林地，采取划分森林管护责任区，实行个体承包，并用合同方式确定承包者的责任和义务，明确承包者的权益，实行责、权、利挂钩的管护经营责任制，以便充分调动林区干部群众保护森林资源的积极性，确保各项森林管护措施落到实处。

第五，积极开发林下资源。针对工程区除林木外其他可开发利用资源丰富、利用价值高等特点，在开展个体承包的过程中，把管护森林与林下资源开发利用有机结合起来。在确保不破坏地表植被、不降低森林生态功能、不影响林木生长的前提下，允许森林管护承包者依法开发利用林下资源，适度发展种植业、养殖业、旅游业和林副产品加工业，以及相应的储藏、保鲜、加工等。

第六，加快工程区内宜林荒山荒地造林种草。根据适地适树的原则，依据气候条件和地形地貌特征，将长江上游、黄河上中游地区天然林资源保护工程范围内的宜林荒山荒地区划分为6个大区：长江、黄河源头高寒草原草甸区、西南高山峡谷区、云贵高原区、鄂渝川山地区、蒙宁陕半干旱区、黄土丘陵沟壑区，分区确定相应乔、灌、草的适宜类型，造林方式，林种比例及主要造林树 (草) 种。

第七，妥善解决企业富余人员分流、安置与企业职工基本养老保险社会统筹等问题，其中妥善分流和安置富余职工是"天保工程"顺利实施的关键。

(二) 退耕还林工程

退耕还林工程是我国林业建设上涉及面最广、政策性最强、工序最复杂、群众参与度最高的生态建设工程，主要解决重点地区的水土流失问题。这是调整国土利用结构、增加森林覆盖、治理泥沙危害的根本性措施。

实施退耕还林，既可以从根本上解决我国的水土流失问题，提高水源涵养能力，改善长江、黄河流域等地区的生态环境，有效地增强这一地区的防涝、抗旱能力，提高现有土地的生产力；又能为平川地区和中下游地区提供生态保障，促进平川地区和中下游地区工农业取得更快的发展。

退耕还林工程措施包括以下两点。

1.退耕地造林

退耕地造林旨在将已经退耕的农田转化为森林地，并通过种植树木来恢复和改善生态环境。退耕地进行造林可以实现多重效益，包括防风固沙、保持水土、增加土壤肥力、提供野生动植物栖息地等。此外，退耕地造林还可以为当地农民提供就业机会，促进经济发展和农村可持续发展。

2. 宜林荒山荒地造林

宜林荒山荒地造林是针对适宜林业发展的荒山荒地进行造林，以提高土地的生产力和生态功能。宜林荒山荒地指的是那些由于过度砍伐、过度放牧或其他原因而导致植被严重退化、土壤贫瘠的山地和荒地。通过在这些地区进行造林，可以恢复植被覆盖，改善土壤质量，保护水源，防止土壤侵蚀，并提供可持续的林产品和其他生态服务。

（1）西南高山峡谷区：该区位于川西、藏东和滇西北金沙江的中、上游及其支流雅砻江等流域，地势高，坡度大，一般山体海拔都在 4 000m 左右，相对高差多在 1 500m 以上，气候寒冷，气温垂直变化大，年降水量 500～1 500mm。该区 25° 以上的坡耕地应做到全部退耕造林，营造以针叶混交、阔叶混交、针阔混交及乔、灌或乔、灌、草相结合的生态林，并适当种植薪炭林和有特色的经济林。主要适宜的树种有川滇高山栎、云杉、桦类、高山松、云南铁杉、青杨、沙棘、核桃、花椒等。

（2）川渝鄂湘山地丘陵区：该区包括四川盆地北部、重庆全部、湖北西部、湖南西部、陕西南部和甘肃南部的丘陵山地。这一地区地形破碎，山地和丘陵相间分布，坡地开垦时间长，复种指数高，年降水量 700～1 200mm，是水土流失极为严重的地区。该区 25° 以上的坡耕地应做到全部退耕造林，对 15°～25° 坡耕地尽量退耕造林，逐步形成乔、灌、草复层混交的水源涵养林，以尽快恢复山地和丘陵的生态功能。造林应重点营造生态林，以乔木为主，乔、灌、草相结合，兼顾用材林和经济林。主要造林树种有马尾松、栎类、岷山柏、日本柳杉、花椒、侧柏、杜仲、银槭等。

（3）长江中下游低山丘陵区：该区包括洞庭湖、鄱阳湖之间的幕阜山、九岭山、大别山以及桐柏山等地区。该区具有江南山地奇峰突起、沟壑险峻、基点海拔不高但相对高差较大的特点。多数山地海拔为 300～1 500m，以低山丘陵地貌为主体。年均降水量 1 100～1 500mm。该区重点营造生态林，以乔木为主，乔、灌、草相结合，兼顾用材林和经济林。主要造林树种有杉木、马尾松、栎类、竹类及木本粮油类树种等。

（4）云贵高原区：该区为山地高原地貌，气候和植被的垂直带谱明显，高寒山地面积较大，年降水量 800～1 200mm。主要造林树种有云杉、冷杉、云南松、思茅松、华山松、马尾松、台湾杉、马占相思、大翼豆、高山栎、桦木、刺槐、桤木、杨类、板栗、核桃、胡枝子等。

（5）琼桂丘陵山地区：该区位于我国南端，地貌为低山、丘陵和台地相间分布，平均海拔不高，一般在 500m 左右，最高海拔低于 2 000m。该区应恢复以水源涵养和水土保持为目的的乔木林为主，适当发展速生丰产用材林和经济林。主要造林树种有马尾松、杉木、桉树、樟树、柚木等。

(6)长江、黄河源头高寒草原草甸区：该区位于青海省西部和南部，生态环境极为脆弱，降水量一般为 500～700mm。为保护长江和黄河源头地区的生态环境和水源水质，25°以上的坡耕地应全部退耕造林。造林树种主要有川西云杉、糙皮桦、鳞皮冷杉、红桦、大果圆柏、青杨、杜鹃、山生柳、高山柏、鬼箭、锦鸡儿、金露梅、高山绣线菊等。

(7)新疆干旱荒漠区：区内地势平缓，风蚀沙化严重，气候干燥，降水量低。应通过造林种草，尽快增加林草植被，建设乔、灌、草相结合的防风固沙林体系，防止流沙蔓延和扩展。造林树种有樟子松、榆树、柽柳、胡杨、紫穗槐、梭梭、沙柳、柠条、沙蒿、沙枣等。

(8)黄土丘陵沟壑区：该区包括山西、河南、陕西、甘肃、青海、宁夏的黄土丘陵沟壑地区。该地区黄土沟壑深切，水土流失严重，降水量少，由东南部的 600mm逐步降至西北部的 350mm，生态环境极为恶劣。该区应乔、灌相结合，重点营造生态林，部分地区可适当发展经济林。主要生态林造林树种有油松、华北落叶松、国槐、刺槐、侧柏、百榆、杨树、柳树、山桃、山杏、柠条、沙棘、紫穗槐等，经济林造林树种有苹果、核桃、枣、柿、梨等。

(9)华北干旱半干旱区：该区包括山西、河北、北京、天津等地的华北干旱半干旱地区。该地区由于降水量稀少、蒸发量大，土地干旱缺水，生态环境严峻。为了改善该地区的生态环境，需要采取一系列的生态调控措施。在这个区域，可以重点发展抗旱适应性强的经济作物，如苜蓿、花生、葵花籽等，同时也可以种植一些以地下水利用为主的经济作物，如大豆等。此外，在土地利用方面，可以适度开展沙地造林和固沙治理，选择适应性强的树种，如沙柳、沙柳杨、胡杨等，以减缓土地退化和水土流失。

(10)东北山地及沙地区：该区包括辽宁、吉林、黑龙江三省西部和内蒙古东部的风沙区以及部分山地县，地势相对平缓，谷地宽坦，气候寒冷。造林树种主要有落叶松、樟子松、桦树、山杨、杨树、刺槐、蒙古栎、胡枝子等。

(三)京津风沙源治理工程

京津风沙源治理工程是首都乃至中国的"形象工程"，也是环京津生态圈建设的主体工程，主要解决首都周围地区的风沙危害问题。绿色奥运、首都形象等都构成了这个工程独特的国际背景和政治背景。

北京是我国的政治、经济和文化中心，是中华人民共和国的象征，是中外友好交流的重要场所。良好的生态环境，是首都现代文明的重要标志，关系到我国在国际上的形象。但是，自20世纪90年代以来，我国北方地区的沙尘天气越来越频繁，严重地影响着北京及其周边地区的生态环境。因此，加快北京周围沙化土地治理，遏制沙化土地扩展，减少沙尘天气的危害，对改善北京周围地区生态环境，促进工程区经济和社会发展具有重大的现实意义。

京津风沙源治理工程区西起内蒙古的达茂旗，东至内蒙古的阿鲁科尔沁旗，南起山西的代县，北至内蒙古的东乌珠穆沁旗，涉及北京、天津、河北、山西及内蒙古五省（自治区、市）。

到2022年，一期工程建设成果得到有效巩固，工程区内可治理的沙化土地得到基本治理，总体上遏制了沙化土地扩展趋势，生态环境明显改善，生态系统稳定性进一步增强，基本建成京津及华北北部地区的绿色生态屏障，京津地区沙尘天气明显减少，风沙危害进一步减轻。整个工程区经济结构继续优化，可持续发展能力稳步提高，林草资源得到合理有效的利用，全面实现草畜平衡，草原畜牧业和特色优势产业向质量效益型转变取得重大进展；工程区农牧民收入稳定在全国农牧民平均水平以上，生产生活条件全面改善，走上生产发展、生活富裕、生态良好的发展道路。

（四）"三北"及长江流域等防护林体系工程

"三北"和长江流域等重点防护林体系建设工程是我国涵盖面最大、内容最丰富的防护林体系建设工程。该工程的实施，主要解决"三北"地区的防沙治沙问题和其他区域各不相同的生态问题。这是一项构筑覆盖全国的完整的森林生态体系、保护和扩大中华民族生存和发展空间的历史性任务。

我国西北、华北北部及东北西部，风沙危害和水土流失十分严重，木料、燃料、肥料、饲料俱缺，农业产量低而且不稳。大力造林种草，特别是有计划地营造带、片、网相结合的防护林体系，是改变这一地区农牧业生产条件的一项重大战略措施。1978年，国务院批准了在"三北"地区建设大型防护林的规划。根据当前生态环境建设的新形势和生态工程建设中存在的问题，按照国家生态环境建设的总体要求，国家林业和草原局对原有防护林建设工程的指导思想、工程规划、工程重点和布局等进行了系统整合。

整合后的"三北"和长江流域等重点防护林体系建设工程，主要包括"三北"防护林体系建设四期工程、长江流域防护林体系建设二期工程、珠江流域防护林体系建设二期工程、沿海防护林体系建设二期工程、太行山绿化二期工程、平原绿化二期工程。

这些重点防护林体系建设工程的继续实施对保护生态环境、改善生产条件以及促进可持续发展均具有重要意义。其中，"三北"防护林体系建设四期工程是针对西北、华北北部和东北西部地区的风沙危害和水土流失问题而设计的。通过大规模的造林和种草，形成带、片、网相结合的防护林体系，以控制沙漠化进程，保护农牧业生产条件，提高农民的生活水平。

长江流域防护林体系建设二期工程的目标是解决长江流域地区的生态问题。这个地区经济发展较快，但也面临着水土流失、水资源短缺和生态环境破坏等挑战。通过加强防护林建设、保护水源地、防治水土流失、恢复湿地等措施，可以改善水资源状况，维护生态平衡，保障长江流域的可持续发展。

珠江流域防护林体系建设二期工程和沿海防护林体系建设二期工程旨在保护珠江流域和沿海地区的生态环境。这些地区面临着土壤侵蚀、水污染、生物多样性减少等问题。通过建设防护林体系、修复湿地、保护海岸线、改善水质等措施，可以提升生态系统的稳定性和抵御能力，从而保护这些地区的生态资源和生物多样性。

太行山绿化二期工程的目标是在太行山地区推进绿化建设，增强生态系统的稳定性和保护能力。通过植树造林、恢复退耕还林、防治土壤侵蚀等措施，可以改善地方的生态环境，增加森林资源，促进当地的可持续发展。

平原绿化二期工程的目标是在平原地区推动绿化建设，提升生态环境质量和农田生产能力。通过增加绿地覆盖、推广高效农业技术、改善水资源利用等措施，可以提升土地的肥沃度，改善农业生产条件，提高农民的收入水平。

综上所述，这些重点防护林体系建设工程的继续实施将进一步推动我国生态文明建设，实现生态环境的保护和修复，促进可持续发展目标的实现。这是一项重大的历史性任务，需要政府、社会各界和广大人民群众的共同努力，共同建设美丽中国。

二、种草与草地建设

草地是人类生存和发展的基本生态资源，也是保障人类生存不可或缺的基础资源。我国是世界上第二草原大国，其中北方天然牧草资源非常丰富，是北方重要的生态屏障，在调节气候、涵养水源、防风固沙、美化环境及生物多样性保护方面均具有重要作用。由于我国长期重利用、轻保护，进行掠夺式的草地经营，不仅改变了草地生态系统的组分和结构，同时也损害了生态系统的生产能力、自适应能力和自身活力，草地的生态服务功能亦随之衰退、减弱甚至丧失，因而导致草地生态系统的普遍退化。草地的超强度利用、草地面积的缩小、天然植被的破坏使我国草地生态服务功能受到严重损害，草地的水源涵养、水土保持、防风固沙能力不断下降。

（一）天然草地的类型及分布

世界天然草地面积约占全球陆地总面积的 1/6，主要分布在温带半湿润、半干旱和干旱地区。我国是草原资源大国，仅次于澳大利亚，居世界第二位。中国的天然草地资源分布与欧亚大草原相连，主要分布在年降水量 400mm 等值线以西的半干旱、干旱的西北地区，以及生态独特的青藏高寒区，草地辽阔连片，主要分为以下几类。

1. 温性草甸草原

温性草甸草原类草地是我国温带半湿润地区地带性的天然草地类型，它主要由中旱生多年生丛生禾草及根茎禾草和中旱生、中生杂类草组成，并或多或少混生中旱生小灌木。

在行政区域上，分布于内蒙古、吉林、黑龙江、辽宁、河北、新疆、宁夏、西藏、陕西等。温性草甸草原是我国最好的天然草地之一，草地生产力和质量都比其他草地类型好。其植物种类丰富，牧草生长繁茂，产草量较高。

温性草甸草原类的植物种类组成丰富，以多年生丛生禾草和根茎禾草占优势，杂类草也是草地的重要成分。由于地形、气候等环境条件的影响，温性草甸草原类草地的草群发育茂盛，草群分化明显。

2. 温性草原

温性草原类草地是在温带半干旱气候条件下发育形成的，以典型旱生的多年生丛生禾草占绝对优势地位的一类草地。它在我国分布的地理范围大约在北纬 32°~45°、东经 104°~115° 的半干旱气候区内，大气湿润度 0.3~0.6，基本呈东北—西南向的带状分布。

温性草原类可划分为平原丘陵草原、山地草原、沙地草原 3 个亚类，其中以大针茅、克氏针茅、长芒草、糙隐子草、冰草、溚草、早熟禾等典型旱生丛生禾草及广旱生的根茎型羊草等为优势种组成的草地类型居主体地位，构成温性草原类的基本类型。另外，小半灌木、蒿类半灌木中的一些旱生种，如以百里香、冷蒿为优势种组成的草地类型亦有较大面积的分布。由苔草属及其他旱生杂类草为优势种组成的草地类型很少，它们一般呈零星小片分布。灌木在草群中作用更小，常见的灌木主要是锦鸡儿，其在沙性较强的土壤基质上能形成明显的灌丛化景观。

3. 温性荒漠草原

温性荒漠草原类草地是发育于温带干旱地区，由多年生旱生丛生小禾草为主，并由一定数量旱生、强旱生小半灌木、灌木参与组成的草地类型。包括的行政区域有内蒙古自治区中西部、宁夏回族自治区北部、甘肃省中部、新疆维吾尔自治区全境山地以及西藏自治区南部山地的部分地段。

分布在内蒙古高平原、黄土高原石质低山丘陵的温性荒漠草原属于水平地带性草地类型,位于温带典型草原的西侧,呈东北—西南走向。往西进入荒漠区各山地的温性荒漠草原是构成山地垂直带谱的主要类型之一,位于温性山地草原带之下,形成了荒漠草原带。

温性荒漠草原类进一步划分为平原丘陵荒漠草原亚类、山地荒漠草原亚类和沙地荒漠草原亚类。旱生的矮禾草组、半灌木组、蒿类半灌木组中的一些种类常常是温性荒漠草原类的主要优势种类。常见的伴生种为杂类草组中的一些植株低矮的种类。另外,夏雨型一年生植物在荒漠草原上也有一定比重,尤其是雨水好在干旱年份可形成很大优势。在荒漠草原区则因生境条件的变化(盐碱化、石质化),一些温带荒漠植物也渗入其中,如红砂、短叶假木贼、松叶猪毛菜等。

4. 高寒草甸草原

高寒草甸草原类草地是高山(高原)亚寒带、寒带、半湿润、半干旱地区的地带性草地,是由耐寒的旱中生或中旱生草本植物为优势种组成的草地类型。

高寒草甸草原类草地主要分布在我国的西藏自治区、青海省和甘肃省境内。常占据海拔4000~4500m的高原面、宽谷、河流高阶地、冰碛台地、湖盆外缘及山体中上部等地形部位。分布区气候寒冷,较干旱,但水分条件较高寒草原类草地稍好,属高寒半湿润半干旱气候。

由于该草地的分布生境条件,尤其是水分条件较高寒草原类草地好,因而决定了其植物组成也较高寒草原类草地丰富,伴生种数量多,覆盖度大。在草地中起重要作用的是丛生禾草、根茎苔草和蒿草属的一些植物,它们之中的一些植物常为草地的优势种或次优势种。蒿类半灌木、多年生杂类草在草地中的作用较小,多以伴生种出现在草地上。一般草层高3~10cm,覆盖度30%~50%。

5. 高寒草原

高寒草原类草地是在高山和青藏高原寒冷干旱的气候条件下,由抗旱耐寒的多年生草本植物或小半灌木为主所组成的高寒草地类型。在我国,高寒草原集中分布在青藏高原的中西部,即羌塘高原、青南高原西部、藏南高原。此外,在西部温带干旱区各大山地的垂直带上也有分布。

高寒草原类植物在长期严酷气候条件的适应过程中,选择和创造了寒旱生形态和生活型,其生活型主要有落叶灌木、小半灌木、丛生禾草、根茎禾草、多年生杂类草和一年生植物。在其形态结构上具有叶面小、叶片卷曲,气孔下陷、机械组织与保护组织发达,密被白色灰茸毛,植株矮小呈垫状或莲座状,地下生物量大,根系发达,生育节律短耐寒、抗旱等特点。

高寒草原类草地草群稀疏，覆盖度小，草群低矮，牧草生育节律短。高寒草原类草地植物组成简单，一般每平方米植物种的饱和度有10~15种，少者仅有5种左右。在草群中起优势作用的主要由矮禾草类群中一些抗旱、耐寒的种类组成，如针茅属、羊茅属、早熟禾属、草沙蚕属等，它们中一些种可形成优势。此外，莎草类中的小莎草和杂类草中一些种类，如菊科的凤毛菊属、香青属、紫菀属以及蔷薇科的委陵菜属中的一些种类则是草群中常见的伴生种类。在退化草地上常常出现以豆科草本黄芪属中的一些种类，并在局部地区形成优势。

6. 高寒荒漠草原

高寒荒漠草原类草地是在高原 (高山) 亚寒带、寒带寒冷干旱的气候条件下，由强旱生多年生草本植物和小半灌木组成，是高寒草原与高寒荒漠的过渡类型。该类草地集中分布于我国西藏自治区、新疆维吾尔自治区和甘肃省境内。其在帕米尔高原分布于海拔的山地半阴坡和半阳坡；在昆仑山分布在海拔4500~5300m的高原湖盆外缘、山间谷地、洪积扇、高原面及高山地。

受寒冷干旱的气候条件制约，该类草地植物低矮，植被稀疏，草地植物组成极为简单。在草地中作用较大的为矮丛禾草、蒿类半灌木、根茎苔草、垫状半灌木，如镰芒针茅、座花针茅、紫花针茅、帕米尔羊茅、高山绢蒿、青藏苔草、垫状驼绒藜等。常见的伴生种主要是蔷薇科委陵菜属、菊科火绒草属、凤毛菊属、紫菀属、豆科棘豆属、黄芪属、十字花科燥原荠属、高原芥属等属性的一些植物。

7. 温性草原化荒漠

温性草原化荒漠类草地是在温带干旱气候条件下，由旱生、超旱生的小灌木、小半灌木或灌木为优势种，并混生有一定数量的强旱生多年生草本植物和一年生草本植物而形成的一类过渡性的草地类型。这类草地处于荒漠与草原的过渡地带。它集中分布在我国内蒙古高平原西部、鄂尔多斯高平原西北部、贺兰山以西至祁连山以北的河西走廊一带。其走向由乌兰察布高平原西部开始，向西南翻越狼山，跨过黄河，经鄂尔多斯高原西北部，至贺兰山折向西北，延伸到祁连山以北，呈"U"形包绕在阿拉善荒漠的外缘。再往西北延伸到我国新疆的准噶尔盆地，北部至阿尔泰山山前河谷和台原地带。温性草原化荒漠类草地植被稀疏，种类贫乏，覆盖度低，裸地面积大。

8. 温性荒漠

温性荒漠类草地是在温带极端干旱与严重缺水的生境条件下，由耐旱性甚强的超旱生半灌木、灌木和小乔木为主组成的一种草地类型。

温性荒漠类草地集中分布在我国西北部干旱地区。从内蒙古自治区的乌兰察布以西开始，经宁夏、甘肃、青海的柴达木到新疆维吾尔自治区呈地带性分布，在内蒙古主要分布在阿拉善盟、巴彦淖尔盟、伊克昭盟及乌海市等干旱地带。占据宁夏和甘肃的主要是宁夏的中西部及北部、甘肃的河西走廊的西北地区，包括沿祁连山前的冲积扇及北山和阿拉善高原一带。分布于青海的主要是西北部的柴达木盆地；分布在新疆的主要有准噶尔和塔里木盆地的冲积平原盆地，以及天山南北坡的部分山前低山区和昆仑山北坡的低山带，并包括西部的伊犁谷地及塔城盆地和东部的伊吾、巴里坤盆地及吐鲁番盆地的荒漠草地。在西藏阿里的狮泉河及象泉河与班公湖流域一带也有小面积的分布。

温性荒漠类草地的主要植物成分均具有旱生型结构，是长期适应干旱气候和严重缺水的生境条件下经自然选择而形成的。主要由旱生、强旱生及超旱生小半灌木、半灌木和灌木，以及特有的小乔木（梭梭）组成。构成温性荒漠草地的植物种类成分单一，分布稀疏。

9. 高寒荒漠

高寒荒漠类草地是在寒冷和极端干旱的高原或高山亚寒带气候条件下，由超旱生垫状半灌木、垫状或莲座状草本植物为主发育形成的草地类型，是世界上海拔最高又最干旱，草群极为稀疏、低矮的草地类型。

高寒荒漠类草地分布于我国西部西藏自治区、新疆维吾尔自治区与青海省的交界处，其处于海拔最高、最干旱的内陆高原和高山带。

高寒荒漠类草地生长稀疏，覆盖度多为10%左右，最高不超过20%，群落结构简单，层次分化不明显，草层低矮，草层高多为5~10cm。植物组成简单，以耐寒、耐干旱、抗风的垫状小半灌木和篙类半灌木为优势种，优势种单一、明显。伴生植物种类很少，多为耐寒旱的凤毛菊、青藏苔草等。植物多呈垫状或莲座状，叶片密被绒毛或肉质化，以减少水分蒸发。

10. 暖性草丛

暖性草丛类草地是在暖温带（或山地暖温带）、湿润、半湿润的气候条件下，由于森林植被连续受到破坏，原来的植被在短时间内不能自然恢复，而以多年生长草本植物为主形成的一种植被基本稳定的次生草地类型。

暖性草丛类草地广泛生长发育在我国暖温带地区的东南部湿润、半湿润地带和低纬度山地的暖温带。从南到北大约跨越10个纬度带。按行政区划包括辽宁省的南部，河北省坝下以南地区，北京、天津、山西省恒山至兴县一线以南，山东省全部，河南省豫西山区，陕西省黄土高原南部，渭河中上游流域以及秦岭北坡，甘肃省东南部，江苏省的苏北平原，安徽省的淮北平原，西藏东南部低海拔河谷地区。在亚热带地区的云贵高原、四川盆周山地、湘西与鄂西山地的中山带。由于山体增高，气温下降呈山地暖温带气候，在山地草甸带之下亦有暖性草丛类草地分布。

暖性草丛类草地的植物种类组成比较丰富，以多年生中型禾草为主。少数高大禾草、小型莎草、矮禾草及蒿类半灌木在不同的地区亦可占据优势，形成以不同类草本植物为主的草地型。由于受地形、气候以及人为因素的影响，草地的种类组成与原生植被受破坏的程度和时间长短亦有较密切的关系。一般情况下受破坏越严重，时间越长，草群的种类组成越稳定，否则相反。

11. 暖性灌草丛

暖性灌草丛类草地是在温暖带（或山地暖温带）、湿润、半湿润气候条件下，森林植被长期遭受破坏，原有植被短期内不能自然恢复，而形成以暖性中生或旱中生多年生草本植物为主，其中散生有灌木或零星乔木，植被相对稳定的次生草地类型。

暖性灌草丛类草地广泛生长发育在我国暖温带地区的东南部湿润或半湿润地带和亚热带山地海拔 1 000 ~ 2 500m 的山地垂直带。

暖性灌草丛草地在我国的地理分布与暖性草丛类草地大致相似，分布地区主要有两大片，第一片是暖温带东部地区，从南到北横跨 10 个纬度带，即北纬 31°~42°，第二片是亚热带山地地区，包括云贵高原和西藏东南部。按行政区划包括辽宁省南部，河北省坝下以南地区，北京，天津，山西省恒山至兴县一线以南，山东省全部，河南省的豫西山地，陕西省黄土高原南部，渭河中上游流域以及秦岭北坡，四川省盆周山地，湖南、湖北西部的山地，江苏、安徽的苏北、淮北平原，甘肃东南部，云贵高原和西藏东南部林芝、昌都地区。在亚热带地区的中山带以上，由于山体增高，气温下降呈暖温带气候，在山地草甸带之下亦有暖性灌草丛类草地分布。

暖性灌草丛的植物种类组成以喜温的种类为主，但也有一些热性牧草和世界广布种成分掺入，如野古草属、白茅、菅属、蕨属。暖性灌草丛类草地的结构层次分明，分为灌木层（或乔木层）和草本层，灌木层高 80 ~ 200cm，草本层高 30 ~ 100cm。草群的种类组成较简单，优势种明显，常由单优势种组成，或 1 ~ 3 种共同占优势。各层植物生长都较茂盛，密度大，覆盖度高。

12. 热性草丛

热性草丛类草地是在我国亚热带和热带地区湿热的气候条件下，在森林植被连续受到破坏、连年不断地烧荒、过度放牧和水土侵蚀的情况下，或者耕地多年撂荒后，而次生形成的以多年生草本植物为主体，间混生有少量的乔木或灌木（郁闭度均在 0.1 以下），植被基本稳定的草地类型。该热性草丛类草地分布范围很广，在我国亚热带常绿或落叶阔叶林区和热带季雨林区都有分布。其北部以秦巴山地和淮河为界，西界为青藏高原、在西南边缘地带的河谷，分布上限可达中山带以上，海拔高度可达 2 000 ~ 2 800m。

该类草地的种类组成、草群结构、生产能力、饲用价值等经济特性，因受自然因素和人为因素的综合影响，不同地区有较大差别。在草群的种类组成中热性草丛类草地以禾本科牧草占绝对优势，其中以高、中禾草为主，在草地的草群组成中占主导地位。

13. 热性灌草丛

热性灌草丛类草地是在热带和亚热带地区湿热气候条件下，由于原来的森林植被受到反复的砍伐或烧荒破坏后，形成的一种以多年生草本植物为主体，散生有少量乔木和灌木（郁闭度在0.4以下），植被相对稳定的次生草地类型。

热性灌草丛类草地在种类组成上较热性草丛类草地复杂，种类、成分繁多且不一致。草群中既有原始森林破坏后残留下来的高大乔木和人工种植的次生树种，常见的有马尾松、云南松、桉树、青冈栎等，其郁闭度多在0.1～0.3；又有一定数量的灌木，其郁闭度在0.4以下，常常与高大禾草处在草群的上层。

14. 干热稀树灌草丛

干热稀树灌草丛类草地是在我国热带地区和具有热带干热气候的亚热带河谷底部极端干、热的气候条件下，在森林被破坏后而次生形成的草地类型。

干热稀树灌草丛类草地，不论其生态环境，还是其草群结构和外貌，都与热带稀树干草原有许多相似之处。干热稀树灌草丛类草地，在人为因素的干扰下，由于森林被破坏后形成的，是一种次生性类型，这与热带地区的稀树干草原在成因上有着本质的不同。但从其草群的稳定性上看，又与热带稀树干草原相似，而有别于热性灌草丛类草地，该类草地较热性灌草丛类草地更稳定。

干热稀树灌草丛类草地的种类组成中多为喜阳耐旱的热带成分，这是该类草地种类组成的一个特征。稀树的种类有木棉、厚皮树、云南松等，一般平均高3～7m。分枝较低并向四周伸展，树冠常形成半圆形。郁闭度从大面积上看通常小于0.1。草群中的灌木多为常绿种类，丛生，疏密不均，其高度一般在100cm左右。散生在草群中的常绿灌木，在旱季草本植物枯黄时，呈现出与稀树干草原干旱季节截然不同的外貌景观。常见的种类有余甘子、坡柳等。常见的优势草种有扭黄茅、华三芒、双花草等。雨季生长迅速，一片葱绿，干季则呈枯黄景观。

15. 低地草甸

低地草甸类草地是在土壤湿润或地下水丰富的生境条件下，由中生、湿中生多年生草本植物为主形成的一种隐域性草地类型。由于受土壤水分条件的影响，低地草甸的形成和发育一般不成地带性分布，凡能形成地表径流汇集的低洼地、水泛地、河漫滩、湖泊周围、滨海滩涂等均有低地草甸的分布。就是在气候干旱、大气水分不足的荒漠地区，在水分条件较好或地下水位较高的地方，亦有低地草甸类草地出现。所以低地草甸多呈斑块状、条带状或环状，零散地分布在不同类型的草地之间。

低地草甸类的饲用植物比较丰富，经济类群和种类组成多样。

16. 山地草甸

山地草甸类草地是在山地温带气候带且大气温和与降水充沛的生境条件下，在山地垂直带上，由丰富的中生草本植物为主发育形成的一种草地类型。

山地草甸类草地多处在我国温带和暖温带的东北、华北的中低山，西北各大型山地和青藏高原东部的中山及亚高山垂直带上，在南方亚热带的高中山地区亦有分布。山地草甸类草地不仅受纬向热量气候带的强烈影响，也承受着不同程度的经向湿润、干旱及半干旱气候因素的深刻制约，因此分布在南北各大山地的海拔高程及带幅宽度多有差异。

17. 高寒草甸

高寒草甸类草地是在高原（或高山）亚寒带和寒带寒冷而又湿润的气候条件下，由耐寒（喜寒、抗寒）性多年生、中生草本植物为主或由中生高寒灌丛参与形成的一类以矮草草群占优势的草地类型。

高寒草甸类草地集中分布在我国青藏高原的东部和帕米尔高原，以及天山、阿尔泰山、祁连山等高大山地的高山带，在太白山、小五台山以及贺兰山山地上部亦有零星分布。

草地植物组成比较简单，外貌比较单调，每平方米约有饲用植物20种。草群低矮而覆盖度大。高寒草甸类草地因长期处在寒冷、大风的气候条件下，草群低矮，草层分化不明显，一般只有一层。多数草地类型的平均高度只有 $5 \sim 15cm$，如高山嵩草草地的草层平均高度只有 $2 \sim 5cm$。大量的伴生植物基生叶非正常发育，形成垫状或莲座状。草群生长密集，覆盖度大，一般多在 $80\% \sim 90\%$，有许多地方往往呈郁闭状态。

18. 沼泽类草

沼泽类草地是在地表终年积水或季节性积水的条件下，由多年生湿生植物为主形成的一种隐域性的草地类型。

沼泽类草地的分布十分广泛，不受地带性气候的限制。它的形成和发育主要受地表积水和地下水的影响，在暖季多雨和冷季低温的低洼地、河流一级阶地、湖泊周围、泉水汇集处，沼泽类草地均比较茂盛。

(二) 草地改良和人工草地建设

1. 草地改良

草地改良是对天然草地采取一定的农业技术措施，调节和改善草地生态环境中土、水、肥、气、热和植被等自然因素，促进牧草生长，提高草地生产能力的一种方法。被施以改良措施后的改良草地，可称为半人工草地。

（1）浅耕翻。浅耕翻是一种农业耕作方式，指的是在土地表层进行轻微的犁耕或翻耕，以松土、除草来改善土壤通气性和保持土壤湿度。这种耕作方式通常不会破坏土壤结构，有助于保持土壤的肥力和水分，同时减少土壤侵蚀的风险。浅耕翻有一些明显的优点。它可以有效地控制杂草的生长，通过松土和翻转土壤表层，浅耕翻可以将杂草的种子暴露在阳光下，使其难以生长和繁殖，从而减少对农作物的竞争。

浅耕翻可以改善土壤的通气性和排水性。轻微的犁耕或翻耕可以打破土壤的紧密结构，增加土壤的孔隙度，有利于根系的生长和氧气的进入。同时，这也有助于改善土壤的排水性，避免水分积聚导致的水浸和根部缺氧问题。

浅耕翻可以促进有机物质的分解和循环利用。在犁耕或翻耕的过程中，残留的植物残体和有机肥料会更容易与土壤混合，促进有机物的分解和养分的释放，提供植物所需的养分。

然而，浅耕翻也存在一些潜在的问题。频繁的犁耕或翻耕可能会破坏土壤结构，增加土壤侵蚀和水分蒸发的风险。此外，过度依赖浅耕翻可能导致土壤质量下降，降低土壤的有机质含量和肥力。

因此，在实施浅耕翻时，需要根据具体的土壤条件和农作物需求来进行合理的操作。结合保护土壤和提高农作物产量的目标，可以采取措施，如合理的轮作制度、有机肥料的施用、覆盖物的利用等，以最大限度地发挥浅耕翻的优势，同时减少潜在的不利影响。

（2）施肥。施肥是改良、培育草地的有效措施之一。牧草每年耗去土壤大量肥力，特别是生产性能很高的放牧兼用草地，土壤每年输出的营养物质更多。为恢复和提高草地土壤肥力，提高牧草产量和质量，必须对草地施肥。

目前，我国草地施肥多限于小范围试验示范，主要在人工草地和割草地上进行。施用的肥料有厩肥，氮（N）肥、磷（P）肥、钾（K）肥各种化肥，B、Mo、Zn 等微量元素和稀土元素肥料，以及其他生物肥料，施用效果均十分明显。

在内蒙古、新疆、青海、四川、甘肃、西藏等省、自治区的牧区天然放牧场，利用放牧牲畜排出的粪、尿对草地施肥，还利用移动牲畜宿营地实行对草地的施肥。采取围栏、轮牧及移动放牧营地的方法能起到良好的施肥作用。

另外，我国大力发展生物肥料，扩大豆科牧草种植面积，同时推广豆科牧草根瘤菌接种措施，以补充氮肥不足。豆科牧草具有固氮作用，根瘤菌接种能有效提高固氮能力。

（3）灌溉。我国草地多处于干旱和半干旱地区，其中北方草地缺水严重影响了牧草生长和畜牧业发展。自新中国成立以来，我国草地牧区先后开展了草地水利建设，开发缺水草地，解决草地灌溉和牲畜饮水问题，使草原灌溉事业有了很大发展。灌溉可使草地牧草产量提高6~9倍，并改善草群的组成和品质。灌溉的主要形式如下。

第一，地下水灌溉。采用打井、截伏流等方式，采集地下水灌溉人工草地、饲料地和围栏草地。在内蒙古毛乌素地区地下水位高的沙地草地，通常采用打流沙井的办法，灌溉围封的小片草地、饲料地（草库仑）。

第二，引洪漫灌。采用简单的工程将洪水引到天然草地或刈草地上进行灌溉。引洪漫灌可大大提高草地有机质，改善土壤结构和土壤理化性质，提高牧草产量和质量。该措施在全国有灌溉条件的草地被广泛运用。

第三，修建水利工程实现草地灌溉。通过兴修水库、挖水渠和铺设地下输水管道等，大面积灌溉草地。

第四，集地表水灌溉。我国南方草地多位于雨水充沛，且多位于山地、草地径流丰富、多溪流的地区，可利用草地上的水源，挖沟引水灌溉。在山坡草地上每隔垂直高差30~40m，按等高线开挖环山截流沟拦截山水，既能减少径流冲刷，又能灌溉草地。在峡谷、洼地挖掘山塘或小水库，引溪水入塘、入库，雨季用于蓄水，旱季用于草地灌溉。

（4）封育。封育是对退化草地实行围栏保护，严格控制放牧强度，给草地以休养生息和再生能力，恢复、提高草地生产力的措施。草地封育措施是广大牧民在长期生产实践中的经验总结。目前，结合草地承包责任制的落实，草地封育工作有了很大进展，并在我国草地保护方面和促进草地畜牧业发展中发挥了重要作用。

（5）飞播牧草。飞播牧草是一种播种方法，用于种植牧草或草坪。它也被称为空中播种或空投播种。这种方法使用特殊的设备将牧草种子从空中投放到土地上，以覆盖大面积的土地。现在飞播种草不但技术过关，走上了规范化管理轨道，而且已大规模应用于草地生产。飞播牧草现已成为大规模、高速度改良我国草地，促进草地牧业发展，振兴农牧区经济，治穷致富和治理国土的有效措施。飞播牧草的主要技术措施如下。

第一，播区的选择和地面处理。播区应选择自然条件适宜、集中连片、迫切需要改良的草地。飞播前对播区要因地制宜地采取不同方式进行地面处理，如机耕、机耙、畜犁和人力耕翻、穴垦、烧山、使用除草剂清除杂草或原有植被，飞播后利用家畜踩踏进行覆土。

第二，草种的选择。选择适宜当地生长、繁殖，以及能形成自然群落的优良草种。根据需要可以采用一年生牧草和多年生牧草混播，豆科牧草和禾本科牧草等不同草种、不同比例播量的混播方式。

第三，种子检验和种子处理。对未经检验的飞播牧草用种子，须播前进行发芽率和纯净度的测定，以确定播量。豆科牧草种子，飞播前须进行丸衣化接种根瘤菌，硬实率过高的豆科牧草种子播前应采取处理措施。有芒的种子播前要进行去芒处理。

第四，播期的选择。作业组要与气象部门密切配合，掌握播区的气象规律，选择最佳播期，避免大风作业。南方多为秋播。

第五，飞行作业和地面补播。飞行作业前要做好播区勘察、绘图立标、设置位号以及运种、接种、测定等准备工作。飞行作业过程中，发现有漏播或落种不均匀时，要及时同机组联系，进行修正。

（6）火烧。火烧是一种古老的草地改良措施。尽管目前对火烧草地的认识还不一致，但它的效益是值得肯定的。合理应用烧荒，可促进牧草复壮，提高草地生产能力，是现代化草地管理的简易手段。

我国南方草山区，如四川省的川西北、川西南和盆周山区、贵州省大部分灌草丛草地、湖南省湘西等山地灌丛草地、亚高山灌丛草地、放牧价值较低的密灌丛以及平原半沼泽草地，均广泛推行火烧措施进行改良。通过火烧可烧死新生幼小灌木，抑制灌丛生长；同时提高地温，烧掉枯枝落叶，促进牧草生长，使当年及次年牧草产量明显增长。通过火烧可使牧草返青提前20天、枯黄期延迟20天，即等于增加草地利用期40天，有利于牲畜的早春放牧和抓膘。火烧在清除和控制有害灌木方面，其效果优于除莠剂，因除莠剂不仅成本高而且并非对所有灌木都起作用。火烧还可以烧死栖于灌丛下面越冬的牲畜寄生虫，可明显降低牲畜的病虫害发生率。

火烧宜在湿润草地、雨量充足、植株高、植被密度大的草甸草地区进行。雨量少的草原区、荒漠区不宜采用火烧。火烧季节宜选择早春或冬末为好。清除灌木或毒害草，一般应在其枝叶干枯或含水分较少的时期进行。

2. 人工草地建设

人工草地是开发草地资源，发展草地畜牧业的重要措施之一。建立人工草地可大幅度提高草地生产能力，人工草地的产草量比天然草地高4~5倍。人工草地采用禾本科和豆科牧草混播，能繁殖大量根系，防止水土流失，并防止杂草侵入和病害传播。

首先，人工草地的植被能够有效地保护土壤。草地植被的根系能够牢固地固定土壤颗粒，阻止其被水流冲刷。同时，草地的茂密植被能够阻挡雨滴直接撞击土壤表面，减少了冲击力，有助于减缓水流速度，减少水流的侵蚀作用。这样一来，草地可以起到保土固壤的作用，有效减少了水土流失的风险。

其次，人工草地还可以增加土壤的持水能力。草地植被的根系可以扎根于土壤中，形成一种天然的水源调节系统。植被的根系能够吸收和储存雨水，将多余的水分保持在土壤中，防止过度蒸发和流失。这样可以增加土壤的含水量，提高土壤的保水能力，减少干旱时期土壤水分的流失，进而降低水土流失的风险。

最后，人工草地还有助于改善土壤质量。植被的生长过程中会产生大量的有机质，这些有机质在分解过程中会释放出有益的营养物质，丰富土壤的养分含量。这种有机质的积累可以改善土壤的结构，增加土壤的保水能力和抗侵蚀性，从而进一步减少水土流失的可能性。

综上所述，人工草地建设是一种可行的植被防治水土流失的方法。通过种植适宜的植被，人工草地可以有效地保护土壤、增加土壤的持水能力，并改善土壤质量，从而减少水土流失带来的环境问题和生态灾害。这项工作对于维护生态平衡、保护土地资源具有重要意义。

第二节　植被措施中的生态水文原理

一、植被对降雨产流产沙的影响

(一) 减弱降雨侵蚀能量

水力侵蚀是引起该地区水土流失的主要因素，雨滴的侵蚀形式主要表现为溅蚀，其作用是分散和溅起土壤颗粒，破坏土壤结构。尽管雨滴直径通常不足 6mm，但由于降落过程中通常具有较大的能量，对土壤颗粒的打击力很大，因而对土壤造成了溅散量。

实际上，林冠降雨在整个过程是变化的。阔叶树种在降雨初期，叶片未充分湿润时，冠滴雨一部分被叶片截留，剩下部分也由于叶片表面绒毛的作用，产生表面张力作用，暂时滞留，附着在叶子表面，积聚成大雨滴而滴落到下一层叶子上；当树叶充分湿润后，叶片上有一层水膜，叶片的绒毛对雨滴已没有作用，因此，降落到叶片的雨滴很容易滑落，尤其当雨强较大时，冠滴雨在冠层内层层滴落，直至穿透林冠到达地面。因此，冠滴雨与树种的叶片表面特性及林冠结构有直接关系。针叶树种由于林冠层的针叶多不胜数，雨滴与之撞击分散，或在针叶上汇聚成较大的水滴落下的机会很多，这就造成了林内降雨细小雨滴出现频率高、大雨滴在林地上分布均匀和雨滴中数直径较大的特点。

天然降雨雨滴在降落过程中，会受到重力与空气阻力的共同作用。当这两种力达到平衡时，雨滴以匀速降落，称作雨滴终速。在到达终速前，雨滴的降落速度则随高度而变化，雨滴终速取决于雨滴的大小和形状。雨滴降落速度反映了雨滴动能的大小，从而也反映了雨滴对土壤侵蚀作用的强弱。在林地内由于树木高度有限，较大的林冠降雨雨滴在降落到林地上时可能还达不到其对应的终点速度。森林内的高大乔木能否减弱林地坡面的土壤侵蚀，一直是个有争议的问题。森林植被的地上部分及其地被物能够拦截降雨，避免雨滴直接打击地表，然而林冠是否可以起到消能的作用，取决于林冠的特性与高度：在林冠截留未饱和时可以起到一定的消能作用；一般在高强度降雨时可以起到消能作用，在低强度降雨时作用有限；当林冠高度达到8~9m时，雨滴已达终速，失去消能作用，且由于形成相当数量的大雨滴反而易增加溅蚀强度。

（二）冠层截留

在降雨发生初期，雨滴降落到树木的叶、枝、干等树体表面，由于表面张力和重力的平衡作用而被枝叶表面截留，于是产生降雨的第一次分配。水被吸附并积蓄在枝叶分叉处及其表面，达到一定数量后，表面张力与重力失去平衡，一部分截留水分由于重力或风的作用从树上滴落，称为林内穿透量；另一部分从叶片顺着树枝和树干流到林区地表，称为树干茎流量。树干茎流量随林外降水量的增大而增大，但其占林外降水的比例较小，一般变动于1%~5%。在降雨继续期间某时段内林冠上空的雨量即林外雨量，从中减去林内雨量和树干茎流雨量，剩下部分即该段降雨时间内，从树体表面通过蒸发返回到大气中的雨量和降雨终止时树体表面还保留的雨量，这部分雨量即称为该段时间内的林冠截留雨量，截留雨量所占林外雨量的百分比称为林冠截留率。

林冠的截留使雨水在向林地下落过程中，在数量、空间上重新进行分配，一部分雨水被暂时容纳，并通过蒸发返回到大气中；同时，林冠在这个过程中使雨水下落时所具有的动能发生重新分配，改变和调节了降雨动能，起到减少水蚀的作用。

我国生态系统林冠年截留率由大到小排列为：热带山地雨林，亚热带西部山地常绿针叶林，热带半落叶季雨林，温带山地落叶与常绿针叶林，寒温带、温带山地常绿针叶林，亚热带竹林，亚热带、热带东部山地常绿针叶林，寒温带、温带山地落叶针叶林，温带、亚热带落叶阔叶林，亚热带山区常绿阔叶林，亚热带、热带西南山地常绿针叶林，南亚热带常绿阔叶林，亚热带山地常绿阔叶林。

（三）草本截留

草地冠层截留大体上遵循与森林冠层和作物冠层相同的截留原理和规律。但林冠截留损失比草本截留损失大，原因有两个：一是林冠具有较大的截留容量；二是林冠具有较大的空气动力学阻力，进而增加截持雨量的蒸发。截留量草本植物冠层能拦截更多的降雨。与森林冠层一样，草地冠层在截留降雨时，不仅减少了到达地面的实际雨量，而且减弱了雨滴的溅蚀和雨滴对坡面薄层水流的干扰，从而减轻了对土壤的侵蚀。

草被层的截留能力受种类组成、高度、盖度、单位盖度的密度等因素的影响。这些因素又与不同森林类型及由该类型乔木层、灌木层形成的光照、湿度、养分小环境组合相关。

（四）枯落物截留

枯落物层是由林木及林下植被凋落下来的茎、叶、枝条、花、果实、树皮和枯死的植物残体所形成的一层地面覆盖层。

经过林冠、下草截留之后漏下的雨水到达林地，其中一部分被枯枝落叶吸附，随后即蒸发到大气中，这部分雨量叫作林地枯枝落叶截留雨量。枯落物层在蓄留降雨，阻滞和过滤地表径流及减少林地蒸发，在改善土壤结构和防止击溅侵蚀等方面具有重要的水文作用。植被枯枝落叶层吸持水量的动态变化对林冠下大气和土壤之间水分和能量传输具有重要的影响。植被枯枝落叶层具有较大的水分截持能力，从而影响到穿透降雨对土壤水分的补充和植物的、延长地表径流时间的作用。枯枝落叶层具有比土壤更大的孔隙，因此其水分也就更易蒸发，同时可抑制土壤蒸发。

枯落物层持水量动态变化在森林水文循环中的意义在于其对林冠下大气和土壤之间水分和能量传输的影响，特别是森林枯落物层持水性能的大小与森林流域产流机制密切相关，它受组成、林分类型、林龄、枯枝落叶分解状况和累积状况、前期水分状况、降雨特点（降水大小、强度高低、历时长短）的影响。

不同灌木林，其下枯落物的最大持水量也不同。不同群落的枯落物截留降水量与林外降雨量有不同程度的线性相关关系，而林内降雨量与枯落物截留量之间存在幂函数关系。同林型内，过熟林中枯落物截留水分的能力相对较弱。同时，枯落物层的截留作用及截留量的大小，除去枯枝落叶层的数量和质量，还与枯落物的湿润程度相关。

枯落物层在蓄留降雨方面有着很重要的作用，特别是对降水量与雨势小的毛毛雨的截留作用更为突出。

二、植被对流域蒸散发影响

森林蒸散发包括蒸发与蒸腾两个过程。蒸发包括土壤和植物叶、枝、干表面的水分蒸发，这是一个物理过程。蒸腾是指植被中所有乔木、灌木和草本植物通过叶片气孔和皮孔散发出水分的生理过程。

(一) 植被蒸腾规律

植被蒸腾主要与气象因素、土壤特征、植被特征等有关。气象因素主要有降水、太阳辐射、平均温度、平均相对湿度、风速等；土壤特征主要有土壤质地、土壤含水率等；植被特征主要有植被类型、冠层结构、气孔阻抗等。

1.气象因素对植被蒸腾的影响

降水是区域水量的补给源，也是蒸发和蒸腾的水源。蒸散量受降雨量影响较大。森林蒸散没有明显的生长季和非生长季之分，月蒸散量高低值差异较小，蒸散量的时间分布和降水量分布比较一致。

草地蒸散量受降水量影响显著，其变化呈抛物线，随时间先增加后减少。而短期，植被蒸腾速率日变化总趋势是早晨的蒸腾速率较小，随着气温的升高，蒸腾速率逐渐上升，到中午12时左右达到最大值，从15时开始下降，此后一直处于下降状态。但日蒸散量受外界因素影响明显，每次降雨或连续阴雨后一定时段内均相应出现一个蒸散峰值，然后蒸散量逐渐减少，直到下一次降水这种情况再次重复。降水后植被的蒸腾耗水和土壤蒸发同时增加，这时作物蒸腾和土壤蒸发的主导因子为大气蒸发力。随着土壤水分的减少，植被通过自身的生理调节从而使气象条件的影响减弱，土壤水分条件成为影响蒸散的主要限制因子。

干旱程度与降雨方式也与蒸散量有很大关系。雨季或多雨年份水分供应充足，蒸散量绝对值较高，但蒸散降水比值较低，降雨强度越大，蒸散降水比越小。

太阳辐射是植被蒸腾所需要能量的主要来源，蒸腾速率与辐射相关最密切。蒸腾速率的日变化也表现出了与太阳辐射日变化的高度一致性。一般凌晨前和傍晚后各树种叶片的蒸腾强度较小，而在午间14时左右则达到最大值。辐射对空气和植物体产生增温效应，当气温上升时蒸散强度也随之增大。当大气温度升高时，植被的光合作用强度会随之增大，蒸腾作用就会增强；反之，当大气温度降低时，植被的光合作用强度减弱，蒸腾作用也相应减弱。这表明平均温度与植被的蒸腾速率成正相关，但在高温地区，结构简单的森林群落，其蒸散量远低于裸地，这与高温抑制了植物的蒸腾作用而使土表蒸发加强有关。

蒸散的大小与近地面层的空气相对湿度有关。当空气中相对湿度大的时候，下垫面的水分交换减少，植物蒸发到空气的水分减少；反之，空气相对湿度越小，地表和大气的水分交换越多，蒸散就越快、越多。近地面空气流动过程伴随水汽和二氧化碳的扩散传递以及热能的传递，进而影响植物蒸腾和地表蒸发。风速与实际蒸散量呈正相关关系，即风速越大，蒸散也相应增大；风速越小，蒸散相应减少。特别是在干旱半干旱地区，因平均风速较大，其对蒸散的影响尤为显著。

2. 土壤因素对植被蒸腾的影响

（1）在通常情况下，草原群落蒸发、蒸腾及蒸散均随土壤水分增加而增大，但当土壤水分过多时，群落蒸腾由于植物受涝而降低。植被盖度越高的草地类型，蒸散量与土壤含水量的相关性越低，即盖度越高，土壤含水量对蒸散量的影响越小；反之，亦然。

（2）在低土壤含水量条件下，群落蒸发随土壤黏粒含量增加呈线性降低。因为在较干的土壤中，缺少毛管水，以吸附水为主。黏粒越多，其表面积越大，吸附力也越大，从而导致蒸发随黏粒含量增加而降低。在高土壤含水量条件下，群落蒸发随土壤黏粒含量增加而升高。但是土壤含水量越高，其最大值越滞后，如果土壤黏粒含量再增加，则蒸发呈降低趋势。因为在含水量较高时，土壤水是以毛管水为主，土壤黏粒增加会增加其毛细管作用。

（3）不同土壤含水量的群落蒸发，均随土壤紧实度增大而升高，并先后达到最高值。土壤含水量越低，蒸发达最高值越滞后。

（二）植被对流域蒸散发影响规律

1. 植被变化对流域蒸散发量的影响

在黄河流域、秦岭和东北等地，森林植被的破坏或森林覆盖度的降低一般会导致径流量增加，蒸散发量降低。这主要是由于森林被砍伐后，降低了冠层的蒸腾，增加了产流量。而在长江流域情况则相反，森林的砍伐会导致流域产流量降低，蒸散发量增加，蒸散发量占降水量的比例增加。对于长江流域与其他流域得出的相反结论，这是因为，在长江上游地区，山高谷深，气候湿润，潜在蒸散发量与实际蒸散发量接近，在这种气候条件下森林生长并不一定引起实际蒸发量的显著增加。相反，由于森林的调蓄作用，使河流洪水减少，平水期流量增大，森林体现出涵养水源的作用。因此，森林的破坏反而可能导致流域径流量的降低。而在干旱半干旱地区，如黄土高原等，年潜在蒸散发量大于实际蒸散发量，甚至可以大一倍以上。由此可见，森林的生长必然引起冠层蒸腾量增加，流域的蒸散发量增大；砍伐森林则导致流域的蒸散发量降低，径流量增加。

流域内的植被覆盖常常会受到人类和自然因素的干扰。在各种因素的干扰下，植被覆盖可以不断演化，以减轻干扰的负面影响。当植被在没有遭受严重性破坏的范围内变动时，流域总蒸散发量也在一个稳定的区间内变动，且其具体值具有抵抗突发变化的自动恢复功能。流域总蒸散发量的变化范围是由流域的气候条件和水文地质条件共同决定的，与植被覆盖变化无关，是一个客观存在的量。流域总蒸散发在这个范围内具体值的变化是由气候条件和水文地质条件在各个丰枯水周期的差异引起的，而非植被覆盖情况。只有当植被遭受破坏或改造后，在一个丰枯水周期内仍不能达到稳定时，才可能对流域总蒸散发量产生影响。

2.植被覆盖率对蒸散发的影响

在非湿润地区，蒸散发是降水的主要消耗方式，其组成部分主要包括植被冠层蒸腾、土壤蒸发及冠层和地表洼地对降水的截留蒸发等。通常情况下，我国北方非湿润地区的年蒸散发量可以占到年降水量的80%左右。其中植被的蒸腾和冠层的截留蒸发作为蒸散发的主要贡献者，与植被的覆盖状况有密切的关系。

在黄土高原地区，植被越多的地方，蒸散发也越大，反映出植被的增多对增加区域蒸散发所做的贡献越大。在长江源区，东部地势较低，植被覆盖率高，蒸散作用强烈；西部和北部地势较高，植被覆盖度较小，蒸散量也较小。

蒸发效率是实际蒸散发和潜在蒸散发的比值，反映了植被和土壤获得水分并用于蒸腾和蒸发的能力。从能量转化的角度，蒸发效率在一定程度上反映了地表生态系统将辐射能量转变为潜热通量的能力。黄土高原植被覆盖程度越密集的地方，其蒸发效率也越高。考虑降水的控制作用，即在相对湿润的环境中，植被覆盖和蒸发效率都较高。这可能是因为植被较密集的地区，植被能更有效地利用土壤水分从而产生更多的蒸腾，并伴随冠层对降水更多的截留，从而导致产生更大的蒸发效率。

蒸发系数反映了降水在蒸散发和径流之间的分配比例，蒸发系数越大，表示有越多的降水通过土壤蒸发、植被蒸腾和冠层对降水截留蒸发等不可见的形式消耗；从生态水文学中蓝水和绿水的观点看，即降水转化为不可见的绿水部分(蒸散发)的比例越高，而转化为可见的蓝水部分(径流)的比例就越少。黄土高原地区降水量相对更高的流域，其植被覆盖率越高，流域蒸散发占降水的比例就越低。

三、植被对径流的影响

(一)植被对坡面径流的影响

径流是降水落到大地的运动方式。产流就是降雨产生径流的过程和方式。一般径流的产生必须具备两个条件：一是降雨量超过土地持水量；二是降雨强度超过渗入强度。两个条件只具其一，就能产流。前者称为蓄满产流，后者称为超渗产流。

1.坡面径流机制

坡面流是指由降雨或融雪形成的在重力作用下沿坡面流动的浅层水流，它是在降雨量超过土壤入渗和地面洼蓄能力时发生的。坡面流经由地面进入河道，是形成河道水流的主要部分。坡面流在分水岭附近呈均匀覆盖的水层，称为片流。当形成细沟时则集中在细沟内流动，称为细沟流。

坡面流最大的特征就是均匀覆盖地表，水深很小，与地表的微小起伏属同量级，地面微小突起都可能超出坡面流表面。受不规则地形的影响，径流总是向相邻的较低处汇集，形成辫状交织的水网。在雨强较小时，坡面产流很少，局部流动甚至没有明确的流动方向。坡面流还具有许多特有的水力特性。

（1）坡面流在流动过程中，一方面得到降雨的补给，另一方面又消耗于土壤的入渗，不论降雨或入渗，在时间和空间上都是变化的。因此，坡面流往往为非恒定非均匀流，即使是在无入渗的水泥、柏油路面或机场上的水流，由于降雨的影响也是如此。

（2）在山坡顶部接近分水岭处，坡面流水深很小，水流雷诺数处在传统的明渠层流范围内。随坡长增加，水深增大，雷诺数可逐渐增大至紊流区内，由于受不规则地形的影响及降雨的扰动，水流结构将完全处于紊流状态。

（3）由于坡度沿程变化较大，加上局部地形起伏的影响，使水深可低于、可高于或（或相反）临界水深；水流可为缓流、可为急流（或相反），在急流向缓流转变处也会有水跃发生。

（4）由于降雨阵性特点及局部泥沙堆积形成"筑坝"现象，坡面流可能出现不稳定状态，并引起滚坡或常称为"雨波""径流浪"。

（5）因坡面流水深很小，边界粗糙和微地形的变化都会对流动特性产生显著作用，使流动特性发生重大变化。因此坡面流的水深复杂多变，已不易直接测定。但实验结果揭示了其基本规律，即随着流量的增大，坡面流平均水深增大；随着坡度的增大，平均水深减小。流量较小时平均水流深度差异很小，随着流量的增大，坡度对水深的影响也逐渐增加。另外，随着坡度从小到大变化，水深的差异逐渐减小。用逐步多元回归方法分析后发现，与坡面流平均流速相类似，坡面流水深与流量和坡度间呈线性关系。

（6）因水层很薄，雨滴即对水面的打击会增强水流紊动，加大水流阻力，即雨滴附加阻力存在，并影响其他水力特征。这些影响，又随水深、坡度等因素而变。

（7）坡面流流速。根据传统水力学的观点，坡面流流速应为流量和坡度的幂函数，但在侵蚀细沟内，水流速度与坡度无关。随着坡度增大，水流速度有增大的趋势，但这种趋势被随之而来的阻力增大所消除，结果水流速度仅是流量的函数。随着流量和坡度的增大，坡面流平均流速呈幂函数增加。流量较小时不同坡度间的平均流速差异很小；随着流量的增大，坡度对流量的影响逐渐加强。张光辉的实验结果显示，流量对坡面流平均流速的影响明显大于坡度，尤其是流量较小时更是如此，平均流速与流量和坡度间呈简单的线性关系。

坡面流的水力特性取决于许多因素，如降水（或融雪融冰）强度和历时、土壤质地或种类（表现在入渗能力上）、前期水分条件、植被密度和类型、地貌特性（包括洼坑和小丘的数量、大小）、坡度和坡长等。另外，还有边界稳定性（可动或不可动）条件。

2. 植被对坡面径流影响

乔灌木和草本均能起到减少坡面径流的作用，但不同类型植被对降雨径流的效果和影响并不相同。乔灌型植被减小坡面径流的效果最好。林地与草地对坡面径流的调蓄存在显著差异，其中林地能更好地调蓄径流。

降雨是水土流失的原动力，与坡面径流有密切关系。影响径流量的主要因子为降雨量和10min最大雨强，呈现出极显著的正相关关系，出现降雨量较大或雨强较大的降雨，土壤含水量很快达到饱和，导致降雨不能被土壤完全储存和吸收，绝大部分形成了地表径流；地表径流与降雨强度间也存在显著正相关关系，雨强越大，降雨就越易形成径流，其径流量越大。植被类型和雨强对径流有显著影响，但植被类型的作用大于雨强，而且交互效应的影响并不显著。

植被覆盖度与径流量之间具有强相关性，植被覆盖度对坡面降雨径流量有显著影响，当覆盖度＜60%时，径流系数随植被覆盖度的增加而减小，但影响不显著；当覆盖度从60%增加至80%时，覆盖度对径流系数的影响显著增强，而后随着植被覆盖度的增加，对径流系数的影响又趋弱。

植被完整程度的差异，对坡面径流流速有显著影响。相同条件下，植被覆盖度越高，植被越完整，径流的阻力越大。随着植被完整程度的提高，其阻滞和拦蓄径流的能力也不断提高，因而坡面的径流深也相应地表现出了随着植被完整程度的增加而逐渐增加的趋势。植被在坡面的位置对坡面径流的影响不同，当乔木林地和灌木林地位于坡上部时，减少径流效果更好。

此外，其他因素，如枯落物生物量（林分郁闭度）、灌草层盖度、林分密度、草本生物量等因素也影响着坡面径流。这些因子对坡面林分产流量影响大小顺序依次为枯落物生物量（林分郁闭度）＞灌草层盖度＞林分密度＞草本生物量。

植被能减少坡面径流产生的一个原因是植被能将部分地表径流转化为土壤径流，另外一个重要原因是坡面林草植被对坡面流产生阻滞作用。阻滞作用主要来自树木、林下植被及枯落物。

(二) 植被对流域径流的影响

植被对流域径流有着显著的影响。植被在水文循环中扮演着重要的角色，它通过影响降雨的截留、蒸散和渗漏等过程，调节着流域的水文过程和径流形成。

首先，植被能够截留部分降雨，将雨水拦截在叶面、枝干和植物表面，减少降雨直接落到地面的量。这种截留作用有助于减缓降雨的冲击力，降低土壤侵蚀和地表径流的发生。同时，截留的雨水也提供了水源供植物利用，满足植物的生长需求。

其次，植被通过蒸散作用将土壤中的水分蒸发到大气中。蒸散作用消耗了大量的能量，并将水分释放到大气中，形成水汽。这一过程有助于降低土壤水分含量，减少地表径流的形成。植被覆盖越密集，蒸散作用就越强，地表径流的减少效果就越显著。

最后，植被的根系能够渗透入土壤深层，增加土壤的持水能力和渗透性。植物的根系将水分吸收到植物体内，并将一部分水分释放到土壤中。这样一来，植被能够降低土壤的饱和度，增加土壤的渗透能力，减少地表径流的形成。

总体而言，植被通过截留降雨、蒸散作用和增加土壤渗透性等途径，对流域径流起到调节作用。密集的植被覆盖能够减少地表径流的形成，降低洪水的发生概率。相反，如果流域植被破坏或削减，将导致截留减少、蒸散作用减弱和土壤渗透性降低，增加地表径流的量，从而增加洪灾风险。因此，保护和恢复流域植被覆盖对水资源管理和洪灾防治均具有重要的意义。

第三节　植被措施中的土壤生态原理

一、植被对产沙的影响

（一）植被对坡面产沙的影响因素

1.坡面产沙机理

"植被具有良好的水土保持效益，深入了解覆被结构特征与产流产沙关系是研究植被防蚀功能的基础。"[①] 径流和产沙是两个紧密联系的过程，坡面产沙的前提条件是有径流产生。坡面侵蚀产沙力学过程包括分离土壤、泥沙输移和泥沙沉积3个子过程。其中，分离时指当径流作用与土壤颗粒上的力大于土壤颗粒的阻力时，土壤颗粒离开原始位置的过程；输移过程是指被分离的土壤颗粒被径流挟带走的过程；如果上游的来沙量或径流的输移率大于径流输移能力时，就会出现沉积的过程。这

---

① 朱方方，秦建森，朱美菲，等.模拟降雨下林下覆被结构对产流产沙过程的影响[J].水土保持学报，2023，37（3）：10.

3个子过程是相互影响、相互制约、有机联系的。坡面流分离土壤的数量，实际上还受制于径流的输移能力。一般认为，径流分离的土壤量与输移率呈反比，若径流输移率增大，用于输移的能量增加，那么，用于分离土壤的能量就会相应减小；而输移率又取决于输移能力。所谓输移能力，是指在一定的水力条件下，坡面径流所能输移侵蚀物质的数量。输移能力越大，输移率就会越高，当来沙量或输移率小于输移能力时，就会发生土壤的分离。径流侵蚀产沙的这种过程，可由以下控制方程描述。

$$D_r = D_{rc}\left(1 - \frac{G_s}{T_c}\right) \tag{5-1}$$

式中：D_r——分离率；

G_s——输移率；

T_c——输移能力；

D_{rc}——分离能力。

由式（5-1）可见，分离率 D_r 受制于输移率 G_s。在没有输移率 G_s，即 $G_s = 0$ 时，分离率最大，分离率 D_r 与分离能力 D_{rc} 相等；当输移率 G_s 与输移能力 T_c 相等时，则 D_r 为负，表面此时会发生淤积。

分离率直接表示为切应力 τ 的幂函数，即

$$D_r = a\tau^{3/2} \tag{5-2}$$

根据 Darcy-Wisbach 公式，有

$$h_f\left(\frac{f}{8gJ_e}\right)^{1/3} q^{2/3} \tag{5-3}$$

将式（5-2）与式（5-3）联系，得出的分离率表达式为：

$$D_r = aC_x^{3/2}\rho_\gamma^{3/2}\left(\frac{f}{8g}\right)^{1/2} J\sigma x \tag{5-4}$$

式中：a——系数；

C_x——随细沟密度和横断面几何尺寸而变化的系数，是土壤性质和坡面陡峻度的函数；

ρ_γ——径流相对密度；

f——Darcy-Wisbach 阻力系数；

J——水力坡度；

σ——扣损后的净雨量；

x——坡长。

对于输移能力 T_c，目前大多数研究以考虑推移能力的较多，式（5-5）对坡面径流挟沙能力的拟合情况较好：

$$T_c = \frac{1}{22284}\left(\frac{\tau_0 - \tau_c}{d^{0.33}}\right)^{2.457} \tag{5-5}$$

式中：τ_0——径流切应力，

τ_c——泥沙起动切应力；

d——泥沙粒径。

对于坡面来说，径流切应力的一部分将作用于组成径流床面的土壤颗粒上，并促使其运动，这部分切应力称为径流侵蚀力。径流在形成及汇集过程中，对坡面产生冲刷并进一步挟带侵蚀物质至下游，所以，径流是泥沙的载体，径流侵蚀力是坡面产沙的主要营力。径流切应力 τ_0 由下式计算：

$$\tau_0 = \gamma hJ \tag{5-6}$$

泥沙起动切应力 τ_c 可用下式计算：

$$\tau_s = f(\gamma_s - \gamma)d\cos\alpha - (\gamma_s - \gamma)d\sin\alpha \tag{5-7}$$

式中：γ_s——泥沙容重；

α——坡面坡度。

土壤颗粒在斜坡上的起动切应力为 τ_c，忽略颗粒间的黏结力作用，则土壤颗粒所受的有效切应力 $\tau = \tau_0 - \tau_c$，促使泥沙向前运动的力就是 τ。

假定径流侵蚀力 F_e 与泥沙颗粒所受的有效切应力 τ 存在线性关系，考虑到 τ_0 与作用面积有关，而 τ_c 由沙粒重力作用引起，因此，F_e 可表示为：

$$F_e = Kd^2(a_1\tau_0 - a_2\tau_c) \tag{5-8}$$

式中：K——作用系数；

a_1——土壤颗粒面积系数；

a_2——体积系数。

坡面侵蚀产沙过程一般表现为发育期、活跃期和稳定期 3 个阶段。发育期内，入渗率较大且入渗过程下降较快，径流较小，产沙量和产沙速率相对缓慢，以片蚀为主；活跃期内，入渗率相对减小，并且出现波动状态，产流较大，产沙量和产沙速率明显增大，以沟蚀为主；稳定期内，入渗过程相对稳定，流量增加至一定数值后达到稳定，产沙量和产沙速率也达到稳定状态。

2. 植被对坡面侵蚀产沙的影响

水土流失是由于坡面上的径流位能和降雨动能的存在而导致的结果。降雨动能被枯枝落叶层缓冲消耗了，剩余的能量是径流的位能。从摩擦阻力概念出发，在稳定条件下，水流流过1m长、1m宽的坡地时，单位时间内克服摩擦阻力所做的功（W）等于重量与径流速度的乘积，即：

$$W = G_0 \frac{h_x}{1000} V \sin \alpha \qquad (5\text{-}9)$$

式中：G_0——每 m^3 含沙水流的重量；

h_x——距分水岭 x 处的径流深；

V——x 处的流速；

α——坡度。

由于单位时间所做的功等于作用力 F 与速度的乘积，因此，消耗在单位面积上与坡度平行的力为：

$$F = \frac{W}{V} = G_0 \frac{h_x}{1000} V \sin \alpha \qquad (5\text{-}10)$$

从式（5-10）可以看出：控制侵蚀力大小的因子主要是径流深、坡度和流速。坡面径流的挟沙能力可用下式计算：

$$p = A \frac{v^5}{gh\omega} \qquad (5\text{-}11)$$

式中：p——径流的含沙浓度；

h——径流深；

v——径流速度；

g——重力加速度；

w——泥沙的水力黏度；

A——系数。

在薄层径流的条件下，雨滴对水流的紊动影响较大，A 是随降雨特征值而变化的系数。尽管如此，当径流速度减小 1 倍时，径流的挟带沙能力减小 1/32，说明枯枝落叶减小径流速度后，径流的挟沙能力大幅度地减小，也从挟沙的角度阐明了森林流域洪水径流中泥沙含量低的原因。

从单颗粒泥沙起动受力分析入手，研究泥沙颗粒起动的临界状态，根据泥沙颗粒滚动受力力矩平衡，有植被覆盖的小区和有枯落物覆盖的小区，可视为无雨滴击溅作用，泥沙起动临界剪切力表达式为：

$$\tau_e = \phi^2(\eta_i,\beta)\left(3.33(\rho_s-\rho)gd_i+\left(\frac{\gamma_i}{\gamma_{s,c}}\right)^{10}\frac{c}{d_i}\psi(\eta_i,\beta)\sqrt{\frac{d_m}{d_i}}\right) \tag{5-12}$$

式中：$\phi^2(\eta_i,\beta)$、$\psi(\eta_i,\beta)$——暴露度 η 和坡度 β 的函数；

ρ_s、ρ——泥沙和水的密度；

d_i——起动泥沙的粒径；

d_m——坡面泥沙平均粒径；

γ_i、$\gamma_{s,c}$——泥沙稳定干容重与干容重；

$c=2.9\times10^{-4}\text{g/cm}$——一系数。

植被对坡面侵蚀产沙的主要影响：一方面可以阻截部分降雨能量，使土壤表面免于雨滴的直接击溅；另一方面增加地表糙率和下渗，从而减少径流总量和降低径流速度，并能形成低洼蓄水区使泥沙沉积，减少土壤侵蚀产沙。

植被降低径流速度的作用大小与植被覆盖度和植被类型有关。在其他条件基本一致的情况下，植被覆盖度越大，径流的侵蚀作用越小。林草植被可以增加地表糙率，从而减少径流总量和降低径流速度对土壤侵蚀发生的影响。它还能形成低洼蓄水区使泥沙沉积。另外，植物枯枝落叶覆盖层还有很大的蓄水功能，积蓄部分的水不能形成地面径流。植物根系腐败以后遗留的孔道，也可有效地增进土壤的通透性能。

植被调节径流、控制侵蚀产沙的主要原因是植被系统不同层次在同时、连续地消耗着产生侵蚀的源，这种源就是径流量，它直接决定了径流的冲刷力和挟沙力，径流量的减少使产生水土流失的所有能量均在减少，从而减少产沙；对径流的消耗体现在植被不同层次对其的吸收、截留和阻滞等方面。森林对土壤侵蚀产沙减少的叠加效应包括对土壤理化性质的改善和对土壤冲刷的减少，后者主要由径流动能的大小决定，所有各层次叠加的作用使森林植被整体的效应比任何一层单独发挥的作用之和都大。

通过分析侵蚀泥沙的颗粒可以发现，植被覆盖边坡，雨滴对土层击溅作用变小，侵蚀量变少。在侵蚀的泥沙中，粗颗粒变少，平均粒径变小，坡面流只能侵蚀部分细颗粒，但坡面不会出现粗化层，裸地坡面出现明显的粗化层，裸地坡面溅蚀作用加剧的是粉沙颗粒和少部分较大颗粒的侵蚀量，而土壤中的大颗粒还是留了下来。而覆盖植被的坡面，黏粒和量少的粉沙侵蚀量加剧，坡面粗化不明显。虽然林冠层能有效防止溅蚀的发生，但坡面流还是能带走黏粒部分，黏粒还是容易流失。

对比去除林冠层和表层扰动的坡面小区（A 小区）、有林冠覆盖的小区（B 小区）和裸地坡面小区（C 小区）泥沙颗粒流失情况，发现 A 小区泥沙颗粒流失情况与 B

小区和 C 小区都有所不同。A 小区去除林冠和表层土后，侵蚀量变得更少，但表层还是会被溅蚀，因此，刚开始的阶段，侵蚀泥沙的颗粒比 B 小区多，比 C 小区略少。有水流后，溅蚀作用减弱，颗粒起动的比 C 小区少，所以，去除表层扰动土后，侵蚀量更少，粉沙多，黏粒比裸地更少一些，但不稳定。只有根系的处理小区，流失泥沙颗粒的平均粒径较小，小于 0.001mm 的黏粒随时间流失百分含量不断波动，说明雨滴击溅和水流作用用于克服泥沙分离起动损耗的能量较大，很难被起动输移，同时也说明森林植被根系的作用增加了林地植被的抗蚀力，使降雨—水流系统仅能溅起输出比裸地坡面更细小的泥沙颗粒。

3. 植被对坡面产沙的影响规律

(1) 植被类型对坡面产沙的影响。植被类型和雨强以及二者的交互效应均对产沙有显著影响，植被类型的作用大于雨强。不同植被类型条件下的产沙量在两种雨强下的排序一致，皆为荒地＞坡耕地＞草地＞林地。

荒地、草地和坡耕地坡面产沙过程线均较林地的强烈，呈现出多峰多谷的特点；荒地的产沙量为林地的 180 倍、草地的 6 倍、坡耕地的 1.4 倍；荒地输移径流泥沙能力为林地的 121 倍，坡耕地为林地的 96 倍，草地为林地的 65 倍。覆盖度为 8% 的荒地，地表结皮较多，植被覆盖度低，降雨侵蚀动力达到最大，流速最大，产沙量最大；坡耕地改善了土壤结构，但其耕作措施仅能略微削减径流侵蚀能力，流速较大，使径流侵蚀产沙较多；覆盖度为 52% 的草地，由于植被冠层的作用，可在一定程度上降低径流侵蚀动力，减缓流速，使坡面产沙量较少；覆盖度达到 78% 的林地在土壤性状和植被根系共同作用下，在很大程度上削减了径流侵蚀动力，减缓流速，因此能够减少产沙量。

(2) 植被覆盖度对坡面产沙的影响。植被覆盖度与坡面侵蚀产沙有密切联系。通过研究 5 种不同处理的草地小区：铲草小区、剪草小区、除草剂小区、裸地小区和原状小区后，发现在试验开始阶段，5 种小区含沙量递减迅速，后逐渐平缓。其中裸地小区的径流含沙量最大；铲草小区其次；剪草小区由于具有植被地表地茎和根系的作用而没有植被茎叶的保护，径流含沙量小于铲草小区，但大于原状坡面小区和除草剂小区；除草剂小区由于植被覆盖度大于原状坡面小区，含沙量略小于后者，但在试验后期两者有交替变化现象。这也就说明，植被覆盖度越高、越完整，其降低径流含沙率的作用也就越明显，因而径流含沙量就越低。草地坡面具有显著的减沙效应，且坡面产沙量随着盖度的增大而减小。

草本植被覆盖度为 0% ~ 60% 时，产沙量随植被覆盖度的增加而迅速降低；植被覆盖度＞80% 时，覆盖度的增加不能引起产沙量的大幅度下降，植被水沙调控作用趋于稳定。由此，确定临界植被覆盖度为 60% ~ 80%。天然草地产沙与覆盖度关系为，当覆盖度＜50％时，随着覆盖度的增加，侵蚀量下降趋势明显；当其值＞50％时，随着覆盖度的增加，侵蚀量下降趋势趋于平缓。对流域产沙量来说，当植被覆盖度从30％以上下降到30％以下时，产沙量会急剧增加；当植被覆盖度从70％以下上升到70％以上时，产沙量会急剧减少。在10％的坡面上，当植被覆盖度从43％减少到15％时，产沙量迅速增加，而当植被覆盖度减少到15％以下时，产沙量显著减小。

（3）植被配置对坡面产沙的影响。相同植被覆盖度、不同的植被配置对坡面的产沙也有很大的影响。小雨强下，植被对坡面泥沙的拦截能力与坡面植被格局的关系最为密切。因为在小雨强下，植被与植被之间的位置关系引起的微地貌形态和土壤特性的关系对坡面产沙的影响很大。

在坡面40％植被覆盖率情况下，研究5种植被配置坡面累积产沙量，大小顺序为带状配置＞坡中聚集＞坡顶聚集＞随机配置＞坡底聚集。坡底聚集结构因其位于坡底，对全坡面的泥沙都有拦截作用；另外由于它的聚集结构，导致一定量的泥沙沉积，因此对坡面减沙的效果最为明显。随机配置是通过增加径流曲折度、增加流路、减缓流速来增加对坡面的减沙。带状结构虽然在坡面的上、中、下部都有分布，但由于每一部分的分布都较少，不能形成一定的规模，因此对泥沙的拦截作用比坡底聚集结构弱。而对于坡中聚集结构和坡顶聚集结构，植被分布位于坡中和坡顶，仅对坡面的上、中部或上部起到拦截泥沙的作用，因此对坡面的减沙效果更差。

在黄土高原约15°的自然荒草坡面上，对两个坡面小区进行野外模拟降雨实验，其中一个从坡顶向坡底逐渐破坏地表植被和结皮，另一个从坡底向坡顶逐渐破坏地表植被和结皮，分别对破坏过程中各种植被面积下的产沙量进行比较，结果为在相同植被覆盖度下，位于坡面下部的植被比位于坡面上部的植被减沙量平均增加约2.8倍。因为位于坡顶的植被仅仅起着减少雨滴溅蚀和对坡顶有植被区域产生的泥沙的拦截作用，而对坡下裸地的泥沙没起任何作用。3个坡面分别在坡上、坡中和坡下留取40％的植被面积，3种植被分布格局下，减沙量大小顺序为坡下＞坡中＞坡上。

（4）根系生物量对坡面产沙的影响。草地土壤侵蚀产沙的垂直变化规律与根系密度的垂直分布特征密切相关，根系密度大，侵蚀产沙少；反之亦然。随着土壤中根系含量的增加，土壤垂直方向上侵蚀产沙逐渐减少。用曲线拟合的方法对土壤侵蚀产沙与根系之间的关系进行模拟，确定植被根系生物量与垂直侵蚀产沙特征之间的关系拟合方程如式（5-13）：

$$Y = \frac{1}{a + b\ln x} \tag{5-13}$$

式中：Y——土壤侵蚀产沙的垂直特征；

x——根系生物量；

a、b——常数。

对黄土区林草植被关于产沙量的其他一些因子进行研究后，再剔除降水因子的影响，这些影响因子对产沙量的影响大小排序为草本生物量＞枯落物生物量＞草本盖度＞林分郁闭度＞林分密度。

(二) 植被对小流域侵蚀产沙的影响因素

1. 流域产沙计算

流域产沙是指某一流域或某一集水区内的侵蚀物质向其出口断面的有效输移的过程。移动到出口断面的侵蚀物质的数量，称为产沙量。在坡面土壤侵蚀物质为水流挟带输送过程中，存在淤积与再输移现象。同时，假定单元流域的左右坡面对称，则流域产沙量 W_T 可表示为：

$$W_T = D_r \cdot 2E_T \tag{5-14}$$

式中：D_r——泥沙输移比；

E_T——整个坡面上的土壤侵蚀量。

对于复杂的整块坡面，也就是不同坡度组成的坡面的土壤侵蚀量 E_T，可以用下式计算：

$$E_T = C\left[\frac{5}{6}(A_s - A_r)L_1^{8/5} + \frac{5}{6}A_r(L_1 + L_2)^{8/5} + B_3 L_1 + B_r L_2\right] \tag{5-15}$$

式中：

$$A_s = \gamma d^2 (q_s n_s)^{\frac{3}{5}} \tan^{0.7} \alpha_s, B_s = (\gamma_s - \gamma)d^3 \sin \alpha_s - f(\gamma_s - \gamma)d^3 \cos \alpha_s \tag{5-16}$$

$$A_r = \gamma d^2 (q_v n_r)^{\frac{3}{5}} \tan^{0.7} \alpha_r, B_r = (\gamma_r - \gamma)d^3 \sin \alpha_r - f(\gamma_s - \gamma)d^3 \cos \alpha_r \tag{5-17}$$

$$A = \frac{K\pi K_e}{6} \gamma d^2 (q_\omega n)^{\frac{3}{5}} \tan^{0.7} \alpha \tag{5-18}$$

如果流域是单一坡面，这时，土壤侵蚀量为：

$$E_T = \frac{5}{6}A(L_1 + L_2)^{8/5} + B(L_1 + L_2) \tag{5-19}$$

式中：

$$A = \frac{K\pi K_e}{6}\left[(\gamma, -\gamma)d^3 \sin \alpha - f(\gamma_t - \gamma)d^3 \cos \alpha\right] \tag{5-20}$$

对参数 C 的稳定性进行分析表明，C 与坡面径流总量具有良好的线性关系，可表示如下：

$$C = C'_{DR} R, AF \tag{5-21}$$

整理后得：

$$W_r = \frac{5}{3} C'_{DR} D_r R_r F \left[(A_s - A_r) L_1^{8/5} + A_r (L_1 + L_2)^{8/5} + \frac{6}{5} B_t L_1 + \frac{6}{5} B_r L_2 \right] \tag{5-22}$$

由于泥沙输移比 D_r 的确定带有一定的经验性质，使得侵蚀泥沙的沉积于输移过程存在某种不确定性。为了便于分析计算，将 D_r 合并到系数 C'_{DR} 中，并另 $C_{DR} = C'_{DR} D_r$，则式（5-22）变为：

$$W_r = \frac{5}{3} C_{DR} R_t F \left[(A_s - A_r) L_1^{8/5} + A_r (L_1 + L_2)^{8/5} + \frac{6}{5} B_t L_1 + \frac{6}{5} B_r L_2 \right] \tag{5-23}$$

由式（5-23）可知，流域产沙量与降雨径流、坡面糙率、泥沙级配、坡长和坡度等因素有关，反映了气象、下垫面条件、土壤特性等因素对产流产沙的综合作用。植被通过影响流域径流和糙率，从而可以影响到流域产沙量。

2. 植被变化对流域产沙的影响

植被对流域产沙有显著的影响，植被的存在能够减少流域产沙的效应。森林植被变化对土壤侵蚀和河川径流泥沙含量有影响，生物量积累是控制泥沙含量和土壤侵蚀的主要生物学机制。在特大暴雨期间，森林砍伐导致河水携带走流域约95%的泥沙，而未受扰动的流域只占总泥沙含量的5%。此外，研究表明，在采伐森林的情况下，河流年平均含沙量可能增加1～3倍，进一步证明了植被对流域产沙的显著影响。另外一项研究发现，在特定降雨量下，森林植被减沙效益可达到96.81%。

森林植被覆盖率增加，流域产沙量减少，少林流域暴雨径流输沙量是多林流域的3～6倍。随着植被恢复，流域产流量和产沙量逐渐降低，植被消减率最大可达77%。同时，林多流域和林少流域土壤侵蚀模数最大可相差15倍。

流域产沙强度随植被覆盖指标的增加而减小。植被盖度和降水变化对吕二沟流域土壤侵蚀量变化的贡献率接近50%，土壤侵蚀量受降水的影响要略大于受植被覆盖的影响。悬移质泥沙中径、林木覆盖率在影响流域产沙量中起主要作用，其中，林木覆盖率对流域产沙的影响权重仅小于泥沙中径作用的3.4%，近乎相等。

根据某些小流域植树种草控制侵蚀减少产沙量的调查结果，40%的植树种草面积比使得土壤侵蚀率减少62%，而54%的植树种草面积比使得土壤侵蚀率减少80%。黄土高原上侵蚀率随树林覆盖率的增加几乎是直线下降，当树林覆盖率大于60%时，侵蚀率降到0%。

有林流域和无林流域相比，无林流域的产沙量比森林流域高 33.4 倍，森林的拦沙效益达到 96.80%；少林流域比多林流域产沙量高 4.3 倍，森林的相对拦沙效益可达 75.53%。森林植被具有巨大的减沙作用，当降雨量为 60.4mm 时，少林流域的输沙模数是多林流域的 31.4 倍，森林植被的减沙效益达到了 96.81%。少林流域产沙量高，主要是由于流域内无森林植被，遇雨后极易形成洪水，从而导致严重的土壤侵蚀和高产沙的结果；多林流域森林植被茂密，人为破坏少，覆被率高，故森林减沙作用显著。此外，森林在不同雨洪作用下，减沙作用是不同的。一般降雨量较小、洪水径流量较小时，森林的拦减效益较大；而在降雨洪水径流量较大、洪峰流量较大时，森林的减沙效益较小。

从流域尺度上来看，植被存在、生长、更新、演替及分布格局变化等对土壤特性、微地形产生影响，从而影响径流泥沙产生；相反，径流泥沙产生可以改变土壤特性及微地理环境，进而反作用于植被生长、更新、演替及分布，引起植被变化。从流域尺度上看，植被变化与径流泥沙、流域的水文循环过程是一个相互作用、相互影响的系统。

在美国，地表植被覆盖达到 60%～75% 时，地表径流仅占降雨的 2%，土壤侵蚀为 0.12t/hm^2；当地表植被覆盖降至 37% 时，地表径流占降雨的 14%，土壤侵蚀为 1.23t/hm^2；一旦地表植被覆盖降到 10% 时，地表径流量可占降雨的 73%，土壤侵蚀高达 13.70t/hm^2。

在流域尺度上，森林减少土壤侵蚀量与流域森林覆盖率的高低密切相关。森林覆盖率高的流域，土壤侵蚀模数小，多林流域的土壤侵蚀量小。森林覆盖率低的流域，土壤侵蚀模数大，少林流域的土壤侵蚀量大。一些相对较大的侵蚀模数与植被覆盖度之间具有良好的非线性关系，将这些相对较大的侵蚀模数定义为极端侵蚀模数——相似植被覆盖度条件下的最大侵蚀模数，并拟合出它们与林草和林木覆盖度之间的定量函数关系，得出极端侵蚀模数由增加到减小的临界林草覆盖度为 24.2%，临界林木覆盖度为 12%。也就是说，在其他复合因素不发生明显改变的情况下，当林草覆盖度小于 24.2% 或林木覆盖度小于 12% 时，极端侵蚀模数随着林草或林木覆盖度的增大而增大；当覆盖度大于上述临界值后，极端侵蚀模数则随之减小。

在干旱和半干旱区植被覆盖度小于 15% 对于控制侵蚀是无效的。在黄土丘陵沟壑区，当林木覆盖率达到 12.92%（临界点）之前，由于林木覆盖率仍较低，黄土、砒砂岩地区抗蚀能力差、暴雨强度大，产沙出现峰值区和极大值。当林木覆盖率达到临界值后，植被抗蚀的作用才逐渐突出，产沙模数随林木覆盖率、地表物质组成抗蚀力的增加不断减小。当林木覆盖率从临界值增加至产沙模数峰末值 22.26% 后（产沙速率的拐点），减沙作用明显并趋于稳定。流域悬移质产沙量在年有效降雨量约 300mm 存在最大值，其机理可用侵蚀能量与植被密度的相互作用来解释。在年有效降雨量超过 300mm 的地区，植被条件较好，增加了地表的保护，从而抑制了侵蚀的能量。

黄土高原无论是大中流域还是小流域，随着森林覆盖率增加，流域的泥沙减少，且森林植被覆盖率达到 40% 左右即可有效地控制流域的产沙量；森林覆盖率高的香炉河比森林覆盖率低的领河，年输沙率、年输沙量、年侵蚀模数均有类似的减小趋势。

林草覆盖率越高，植被对侵蚀的绝对控制能力越强。当流域林草植被整体覆盖率达 50% 以上时，植被可稳定高效地抑制水土流失。在一个流域内，当林草面积比例从零增加到 30% 时，在小于 $10km^2$ 的流域内，水土流失可减少 65.7%，而在大于 $10km^2$ 小于 $50km^2$ 的流域内，水土流失平均可减少 87.3%。在集水面积 $> 500km^2$、森林覆盖率为 0% ~ 97.0% 的流域或区间，随着森林覆盖率的增大，流域输沙量有明显减少的趋势，尤其对于高森林覆盖率的流域更为明显，而对于低森林覆盖率的流域则具有不规则的波动。

流域产沙量与流域植被覆盖度之间遵循着相当好的负指数关系，即随着植被覆盖度的增加，流域产沙量渐趋减少。其中，流域产沙量随植被覆盖的变化存在着明显的临界现象。当流域植被覆盖度大于 70% 时，植被覆盖度对流域产沙量的影响就变得不明显，而一旦流域植被覆盖度小于 70%，随着植被覆盖度的减少，流域产沙量明显增加；当流域植被覆盖度小于 30% 时，随着植被覆盖度的减少，流域产沙量的增加迅速加剧。

林草覆被率越低，其拦截率就越低，水土流失量也越大；相反，林草覆被率越高，其拦截率就越高，水土流失量也越小。当林草覆被率达到 31.3% 时，其拦截泥沙量达到最大值。

二、植被对土壤抗侵蚀性的影响

(一) 土壤抗侵蚀性的界定

在土壤抗侵蚀性的研究中，普遍将土壤抗侵蚀性划分为抗蚀性和抗冲性两个方面：第一，土壤抗蚀性是指土壤抵抗水的分散和悬浮能力，主要与土壤内在物理化学性质有关；第二，土壤抗冲性是指土壤抵抗径流对土壤机械破坏和推动下移的能力，主要与土壤的物理性质和外在的生物因素有关。一般说来，前者与溅蚀和片蚀过程有着密切的联系，后者则与沟蚀过程有着密切的联系，它们是两种既有联系又有区别的性能。

土壤抗侵蚀性能主要指土壤的可蚀性，土壤侵蚀过程是侵蚀力对土壤的分离和搬运过程，土壤水蚀取决于引起侵蚀的降雨和径流的侵蚀营力与土壤抵抗侵蚀能力组合，抗侵蚀性能主要用于土壤可蚀性评价及侵蚀预报。土壤抗蚀性是影响土壤侵蚀的最基本因素，它主要取决于土粒与水的亲和能力。亲和能力越强，土粒越容易被分散悬浮，结构体和微结构体亦越易受到破坏而解体，同时也将导致土壤透水性能的降低和地表泥泞。在这样的情况下，既使径流速度很小，机械破坏能力有限，也会由于悬移作用而发生土壤侵蚀。

土壤抗冲性，相对于抗蚀性来说，与侵蚀的发生关系更为密切。抗蚀性考虑的是土粒在静水中分散悬浮的问题，而侵蚀大多发生在有集中水流冲刷的地表，在冲刷过程中，土壤颗粒不一定在水中分散悬浮，只要径流能把它推动时就形成侵蚀，地表侵蚀量的大部分就是这样形成的。土壤抗冲性是指土壤在抵抗径流冲刷过程中土壤所表现出的性质，或者说是土壤抗冲能力的性质表征，是土壤本身固有的抵抗外力作用能力的性质表现。这种能力只有当径流冲刷外力作用于土壤本身时才能体现出来，体现出来的这种性质就是土壤抗冲性。土壤的结构对抗冲性起决定作用，土壤结构体水稳性越高，结构体越大或结构体被植物根系缠结越牢，则土壤抗冲性越强。土壤抗冲性还与土壤本身性质、土壤下垫面几何状况、土地利用条件等诸多因素均有关系，尤其是与植物根系关系密切。

（二）土壤抗侵蚀性的研究方法与评价指标

1. 抗蚀性研究方法

到目前为止，还缺少大家公认的、统一的测量土壤抗蚀性的方法。在土壤抗蚀性方面，研究者主要是从土壤的物理、化学性质与土壤抗蚀能力的关系方面进行定性研究的。常见的土壤抗蚀性研究方法有以下4个。

（1）土壤理化性质测定。土壤抗蚀性主要测定的理化性质有土壤颗粒组成、团聚体结构、有机质含量等，其中土壤颗粒组成与团聚体结构可以用简易比重计法或者吸管法测定，土壤有机质含量一般采用重铬酸钾容量法测定。

（2）土力学实验测定。土力学实验方法主要是从土壤紧实度、抗剪切力、黏聚力、内摩擦角等方面研究土壤抗蚀性问题。

（3）静水崩解法。通过观测土壤颗粒在静水中的崩解速度，来计算水稳性指数，并以此评价土壤抗蚀性。

（4）人工模拟降雨。通过人工模拟降雨实验，测定了径流量与产沙量，并在研究了降雨历时与产沙的关系，以及径流与产沙之间的关系后，进而分析土壤抗蚀性的强弱。

2. 抗蚀性评价指标

土壤可蚀性是指土壤是否易受侵蚀破坏的性能，也就是土壤对侵蚀介质剥蚀和搬运的敏感性。由于土壤可蚀性并不是一个物理的或化学的定量可测定指标，而是一个综合性因子，因此，只能在一定的控制条件下通过测定土壤流失量或土壤性质的某些参数作为土壤可蚀性指标，从而评价土壤可蚀性。

二氧化硅与倍半氧化物含量比（SiO_2/R_2O_3）与土壤侵蚀之间存在明显相关性。根据土壤侵蚀野外观测资料，采用分散率作为土壤可蚀性评价指标：分散率 =（水散性粉沙含量＋黏粒含量）/（总粉沙含量＋黏粒含量）。采用黏粒率作为土壤可蚀性指标：黏粒率 =（沙粒含量＋粉粒含量）/ 黏粒含量。采用以团聚体表面率作为土壤可蚀性评价指标：团聚体表面率 = 大于 0.05mm 颗粒的表面积 / 团聚体含量。采用团聚体的稳定性和分散率作为土壤可蚀性指标，大于 0.5mm 的水稳性团聚体含量与土壤溅蚀量具有良好的负相关关系。采用统计法对土壤抗蚀性的研究，产生了著名的土壤可蚀性因子 K。K 因子是指标准小区（长度 22.1m、坡度 9% 的裸露休闲小区）在单位降雨侵蚀指标下的土壤侵蚀量，并研究了土壤的 15 种理化性质和与可蚀性因子 K 之间的关系，建立了可蚀性因子 K 和土壤的各种理化性质之间的回归方程。后又将其进行简化，并制成土壤可蚀性诺谟图，实践中只需测定 5 个土壤参数，便可由该图查得 K 值。

影响土壤可蚀性的主要因素是土壤透水性、土壤抗侵蚀稳定性和土壤有机质含量。土壤透水性取决于土壤的颗粒组成、土壤结构、紧实度和土壤含水量。土壤抗侵蚀稳定性取决于土壤的力学性质、理化组成和生物活性，另外，二氧化硅与倍半氧化物含量比（SiO_2/R_2O_3）以及土壤水团粒结构含量也是评价抗侵蚀稳定性的重要指标。三大类指标具体如下。

（1）土壤理化性质类指标。

第一，土壤物理性指标：土壤容重（g/cm^3）；土壤总孔隙度（%）；非毛管孔隙度（%）；毛管孔隙度（%）；土壤紧实度（kg/cm^2）。

第二，土壤化学指标：有机质含量（g/kg）；全 N（g/kg）、全 P（g/kg）、全 K（g/kg）；速效 N（mg/kg）、速效 P（mg/kg）、速效 K（mg/kg）。

（2）土壤结构特质类指标。

第一，无机黏粒类。

< 0.05mm 粉黏粒含量（%）；< 0.01mm 物理性黏粒含量（%）；< 0.001mm 细黏粒含量（%）；结构性颗粒指数：结构性颗粒指数 = < 0.001mm 细黏粒含量 /（< 0.05mm 粉黏粒含量 － < 0.001mrn 细黏粒含量）。

第二，微团聚体类。

分散率：分散率（％）＝＜0.05mm 微团聚体值／＜0.05mm 机械组成值；团聚状况：团聚状况（％）＝＞0.05mm 微团聚体值—＞0.05mm 机械组成值；团聚度：团聚度（％）＝团聚状况／＞0.05mm 微团聚体值；结构系数：结构系数（％）＝100—分散系数（％）；分散系数：分散系数（％）＝＜0.001mm 微团聚体值／＜0.001mm 机械组成值。

第三，团粒类。

＞0.25mm 水稳性团粒（％）；结构体破坏率：结构体破坏率＝（＞0.25mm 干筛团聚体—＞0.25mm 湿筛团聚体）／＞0.25mm 干筛团聚体。

由于土壤抗蚀性研究涉及因素很多而又复杂，目前对它的一些认识还局限于表象，土壤抗蚀性的强弱还没有统一的评价指标。且由于各地的实际情况有所差别，这些指标存在很大的局限性。具体应用时，选用何种指标需根据土壤的理化性质和侵蚀特点而定。

3. 抗冲性研究方法

土壤抗冲性测定通常采用原状土冲刷法。测定前用特制的取样器采集原状土样，采样过程中原状土的表面不能被破坏。将野外采集的原状土样放置在冲刷槽中，冲刷槽的坡度可以调节。在调节好坡度的冲刷槽上方用不同流量对原状土进行冲刷试验，在冲刷槽下方将冲刷水流全部收集后，在室内过滤、烘干，计算出单位水量中的含沙量，该含沙量的值即可表示土壤的抗冲性。原状土冲刷法的测定装置具有容易操作、耗水量小等特点，非常适合野外大量测定。但是原状土冲刷法在取样时很容易对土体造成扰动与破坏，尤其是地表根系或地被物较多时，很难保证表层土样不被扰动，从而造成测定出的抗冲性能偏小。另外，冲刷试验时冲刷流量是根据某一强度的暴雨及其历时下标准小区（20m×5m）的单宽流量确定的，而这个冲刷水量远大于实际产流量，也造成测定的抗冲性能偏小。

另外一种广泛采用的方法是野外实地冲刷法，即在野外设置 1m×5m 小区域，在其上方按不同流量放水使土壤在已知冲刷力的径流作用下进行对比冲刷试验，并根据冲力大小来衡量土壤抗冲性强弱。由于在野外实地放水，土壤不受扰动，且地形、汇流和土壤受力都保持原有状况，克服了冲刷槽之不足。但其需要水量较大，供水困难。用消防车供水，也需选择交通条件方便的地块。对于野外大量不同植被状况之对比试验仍有一定局限性，且费用较高。

4. 抗冲性评价指标

根据抗冲性研究，抗冲性评价指标目前基本有 5 种。

（1）用每升水冲走土样的克数 g/L（冲刷模数）或每冲走 1g 土所需水量来描述，

即 L/g。

（2）在一定雨强下，冲走 1g 土所需时间。

（3）采用能量指标，用冲失 1g 土或其他物质所需水能表示，单位为 J/g，以克服（1）、（2）同一个土样在坡度、雨强不同时引起抗冲性差异之不足。

（4）用单位径流深所引起侵蚀模数来表示，即 kg/（m²·mm）。这种计算方法用于小区放水法和天然小区降雨资料分析。

（5）从床底泥沙起动角度，用土壤抗冲能力表示，即土体承受水的流动所引起的一定切线应力的能力，单位为 N/m²。

（三）土壤抗侵蚀性与植被关系

1. 土壤抗蚀性与植被关系

植被能明显改善生态环境，防止土地退化，提高土壤中有机质、速效氮、速效钾的含量，降低土壤 pH 和容重，并快速显著增加土体中 > 0.25mm 的水稳性团聚体的含量，使土壤结构达到改善，协调供应养分和水分的能力提高，增强土壤的抗蚀性，从而有效地减少水土流失。

土壤有机质、碳酸钙及黏粒含量与土壤抗蚀性呈现正相关关系，其相关性大小排序分别为土壤有机质、黏粒含量和碳酸钙含量。对比分析不同土壤剖面（0～10cm、20～30cm、40～50cm）层次的农地、草地、林地的土样，反映土壤抗蚀性的最佳指标就是水稳性团粒含量。径级 1mm 的细根可以提高水稳性团聚体的数量，最终使土壤抗分散悬浮的能力增强。在 0～20cm 深的土层中分布了 70% 以上的草、灌、乔的根系，因而该土层容重比荒坡降低 5.04%～36.15%。良好的自然植被能够促进土壤水稳性团聚体的形成，并能不断改善土壤孔隙度和土壤有机质含量等土壤特性。

多糖或无机胶体通过阳离子桥胶结能够形成小团聚体，而大团聚体主要是通过有机残体和菌丝胶结形成的。小团聚体比大团聚体中的有机碳老化，因此土壤有机质含量变化常用来作为衡量土壤抗侵蚀指标，根、土界面的黏结作用可能对团聚体的形成有重要意义。选取黄土区大型排土场不同复垦年限的植被为研究对象，分析陡坡地（36°～42°）3 种典型乔灌草植被根系的剖面分布特征及不同复垦年限（1～14 年）和不同复垦模式植被根系对土壤抗蚀抗冲性的影响，土壤的抗蚀性指标与根系密度在极显著水平上呈直线关系。三峡库区重庆缙云山 4 种典型林分（针阔叶混交林、阔叶林、楠竹林和灌木林）林地土壤的抗蚀抗冲特征中，林地土壤抗蚀指数与其相关因子——毛管孔隙度、稳渗率、< 1mm 根长关系最密切。

最佳土壤抗蚀性指标以 > 0.25mm 水稳性团粒的含量为最好。> 0.25mm 风干土水稳性团粒含量是反映土壤抗蚀性强弱的最佳指标。采用侵蚀率、分散率、>0.25mm 水稳性团粒含量、结构体破坏率、团粒破损率、土壤渗透性能等指标都能较好地表征紫色土的可蚀性。影响黄土高原土壤抗蚀性的主导因子是腐殖质及黏粒含量，水稳性团粒含量是反映黄土高原土壤抗蚀性的最佳指标，反映黄土高原两大类型区沙棘人工林地土壤抗蚀性的最佳指标为 > 0.5mm 水稳性团粒含量。

不同植被类型对土壤抗冲性也不同。重庆缙云山4种典型林分（针阔叶混交林、阔叶林、楠竹林和灌木林）林地土壤的抗蚀抗冲特征中，各林分林地土壤抗蚀指数的顺序为灌木林最大，其次为混交林和楠竹林，阔叶林最小。不同林分土壤抗蚀性的强弱顺序依次为：阔叶林>针阔叶混交林>纯林，天然林土壤抗蚀性要强于人工林。土壤抗蚀性强弱规律为：灌木林>混交林>阔叶林>楠竹林。土壤抗蚀指数最大的是20年生柳杉纯林，其后依次为柳杉植木混交林、杉木纯林、10年生柳杉纯林、5年生柳杉纯林、栏木林、楠竹林，荒草坡的抗蚀指数最小；就柳杉林而言，20年生柳杉纯林>10年生柳杉纯林>5年生柳杉纯林，可见土壤抗蚀指数一般会随着林龄的增大而增强。

此外，林龄也会影响林地土壤抗蚀性。Ⅵ龄级沙棘林地表层土壤的 > 0.25mm 风干水稳性团聚体含量、风干率均明显高于Ⅰ龄级林地，由此可知土壤抗蚀性一般会随着林龄的增大而增强。林龄时间最长的天然林抗蚀性最强，退耕还林时间较长且新退耕还林地区的土壤抗蚀性依次减弱。

土地利用类型直接影响土壤的性质，从而对土壤抗蚀性产生影响。人工林地土壤抗蚀性要显著高于坡耕地；Ⅱ龄级以上的沙棘林地和天然草地的抗蚀性要强于农地，黄土母质最弱；Ⅲ龄级以上的林地抗蚀性要强于天然草地。不同土地利用方式下可蚀性大小排序为：光板地>桃园、混交林>草地>毛竹林、马尾松林。黄土低山丘陵土壤的抗蚀性排序为：油松林地>草地、杨树林地>裸地>农田。长汀县不同土地利用模式下的土壤抗蚀性：封山育林>乔、灌、草混交>杨梅>牧草。土地利用方式会显著影响土壤抗蚀性，其中林地的抗蚀性要明显高于其他土地利用方式，落叶阔叶林、松林的0~60cm土层、毛竹林以及灌木林的土壤抗蚀性较强，常绿阔叶林、茶园、草地的抗蚀性居中，裸地土壤抗蚀性最差。

林草地土壤抗蚀性能明显高于农田，表层土壤的抗蚀性能一般大于亚表层。在林地中，随着林龄的增大土壤抗蚀性增强。采用无机黏粒、微团聚体、水稳性团粒和有机质胶体4类12个土壤抗蚀性指标的分析得出，土壤抗蚀性最好的是退耕年限长的人工林地和退耕还草地，主要体现在较高的团聚度、团聚状况、> 0.25mm 水稳性团粒含量、> 0.5mm 水稳性团粒含量和有机质含量；土壤抗蚀性居中的是退耕时间较长的蒿类植物群落和林地，主要体现在适中的团聚度、团聚状况、> 0.25mm

水稳性团粒含量、>0.5mm 水稳性团粒含量和有机质含量；抗蚀性较差的是刚退耕或退耕年限短的草地或农耕地，主要体现在高的分散率、低的团聚度、团聚状况、>0.25mm 水稳性团粒含量、>0.5mm 水稳性团粒含量和有机质含量。人工林地相对于坡耕地，显著提高了土壤抗蚀性，但不及自然恢复草地，尤其在安塞和吴旗表现得更明显；随着林龄的增长，人工林地土壤抗蚀性能增强，并趋于稳定。自然植物群落中，土壤抗蚀性从一、二年生草本植物群落阶段，多年生禾草蒿类阶段到灌木草原阶段逐渐增强。

植被主要是通过改变土壤的自然环境从而改变其抗蚀性。一方面，植被可以通过林冠、枯落物对降水进行截留，以及再分配，降低动能，减少溅蚀的发生；另一方面，植物根系及其分泌物、腐殖质等都能够提高有机质含量，提高土壤的通透性，进而增强土壤的抗蚀性。

根系发达的紫花苜蓿在很大程度上改善了底部的土层，落入的枯枝败叶使表层土壤根系增多，从而增强了土壤结构的稳定性。油松人工林根系与土壤物理性质的关系表明，有效根密度（<1mm 的细根）与土壤物理性质的改善效应的关系最为密切，可明显提高土壤水稳性团粒、非毛管孔隙度，增加土壤有机质含量，降低土壤的坚实度和容重。植物根系提高土壤抗侵蚀能力主要是通过根径小于 1mm 的根系发挥作用的。其机制是活根提供分泌物，死根提供有机质作为土壤团粒的胶结剂，配合根系的穿插、挤压和缠绕，使土壤中大粒级水稳性团聚体增加，改善了土壤团聚体结构，增加了抵抗雨滴击溅和径流冲刷对土粒分散、悬浮和运移的能力，从而提高了土壤抗冲击分散能力。具有植物根系的土壤，其崩解速率远比少根系或缺少根系的土壤要慢。

通过设计人工降雨试验，得出土壤中植物的根系可以显著提升土壤的抗蚀性，植物根系丰富的土壤较少根系的土壤更不易崩解。油松人工林根系特征与土壤物理性质的关系中，有效根密度（根径小于 1mm 的细根）与土壤物理性质的关系最为密切，其含量的增加，可以有效提高土壤水稳性团聚体、有机质的含量，降低土壤密度与硬度。林地的有机质含量与含水率较非林地大，而土壤密度与土粒密度相对较小。

2. 土壤抗冲性与植被关系

土壤抗冲性的强弱主要取决于三个因素：①土壤表面生物生长状况，如地衣、苔藓等低等生物在土壤表面的繁衍和贴敷，草被茎叶在地表的生长遮盖，枯枝败叶在地表的积累和分解等，当地面的苔藓层厚度不小于 5mm，枯枝落叶层厚度不小于 15mm 时，表层土壤已基本不再产生冲刷；②根系在土体中的分布；③土壤质地状况等。关于黄土高原暴雨条件下超渗产流及冲刷作用异常剧烈、流失作用常被掩盖的土壤侵蚀特征，土壤抗冲性与黄土的沉积方式和土壤渗透性有关，这从根本上指明了强化黄土区土壤渗透性是提高土壤抗冲性和减轻土壤侵蚀的理论依据，并进一步明确了植被的繁衍和生长是土壤抗冲性得以改善的主要途径。根系通过网络串联作用、根土黏结作用以及根系生物化学作用3种方式缠绕、固结土壤，强化了土壤抗冲性。

西北黄土性土壤膨胀系数较大，崩解较快，抗冲性较弱，如有植物在土壤上生长，其根系会固结土壤，可使抗冲性增强。在黄土区，植被对土壤抗冲性有显著影响，没有地被物的土壤抗冲性明显小于有地被物的土壤；植物根系对土壤抗冲性的影响与冲刷水流的流量密切相关，冲刷水流的流量较小时根系对土壤抗冲性的改善效果更为突出。在植被恢复过程中，土壤抗冲性得到强化，在空间上，随着植被根系的发育，在土壤坡面垂直方向土壤抗冲性有所增强；在时间上，随着植被类型的演替土壤抗冲性逐渐增加，演替20年的草地抗冲性提高了10倍。因此，土壤抗冲性与植被恢复年限、生物量呈显著正相关关系，同时土壤的抗冲性与所长植被类型有密切关系。

各林分根系对土壤抗冲性的增强值随降雨强度的增大而减小，并随土层深度的增加而减小，对土壤抗冲性的增强效应依次为：毛竹林＞柑橘林＞杉木—南酸枣—木荷混交林＞杉木林。林地土壤抗冲系数为常绿阔叶林最大，其次为针阔混交林和灌木林，楠竹林地土壤抗冲系数最小。除楠竹林外，各林分林地土壤抗冲系数大于农地。

土地利用方式的不同，一方面影响土壤硬度情况，另一方面不同植被的根系形态各异，根系对土壤的网络作用也会有相应的不同，从而影响土壤的抗冲性。同种土壤不同土地利用类型的抗冲性相差很大，少则几倍，多至几十倍。在黄土区不同植被条件下的土壤抗冲性为：油松林地＞刺槐林地＞草地＞道路边坡＞农地。研究表明，林地的土壤抗冲性一般都要强于农耕地。主要是因为农耕作用及使用化肥等因素会破坏土壤的胶结力，使土壤结构疏松，进而导致农耕地的抗冲性较差。

0~10cm土层土壤抗冲性最强的是狼牙刺灌木林地，然后是铁杆蒿草地、人工刺槐林、果园和玉米地。表层土壤的崩解速率排序为狼牙刺灌木林地、铁杆蒿草地、人工刺槐林、果园和玉米地。以地表径流含沙量作为土壤抗冲性指标，不同植被条件下土壤抗冲性的排序为：油松林地＞刺槐林地＞草地＞农地；在相同坡度和相同冲刷流量条件下，林地和草地的抗冲性约是农地的50倍。

植物主要是依靠根径的根系提高土壤抵抗水的侵蚀能力的。植物活根提供的分泌物和死根提供的有机质能够成为土壤团粒的"胶水"，它们使得根系能够相互交叉和挤压，大粒级水稳性团聚体随之增加，土壤抗分散能力因而提高。底层有根系土壤的抗冲性低于表层，并且细根根量、根长对土壤抗冲性影响很大，岩质海岸防护林主要造林树种的直径不足 0.5mm 及 0.5mm 的细根都能够显著增强土壤抗冲性。根系之所以能提高土壤抗冲性是由于土壤团聚体的整体性因根系的存在而增强，植物细根（直径小于 1mm）能够包裹土体，形成网状的根群，根群在土体中延伸、交织，使土体抵抗风蚀和流水冲刷的能力大增。他们对根径的根系分布与土壤抗冲性进行分析之后发现，根系的分布密度与土壤抗冲性呈指数关系。植物根系能增强土体抵抗风蚀和流水冲刷的能力，这得益于植物根群呈网状，将土体肢解包裹，从而使土体的抗冲性明显提高。

根系在土壤中的自然生长和穿插改变了土壤结构，不仅能将土壤单粒固结起来，还可将板结密实的土体分散成小块，并在根系腐解和转化合成腐殖质以后，使土壤养分得到积累，从而使土壤的团聚体形成良好的、具有大量孔隙的和不易破碎的结构。由于团聚体结构的形成和积累，使得土体疏松透水，一方面对于防止地面径流的发生具有重大意义，另一方面由于团聚体结构的土壤表面具有一定的糙率，增加了地面径流的障碍，阻缓径流的流速，在一定程度上防止了地面径流的进一步集中，而且也有效地预防了土壤被分散悬浮等侵蚀过程的发生和发展，对土壤抗冲性起到增强作用。

根系对土壤抗冲性的强化效应，系指在消除无根系土壤本身的抗冲性影响之后，根系所能提高土壤抗冲刷的能力。植被恢复不同阶段土壤抗冲性特征，在根系参数中，土壤抗冲性与有效根面积（10cm × 10cm × 10cm 土体中 0.1 ~ 0.4mm 毛根表面积）相关性最好。随着群落演替，有效根面积均速增加，由此强化土壤抗冲性的作用也呈线性增强。植物根系在土体中交织穿插，提高了土壤的固土抗冲能力。随着土层深度的增加，根系提高土壤抗冲性的作用减弱。对油松林、沙棘林和草类而言，这个临界土层的深度分别为 0 ~ 60cm、0 ~ 30cm 及 0 ~ 30cm。在这一临界深度范围内，土壤抗冲性的强化值大体保持在较高的水平上。强化土壤抗冲性的效应顺序为乔木优于灌木，灌木好于草类。根系对土壤抗冲性的强化效应在 0 ~ 30cm 土层内为显著，而在 30cm 土层以下强化效应不明显，此种分布特征和根系的剖面分布相吻合。同一地段表土层（0 ~ 10cm）土壤的抗蚀指数均高于底土层，这与表土层细根数量和有机质含量较高有关。

林木根系总密度和总根重量与土壤抗冲性强化值之间存在极显著的相关关系，林木根系可以在很大程度上影响土壤抗冲性的强弱。土壤抗冲性强化值主要与林木根径 ≤ 0.5mm 和 0.5 ~ 1mm 两种径级的根密度与根重量之间呈极显著的相关关系，表明根径 ≤ 0.5mm 和 0.5 ~ 1mm 两种径级的根系对土壤抗冲性的强化作用起主导作用。这主要因为林木根系，特别是根径 ≤ 0.5mm 和 0.5 ~ 1mm 两种径级根系的根密度大大超过径级＞1mm 的根密度，数量庞大的细根密度反映在根长上，可以充分体现细根对土壤的直接机械网络功能。此外，林木细根系具有很高的生长和分解速率，每年的细根生长量往往等于甚至大于地面的枯落物量，细根的分解产物通过增加土壤有机质含量，又在很大程度上提高土壤中＞7mm、7～5mm、5～3mm3 种大粒级的团粒含量，改善了土壤团粒结构，增强土壤抗径流冲刷的能力。此外，活细根在生活过程中的分泌作用也会加强根土间的黏结力，从而提高土壤抗冲刷的能力。

植物根系提高土壤抗冲性的能力主要取决于有效根密度的大小，在宏观上表现在根系的减沙效应。有效根密度是指在 100cm^2 土壤截面上不大于1mm 须根的个数。

植物根系提高土壤抗冲性的有效性具有 3 个明显区域：①当有效根密度小于 100 个 /100cm^2 时，Y 随 Rd 的增加而递增速度很快；②当有效根密度处于 100～300 个 /100cm^2 时，Y 随 Rd 的增加而递增速度减慢；③当有效根密度大于 300 个 /100cm^2 时，Y 随 Rd 的增加而递增速度极其缓慢，即 Y 并非随 Rd 的增加而呈明显变化。

土壤抗冲性的增强主要取决于植物根系的缠绕和固结作用。这种作用使土体有较高的水稳结构和抗蚀强度，从而使土壤不易被径流侵蚀。植物根系提高土壤抗冲性的机制主要由 3 个方面组成，即根系提高了土壤抗冲力、增进了土壤渗透性及创造了抗冲性土体构型的物理性质。根系提高土壤抗冲性的直接作用是增强了土壤抗冲力，其间接作用是强化了土壤渗透力，而根系创造抗冲性土体构型的物理性质是提高土壤抗冲性的物质基础。

根系不但具有改善土壤物理性质、增加土壤非毛管孔隙度、强化降水就地入渗的水文生态功能；而且根系尤其是≤1mm 径级的细根，具有稳定土层结构，增加土壤＞2cm 粒级水稳性团粒及有机质含量，创造抗冲性土体构型的生物动力学性质之功能。因而≤1mm 径级的根密度及根量是不同植物群落改善土壤结构稳定性、提高土壤入渗及增强土壤抗冲性的有效根系参数。土壤抗冲系数与单位土体根系表面积具有极显著的线性关系，并随土壤水稳性团聚体含量和微生物量的增加而增大；土壤的抗剪强度对抗冲性影响最大，其次为水稳性团粒和有机质含量。另外，苔藓植物能增加土体的抗崩解性，结皮"保护层"和土壤坚实度对增强抗冲能力也具有一定作用。

三、植被对土壤理化特征的塑造

(一) 土壤微生物

"土壤是作物生长的基础资源，富含丰富的养分和水分，还蕴含庞大的微生物群体。"① 土壤微生物是指存在于土壤中的细菌、真菌、放线菌、蓝细菌、藻类（蓝藻除外）、地衣和原生动物等微小生物的总称。土壤微生物在土壤发育、生态系统的生物地球化学循环、土壤环境修复等方面发挥着作用。退化土壤生态系统恢复的实质是使土壤系统与其外部环境协调，逐步构建功能协调、良性循环的土壤生态系统的过程，其中维持高的微生物活性和物种多样性是土壤生态系统恢复与健康的一个重要标志。

黄土高原植被恢复显著增加了土壤中微生物的数量和微生物量，不同植被恢复方式下土壤微生物区系也存在着较大差异。恢复植被后土壤中细菌、真菌和放线菌都有所增加，但微生物数量因植被恢复方式的不同而有较大差异，其中天然荒坡的土壤微生物数量高于人工草地，人工灌木林土壤微生物数量高于人工乔木林，人工复生果树林的土壤微生物数量高于人工纯生乔木林、纯生草地和纯生果树林地。

不同植被恢复方式下土壤微生物量有着明显差异。以黄土丘陵区安塞县纸坊沟流域为例，退耕还林30年后，微生物呼吸强度增加，代谢熵降低，混交林效果优于纯林。在陕西千阳县冉家沟流域，人工刺槐林、桃树林、荆条灌丛和苜蓿草地等不同植被恢复模式下土壤微生物量碳、氮、磷较农地显著增加，其中以刺槐林效果最好。在黄土高原南部地区刺槐林地下的土壤微生物量碳是农地的2倍，微生物量氮也显著高于农地。封山禁牧可以显著增加土壤微生物量。以安塞纸坊沟流域为例，封禁25年后，阳坡狼牙刺群落土壤微生物量碳、氮、磷较封禁前大幅增加。荒坡封禁后阳坡和阴坡土壤微生物量随着封禁年限的增加而显著提高，相同恢复年限的阴坡土壤微生物量明显高于阳坡，但较封禁前阴坡增加幅度显著低于阳坡。因为阳坡土壤水分条件差，植被稀疏，土壤侵蚀退化严重，微生物量低，封禁后土壤微生物量改善作用明显强于阴坡。

不同植被恢复措施下土壤微生物数量和微生物量的差异性是土壤水、肥、气、热等微环境差异的反映。植被恢复方式不同，植被类型、植被生长发育状况、枯落物及根量等也存在差异，因而导致归还到土壤中的有机质数量和质量上的差异，从而引起土壤微生物类群及其数量的变化。

土壤微生物多样性包括微生物分类群的多样性、遗传（基因）多样性和功能多样性的生态多样性，它们从遗传、种群和生态系统3个层次上反映了生态系统中的微生物特性变化。不同植被类型的土壤微生物群落功能多样性差异较大，黄土高原油松、刺槐、柠条、沙棘等造林树种菌根根际土壤微生物的群落代谢功能多样性差异显著，且随着菌根侵染率的提高，微生物功能多样性越丰富，其中油松外生菌根根

---

① 李馨宇，米刚．土壤微生物资源在农业中的应用 [J]．农业工程技术，2023，43（1）：107.

际土壤微生物功能多样性和种群结构最丰富，其次为沙棘和柠条。但采用Biolog技术对黄土丘陵区羊圈沟流域的刺槐林、杏树林和沙棘林3种主要人工林土壤微生物群落进行功能多样性检测，多样性指数表现为：刺槐林＞杏树林＞沙棘林，但未达显著差异，表明微生物的功能多样性受不同树种的影响较小。

植被恢复过程中土壤微生物区系发生相应的变化。土壤细菌随树龄的变化不显著，而放线菌和真菌的数量随树龄的变化显著，其中土壤放线菌的数量呈抛物线性变化，峰值出现在封育23年左右，而真菌的数量则随着植被恢复时间的增加而增多。

土壤中细菌、真菌和放线菌的磷脂脂肪酸（PLFA）含量以及总的活体微生物PLFA含量都随着植被恢复时间的增加呈对数增加。在0~10cm土层中，真菌PLFA含量与植被恢复时间的相关性最高；10~20cm土层中，放线菌PLFA含量与植被恢复的相关性最高；革兰氏阴性细菌（G−）和VAM真菌的PLFA含量也随着封育时间的增加呈线性增加；革兰氏阳性细菌（G+）的PLFA含量在0~10cm土层的变化没有明显的规律，在10~20cm土层随植被恢复年限的增加而增加；非特殊标记的直链磷脂脂肪酸含量的变化规律不明显。封育后的草地土壤中总的活体微生物、细菌、真菌、放线菌、革兰氏阳性细菌（G+）、革兰氏阴性细菌（G−）和VAM真菌的PLFA含量都远远高于农地土壤。但对燕沟流域自然植被演替过程的研究表明，微生物总量、细菌和放线菌数量随植被恢复年限的增加，呈现波动的变化，规律并不明显。不一致的研究结果反映了土壤微生物响应对环境条件改变的敏感性。

在退耕撂荒恢复演替过程中，土壤微生物量总体呈增加趋势。黄土丘陵区农地撂荒后，土壤微生物量碳、氮和磷在前期变化较为剧烈，其后呈波动式上升，50年时分别较坡耕地增加166%、146%和52%，但仍小于该区域天然侧柏林，仅为后者的43%、45%和51%。

植被恢复过程中，微生物量增加速率表现为前期较快，而后期变缓并逐渐趋于稳定。在宁南宽谷丘陵区的退耕地植被自然恢复过程中，土壤微生物量逐渐增加，在植被恢复的前23年增加速率较快，23年后增加缓慢。在子午岭林区人工油松林营造初期，土壤微生物量增长迅速，17年时达到最大值，此后趋于稳定。随着人工刺槐林龄的增长，土壤微生物量呈增加趋势，25年后微生物量趋于稳定。恢复50年的刺槐林微生物量碳、氮、磷较坡耕地分别增加了213%、201%和83%。

无论坡耕地撂荒还是营造乔灌林后，随恢复年限的延长，大量的枯枝落叶返回到土壤系统中，使有机物质输入逐渐增多，供微生物利用的碳氮源增加，为微生物的生存、繁衍提供了更多的食物来源和更好的生存条件，促进了微生物活性及微生物量的升高。

（二）土壤有机质与土壤养分

土壤有机质是土壤肥力的物质基础，是土壤中氮、磷、钾养分及微量元素的重要来源，而氮、磷、钾养分及一些微量元素是植被物种生长繁衍所必需的营养元素。

第一，土壤有机质含量的积累在不同植被类型之间差异明显。土壤有机质含量表现为：天然乔木林地＞天然灌木林地＞天然草地＞人工乔木林地＞人工灌木林地＞撂荒地、人工草地＞农地、果园。其中，天然乔木林土壤有机质含量是天然草地的3.2倍、人工林地（乔木林地灌木林地）的4.6倍，是撂荒地、人工草地、农地和果园的6.5～7.0倍；天然草地土壤有机质含量是撂荒地和人工草地的2倍。在延安燕沟流域的研究也取得了相似的结果，与耕地相比，人工灌木类型仅提高1.8倍，天然草被类型土壤有机质碳含量提高3.1倍，人工乔木群落仅提高4.0倍，天然灌木类型提高5.9倍，而天然乔木类型则提高8.0倍。但将天然草地改为人工林地或者由耕地改为人工草地的最初几年，土壤有机质还会有短暂的下降现象。

在黄土高原丘陵沟壑区，撂荒地土壤有机碳含量高于人工林地，其原因可能与人工建造植被过程中对土壤扰动大以及新建人工林凋落物的归还量小于天然草地有关。但与耕地相比，果园建设对土壤有机碳的积累存在不同的研究结果。如在黄土高原丘陵沟壑区的燕沟流域内，苹果园土壤有机质含量与耕地并没有显著差异；在黄土高原沟壑区的王东沟也有类似研究结果；在安塞，苹果园的土壤有机质含量为坡耕地的1.81倍，这种差异可能与果园的管理有关。

第二，植被的物种组成也是影响土壤有机质含量的重要因素。由于物种组成的不同，群落生物量就不同，决定了不同植被类型土壤有机质的积累程度也不同。当植被恢复到一个区域植被的顶级群落后，土壤有机质含量会较初始阶段提高至少5倍以上，但具有区域差异。

第三，土壤有机质在植被恢复过程中有变化。土壤有机质含量随着植被恢复年限而逐渐升高，但是一个缓慢恢复与积累的过程，在不同的植被演替阶段其累积速度也不同。在子午岭地区植被演替过程中，从耕地撂荒到草地群落演替的10年左右的时间里，土壤有机质的恢复速度快、幅度大，由草地向灌木、乔木阶段演替过程中土壤有机质呈缓慢的增加趋势。在陕北安塞退耕撂荒地1～50年植被恢复过程中，植被有一、二年生草本群落阶段，经历多年生蒿类、多年生禾草与达乌里胡枝子混合多年生草本阶段，发展到杠柳、蛇葡萄、绣线菊等灌木阶段，土壤有机质含量在缓慢增加，与退耕撂荒年限具有显著的相关性。退耕撂荒13年时的土壤有机质比开始退耕时的提高了41.5%，30年时提高了58.5%，而50年时则提高了98.1%；50年时土壤有机质含量从撂荒初期的0.53%增加到1.05%。植被恢复过程中土壤有机质的递增与植被生产力的增加密切相关，分别与植被盖度与地上生物量呈直线关系。而对于陕北黄土高原丘陵沟壑区的安塞县高桥乡36块不同年限（2～45年）的撂荒地，群落生物量与土壤有机质之间表现为不显著的正相关。随着植被恢复年限增加，群落物种组成、群落总盖度、地上与地下生物量也逐渐增加，土壤有机质同步增加且上层快于下层。随着植物群落演替的进行，植物枯落物不断积累，为土壤有机质的富集提供了基础，同时，土壤有机质的积累也为植被的正常生长和植被群落的演替提供了进一步的支持。

第四，植被类型对土壤氮、磷、钾全量及其有效性产生明显的影响作用。天然林地土壤养分含量最高，其次为天然草地，再次为人工林地，撂荒地和人工草地土壤养分含量较低。天然林地和天然草地土壤含氮量明显高于人工林地、农地以及撂荒地、人工草地和果园的土壤含氮量，但人工乔木林和灌木林地，以及撂荒地、人工草地和果园与农地的土壤含氮量差异不明显。人工林草地土壤有效氮含量与撂荒地、果园及农地的土壤有效氮含量差异显著，但人工乔木林地、人工灌木林地和天然草地土壤有效氮含量差异不显著。与土壤全氮含量不同，农地和果园的土壤全磷含量相对较高，这与农地和果园中施用的磷肥有关。天然乔木林地土壤全磷含量明显高于撂荒地和人工草地，而其他类型间的土壤全磷含量差异不显著。天然乔木林地、农地和果园有效磷含量显著高于其他几种类型，而其他类型间土壤有效磷含量差异不显著，这可能与黄土高原土壤有效磷含量普遍偏低有关。不同植被类型下土壤全钾含量、速效钾含量差异均不显著。

总体上，乔木林地对土壤的培肥效果优于灌木林地。刺槐林地的土壤养分较柠条灌木地高；柠条林地土壤碱解氮和速效钾是沙棘林地的2倍以上，但受林龄、林分、立地条件等的影响，人工灌木植被对土壤的培肥作用也有可能高于乔木植被。

第五，植被结构与布局对土壤养分也有影响。如晋西北黄土丘陵区小叶锦鸡儿和杨树混交林及小叶锦鸡儿人工林的土壤培肥作用高于杨树纯林。在安塞羊圈沟流域的丘陵坡地上有3种持续15年左右具有代表性的布局模式，即从坡底到坡顶的布局分别为：草地—坡耕地—林地、坡耕地—草地—林地、坡耕地—林地—草地。在草地—坡耕地—林地模式中，林地土壤养分含量最高，草地次之，坡耕地最低，全磷含量变化均不甚明显；在坡耕地—草地—林地模式中，从坡底到坡顶，有效氮、有机质和全氮均呈现上升趋势，而有效磷和全磷则以林地、坡耕地较高，草地最低；而在坡耕地—林地—草地模式中，有效氮、有机质和全氮则表现为林地高，坡耕地和草地较低，而有效磷和全磷则是坡耕地高，林地和草地较低。比较3种模式坡面的土壤养分平均含量，除有效磷变化不大外，全氮、有效氮、有机质、全磷均呈现出在坡耕地—草地—林地土地利用结构具有较好的土壤养分累积效应。

　　第六，不同植物群落的土壤养分效应具有明显差异。猪毛蒿群落速效磷含量较高，达乌里胡枝子和长芒草群落全氮、速效氮含量较高，铁杆蒿群落全磷较高，白羊草群落速效钾含量较高。在黄土高原丘陵沟壑区，不同植物群落的土壤肥力状况，除40年封禁下的自然恢复植物群落、20年以上人工刺槐林地群落的土壤全氮、速效氮和速效钾水平处于中等水平外，其他均处于低或很低的水平，特别是速效磷处于非常低的水平。

　　土壤养分在植被恢复过程中呈动态变化。随着植被恢复进程，土壤养分发生了相应的变化。退耕初期，受耕作和施肥影响，土壤养分含量较高，随着耕作施肥活动的停止和植被恢复对土壤养分的消耗，土壤养分含量有一个降低的过程。而随着退耕地撂荒年限的增加，土壤全氮、有效氮和速效钾逐渐增加，土壤全磷、有效磷则保持相对稳定的水平。人工乔木林地随生长年限的增加，土壤全氮、有效氮、有效磷、速效钾均逐渐增加，全磷则保持相对稳定的含量。人工灌木林地土壤全氮、有效氮含量均随年限的增加而增加，全磷含量的变化则不明显。果园随利用年限的增加，土壤全氮逐渐增加，全磷和有效氮也呈增加趋势，有效磷和速效钾逐渐下降。植被恢复年限与土壤全氮、有效氮、速效钾之间呈正相关关系。根据黄土丘陵区土壤养分随植被恢复年限的变化，土壤全氮随土地利用年限的年增长率以人工乔木林地最快，其次是人工灌木林地，再次是撂荒地，果园土壤全氮增加速度最慢；有效氮随土地利用年限的增长快慢顺序为：人工乔木林地＞人工灌木林地＞撂荒地。

　　第七，植被恢复不仅可以改变土地覆盖状况、影响植物凋落物的归还量等，还会因土壤管理措施的改变，从而导致土壤微量元素含量的变化。土壤微量元素的空间分布、含量及其有效性与植被类型密切相关。在渭北黄土高原地区，植被恢复后，土壤有效铜、锌、锰均呈现增加的趋势；混交林地表层土壤有效态微量元素与纯林地接近，表层以下土层中的差异较大；土壤有效铜、锌、锰含量随林龄的增长而增加。在陕北黄土丘陵区，植被次生演替的草本阶段，随群落演替有效锌和锰的含量呈增加趋势，有效铜含量波动较大，有效铁含量则先增后减；植被次生演替到灌木初期，土壤有效态微量元素含量高于草地，且不同灌木树种间存在较大差异，表明不同灌木树种对土壤有效态微量元素含量的要求和适宜性方面存在差异；人工草地土壤有效锰含量低于天然草地，有效铁、锌、铜的含量则高于天然草地。

　　在渭北高原沟壑区的不同植被类型中，土壤全铁和全锰含量以林地最高，草地最低，农地和果园居中；林地土壤全铜含量也远高于草地。林地和草地土壤铁、锰和铜含量的差异也与不同植被类型所处的地理位置有关，各土地利用类型下土壤深层铁、锰和铜的含量在表层土壤的生物富集过程也造成了土壤微量元素含量的差异；但林地和草地土壤全锌含量差异不大。农地土壤全锌和全铜含量最高，而且全锰含量也高于果园和草地。这可能与农地施用大量的有机肥料有关。

第八，土壤微量元素的有效态含量与全量之间没有明显的相关性，不同土地利用类型下土壤微量元素有效态含量分布与全量分布相差甚大。由于林地土壤 pH 相对其他利用类型土壤较低，其有效锌和有效铜的含量高于其他利用类型。除林地土壤有效锌平均含量高于黄土区土壤有效锌的含量临界值（0.5mg·kg⁻¹）外，草地、农地和果园土壤有效锌平均含量均低于有效锌的含量临界值。林地、草地、农地和果园土壤有效铜的平均含量均高于本区土壤有效铜的含量临界值（0.5mg·kg⁻¹）。林地和果园土壤有效锰含量较低，其有效铁含量与草地土壤接近，均低于农地土壤。

不同地区土壤微量元素对植被恢复的响应差异较大，这与不同地区较大的气候差异、土壤条件、多样的植被恢复方式及相应的管理措施有关。土壤全锌含量差异不大，农地土壤全锌和全铜含量最高，而且全锰含量也高于果园和草地，这可能与农地施用大量的有机肥料有关。

土壤微量元素的有效态含量与全量之间没有明显的相关性，不同土地利用类型下土壤微量元素有效态含量分布与全量分布相差甚大。由于林地土壤 pH 相对其他利用类型土壤较低，其有效锌和有效铜的含量均高于其他利用类型。除林地土壤有效锌平均含量高于黄土区土壤有效锌的含量临界值（0.5mg·kg⁻¹）外，草地、农地和果园土壤有效锌平均含量均低于有效锌的含量临界值。林地、草地、农地和果园土壤有效铜的平均含量均高于本区土壤有效铜的含量临界值（0.5mg·kg'）。林地和果园土壤有效锰含量较低，有效铁含量与草地土壤接近，均低于农地土壤。

（三）土壤含水量

第一，植被能改善土壤结构，增强土壤的持水能力和水分调节能力。大青山南坡人工林林地土壤饱和导水率明显高于荒坡，降雨后林地土壤含水率较荒坡高，而荒坡的土壤含水率较林地下降快。在晋西北黄土高原地区 7 年荒地 0～3m 土层含水量明显大于林地土壤含水量，这可能是植被蒸腾较强烈造成的。植物根系主要分布层的根系对该层土壤水分含量有明显影响，在植物生长旺盛季节，植物蒸腾作用加强，根系吸水强烈，往往导致根系集中分布层土壤含水量大幅度降低。土壤水分是植物生长的一个重要的生态因子，植物依靠根系从土壤中吸收水分是众所周知的现象。通过对某种豆科灌木根部土壤水势的监测，发现了一个有趣的现象，即所谓的水分提升现象。这一现象表明，植物根系在白天从土壤中吸收水分，而在晚上则向周围土壤释放水分，进而向上层干土层输送水分。

经过对黄土高原水蚀风蚀复合区人工林下土壤含水量进行测定，林下 0～300cm 土层土壤含水量随深度增加而逐渐降低，并趋于稳定。0～30cm 土层土壤含水量变化剧烈，30cm 以下土层土壤含水量逐渐降低，并趋于稳定在 3.00% ~ 5.00%。在对兰州地区荒漠草原带 0 ~ 2.0m 的土壤含水量进行了测定后，发现天然植被对土壤含水量的影响在 1m 以上。随着土壤深度的不断加深，土壤含水量呈减少趋势而后趋于稳定。对于同一植被类型，60cm 以下土层的土壤水分含量随着植被生长年限的增加而不断减小，并且随着植被生长年限的增长，深层土壤水分含量有逐步稳定的趋势。深根系固沙植被发展至 9 ~ 10 年后土壤含水量开始明显下降，特别是较深层（> 100cm）的含水量下降明显。草本植物对 10 ~ 20cm 层的土壤含水量影响较大，灌木主要影响 20 ~ 40cm 层的土壤含水量。

第二，土壤含水量随植被类型的不同而不同。自然植被的土壤含水量 > 自然 + 人工植被的土壤含水量 > 人工植被的土壤含水量。延安研究区的人工植被主要是刺槐和苜蓿，占到乔木林和人工草地的 85% 以上。自然植被以延安研究区最常见的辽东栎林和铁杆蒿群落为代表，人工植被的土壤含水量要比自然植被低。另外，人工植被的土壤耗水量要大于自然植被，这可能与其有较高的生物产量有关。

第三，不同植被对土壤水分变化的响应不同。农地由于耕作影响使其在所有样地中土壤体积含水量最高；侧柏、油松、天然次生林土壤体积含水量高于果园；果园土壤含水量比侧柏、油松林地低；刺槐 + 油松、刺槐 + 侧柏两种林地土壤含水量均值高于草地和刺槐纯林，刺槐林地土壤含水量均值最低；草地土壤含水量小于除刺槐以外所有其他样地。根据对陕西省绥德县境内的农地、天然草地、人工柠条林、人工侧柏林、人工油松林、人工油松侧柏混交林地 0 ~ 10m 土壤剖面的土壤水分含量的测定与分析，农地土壤约在 3m 以上、其他植被类型约在 2m 以上土层的土壤含水量随年降雨量的大小存在年际变化，且农地土壤含水量明显高于其他植被类型，其他植被类型间无显著性差异。农地 3m、其他植被类型约 2m 以下的土壤含水量无显著性年际变化，农地与草地土壤含水量显著高于其他人工林植被。

延安研究区的植被类型组 5m 土层土壤水分含量平均值和变动范围中，退耕地土壤含水量最高，草本群落组略低，但高于灌木群落和乔木群落，灌木群落的土壤含水量接近乔木群落，二者的区别在于灌木群落的土壤含水量变化范围要大于乔木群落。

经过对地处半干旱坝上高原沽源县不同自然区域内林地、草地距地表约 25cm 处土壤含水量的对比分析，人工乔木林地土壤含水量最少，灌木林地次之，草地最多，尤其是天然草地。不同植被类型的土壤水分含量，农耕地 > 草地 > 灌木地 > 乔木林地；生育期长、根系分布较深、年蒸发蒸腾量较大的多年生柚木地的土壤含水量最小，具有较浅的根和较小的冠层、蒸腾和耗水较小的杂草地的土壤含水量最大，草地 2 ~ 4m 深处土壤含水量明显较人工林地高。不同的植被类型下的土壤含水量明显不同，多年生的杨树林由于其根系分布较深，对土壤深层水分的影响明显大于人工草地及农作物；农作物对土壤水分的吸收基本分布在 0~30cm，对土壤深层水分影响不大，人工草地对土壤水分的影响则集中在 60cm 以上。不同植被类型下，草地土壤含水量较高，随土壤深度增加呈上升趋势；林地含水量较低，随深度增加呈下降趋势。草地水分的变异程度小于林地，其土壤水分较为稳定。

土壤水分决定自然植被的类型与生长状况，植被通过生物利用（蒸散等）反作用于土壤水，其生长状况是土壤水分条件的直接标志和度量。土壤水分含量与植物耗水密切相关，乔、灌、草植被对表层土壤的水分利用不同，不同的生长状况和植被密度也造成对表层土壤耗水量的差异。植被类型不同，根系分布深度、密度及叶片蒸腾强度也具有很大差异。一般来说，多年生植被根系分布较深，蒸腾和耗水量都大于一年生植被。乔木植物生长发育一般都需要 600mm 以上的降雨条件，而在半干旱气候条件下，一般降雨量不足 400mm，地下水、土壤水全靠自然降水补给，自然降水将不能满足耗水量大的乔木的生长，一方面表现为乔木林地过度消耗土壤水使土壤含水量明显低于草地和灌木林地，并可能出现土壤干层；另一方面表现为乔木生长欠佳，枝叶稀疏，林下地表覆盖不足致使地表蒸发强烈，乔木林周边约 10m 内草类作物生长欠佳。与之相反，灌、草地地表覆盖较高，在一定程度上减少了地表蒸发。

第四，植被不同生长期、不同土层土壤水分变化存在差异。3 种植被条件下农田耕翻地、人工草地与退耕还林地，生长前期 0~30cm 土层土壤含水量，农田耕翻地最高，水分条件最好，人工草地与退耕还林地互有高低；30~60cm 土层退耕还林地最高，人工草地最少。生长前期，农田耕翻地表层土壤水分较好，能满足春季作物生长要求。生长中期，0~30cm 土层农田耕翻地最低，人工草地与退耕还林地互有高低；30~60cm 土层农田耕翻地最高，人工草地最低。生长后期，0~60cm 土层农田耕翻地土壤含水量最高；人工草地土壤含水量与退耕还林地相比较，0~40cm 土层差异不大，40~60cm 土层退耕还林地高于人工草地。

第五，植被密度对土壤含水量也有影响。土壤含水量与植被密度呈负相关关系，处于生长季节的林地密度越大，其土壤含水量越低。不同密度的林地由于单位面积上树木的数量上的差异，对于水分的消耗量是不同的，这对于林地储水量的变化有着重要的影响。在树种和地形条件相同的情况下，土壤水分消退期和土壤水分稳定期的界限差别较大，而土壤水分积累期和稳定期的界限则较为统一。

第六，植被覆盖度与土壤水分之间具有显著的相关关系，尤其是 10cm 深度范围内土壤水分随植被盖度呈二次抛物线性趋势增加。草本覆盖度与土壤水分之间的相关性比灌木覆盖度与土壤水分之间的相关性高。

（四）土壤酶活性

土壤酶是土壤中的植物根系及其残体、土壤动物及其遗骸和微生物分泌的具有生物活性的物质，参与土壤发生与发育、土壤物质转化、土壤净化等重要过程，反映土壤中生物代谢和物质转化活性。

随着植被恢复，地上植物种类增加，生物量增多，提供给微生物可利用的物质数量逐渐丰富，微生物种群数量增大，加之植物根系和土壤动物增多，从而增加了土壤酶活性。通过封禁、撂荒、营造人工林后土壤酶活性得到显著改善，具体表现为磷酸酶、脲酶、蔗糖酶、纤维素酶和过氧化氢酶活性显著提高，而多酚氧化酶活性显著降低。不同恢复模式对土壤酶活性改善作用不同，荒坡封禁对土壤酶活性的改善效果最佳，其次是退耕还林，再次是退耕撂荒，而人工草地较低。土壤酶活性受诸多土壤环境因子影响，除土壤有机质、氮、磷含量及微生物数量，还受植被类型、生物量、人为干扰等多种因素的影响。

土壤中不同酶的来源不尽相同，因此，对不同植被引起的不同土壤酶活性的响应也就有所差别。磷酸酶、脲酶、蔗糖酶活性表现为：荒坡封禁＞退耕还林＞退耕撂荒＞果园、农地，而纤维素酶、过氧化氢酶和多酚氧化酶活性在不同植被恢复方式下的差异不显著。在陕西安塞，不同植被恢复类型30年后土壤磷酸酶、脲酶和蔗糖酶活性相对于坡耕地显著增加，其中磷酸酶对植被恢复的响应程度较高。对磷酸酶活性的改善效果依次为：刺槐—紫穗槐混交林＞油松—紫穗槐混交林＞柠条林＞荒草地＞油松林＞刺槐林＞果园，表现出混交林对增加磷酸酶活性最高，而荒草地和柠条没有显著差异，人工干预下的果园则在这几种模式中增幅作用最低。人工果园和坡耕地人为干扰强度大，植被及根系少，因此磷酸酶活性低。而脲酶活性的改善效果依次为：柠条林＞刺槐林和果园＞油松—紫穗槐混交林和油松林。蔗糖酶活性的改善效果依次为：刺槐林＞油松—紫穗槐混交林＞刺槐—紫穗槐混交林＞荒草地＞果园＞柠条林＞油松林。

在植被恢复过程中，土壤酶活性响应具有明显的阶段性。而且，响应趋势及响应程度因植被恢复方式及土壤酶的不同而有所差异。在黄土丘陵区，随着退耕撂荒年限的增加，土壤脲酶活性、淀粉酶、碱性磷酸酶、蔗糖酶、过氧化氢酶和纤维素酶活性呈增加趋势，多酚氧化酶则呈减少趋势。土壤酶活性前期变化波动较大，后期（20～30年）变化趋于稳定，这与植被恢复进程中地上及地下生物量的阶段性变化有关。土壤脲酶活性在退耕撂荒前期（15年）呈现递减趋势，之后逐渐增加；淀粉酶变化趋势和脲酶相似，20年后呈现增加趋势；随着恢复年限的增加，碱性磷酸酶活性呈递增趋势；土壤过氧化氢酶活性在恢复初期迅速增加；蔗糖酶活性和纤维素酶活性随着恢复年限的增加而显著提高。与其他酶活性相反，多酚氧化酶活性随恢复年限的增加呈递减趋势。

宁夏云雾山封禁草地植被恢复初期，植被变化对土壤酶活性影响较大。当植被恢复到一定程度，植物种群和覆盖度相对稳定之后，植被对土壤酶活性的影响逐步降低。土壤脲酶、碱性磷酸酶、蔗糖酶和脱氢酶能够在一定程度上反映植被群落的演替和植被的恢复程度。在植被自然恢复演替过程中，土壤脲酶、碱性磷酸酶、蔗糖酶和脱氢酶的活性总体上都随着封育年限的增加而增大，增加速率依次是：脲酶＞碱性磷酸酶＞蔗糖酶、脱氢酶。而土壤过氧化氢酶活性变化缓慢，在不同植被恢复阶段差异不明显，这与退耕撂荒地上的研究结果不同。除了植被恢复方式不同，不同地区土壤环境条件也可能是过氧化氢酶活性变化显著性不尽相同的原因。

土壤脲酶和蔗糖酶在土壤碳、氮循环中起重要作用，比其他酶类更能明显地反映土壤肥力水平和生物学活性强度，以及各种农业措施对土壤熟化的影响。人工柠条林对土壤脲酶、蔗糖酶活性有明显的促进作用，对中性磷酸酶与过氧化氢酶活性的影响则较小。

不同植被恢复方式及植被恢复的不同阶段，土壤酶活性的差异性是植物物种、枯落物量以及分泌物差异的反映。在影响土壤酶活性的众多因素中，活体微生物对土壤酶的影响较大。脲酶、磷酸酶和纤维素酶的活性与微生物量有较密切的关系，3 种酶的活性随着生物量的增加而不断增强，二者变化基本保持同步。脱氢酶活性与土壤微生物的关系不明显。而蔗糖酶活性与土壤微生物数量、土壤呼吸强度有直接依赖性。土壤微生物的多样性决定了其功能的多样性，而土壤微生物作为媒介，由其生成和释出的酶所催化的诸多生物化学过程，是土壤功能多样性的前提和基础。

(五) 土壤干化

1. 土壤干化的形成原因

土壤干化的形成原因是根层土壤水分补给量小于土壤水分消耗量，土壤水分循环出现负平衡；土壤旱化的常年累积形成了土壤干层。一般情况下，一年生农作物和草本植物由于根系较浅，蒸腾作用相对较小，难以形成持久的土壤干燥化土层。因此土壤旱化和土壤干层一般发生在多年生林草地。土壤干化分为常态干化和加速干化两类。由气候干旱、降雨量较低引起的干化称为常态干化；由植被类型选择不当，或采用高密度粗放经营的不合理种植方式，结果植被强烈耗水而导致土壤水分生态条件恶化，这类由人为因素造成的干化称为加速干化。造成土壤干化的直接原因主要包括自然因素和人为因素两个方面。

（1）自然因素包括该区降水量本来较少、气候变暖和降水量减少。黄土高原多数地区年均降水量变化在 300~650mm，降雨量表现出从东南到西北的地带性递减规律，而蒸发量却相对较高，变化范围在 624（青海门源）~1254mm（宁夏同心）。这种"低降水高蒸发"的环境对土壤的干化具有明显的影响，表现在黄土高原从东南到西北土壤干化的严重程度与气候干旱程度的方向性变化一致。此外，黄土高原降水集中、强度大、多暴雨的特征决定了雨水资源化利用率很低，进一步加剧了干旱程度。在这样的地区，土壤水分本来就不丰富，如果利用不当，就会发生土壤干化。降水量的减少会引起土壤水分来源的减少，以及温度升高导致蒸发加强，都促进了土壤的干化。

（2）人类的活动，例如，不合理的植树造林可能引起土壤水的过量消耗，造成土壤的干化。人类活动引起的土壤干化主要包括以下5个方面。

第一，人类破坏植被引起的土壤干化。目前人们较多注意到的是人类进行植树造林引起的土壤干层的形成，实际上植被破坏对土壤含水量减少的影响是最普通的，只是这种影响通常未达到使土壤干层出现的强度而已。植被破坏导致蒸发加强，引起土壤含水量下降。另外，植被破坏还导致降水量减少和水土流失加强，进一步降低了土壤含水量。土壤含水量降低之后，在其上造林就易于形成土壤干层，所以植被破坏是引起土壤干化的前期因素。

第二，在不适于造林的地带进行了造林。在延安以北至长城之间的森林草原带，仅在地势低洼、地下水位较浅的河滩地适于森林的生长，在地下水位埋深较大的黄土坡和黄土梁、峁中上部都不适于森林的发育。因此，在延安以北至长城之间的河滩地人工林常常生长良好，而在黄土坡、梁峁中上部的人工林多生长不良，常见"老头树"。

第三，人工林密度过大。在降水量较少、土壤水分含量又较低的情况下，密度过大的人工林会消耗更多水分，引起土壤含水量减少，水分亏损。虽然延安以南属落叶阔叶林带，但如上所述，这一地区是落叶阔叶林的北部边缘带，而不是落叶阔叶林的最适宜带，如果这一地区营造的人工林密度过大，也可能会引起土壤缺水，发生土壤干化，人造疏林下土壤含水量较密林下高就表明了这一点。

第四，造林没有遵循植被演替规律。在适于森林的发育带，稳定森林植被的形成过程需经过2~3个中间阶段，其演变过程是：草丛→草灌丛→先锋树种构成的森林→最后稳定的森林。在这一演替过程中，草丛与灌丛的发育改善了土壤水分和肥力条件，为乔木的生长奠定了基础。现代人工林是在蒸发较强烈、土壤水较低的裸地与草地上营造的，这对人工林的生长是不利的。特别是在人工林密度较大的情况下，草灌难以生长，难以形成稳定的群落结构。

第五，在生态建设中，植被类型选择失当。在半干旱区的山西北部，大面积栽植喜水湿的杨树，以及在甘肃民勤营造大面积人工乔木林和耗水性较强的灌木林，都是明显的植被类型选择失当的案例。由于耗水性乔灌木根系发达，土壤内部的水分被强烈吸收，加剧了土壤干化。黄土区不管是天然林还是人工林草都有不同程度的干化现象存在，一般认为天然林地的土壤干化程度轻于人工林地。

2. 土壤干层的类型

土壤干层的类型依对其成因研究侧重点不同，类型划分略有不同。黄土区土壤干层分为利用型干层和地区型干层。利用型干层主要处于半湿润区，在改变土地利用方式后，干层的土壤水分有可能恢复，恢复过程由该地区降水和蒸发蒸腾平衡情况决定，也称其为暂时性干层；地区型干层主要处于半干旱区，由降水不足和植被需水负平衡造成，一旦形成即可为永久性存在，不会因土地利用方式的改变而消失，也可称为持久性干层。根据干层形成机制的不同，还可将土壤干层分为两种类型：一种为蒸散型干层，是由植物强烈耗水、土壤水分大量蒸散丢失形成的，主要存在于黄土高原半干旱和半湿润地区；另一种为蒸发型干层，是在气候干旱与水势梯度双重作用下，通过土壤水分强烈蒸发丢失形成的，主要存在于黄土高原半干旱地区。

3. 土壤干化的危害

土壤干化已成为北方少雨地区人工植被土壤退化的主要表现形式，其显著特征是因植物蒸腾过量耗水而造成的植物根系作用范围内土壤水分长时间持续地严重亏缺，天然降水已不能有效予以补偿，土壤表层板结，土壤紧实度增大，从而导致植物生长明显衰退，以至于大面积干枯死亡。在我国北方干旱地区，尤其是黄土高原人工植被下土壤干化已成为这一地区人工植被建设的严重隐患。土壤干化形成后，其水文效应主要表现在以下3个方面。

（1）减小了土壤水分的交换深度。延安燕沟流域不同地类土壤水分的交换深度分别为：阳坡采伐迹地70cm，阳坡刺槐林地60cm，阴坡采伐迹地200cm，阴坡刺槐林地140cm，荒草地220cm，农地300cm左右。干化严重的阳坡采伐迹地和阳坡刺槐林地降雨和土壤水分之间的交换深度仅为0~60cm，而农地、荒草地的土壤水分较高，降水入渗深度达到220~300cm。

（2）减弱了土壤水分的移动性，水分恢复困难。土壤干化导致土壤剖面一定深度形成低含水层，土壤非饱和导水率极低，制约了水分的运移速度，降水来不及下移到干层就被蒸散损失，深层和上层土壤水分在水势梯度下运移的速度很缓慢，需要很长时间才能补充到土壤干层。

（3）阻碍了土壤深层水分和上层水分的联系。具有巨大水分亏缺量的干层使土壤重力水移动不能发生，只能发生由湿度梯度引起的水分扩散移动。土壤湿度低于稳定湿度时，土壤空隙内的水分逐渐失去了毛管连续性，非饱和导水率急剧下降。

土壤水流通量微乎其微，完全可以忽略不计。这样，土壤剖面中降水入渗深度以下至植被根系作用深度就形成了水分传递的隔离层，切断了土壤剖面上下层水分的交换，使土壤深层储水失去了对植物的有效性，削弱了土壤—植被—大气传输系统的水文循环。

此外，土壤干化的直接后果是形成土壤干化层，或称土壤干层。土壤干层系指土壤水通过土壤物理蒸发和植被蒸腾作用，不断地逸入大气之中，经过较长的时间，因土壤水分的负补偿效应而在土体内所形成的厚度不等的低湿土层，其中水分含量下限为土壤凋萎湿度，上限为土壤稳定湿度(或毛管断裂湿度)。自然植被的土壤干层的形成与降水和树木生长有关。遇到干旱年份和干旱季节，为了维持生长需要消耗土壤深层储水；再加上黄土强大的储水性能，降水很难渗入土壤深层，形成了土壤干层。

4. 土壤干层的量化指标

目前对土壤干层的量化指标一直没有形成统一的认识。根据黄土区不同类型区的调查结果作为参数，干层的湿度范围介于凋萎湿度和土壤稳定湿度之间，并用"土壤干湿度"，即以土壤自然湿度与田间稳定湿度之比来表征，将干化程度区分为轻度、中度、强度和强烈4级，其对应的土壤干湿度(0~500cm土层)依次为>0.90、0.90~0.70、0.69~0.40和<0.40。

依据水分动态规律和土壤持水能力，以田间稳定持水量和凋萎湿度作为考虑参数，量化指标上限应以田间稳定持水量为宜，将该值以下的水分亏缺全部看作土壤干层的范畴。根据水分亏缺程度对植被生长的影响状况，干化初步划分为3个等级：轻度干化(含水量为9%~12%)、中度干化(含水量为6%~9%)、严重干化(含水量在6%以下)。但该指标不适应于有天然次生林分布地区，根据对比天然林(顶级群落为辽东栎)与人工林(刺槐)的土壤水分状况，"林地土壤稳定持水量"可作为天然林地和人工林地的土壤水分亏缺状况的依据、土壤干化的量化指标，但该方法能否应用于更广大地区，尚有待进一步的深入研究，但以当地的顶级群落为研究对象探索土壤干化、量化指标的思路值得借鉴和深入。

根据土壤水分对植物的有效性，可以将土壤稳定湿度、初始凋萎湿度和稳定凋萎湿度作为评价深层土壤干化程度的关键指标，划分为3个等级：①土壤稳定湿度至初始凋萎湿度为较严重干化，植物生长基本正常，部分生长不良；②初始凋萎湿度至稳定凋萎湿度为严重干化，植物生长严重受阻，出现衰败；③低于稳定凋萎湿度为极严重干化，植物生长停滞，甚至死亡。

以土壤湿度值的高低表示土壤干化程度，在不同降水类型区、不同类型土壤和不同类型植被之间难以直接比较。为了便于定量描述干化强度，比较土壤干层的剖面分布特征和区域分布规律，发展出了一个定量描述土壤干化强度的概念——土壤干化指数（SDI），其定义为某一土层实际土壤有效含水量占该层土壤稳定有效含水量比值的百分数。土壤干化指数 SDI 值越小，表明土壤干化强度越高。

SDI 消除了降水量、土壤种类和植被类型等因素的影响，可以应用于不同区域、土壤和植被类型之间土壤干化强度的差异比较。结合苜蓿草地生长状态和受干旱胁迫的程度，土壤干化强度可划分为没有干化、轻度干化、中度干化、严重干化、强烈干化、极度干化 6 级，若 SDI ≥ 100%，为没有干化；若 75% ≤ SDI < 100%，为轻度干化；若 50% ≤ SDI < 75%，为中度干化；若 25% ≤ SDI < 50%，为严重干化；若 0 ≤ SDI < 25%，为强烈干化；若 SDI < 0，为极度干化。

（六）土壤团聚体

通过土地利用调整和植被恢复，土壤团聚体的水稳性能得到不同程度的改善。不同恢复方式下土壤团聚体数量及其稳定性有明显差异。黄土高原丘陵沟壑区天然乔木林地、灌木林地、草地 > 5mm 的团聚体含量是人工乔木林地、撂荒地和果园土壤的 1.5 ~ 2 倍，是人工草地的 2.5 倍、农地的 4 倍；5 ~ 2mm 的团聚体含量表现为天然乔木林地 > 天然灌木林地 > 天然草地 > 果园 > 撂荒地 > 人工林地 > 人工草地 > 人工灌木林地 > 农地；1 ~ 2mm、0.5 ~ 1mm、0.25 ~ 0.5mm 3 粒级的土壤团聚体含量在不同植被类型间具有相似的变化规律；土壤团聚体总量和团聚体平均重量直径（MWD）在不同植被类型间的变化规律与 > 5mm 的土壤团聚体含量变化规律基本一致，即以天然乔灌草地含量最高，约是人工乔木林地、撂荒地和果园的 1.5 ~ 2 倍，是人工草地和农地的 2.5 ~ 4 倍。

植被建设采用的物种不同，对土壤团聚体的影响也不同。在宁夏固原的人工灌木林中，土壤团聚体 MWD 以柠条林较大，其次是山杏和沙棘。而自然恢复的植被，不同植物群落下土壤团聚体的含量也有明显差异。如陕北安塞 1 ~ 3 年的自然灌木，0 ~ 60cm 土层 > 0.25mm 土壤团聚体含量依次为：黄刺玫 > 狼牙刺 > 互叶醉鱼草 > 灌木铁线莲 > 杠柳。

在植被恢复过程中，不同恢复阶段土壤团聚体数量及其稳定性有着显著差异。以撂荒地为例，随着恢复年限的增加，土壤团聚体增加，但增加速率逐渐减慢，土壤结构性状的改变逐渐趋于稳定和平缓。在退耕撂荒的前 10 年，水稳性团聚体增大约 250%；随着退耕撂荒年限的延长，其增大幅度趋缓，第 10 ~ 50 年，水稳性团聚体仅增大 16%，之后增大幅度更加缓慢，接近稳定的水平。同时，土壤结构系数和土壤团聚度均随退耕撂荒年限及群落的演替而增大，而土壤分散系数和结构体破坏率呈减小趋势。

　　随着植被恢复年限增加，土壤中大粒级水稳性团聚体含量逐步增加，＞5mm粒级团聚体在土壤团粒结构中占主导地位，含量占50%～80%；其次是5～2mm含量，占到10%～15%。反映了随着植被恢复，土壤水稳性团聚体逐渐发育，小粒级团聚体相互胶结而成的大粒级团聚体的水稳性增强；土壤结构则由大的团块向小颗粒的团聚体转换，土壤分形维数降低。土壤水稳性团聚体总量、团聚体MWD与植被恢复年限之间有显著的正相关关系，可以用幂函数进行拟合，据此推算，黄土丘陵区植被恢复10年来，退耕撂荒地和人工刺槐林地的土壤团聚体MWD较坡耕地分别增加了30%和80%。

第六章 水土保持监测及其技术应用

第一节 水土保持监测的理论体系

"水土保持监测是水土保持工作的重要组成部分。"[①] 水土保持监测是国家生态建设宏观决策的基本依据，是水土保持事业的重要组成部分，是法律赋予水行政主管部门的一项重要职能；其目的是及时、全面、准确地了解和掌握水土保持生态建设情况、水土流失动态及其发展趋势，为水土流失防治、监督和管理决策服务，为国家生态建设宏观决策提供科学依据。水土保持监测是水土保持信息化和现代化的基础。

一、水土保持监测内容

水土保持监测范围包括水土流失及其预防和治理措施，监测内容包括以下4个方面。

第一，影响水土流失的主要因子：主要包括降雨和风、地势地貌、地面组成物质及其结构、植被类型及其覆盖度、水土保持措施的数量和质量等。

第二，水土流失状况：包括土壤侵蚀类型、强度、程度、分布和流失量等，其中主要包括水力、风力侵蚀引起的面蚀、沟蚀、滑坡、崩塌和泥石流等。

第三，水土流失灾害：主要包括下游河道泥沙、洪涝灾害、植被及生态环境变化，以及对周边地区经济、社会发展的影响等。

第四，水土保持措施效益：包括实施的各类防治工程控制水土流失、改善生态环境和群众生产条件与生活水平的作用等。

二、水土保持监测原则

水土保持监测的目的是及时、准确、全面地反映水土保持生态建设情况、水土流失动态及其发展趋势，为水土流失防治、监督和管理决策主动服务、及时服务和

---

① 赵方莹，李璐，陆大明，等.城市平原区水土保持监测方法与典型设计 [J].中国水土保持，2023(1)：48.

超前服务，为国家生态建设提供依据。因此，监测工作应充分考虑服务对象的需求和服务的有效性，并在监测工作中遵循服务性、规范性、综合性、动态性和层次性等原则。

（一）监测的服务性

水土保持监测的主要任务是向全社会提供不同尺度范围、不同信息细度的水土流失状况及相关的基础数据，以便支持主管部门制定防治水土流失、保护和合理利用水土资源的政策，支持相关行业的科学研究、技术开发、科技推广和规划决策等，支持各级人民政府制定国民经济和社会发展计划。因此，水土保持监测必须根据行政管理用户、技术研究用户和一般公众用户3类用户对监测信息的需求，确定具体的监测对象、方法，制定相应的监测方案，选定工作人员，配置仪器设备。

1. 行政管理用户

行政管理用户是指水土保持工作管理、水土保持监测结果公告的决策用户。行政管理用户是各级水行政主管部门，尤其是国务院水行政主管部门和省、自治区、直辖市人民政府水行政主管部门。一般情况下，决策层用户的日常工作头绪繁多、业务更为繁忙。决策层用户虽然关心监测数据获取的方法与过程，但更关注监测结果——水土保持监测情况公告的依据。因此，为行政管理用户提交的信息主要包括监测结果、上报审批数据、统计分析的结论和对下一步工作的建议等内容，而其他相关的内容只在技术审查、详细查询和提出需要等情况下提供查阅。这样，可以避免使行政人员陷入过多的甚至细枝末节的技术问题，而使其明确上报水土保持监测情况的重点及其对管理工作的意义，便于决策。

2. 技术研究用户

技术研究用户是指包括水土保持监测技术人员在内的水土保持科学研究、教学、技术开发、工程施工等单位的管理与技术人员，他们进行监测数据的采集、整理、数据库建设以及统计报表制作和专题制图等工作，并开展基础理论研究、科学试验、模型建立和技术开发，以及负责水土保持工程设计与具体实施。比较而言，技术研究用户对水土保持监测数据的需求更加广泛也更为详细，他们更关注直接采集的基本数据及其与之相关的监测设施与设备、采集方法、数据记录方式与使用范围、采集人员对上述内容的评价及存在问题的说明等。这些内容是相关的理论研究、模型建立、技术开发和技术标准制定等工作的基础。

3. 一般公众用户

一般公众用户是指关心和直接利用水土保持及其监测结果，而不将这些结果用作决策依据或研究基础数据的用户，也就是一般群众。他们泛泛了解全国或区域的水土流失状况及其危害、水土流失防治情况、生态环境现状以及相关的法律法规等。一般公众用户关心的信息，可以结合水土流失防治典型，在城镇、农村和开发建设单位广泛宣传，使群众将保护水土资源作为自觉履行的法律责任；可以通过定期的宣传和咨询活动，普及和提高全社会防治水土流失和保护的知识与意识；可以通过各种媒体，发布水土流失现状及其危害，生态环境现状及其与生产、生活的密切关系。在计算机网络和资讯技术高度发展的今天，可以通过相关的网站、声讯等发布水土保持及其监测情况。

必须定期公告水土保持监测情况。在公告时，可以通过高强度、高密度、高覆盖的宣传，使人们了解水土流失的面积、分布状况和流失程度，了解水土流失造成的危害及其发展趋势，了解水土流失防治情况及其效益等，以便达到提高整个国民认识的作用。在全面开展水土保持监测工作时，综合分析和研究不同用户的需求，针对性地提供不同细度的监测数据，支持水土流失规律研究、水土流失趋势预测和行之有效防治政策的制定；反过来，将新的政策和研究成果及时地贯穿、应用于监测工作中，以便进一步促进监测工作并越来越好地满足各类用户日益增长的需求。

(二) 监测的规范性

水土保持监测的内容、技术方法、数据处理与整 (汇) 编和监测成果的公告等，都必须遵循相关的技术标准和管理规定。管理规定必须既注重数据采集和处理阶段的效率与时效性，又注重信息管理和应用阶段的方便与可知性；技术标准必须既强调同一层次上的统一性和可比性，又强调不同层次上的差异性和特殊性。为了在技术方面保证水土保持监测的规范化，除遵循有关的技术标准和规范，还需要注意以下 5 个方面的问题。

1. 进行数据需求调查，建立数据需求模型

为了使每个监测项目在直接满足各自工作需要的同时，又能够为同类监测项目和整个水土保持监测工作提供数据采集、数据整 (汇) 编、组织管理等方面的借鉴，为监测、管理、科研等多个方面和不同层次提供支持，必须进行详尽的数据需求调查并建立各种数据需求模型。

数据需求研究应该集中在数据项目及其观测系统上，包括指标体系、观测设施设备、数据采集方法和观测的各个阶段数据完整性控制等。同时，应尽可能及时抢救、收集和挖掘历史资料，并建立数据库。历史数据整理不仅可以防止资料的丢失，而且可以在数据库设计、数据挖掘的过程中修正既定工作方案和现行的技术标准，为整个水土保持监测工作提供经验。

2. 数据与观测系统的标准化和规范化

标准化和规范化的工作至少包括以下内容。

（1）数据及其文档的标准化。在数据管理的规划和设计阶段，应根据现有数据和不同层次的需求，对已有的和将来要统一监测的数据制定不同层次的标准，确定数据的内容和形式，并进行评价。制定标准和评价时，要注重数据标准的可操作性。依据评价的结果，由专家和管理人员共同制定数据标准，包括数据的定义、格式、精度以及文档的编制。

（2）观测系统的标准化。数据的标准性依赖于观测系统，观测系统的标准化就成为标准数据的基础。观测系统的标准包括仪器的标准和规范、观测技术方法的规范、观测条件的规范以及数据分析的标准等。数据标准和观测系统标准的制定要统一协调、形式一致。

（3）计算机系统和通信的标准化。在当今信息技术飞速发展的背景下，计算机系统和通信的标准化显得尤为重要。它主要涉及软件系统和通信设备的兼容性，以及数据交换的畅通性。通过制定统一的标准，不仅可以保障各类软件在不同平台上的正常运行，还能确保不同厂商生产的通信设备互相兼容，实现无缝衔接与互联互通。标准化不仅简化了技术的应用和推广，也降低了成本，促进了技术的跨界融合与创新。在标准化的引领下，计算机系统和通信领域将迎来更加高效、稳定、安全的发展，为社会进步和人类福祉作出更大贡献。

3. 加强数据的质量保证和质量控制

为了收集、发布和提供准确的数据，使各种研究及预测结果能够真实地反映各种变化的趋势，而不是观测或分析过程中的某些人为因素造成的假象，必须加强数据的质量保证和质量控制。数据质量保证的实施，贯穿于数据的采集、收集、整理、建档和建立数据库、模型计算等整个水土保持监测与数据管理的过程中。在这些过程中，数据质量保证除提高设备性能和人员工作素质，必须研究数据质量控制的方法、开发数据质量测试软件，以期将可能产生的错误减少到最小（或可以接受的范围内）。

4. 编制完整的、统一的数据文档

对于同一数据，如果附加了不同的限定信息，就可能有完全不同的使用和解释方法。因此，为了将来能准确地解释和使用这些数据，必须对每一个数据项定义标准的限定信息，建立完整的、统一的文档。如数据收集时间、地点、精度、所用仪器、采用方法、完整性以及其他特点等，并以某种标准的格式记录下来。

5. 进行数据交流和发布

为了使观测和实验得到的数据可以被科学研究和水土保持工作广泛应用，必须将水土保持监测网络站点观测与收集的、经过质量保证和质量控制系统处理过的数据，按照不同的层次在规定的范围内交流和发布。数据的交流和共享，不仅可以促进水土保持监测工作和水土保持监测网络本身的整合，而且可以加强水土保持监测网络和科研、生产、管理单位的合作。通过交流探讨、分析研究和生产与管理单位的实践，将为水土保持动态监测预报和管理决策提供信息支持。

（三）监测的综合性

针对不同的水土保持监测对象和项目任务，不仅要直接监测水土流失及其影响因素，而且要选择与监测对象和项目任务直接关联的社会、经济及其他方面的监测内容，从多个角度反映水土流失及其预防、治理的方法、措施和效益等状况。在水土保持监测的方法上，既要利用现代先进的高新技术，也要采取常规方法；既要在广泛条件下了解和确定区域的基本状况，又要实地观测和采集具体的指标，互相补充、相得益彰，使监测结果更加全面、科学和可靠。水土保持监测的综合性主要表现在如下 3 个方面。

1. 监测对象的完整性

为了全面反映水土保持监测对象的特征和性状，务必注意监测对象的完整性。监测对象的完整性可以通过 3 个方面反映：（1）不仅要全面反映对象的内涵，而且要全面包含对象的外延，切不可片面地只反映对象的某个侧面；（2）不仅要完整反映对象的现状，而且要完整反映对象的历史和发展趋势，切不可静止地只截取对象的某个阶段；（3）不仅要科学反映对象本身，而且要科学分析影响对象的各个因素，切不可孤立地从对象到对象做简单的重复。

2. 监测内容的全面性

水土保持监测内容的全面性主要通过监测指标体系反映。针对不同的监测对象或监测范围，在设计直接采集的监测指标时，必须完整、科学。在我国水土保持监测中，涉及区域、中小流域和开发建设项目 3 个尺度范围或对象，在监测指标设计时应尽可能采集全部指标的数据。

3. 监测方法的多样性

监测方法的多样性主要是为了保证监测结果的科学性、可靠性和可比性，科学设计的相互对立的监测方法可以互为检验，它们的监测结果可以互为印证。在设计监测方法时要注意常规方法与先进技术相结合，宏观监测和微观监测方法相结合，周期性普查和连续定位观测相结合，全面巡查、典型勘测和样区试验相结合。同时，在水土保持监测方法设计时，应充分利用现有水文、泥沙、生态系统观测的相关技术。

（四）监测的动态性

单一的观测只能揭示系统在时间上静止、空间上固定的状态，而在时间上连续和在空间上扩大的观测通常会更加有用。前者揭示出的是在某种干预时系统所引起的变化，例如，水土保持工程对控制水土流失的效果；后者揭示出的是观测到的可变事物之间有意义的相互关系，例如，土壤类型与可获得的水之间的关系。水土保持监测应定期或不定期进行，开展连续定位观测、周期性普查和临时性监测，或定位观测、普查和临时监测相结合，以便了解水土流失及其防治现状、分析其动态变化、预测其演变趋势。在大量的监测、专题研究和调查的基础上，综合开展物理过程分析、机理研究和数量统计等，建立各个监测指标、土壤流失量和水土保持效益等预报模型，以期实现定位、定量的动态监测和预报。

（五）监测的层次性

水土保持监测的层次性既是监测对象、水土保持防治项目组织管理的客观要求，也是水土保持科学研究发展的必然结果。

1. 监测对象的多尺度空间

（1）土壤侵蚀的区域差异。水土流失过程及其影响因子均具有地域上的差异。土壤侵蚀区划研究表明，可以对区域水土流失进行多级别区域类型的划分。根据任务需求，可以进行多种尺度（不同比例尺）的监测、调查与研究。例如，在黄土高原土壤侵蚀的研究中，黄土高原被分为丘陵沟壑区、高原沟壑区、土石山区、风沙区、干旱草原区、高地草原区、林区、阶地区和冲积平原区，其中的丘陵沟壑区又被进一步细分为5个副区。在小流域综合治理规划中，则将土壤侵蚀评价和治理措施规划落实到具体地块中。

（2）多尺度的土壤侵蚀研究。根据水土保持工作的需要，研究者在多种空间尺度上（全国、区域和小流域）进行了水土保持的调查与制图研究，揭示水土流失的区域或空间差异性，为相关尺度的水土保持规划、防治等提供了数据支持。这种多尺度的研究表明，可以根据监测任务的需要，选择适当的比例尺，以便快速地完成水土保持调查。

（3）水土流失治理的多尺度规模。目前，水土流失治理规模包括小流域、建设开发项目区、世界银行贷款项目区、水土保持示范县和重点防治区等。不同治理规模反映了水土流失治理的多尺度特点，这种特点可以用水土保持规划或方案图件的比例尺来反映，例如，在一般情况下，这些图件的比例尺分别为小流域1∶10 000，建设项目区1∶10 000至1∶5000，示范县1∶100 000至1∶50 000，重点防治区

1∶250 000至1∶100 000。不同规模的治理，其组织形式（包括项目主持单位、主管单位和项目提出单位）、治理方式、效益分析和验收均有所区别。例如，重点防治工程项目一般由国家（或委托流域机构）和省（自治区、直辖市）水土保持主管部门提出，按县（市、旗）组织实施，按小流域组织验收。

2. 监测的多级别组织管理

水土保持监测的组织管理必须既服务于水土保持工作的需要，又反映土壤侵蚀和水土保持工作的区域特点；既有利于全国水土保持生态建设规划的落实，又便于分区分类监测相关内容；既服从于建立全国性的监测体系和技术网络，又为建立全国或区域性的水土流失预测预报模型提供全面、系统的数据。

（1）监测体系的层次性。水土保持监测网络体系包括全国水土保持监测中心，大江大河流域水土保持中心站，省、自治区、直辖市水土保持监测站以及省、自治区、直辖市重点防治区水土保持监测分站等多级别层次。

（2）数据管理的层次性。由于水土保持监测数据及其预测结果只能由国务院和省（自治区、直辖市）水行政主管部门公告，因此，监测数据管理系统具有一定的层次性，是一种层次式的网络结构。随着水土保持监测工作的不断扩展和深入，数据量将不断增加，且用户众多、对数据的需求及其使用千差万别，数据的收集、整编、管理必须具有一定的层次性。

（3）数据来源的尺度差异。水土保持监测网络的数据来源主要包括3种：①布设于全国不同侵蚀类型区的监测点及其观测样区，监测内容主要是微地貌特征等，例如，坡度组成、地面物质、土地利用、土壤渗透性、植被类型及其覆盖度等；②分布于全国各地的水土保持监测分站、监测点以及水文站、研究所、试验站和观测站，包括室内试验和野外试验数据；③航片和卫片，主要用于通过综合地理景观影像来分析影响水土流失的因子，判定水土流失的类型分布和程度。

以上3种数据，具有明显的尺度差异，可以说包含了从土壤侵蚀的微观机理研究到水土流失及其治理的宏观分布、程度等数据。这些不同尺度的监测数据是建立水土流失预测预报模型、评估区域或全国水土流失状况的基础。只有占有了大量的、系统的监测数据，才能去粗取精、去伪存真，才能开发模型、分析水土流失动态、预报水土流失及其治理的发展趋势。

三、水土保持监测任务

为了富有成效地开展水土保持监测工作，及时、全面地为水土保持规划、治理和预防、监督提供依据，就要坚持不懈地进行监测的技术研究，不断完善监测理论体系，同时持续务实地进行能力建设和队伍建设。全国水土保持监测的主要任务包括建设全国水土保持监测网络与信息系统、完善水土保持监测技术标准与管理规章、锻炼和培养监测技术队伍、强化水土流失动态监测、开发预报模型五个方面。

(一) 建设水土保持监测网络与信息系统

全国水土保持监测网络与信息系统建设的总体目标是以全国水土保持监测中心、流域机构水土保持监测中心站、省级水土保持监测总站及其监测分站为监测信息管理的基本构架，以监测点的地面观测为基础，以全国性、区域性抽样调查为补充，以遥感、地理信息系统和全球定位系统以及计算机网络等现代信息技术为手段，改造和拓展水土保持信息采集方式，形成快速便捷的信息采集、传输、处理和发布系统，实现水土流失及其防治动态监测的现代化，促进监测数据、设备、理论和技术方法等资源的交流和共享，全面提高全国水土保持规划、科研、示范、监督和管理水平，为水土流失预测预报和评价水土保持防治效果提供准确数据，为国家水土保持生态建设决策提供支持。

建设全国水土保持监测网络和信息系统，要做到监测技术有规程、网络管理有规章、动态预报有模型，以便实现水土保持监测及其信息交流的现代化。建设的主要任务包括水土流失观测和试验设施、数据采集与处理设备、数据管理与传输设备；开展监测网络和信息系统建设的科学研究，制定水土保持监测方面的技术规范和标准；建立水土保持数据库，研究开发水土保持管理信息系统。同时，培训监测技术人员，建立业务素质过硬、技术管理制度严明的监测人才队伍。

为便于管理和开展监测工作，各级水土保持监测机构在行政上受当地水行政主管部门领导，在技术上和业务上接受上级水土保持监测部门指导。在行政领导上，全国水土保持监测网络实行分级领导、分层管理的网络化管理模式，各级监测站网隶属于相应水行政主管部门，接受水行政主管部门的领导。为确保整个水土保持监测网络的工作开展、数据交流、资源共享的安全性等，监测网络内部需要实行严格的业务管理制度。

1. 建立水土保持基础数据库

建立全国水土保持基础数据库，是实现水土流失动态监测和预报的基本保证。基础数据库系统具有两种基本功能，即评价和分析水土保持数据。这两方面的工作范围很广，从改进国家数据库直到检验、拟订水土保持生态建设政策效应。在评价方面，包括提供数据 (数字图形、遥感影像、多媒体材料、文字、数字等)，数据的登记管理，评价对象的状况报告和水土流失及其防治的动态变化等；在分析方面，包括支持相关研究，预测水土流失及其防治效益趋势，分析现行水土保持生态建设政策并为制定新的政策提供依据，帮助确定重点工程位置、重点区域及项目评价等。

建立基础数据库需要注意以下3个方面的问题。

（1）数据层。完整的水土流失基础数据库包括4层，即侵蚀环境背景数据库、区域水土流失调查本底值数据库、评价参数库、土壤侵蚀与水土保持知识库。这里所说的数据包括数字图形、影像、数字和文字等。

（2）基本信息元。合理构建基本信息元，是数据集成和高效管理，进行多源数据的多码查询、检索和统计分析的基础。类似于遥感影像的像元，或社会经济数据统计的行政单位，基本信息元是数据记录的基本单位，空间数据基本信息元是计算机评价制图的基本图斑单元，包括图斑、线条和点；属性数据基本信息元是数据库管理系统的记录，该记录包括要反映对象的若干性质；在调查表格中，基本信息元只能是通过直接采集得到的，而不能是通过其他数据运算而得到的。

（3）数据标准。包括数字图形的空间数据和属性数据、数据库中数据的记录与存储格式、交换方式以及相应的地理坐标系和数据分类分级体系等。

2.完善水土保持监测报告制度

报告制度主要是及时提供不同要求、不同细度的水土流失及其治理的信息，以便定量分析多种因素与水土流失的关系，模拟预测水土流失及其防治措施、生态环境的发展趋势，为水土保持生态建设提供决策信息，以期预测未来并产生正确的控制。

水土保持监测报告制度包括日常监测（连续定位监测）、周期性普查、典型监测（如示范单位或示范项目）和临时性监测（如专项研究和调查等）的报告制度，以及全国、省（自治区、直辖市）水土保持定期公告制度。报告的内容必须包括水土流失及其防治动态状况以及对动态变化、存在问题的分析等。报告的内容与频率、监测结果的公告，均必须遵循相关的法律法规、政策和文件的要求与技术规范；同时，如果监测任务属于技术咨询服务合同协议内容，还应该符合合同要求。

（二）完善水土保持监测技术标准与管理

在现有水土保持技术标准的基础上，吸纳新观念、新科学和新技术，建立健全具有前瞻性的水土保持监测技术标准体系，是监测理论走向科学、监测技术走向成熟、监测工作走向规范的需要，也是水土保持工程建设项目管理的要求。在全面总结水土流失及其防治、监督和监测工作的基础上，根据监测工作的现状、特点和发展要求，依据相关规定，制定水土保持监测的管理制度，以便确定水土保持监测网络的组织管理与监测成果管理，保证监测人员持证上岗，确保监测工作的规范化。水土保持监测技术标准体系的建立，必须注意技术标准的体系性、技术条文的强制性与指导性及其量化等问题。

1. 监测技术标准的体系性

标准是经协商一致制定并经一个公认的机构批准的特殊性文件。根据标准的作用可以分为技术标准、设计标准和标准设计。技术标准是标准体系的基础，设计标准和标准设计是在其基础上进一步细化形成的。

在水土保持监测技术标准编制过程中，应根据监测工作的实践和发展需要，确定水土保持监测技术标准体系的建设目标，确立技术标准分类、要求和范畴，分清轻重缓急，逐步制定和完善各类技术标准。

2. 标准的强制性和指导性

技术标准与法规或合同不同，法规或合同的条款具有法律强制性，而标准的某些条文为强制性的，其他则为指导性的。凡经过批准后颁布的标准，并标明是强制性的，无特殊理由一般不得与之违背；指导性条文一经法规或合同引用也具有强制性。

针对水土保持监测，区分技术标准条文的强制性和指导性必须注意3方面问题：①由于我国地域辽阔，自然条件复杂，需要区分条文在地域上的普遍适用性和区域特殊性；②由于水土保持监测涉及行业众多，监测对象多种多样，需要区分条文在监测对象上的共性要求和行业差异；③由于监测本身肩负着为各种用户提供监测数据的责任，为了监测结果的可比性，需要注意定量化的理论依据（如可换算性）和技术可能性。

3. 指标体系的定量化要求

技术条文涉及的分类、分级和评价模型等必需的指标，应该尽可能定量化。如果需要比较量纲不同的数据时，可以利用各种方法将不同指标的数值转化为无量纲的数值。制定量化标准时，需要遵循两方面原则：一方面，数量标准与应用的区域范围、监测精度相适应，在较小尺度区域，评价体系应反映地面的实际状况；在较大尺度区域，可以用以评价单元面积为基准的地表统计特征值表示。另一方面，数量标准具有任意地域的可操作性。分级标准必须适用于全国范围，在相同地区，分级标准应该完全一致；在不同地区之间，分级标准必须可以相互换算。

(三) 培养监测技术队伍，推广监测技术

从事水土保持生态环境监测的专业技术人员须经专门技术培训，考试合格，取得水利部颁发的水土保持生态环境监测岗位证书，方可持证上岗。坚持不懈地试验、研究、推广和应用现代先进技术，孜孜不倦地补充、完善和规范水土保持监测常规方法，制订系统的监测技术人员培训计划，培训监测技术人员熟练掌握监测设施使用与管护、设备操作及数据采集技术与分析方法等，可以为及时采集数据、准确处理数据、安全管理和快速传输信息等提供人才保障，确保水土保持监测工作做到反应灵敏、监测准确、预测可靠。

水土保持监测技术培训，一靠教育，二靠制度，必须在教育培训的基础上，对技术和管理人员进行专业理论和操作实践考核，推行持证上岗和定期考核制度。技术教育培训，坚持为水土保持监测工作服务，坚持与监测实践需要相结合，合理设置基础知识、上机操作和野外实习的课程和内容，推广先进适用的科技成果，提高培训质量，培养一批作风优良、业务拔尖的监测工作管理人才，建设一支业务熟练、技术过硬的监测技术人员队伍。同时，加强培训师资队伍建设，提高教师的师德和业务水平；强化实际操作和野外实习的设施设备配置，加强培训高素质技术人才的能力建设。在水土保持监测技术队伍建设方面，需要注意以下问题。

1. 完善监测技术人员的结构

系统的结构决定系统的功能，合理的监测人员专业结构和职称结构是科学、规范和全面地开展监测工作的基本保障。为了能够独立完成水土保持监测工作，监测单位应该配备齐全承担监测任务所需的水土保持、农业水利工程、自然地理、计算机科学等专业的技术人员，或配备具有一定的水土保持监测经验，且经过专门培训，从事水土保持、生态环境、农业水利工程、自然地理等工作的技术人员。

为了承担监测任务，促进监测技术队伍不断发展，监测单位的技术人员必须具有合理的技术职称结构。从事水土保持监测的技术人员必须具有相关专业大专以上的文化程度，并经过专门的技术培训，获取水土保持生态环境监测岗位证书。

为了能够在全国范围内承担水土保持生态环境监测工作，监测单位从事监测工作的技术人员中，高、中级技术职称人员应该占有一定的比例，并从事过水土保持监测工作。为了能够承担全国性、国家确定的水土流失重点防治区、跨省（自治区、直辖市）行政区域和国家立项的开发建设项目等水土保持生态环境监测工作，监测单位从事监测工作的技术人员中，高、中级技术职称人员应该占有更高的比例，具有丰富的水土保持监测经验。

2. 制订合理的技术培训计划

水土保持监测技术培训在注重整体性、系统性和时效性的前提下，根据全国水土保持监测网络建设任务、监测工作的实践和科学技术研发等方面的需要，按照突出重点、分层推进、分类指导、不断完善的原则进行。

对想要从事水土保持生态环境监测工作的专职技术人员，采取周期性的专门培训。培训时，必须做好培训教材准备、教学进度安排和师资配备等工作，并做到基础知识与理论教学、实际操作、野外实习相结合，确保培训质量。

先进的监测技术推广和新的技术标准规范的宣传，应采用先进行需求调查再开展专门培训的方式，以便及时甚至提前培训监测技术人员，确保新技术的及时应用和新规范、新标准的贯彻执行。

对于临时性的监测任务或普查所需的技术，为了参与人员能够全面掌握必需的技术和方法、准确把握技术标准，培训采取前期集中专项培训、工作期间检查和不断总结、分类指导的方式，以便学以致用，并在实践中修正、完善和发展最初制定的监测技术、工作方法、成果质量控制体系甚至组织管理等。

3. 采取灵活多样的培训形式

水土保持监测技术人员的培训可以通过业务培训、项目协作、参与工作、人才交流和考察学习等形式进行。不断的业务培训是技术人员培训的最基本的形式。各监测单位应该自觉组织、积极参加业务学习和培训，建立在职培训制度，营造学习、工作、再学习的氛围。

吸收科研院所、大专院校等有关专业专家作为客座人员，指导或负责监测项目。在共同的工作中，客座人员言传身教，监测人员耳濡目染，在问答、教学中，监测人员的工作思路、技术方法和项目组织等能力将在不知不觉中得到大幅度的提高。

把业务能力较强、技术水平较高的监测人员送出去进修，将极大地促进技术进步和能力提高。在一个具有良好技术装备、工作氛围和优秀指导教师的单位学习，是监测人员锻炼、进修和取经的机会。

会议交流和考察学习是了解国内外水土保持监测工作进展的良好机会。会议论文、发言、提问和答疑，与参会学者和专家相互谈话、研讨和辩论，以及会议总结与学术活动计划等，对于参加会议的监测人员无疑将起到交流工作、学习经验、开拓视野、启发思路和启迪智慧的作用。

（四）坚持统筹全国、突出重点监测原则

水土流失动态监测应坚持统筹全国、突出重点的原则，既掌握全国的总体状况又熟悉重点地区、重点项目和典型对象的具体情况，为国家经济建设的稳定、持续发展和地区间的协调、平衡发展创造良好的生态环境提供支持。

1. 跟踪监测重点区域和项目实施效果

重点区是指重点预防保护区、重点治理区和重点监督区。项目实施效果主要是指实施的生物、工程和预防保护措施，以及实施措施后产生的生态和经济效益的消长情况。跟踪监测的内容包括实施的各类防治措施、措施实施后控制水土流失、改善生态环境和群众生产条件与生活水平等效应。

重点项目是指按照基本建设程序申请获得批准的水土保持重点项目。例如，贫困地区坡改梯、南方风化花岗岩地区崩岗治理和黄土高原水土保持治沟骨干工程，主要监测重点项目实施的措施及其效益情况。

2. 重点开发建设项目区水土流失监测

重点开发建设项目区是指大型资源开发、城市建设、道路、水利水电等一切可能在较大范围内扰动自然环境、引起水土流失的建设开发区。开发建设项目水土保持监测，应根据项目水土保持方案要求如期进行，监测有关内容并研究分析开发建设对项目建设区和直接影响区环境造成的影响。监测内容包括自然状况，如地形、气象、植被、地面物质组成等；土地利用状况；水土流失情况，另外还包括扰动原地貌、损坏土地和植被面积，弃土、弃石和弃渣量，或开荒、毁林(草)面积等。

3. 重点流域或重点地区水土流失监测

重点流域或重点地区的监测，将在常规监测获取典型地块或小流域监测数据的同时，建立整个监测范围内影响水土流失因子动态变化的图形库、数据库和水土保持知识库，并结合水文、泥沙和气象监测结果综合分析，提供大江大河流域的泥沙来源和数量，为流域或地区群众生产生活条件改善、生态环境建设和大江大河治理提供决策信息。

4. 水土流失典型监测

水土流失典型监测，主要是指在不同水土流失类型区选择有代表性的地点，设立监测站点，定位观测水土流失和水土保持治理效益，为建立土壤流失和治理效益预测模型提供准确、系列化的数据。

(五) 建立水土流失及防治效果预测模型

以水土保持监测网络的地面观测数据为基础，利用人工降雨试验方法获取的有关参数，立足于中国土壤侵蚀环境的基本特征和土壤侵蚀定量模型研究成果，借鉴国外土壤侵蚀定量模型的研究经验，建立中国水土流失及其防治效果定量评价模型。有了水土流失预测模型，就可以指导农业耕作、牧业经营、区域开发和水土保持措施设计，也就可以有效控制人为水土流失，改善生产条件、建设生态环境。模型包括水土流失及其防治效果两个方面，具体如下。

第一，建立不同空间尺度的土壤流失模型。在坡面、小流域、区域和国家等空间尺度上分别研究，建立中国土壤侵蚀定量评价模型体系；同时建立不同尺度模型之间的转换关系，使之构成一个完整的体系。

第二，建立水土保持治理效益评价模型。在小流域综合防护效益计算方法的基础上，建立大、中流域和不同范围行政单元的水土保持效益评价模型，包括评价指标及其分级体系、权重以及效益计算等模型。在计算机技术高度发达的今天，应该在建立土壤流失及其治理效益预测预报模型的基础上，开发具有良好人机对话界面的电子版模型。在电子版模型中，可以随模型存储大量的参数文件与参数文件创建程序，以便用户选择参数或创建区域性的参数文件。

四、水土保持监测方法

不同监测对象、不同监测层次，采用不同的监测方法与技术。总体说来，水土保持监测要综合运用遥感（RS）、全球定位系统（GPS）、地理信息系统（GIS）等技术和地面观测、专项试验、调查统计、数理分析等方法。RS技术用于获取影响水土流失因素的信息，GPS技术主要用于确定和获得地理位置信息，GIS技术用于编辑、分析监测信息并对其进行管理。水土流失监测可以在3种空间尺度上进行，即从地面、从飞机以及从卫星上。3种水平监测的用途和范围大小如下。

（一）地面观测

在不同类型区选择有代表性的地区，建立若干监测点，利用仪器和设备，通过持续性的观测，获取水土流失及其防治效益的数据。水蚀可以采用坡面小区观测、控制站观测等方法；风蚀的降尘量采用降尘管（缸）法、风蚀强度采用地面定位插钎法，有条件的可采用高精度地面摄影技术；滑坡和泥石流采用地表裂缝观测、地下水观测、地表巡视等方法。在一定区域内，选择不同坡度、降雨、径流与不同水土保持治理措施的组合，观测不同时段的防治措施数量、质量与水土流失量，掌握水土保持措施的防治效果。地面观测可以提供"地面—真实"测定结果，其结果可以用来率定飞机、卫星提供的大部分"遥感"数据的准确性，以及用来解释这些数据。

地面监测范围主要包括小区或样地、空中和卫星等遥感监测的训练区监测等，比例尺一般不大于1∶10 000。地面测量对只有从地面监测才能获得最好属性的对象特别适用。例如，土壤流失量、泥沙输移及其他许多环境属性。在地面监测时，要充分利用GPS定位技术，以便记录监测对象的位置属性，分析诸如位置、面积、长度、体积、等高线和坡度等要素。GPS技术可以帮助我们实现数据的快速采集、对象属性的实时分析等。

（二）航空监测

遥感监测适用于大范围的地表及其覆盖物、侵蚀类型区等信息的获取，具有较强的宏观性和时效性。利用遥感信息源及其处理软件、地理信息系统技术，可以快速获得区域土壤侵蚀及其防治状况。这些信息可以为水土保持宏观规划和制定防治政策提供决策依据。遥感监测包括航空监测和卫星监测。结合地面观测，航空监测的数据可以用来校验卫星影像判读的正确性和判读精度等。航摄带宽随制图比例尺要求而变化。比例尺一般在 1 : 10 000 至 1 : 100 000 之间，扫描宽度为 2 ~ 10km。

航空监测可以用来监测典型地区的地形地貌，水土流失类型与面积，土地利用状况，植被的分布、类型与面积，水土保持工程措施的分布及其数量、面积等，并在目前的技术条件下，综合分析水土保持对象对监测效果、时间和经济可行性等的要求。航空监测一般可以用于小流域（5 ~ 30km²）、中型流域（100 ~ 1 000km²）等范围的监测。

（三）卫星监测

利用卫星遥感技术，对大流域或大范围水土流失及其防治状况进行监测，并与地面调查和航空遥感技术结合，可以判读植被覆盖、作物状况、地面组成物质区别等影响土壤侵蚀的因素，分析水土流失的分布与强度、治理面积等。

卫星监测的最大优点是资料以很频繁的间隔重复，这就意味着可以利用卫星技术实现动态监测。

此外，包括询问、收集资料、典型调查和抽样调查等在内的调查方法，可以获取公众和专家对相关政策与法规、对水土流失及其防治的了解、认识与评价，总结水土流失防治方面的经验、存在的问题和解决的办法，了解和掌握与水土保持有关的社会经济情况，收集水土流失影响因素的资料及相关的图件、卫片和影像等，取得水土流失典型事例及灾害性事故资料等。调查可以用于全国重点治理流域、示范区和开发建设项目水土流失及其防治等，也可以用来对宏观的遥感监测解译结果进行检验。

综合运用多种监测技术和方法，可以实现至少4个方面的功能：第一，快速清查宏观区域水土流失状况；第二，定量检查、验收水土保持治理工程；第三，实时分析监督执法对象的有关属性；第四，预测预报水土流失及其防治发展趋势。

五、水土保持监测方案

在监测工作开展以前，必须提前做出3项决定，这3项决定应规定出要收集资料的类型和如何对资料进行分析：(1) 什么样的空间尺度适合这一方案目标；(2) 什么样的时间频率适合这个方案目标；(3) 为了提供充分的与时间尺度相一致的信息，应该怎样进行监测的定量工作。针对水土保持监测对层次性、综合性和动态性的要求，提出如下的尺度范围和周期。

（一）水土保持监测尺度

监测的空间尺度依据监测对象和监测区域大小的变化而变化。除水土流失

小区观测外 (比例尺为 1∶1)，监测区域可以分为 6 个层次，即全国、大江大河流域、省 (自治区、直辖市)、重点区、县 (旗) 和小流域等。不同层次的监测结果图比例尺要求不同，全国、大江大河流域和省 (自治区、直辖市) 不小于 1∶500 000 ~ 1∶100 000，县 (旗) 和重点区一般为 1∶50 000 至 1∶10 000，小流域为 1∶10 000。

(二) 水土保持监测周期

监测的时间频率依据监测范围的大小而有所变化。一般情况下，水土保持动态监测的频率为全国和省级 5~8 年、典型城市和典型县 1 年、小流域为 1 年。对于突发性的事件，必须做到 "一触即发"，进行及时、准确、快速的监测；对于水蚀小区试验观测，应按次降雨进行，或按照降雪融化情况进行；对于风蚀量观测，应按次大风 (风速大于起沙风速) 进行；对于降尘量观测，应按照天气情况确定监测频率。

(三) 关于监测的定量化

为了做到监测结果的定位和定量，监测结果必须按照统一的要求全部建立数字化文档。数据库、地理信息系统和数理分析等为监测结果的精确定量和定位提供了技术和方法。水土保持监测成果数据库建立的过程，就是数据内容、结构、表示和相互关系等的分析过程，良好的数据库为数据的定量表征、有机管理及其准确应用提供了技术基础；地理信息系统将对象的空间性质及其属性联结起来，为定位、定量地表达信息提供了采集、处理和分析的技术与方法。

(四) 监测方案的实施

如果不考虑实施水土保持监测项目的实体——监测单位和监测费用，当确定了监测的尺度范围、周期和定量工作后，就可以展开一项水土保持监测方案。总体上，监测的基本步骤包括：①确定监测内容，实施初步分层，设计监测方法；②在研究区确定初步操作边界 (设置监测范围)，收集地面观测、航空照片和遥感影像等 3 种尺度上的数据，并分析数据，产生初步报告；③审核所获得资料的深度和广度，为监测结果应用单位准备报告；④当继续开展日常监测时，开始后续方案。

按照上述步骤展开监测，相对来讲可以很快得到结果；没有理由在确定了监测单位后的 18 个月内不达到审核阶段。因此，在监测项目开始后的两年内，应该能够得出初步报告。如有必要，也可能 "抄近路" 达到初步报告在 6 个月内提交的程度。"抄近路" 是以资料的积累、对研究区熟悉程度和监测单位的人员配置和素质为基础的，尤其是监测单位的专业结构、技术能力、工作经验及其后勤装备等。

监测单位最基本的组成应包括项目管理员、技术专家和现场工作人员。专家必须是水土保持、生态环境、农业水利工程、遥感与数据分析等领域中具有资格的人员。事实上，水土保持监测单位可以减少到必不可少的3人小组：每人都是水土保持、农业水利工程或生态环境某方面的专家或多面手，同时能够分析遥感影像和处理空间数据。野外勘测时，3人均参加现场工作。讨论问题时，个人独立发表意见，共同讨论，当意见分歧时，少数服从多数。其实，设置3人小组，主要是为了讨论问题，同时预防野外出现困难时，可以相互照应。

六、水土保持监测网络

(一) 水土保持监测网络的构成

全国水土保持生态环境监测站网由四级监测机构构成：一级为水利部水土保持生态环境监测中心；二级为大江大河 (长江、黄河、海河、淮河、珠江、松花江及辽河、太湖等) 流域水土保持生态环境监测中心站；三级为省级水土保持生态环境监测总站；四级为省级重点防治区监测分站。具体设置如下。

第一级：水利部水土保持监测中心。

第二级：大江大河流域水土保持监测中心站。包括长江、黄河、海河、淮河、珠江、松花江及辽河、太湖等流域机构委员会的水土保持监测中心站。

第三级：省 (自治区、直辖市) 水土保持监测总站。包括北京市、天津市、河北省、山西省、内蒙古自治区、辽宁省、吉林省、黑龙江省、江苏省、浙江省、安徽省、福建省、江西省、山东省、河南省、湖北省、湖南省、广东省、广西壮族自治区、海南省、重庆市、四川省、贵州省、云南省、西藏自治区、陕西省、甘肃省、青海省、宁夏回族自治区、新疆维吾尔自治区和新疆生产建设兵团31个监测总站。

第四级：省 (自治区、直辖市) 重点防治区监测分站。在各省 (自治区、直辖市) 分析、论证和申报的基础上，经过专家研究论证，由水利部审查确定全国水土保持监测网络与信息系统的监测分站共175个。

(二) 水土保持监测网络的职能

与水土保持监测网络站网的构成一样，对于全国水土保持监测网络站网的职责与功能，相关的法律、法规和技术规范也提出了明确、清晰、具体的规定和要求。具体如下。

第一，国务院水行政部门建立水土保持监测网络，对全国水土流失动态进行监测预报，并予以公告。公告应当包括水土流失的面积、分布状况和流失程度；水土流失造成的危害及其发展趋势；水土流失防治情况及其效益。有水土流失防治任务的企业事业单位应当定期向县级以上地方人民政府水行政主管部门通报本单位水土流失防治工作的情况。

第二，水土保持生态环境监测工作的任务是通过建立全国水土保持生态环境监测站网，对全国水土流失和水土保持状况实施监测，为国家制定水土保持生态环境政策和宏观决策提供科学依据，也为实现国民经济和社会的可持续发展服务。

第三，省级水土保持生态环境监测总站负责对重点防治区监测分站的管理，承担国家及省级开发建设项目水土保持设施的验收监测工作。

省级重点防治区监测分站的主要职责是按国家、流域及省级水土保持生态环境监测规划和计划，对列入国家及省级水土流失重点预防保护区、重点治理区、重点监督区的水土保持动态变化进行监测，汇总和管理监测数据，编制监测报告。

监测点的主要职责是按有关技术规程对监测区域进行长期定位观测，整编监测数据，编报监测报告。

开发建设项目的专项监测点，依据批准的水土保持方案，对建设和生产过程中的水土流失进行监测，接受水土保持生态环境监测管理机构的业务指导和管理。

水土保持生态环境监测数据实行年报制度，上报时间为次年元月月底前。下级监测机构向上级监测机构报告本年度监测数据及其整编结果。开发建设项目的监测数据和成果，向当地水土保持生态环境监测管理机构报告。

第四，省级和省级以上水土保持监测机构的主要职责是编制水土保持监测规划和实施计划，建立水土保持监测信息网，承担并完成水土保持监测任务，负责对监测工作的技术指导、技术培训和质量保证，负责汇总和管理监测数据，对下级监测成果进行鉴定和质量认证，及时掌握和预报水土流失及其防治动态，编制水土保持生态环境监测报告。

全国水土保持监测中心对全国水土保持监测工作实施具体管理。负责拟订监测技术标准和规范，组织对全国性、重点地区、重大开发建设项目的水土保持监测，负责对监测仪器、设备的质量和技术认证，承担对申报水土保持监测资质单位的考核、验证工作。

大江大河流域水土保持监测中心站参与国家水土保持监测、管理和协调工作，负责组织和开展流域内大型工程项目和对生态环境有较大影响的开发建设项目的水土保持监测工作。

省级水土保持监测总站负责对所辖区内监测分站、监测点的管理，承担国家、省级开发建设项目水土流失及其防治的监测工作。

重点防治区监测分站的任务是按国家、流域和省级水土保持监测规划和计划，对列入国家和省级水土流失重点防治区的水土保持动态变化进行监测，汇总和管理监测数据，编制监测报告。

应根据全国与省（自治区、直辖市）水土保持监测网络规划和监测工作的需要，并结合省（自治区、直辖市）重点防治区分布情况，布设相关监测点。水土保持监测点定期收集、整（汇）编和提供水土流失及其防治动态的监测资料。按照监测目的和作用，水土保持监测点分为常规监测点和临时监测点。

常规监测点是长期、定点定位的监测点，主要进行水土流失及其影响因子、水土保持措施数量、质量及其效果等监测。在全国土壤侵蚀区划的二级类型区应至少设一个常规监测点，并应全面设置小区和控制站。

临时监测点是为某种特定监测任务而设置的监测点，其采样点和采样断面的布设、监测内容与频次应根据监测任务确定。临时监测点应包括开发建设项目水土保持监测点，崩塌滑坡、泥石流和沙尘暴等监测点，以及其他临时增设的监测点。

（三）水土保持监测网络的布设

水土保持监测分站是整个水土保持监测网络建设中的重要部分，监测分站及其所管辖的监测点是整个监测网络的神经末梢，作为全国水土保持监测网络的前端，承担着观测、实验、采集和分析数据的重任。监测分站布设的科学合理与否，直接关系到整个监测网络的数据来源的代表性与系统性，不仅关系到信息处理和动态分析的科学性与可靠性，更关系到对地方、区域乃至整个国家土壤侵蚀及其治理变化规律和趋势的分析与预测。

1. 水土保持监测网络的布设原则

（1）监测分站应根据水土流失类型区及其重点防治区和水土保持工作的需要进行设置。

（2）设置水土保持监测点前，应调查收集有关基本资料，如地质、地貌、土壤、植被、降水等自然条件和人口、土地利用、生产状况、社会经济等状况；水土流失类型、强度、危害及其分布；水土保持措施数量、分布和效果等。

（3）监测点布设应遵循以下原则。

第一，根据水土流失类型区和水土保持规划，确定监测点的布局。

第二，以大江大河流域为单元进行统一规划。

第三，与水文站、水土保持试验（推广）站（所）、长期生态研究站网相结合。

第四，监测点的密度与水土流失防治重点区的类型、监测点的具体情况和监测目标密切相关，应合理确定。

2. 水土保持监测点的选址要求

（1）常规监测点选择场地应符合下列规定。

第一，场地面积应根据监测点所代表水土流失类型区、试验内容和监测项目确定。

第二，各种试验场地应集中，监测项目应结合在一起。

第三，应满足长期观测要求：有一定数量的、专业比较配套的科技人员；有能够进行各种试验的科研基地；有进行试验的必要手段和设备；交通、生活条件比较方便。

(2) 临时监测点选择场地应符合下列规定。

第一，为检验和补充某项监测结果而加密的监测点，其布设方式与密度应满足该项监测任务的要求。

第二，开发建设项目造成的水土流失及其防治效果的监测点，应根据不同类型的项目要求设置。

第三，崩塌滑坡危险区、泥石流易发区和沙尘源区等监测点应根据类型、强度和危险程度布设。

(四) 水土保持监测网络的管理制度

为了确保水土保持监测这个层次式网络结构的监测工作体系的高效运作、数据交换的安全通畅、业务合作的和谐默契，以便向各级水主管部门和人民政府的决策提供及时、准确的信息支持，全国水土保持监测网络必须遵循科学、完善的管理制度。该管理制度包括两个方面，即监测网络行政管理体制和业务运行机制。其中，行政管理体制主要是指各级监测机构和站点的行政所属、业务主管与领导；业务运行机制包括各级监测站点的业务管理、工作汇报、数据交流和共享等管理制度。

1. 监测网络行政管理体制

在全国水利部的统一领导下，全国水土保持监测站网实行统一管理、分级负责的原则。水利部统一管理全国的水土保持监测工作，负责制定有关规章、规程和技术标准，组织全国水土保持监测、国内外技术合作与交流，发布全国水土保持公告。水利部各流域机构在授权范围内管理水土保持监测工作。县级以上水行政主管部门或地方政府设立的水土保持机构，以及经授权的水土保持监督管理机构，对辖区的水土保持监测实施管理。各级监测站点隶属于当地水行政主管部门，因此监测分站由当地水行政主管部门管理。

2. 监测网络业务运行机制

全国水土保持监测网络的业务主要包括开展监测任务、上报监测结果、整 (汇) 编监测结果和成果、分析水土流失动态和水土保持效益并预测其发展趋势。为确保整个监测网络有条不紊、高效运作，监测网络内部应该遵循以下业务管理制度。

（1）各级站点业务的统一管理制度。各级监测机构对外提供数据必须经同级主管部门的审核同意。同时，下级监测站点应接受上级监测机构的业务指导。监测技术人员必须经过专门技术培训，考试合格，取得水利部颁发的监测岗位证书，方可持证上岗。

（2）监测结果向水行政主管部门的汇报制度。水利部水土保持监测中心和流域监测中心站、省（自治区、直辖市）监测总站和监测分站分别向国务院水行政主管部门——水利部、省（自治区、直辖市）人民政府水行政主管部门汇报监测结果。

（3）监测站网上行数据报告制度。水土保持监测数据和成果由水土保持监测管理机构统一管理。数据的收集、整理、管理必须具有一定的层次性。在监测分站—监测总站—监测中心站—监测中心的常规上行数据传输中，一般不能越级，以免造成大量数据堆积在上级监测机构。必要时，上级机构可以直接从下级机构和监测站点调用监测数据，如地域性和实时性强的泥石流预警监测数据、开发建设项目的监测数据等。

（4）平行站点数据交流制度。为了进行不同地区水土流失及其治理成效的差异分析，研究跨某级监测站点监测范围的水土流失动态变化和相关规律，必须进行平行站点的数据交流。这里所称的数据交流，包括监测方法、技术、规程、监测数据、研究分析结论和经验等方面内容。这种交流，可以扩大到监测网络以外的相关研究和观测领域。这种内部研究与讨论、外部学习和交流必将大大促进监测工作的快速、健康发展。

（5）监测结果的分层次依法公告制度。国家和省（自治区、直辖市）水土保持监测成果实行定期公告制度。省（自治区、直辖市）在公告发布全国统一组织开展的监测成果前，必须经过水利部水土保持监测机构的技术审查，待水利部统一研究确定后，方可向社会公告。

（6）网络化数据共享制度。经过国务院、省（自治区、直辖市）人民政府水行政主管部门发布的公告数据、经过水利部水土保持监测中心审查的监测结果，推荐使用的水土流失因子分布规律、土壤流失预报模型等，可以通过公用数据网（如 Internet）为全社会共享。

有了上述的业务管理制度的规范，全国水土保持监测网络各级机构和监测站点密切合作，相互配合，协同作战，将会井然有序、富有成效地开展水土保持监测工作。

第二节　GIS 技术在水土保持监测中的应用

"做好水土保持工作，对于土壤侵蚀较严重的地区进行有效的预防和治理是当前的迫切需要，科学、准确了解生产建设项目水土流失的状况及动态是控制城市水土流失最基本的工作，对进一步科学指导项目建设、实现防治水土流失效益最大化具有积极的意义。"[①] 现阶段，GIS 技术的运用对水土保持而言是十分重要的，其具备了对各类数据信息的收集、整理、分析、共享等功能，并且可以直接生成各类直观图表，便于研究人员观看和分析。因此，GIS 技术的功能是十分强大的，在水土保持中，运用的作用也是非常明显的。

一、水土保持领域的 GIS 技术

在水土保持领域，GIS 空间叠加计算法是一种常见且广泛应用的方法。GIS 是地理信息系统的缩写，是一种利用计算机技术进行地理空间数据分析和处理的工具。在这种方法中，主要借助 INFO 设计软件，通过对水土区域内的坡度图和坡向图进行合理的分级叠加计算。同时，利用最大化的高低差异确定数字高程模型，以确保范围误差在 10 米以下。

（一）GIS 技术中的坡向分类

在进行坡向设置时，与周边绿植的分布密切相关。绿植在地表上的分布会对坡向产生影响，因为它们可以影响水分的蒸发和土壤的保持。一般情况下，可以将坡向分为阴坡、阳坡、半阴坡和半阳坡 4 类。这些分类对于水土保持至关重要，因为它们对水土流失的潜在程度以及相应的保护措施起着重要作用。

1. 阴坡

阴坡是指坡面朝向背离太阳的一侧，相对较暗、较凉的坡向。由于阴坡受到较少的太阳辐射，其土壤含水量相对较高，植被生长较为茂盛。阴坡通常具有较低的水分蒸发速率和较强的水土保持能力。

2. 阳坡

阳坡是指坡面朝向接受太阳照射的一侧，相对较明亮、较暖的坡向。由于阳坡受到较多的太阳辐射，其土壤含水量较低，植被覆盖度相对较少。阳坡通常具有较高的水分蒸发速率和较弱的水土保持能力。

[①] 王一丁. 基于 GIS 技术的水土保持监测研究：以阜新地区为例 [D]. 葫芦岛：辽宁工程技术大学，2021

3. 半阴坡

半阴坡介于阴坡和阳坡之间，坡面朝向背离太阳照射的一侧较多，但并不完全暴露在阳光下。半阴坡具有介于阴坡和阳坡的特性，其水分蒸发速率和水土保持能力也介于两者之间。

4. 半阳坡

半阳坡也介于阴坡和阳坡之间，坡面朝向接受太阳照射的一侧较多，但并不完全背离阳光。半阳坡的特性介于阴坡和阳坡之间，其水分蒸发速率和水土保持能力也介于两者之间。

这些坡向分类在水土保持中起着重要作用。根据不同坡向的特性，可以制定相应的保护措施，以减少水土流失和土壤侵蚀。例如，在阳坡上可以采取植被覆盖措施，以增加植被覆盖度，减少水分蒸发速率，提高水土保持能力。而在阴坡上，可以采取保护性耕作和植物种植等措施，以增加土壤含水量，进一步提升水土保持能力。

因此，对水土保持来说，了解和考虑周边绿植的分布和不同坡向的特性是至关重要的，这有助于制定有效的水土保持策略，保护土壤资源，降低水土流失和环境退化的风险。

(二) 运用 GIS 技术中提升水土保持工程效果的关键步骤

在水土保持工程中，除了坡向分类，针对实际现场情况，还需要对坡度、施工标准、周边绿植和工程工作量等因素进行分项计算。这些因素在水土保持工程的规划和实施中都具有重要意义。通过将它们纳入计算，可以更准确地评估工程的可行性和效果，并采取相应的措施来最大限度地降低水土流失和环境破坏的风险。因此，对于水土保持工作来说，综合考虑这些因素并进行分项计算是十分必要的。

1. 坡度计算

坡度是指地表或工程表面的倾斜程度。不同的坡度会对水土保持产生不同的影响。通过对实际现场进行坡度测量并进行计算，可以确定施工过程中可能面临的挑战和采取的相应措施，以确保水土保持工程的可行性和有效性。

2. 施工标准计算

水土保持工程需要依据一定的施工标准进行规划和实施。这些标准包括土壤保持措施、排水系统、植被覆盖等方面的要求。通过进行施工标准的计算，可以确保工程符合相关的法规和标准，并最大限度地保护土壤和水资源。

3. 周边绿植计算

周边绿植的分布对水土保持具有重要影响。通过对周边绿植的密度、植被类型和覆盖度等因素进行计算，可以评估其对水土保持的贡献和效果。这有助于确定是否需要增加绿植的种植密度或采取其他植被管理措施来提高水土保持效果。

4. 工程工作量计算

水土保持工程的规模和工作量也需要进行计算。这包括所需的人力、材料、机械设备等方面的估算。通过对工程工作量的计算，可以合理安排资源，并确保工程的顺利进行和完成。

通过综合考虑这些因素并进行分项计算，可以更全面地评估水土保持工程的可行性和效果。这有助于制定科学合理的工程方案，采取适当的措施来降低水土流失和环境破坏的风险，并提高水土保持的长期稳定性和效果。

（三）GIS 空间叠加计算法

在运用 GIS 技术进行水土保持工作时，需要进行一系列的步骤和操作来收集、整理和分析相关数据，具体如下。

1. 矢量化统计工作

进行 GIS 空间叠加计算时，最开始需要进行矢量化统计工作，设计出土地比例为 1∶50000 的实际土地状况图。这可以通过对现场实地调查和遥感影像数据的分析来获取土地利用、土地覆盖等信息，并将其转化为矢量数据进行统计。这一步骤对于水土保持工作的准确性和可行性至关重要，具体操作步骤如下所示。

（1）现场实地调查。进行现场实地调查是获取准确土地信息的重要途径。工作人员前往实地进行勘测，记录土地利用类型、地形特征、植被分布等关键信息。通过现场调查，可以收集到实际的地理数据和观测值，为后续的分析和矢量化工作提供基础数据。

（2）遥感影像数据分析。利用遥感影像数据进行土地状况分析是一种常用的方法。通过获取遥感影像数据，可以识别不同地物类别，例如，耕地、林地、水体等。遥感影像数据还可以提供植被指数、土地覆盖度等信息，为土地状况图的设计和统计提供有力支持。

（3）数据矢量化。将现场调查和遥感影像数据转化为矢量数据是进行空间叠加计算的前提。矢量化过程将实际数据和影像数据转换为点、线、面等矢量要素，并进行属性关联。这样可以在 GIS 软件中进行更灵活的空间分析和计算。

（4）统计土地状况图。基于矢量化后的数据，设计出土地比例为 1∶50 000 的实际土地状况图。该图可以包括土地利用类型、土地覆盖度、植被分布等关键信息。通过统计分析，可以获得不同地物类别的面积、分布范围等数据，为后续的 GIS 空间叠加计算提供基础。

2. 整合和分析矢量数据

整合和分析矢量数据是进行 GIS 空间叠加计算的重要环节，通过对各个矢量数据进行有效整合和综合分析，可以深入了解该区域的水土保持情况和潜在问题，具体分析如下。

（1）土地利用类型分析。通过整合不同来源的矢量数据，对土地利用类型进行分析。这可以包括农田、森林、草地、城市建设等不同类别的土地利用。通过分析各类土地利用的分布情况和占比，可以对该区域的土地利用结构和格局有更深入的了解。

（2）地形特征分析。利用矢量数据中的地形参数，如高程、坡度等，进行地形特征分析。这可以帮助判断地势的起伏程度、地形的复杂性以及潜在的水土流失风险。通过分析地形特征，可以识别出潜在的易蚀地段和水土保持的重点区域。

（3）地貌参数分析。利用矢量数据中的地貌参数，如河流、河谷、山脉等，进行地貌参数分析。这可以揭示地貌的形态特征、地势的变化规律以及与水土保持相关的地貌特征。通过分析地貌参数，可以确定水土保持工程的布局和策略，以应对不同地貌类型的挑战。

（4）综合分析。在整合和分析矢量数据的过程中，需要进行综合分析，并将土地利用类型、地形特征和地貌参数等综合考虑。通过综合分析，可以揭示土地利用与地形地貌之间的相互关系，进一步了解水土保持问题的成因和机制。

通过整合和分析矢量数据，可以获得对水土保持问题更全面和深入的认识。这为制定合理的水土保持方案和采取相应的保护措施提供了科学依据。同时，综合分析也为在 GIS 空间叠加计算中考虑更多因素提供了基础，以确保最终的水土保持工作能够更加准确和有效地应对实际问题。

3. 小斑边界的拓扑处理和分析

在进行 GIS 空间叠加计算时，对小斑边界进行拓扑处理和分析是十分重要的步骤。通过拓扑处理和分析，可以确保小斑边界的正确性和一致性，消除拓扑错误和重叠等问题，具体方法如下。

（1）拓扑处理的目的。拓扑处理是为了保证地理数据在空间上的一致性和正确性。在小斑边界的处理中，拓扑处理的主要目的是消除拓扑错误、重叠和交叉等问题，以确保边界与周围地物的连接关系和一致性。

（2）拓扑规则的应用。拓扑规则是指一系列定义和限制地理数据之间关系的规则。在小斑边界处理中，可以应用拓扑规则来验证边界之间的连接、相交和相邻关系，以确保边界的拓扑一致性。例如，边界之间不能重叠，边界之间应该相连，边界与其他要素之间应该存在正确的拓扑关系等。

（3）拓扑算法的使用。拓扑算法是指用于解决地理数据拓扑问题的计算方法和算法。在小斑边界处理中，可以使用拓扑算法进行边界的分割、融合、平滑和修复等操作，以消除拓扑错误和重叠。这些算法可以根据拓扑规则和实际情况来选择和应用，以保持边界的正确性和完整性。

（4）拓扑错误的修复。通过拓扑处理和分析，可以检测和定位拓扑错误，如重叠、交叉和断裂等。一旦发现拓扑错误，就可以采取相应的修复措施，例如，通过分割边界、调整节点位置或修复几何错误来解决问题。修复后，需要重新验证拓扑关系，以确保边界的正确性和一致性。

通过对小斑边界进行拓扑处理和分析，可以消除边界之间的拓扑错误和重叠问题，保证边界的正确性和一致性。这有助于提高 GIS 空间叠加计算的准确性和可靠性，确保水土保持工作的可行性和效果。同时，拓扑处理和分析也为后续的空间分析和决策提供了更可靠的基础和结果。

4. 细化区域的小斑位置确定

在进行 GIS 空间叠加计算时，细化区域的小斑位置的确定是一个重要的步骤。通过对地形图和矢量数据进行空间分析和定位，可以确定小斑在地理空间中的准确位置，具体如下。

（1）地形图分析。地形图是展示地表地貌和地势特征的重要工具。通过对地形图进行分析，可以了解到区域内的地形变化和地势起伏情况。这可以帮助确定小斑的位置，特别是与地形特征密切相关的斜坡、山谷或其他地貌类型。

（2）矢量数据分析。矢量数据包含有关地物要素的几何和属性信息。通过对矢量数据进行空间分析，可以确定小斑在地理空间中的具体位置。例如，可以利用缓冲区分析确定与特定地物（如河流、湖泊）或区域（如保护区、农田）相关的小斑位置。

（3）空间定位。根据地形图和矢量数据的分析结果，可以进行空间定位，即将小斑在地理空间中精确定位。这可以通过 GIS 软件的空间查询、叠加分析和定位功能来实现。根据已知的地理要素或地标，将小斑的几何位置与地理坐标系统相对应，确保小斑的位置信息准确无误。

（4）小斑位置标记。在确定小斑的准确位置后，可以对其进行位置标记，以便在后续的水土保持工作中进行参考和操作。这可以通过在地图上绘制符号、使用地理坐标进行标注或在 GIS 系统中创建属性字段等方式来实现。

通过细化区域的小斑位置确定，可以更准确地了解每个小斑的地理位置和空间分布。这对于制定针对性的水土保持措施、评估潜在风险以及规划土地利用均具有重要意义。同时，准确的小斑位置信息也为后续的数据分析和决策提供了基础和支持。

5. 遥感影像数据整理和解译

在进行 GIS 空间叠加计算时，遥感影像数据的整理和解译是必要的步骤之一。通过对区域内录制的遥感影像数据进行整理和解译，可以提取有关地表特征、植被覆盖度等信息，为后续的水土保持工作提供数据支持，具体如下所示。

（1）遥感影像数据整理。遥感影像数据的整理包括对原始影像进行预处理和清理，以去除噪声、消除云层和大气干扰等。这可以通过影像预处理技术，如大气校正、辐射校正和影像融合等操作来实现。整理后的遥感影像数据具有更高的质量和可用性。

（2）影像分类。遥感影像分类是将像元划分为不同地物类别的过程。这可以通过监督分类、非监督分类或混合分类等方法来实现。通过影像分类，可以将遥感影像数据中的不同地物类别分离出来，如农田、林地、水体等。这为后续的地表特征提取和分析提供了基础。

（3）影像解译。影像解译是根据分类结果对影像中的地物进行识别和解释的过程。通过对分类后的遥感影像进行解译，可以识别出不同地物的空间分布和特征。例如，可以识别土壤裸露区、植被覆盖区、水域等，为水土保持工作提供土地利用和植被信息。

（4）地表特征提取。基于分类和解译结果，可以进行地表特征的提取和分析。这包括提取土地利用类型、植被覆盖度、裸露土壤面积等关键特征。通过地表特征的提取，可以对水土保持工作中的不同地区进行分类和评估，为制定针对性的保护措施提供依据。

通过遥感影像数据的整理和解译，可以获取关于地表特征和植被覆盖度等重要信息，为水土保持工作提供数据支持和基础。这有助于对区域内的水土资源进行评估、规划和管理，提高水土保持工作的效率和准确性。同时，遥感影像数据的整理和解译也为后续的 GIS 空间叠加计算和决策提供了有力的支持。

6. 搭建土壤流失方程模型

搭建土壤流失方程模型是在水土保持工作中的重要一步。通过收集到的数据和信息，建立通用土壤流失方程模型，可以预测和评估土壤流失的潜在程度，并制定相应的保护策略和措施，具体方法如下。

（1）数据收集与整合。需要收集和整合与土壤流失相关的数据和信息。这可能包括降雨数据、土壤类型和特性、坡度、植被覆盖度、土地利用情况等。这些数据和信息可以通过现场调查、遥感影像解译和相关研究文献等渠道获取。

（2）统计分析。收集到的数据可以进行统计分析，以了解各个变量之间的关系和影响程度。例如，可以通过相关性分析、回归分析等方法，探究降雨强度、土壤类型、坡度等因素对土壤流失的影响，这有助于确定适用于土壤流失方程模型的关键变量。

（3）模型建立方法。根据统计分析结果，可以选择合适的模型建立方法来搭建土壤流失方程模型。常见的方法包括物理模型、经验模型和统计模型。物理模型基于土壤流失的物理过程和机制，经验模型基于实际观测数据和经验关系，统计模型则基于统计分析和回归方法。根据实际情况和数据可用性，选择适合的模型建立方法。

（4）模型参数估计与验证。在搭建土壤流失方程模型时，需要进行模型参数的估计和验证。模型参数估计是通过使用已有的数据和信息，拟合模型，确定模型中的参数值。而模型验证是通过对独立数据集进行测试，以便检验模型的预测能力和准确性。这有助于确保模型能够准确地描述土壤流失过程，并具有较好的预测能力。

（5）模型应用和保护策略制定。完成土壤流失方程模型的搭建和验证后，可以应用该模型进行土壤流失的预测和评估。根据模型的结果，制定相应的保护策略和措施，以降低土壤流失风险和环境损失。这可以包括合理的植被管理、土地利用规划、水土保持结构物的建设等。

通过搭建土壤流失方程模型，可以预测和评估土壤流失的潜在程度，为水土保持工作提供科学依据和指导。该模型可以帮助决策者和规划者制定合理的保护策略和措施，以最大限度地减少土壤流失对环境和可持续发展的影响。

7.野外调查检验

野外调查检验是在水土保持工作中的关键步骤之一。通过对存在疑惑点较多的地方进行实地考察和采样，可以获取与土地使用状况、土质层腐蚀状况、周围绿植情况、地质条件特征等相关的实际数据，并将其与其他数据进行对比和验证，具体如下。

（1）实地考察。野外调查的核心是进行实地考察。在实地考察过程中，工作人员会前往存在疑惑点较多的地方，对土地使用状况、植被覆盖度、土壤质地、地表特征等进行仔细观察和记录。这可以帮助获取直接的、真实的地表信息，为后续的数据分析和解释提供可靠的依据。

（2）采样。采样是野外调查的重要环节之一。通过采集土壤样品、植被样本等，可以获取更详细的信息和实际数据。采样过程需要遵循科学的采样方法和标准，保证样品的代表性和可比性。采样后，可以进行相应的实验室分析和测试，以获取更精确的数据和参数。

（3）数据对比与验证。野外调查采集到的数据需要与其他数据进行对比和验证。

这可以包括与遥感影像数据、地形图、统计数据等进行对比和验证。通过将野外调查数据与其他数据进行交叉验证，可以提高数据的可靠性和准确性，并验证之前的假设和推断。

（4）数据分析和解释。基于野外调查采集到的数据，可以进行进一步的数据分析和解释。这可以包括对土壤质地的分析、土壤腐蚀程度的评估、植被覆盖度的测算等。通过数据分析和解释，可以更深入地了解研究区域的实际情况，为制定具体的水土保持措施和策略提供依据。

通过野外调查检验，可以获取实际的、可靠的地表信息和数据，验证和补充其他来源的数据，为水土保持工作提供重要的实证支持。野外调查数据的获取和分析可以弥补遥感数据和模型预测的不足，提高了水土保持工作的精确性和可靠性。同时，野外调查也为后续的数据分析和决策提供了实地验证的基础。

8. 矢量化操作和梯形图设计

在水土保持工作的最后阶段，进行矢量化操作和梯形图设计是必要的步骤之一。通过将数据和信息转化为矢量数据，并按照规定的比例尺进行图形化呈现，可以提供直观的地图展示和数据可视化。同时，还需要确保最终汇总的数据与地形图的一致性，以保证数据的准确性和可靠性，具体如下。

（1）矢量化操作。矢量化操作是将数据和信息转化为矢量数据的过程。这包括将已收集和整理的数据，如土地利用类型、植被分布、地形特征等，转换为矢量要素，如点、线、面等。通过矢量化操作，可以在 GIS 软件中进行更灵活和准确的空间分析和计算。

（2）梯形图设计。梯形图是按照规定的比例尺将数据和信息以图形方式呈现的地图。在 1∶50000 的比例尺下，进行梯形图设计可以将水土保持相关的数据进行可视化展示。这可以包括细化区域的小斑位置、地形特征、植被覆盖度、水体分布等关键信息。梯形图设计需要遵循地图制作的规范和标准，以确保图像的清晰度和信息的传达效果。

（3）数据一致性验证。在进行矢量化操作和梯形图设计时，需要确保最终汇总的数据与地形图的一致性。这包括验证地图上的要素和属性与源数据的对应关系，检查数据的准确性和完整性。通过数据一致性验证，可以保证梯形图所展示的数据与实际情况的一致性，提高数据的可靠性和可信度。

二、水土保持监测中 GIS 技术的应用

(一)评价土壤侵蚀潜在危险性的 GIS 运用

在水土保持中,会涉及土壤侵蚀的潜在危险性因素,这是确保是否能保持水土的关键性因素,因此,运用 GIS 技术对其危险性因素进行有效评价是十分重要的。尤其是对于区域水土流失生态风险评价的研究,更是不容忽视的关键性内容,需要结合现场土质情况、水土流失现状、土质侵蚀状况等,采用具有针对性的解决对策。而运用 GIS 技术,可以将潜在的各类危险因素进行归类和整理,以确保评价结构的科学性与合理性。如果是传统的危险性因素评价技术,那么仅单纯地从土质层的厚度状况对土壤侵蚀危险性、不确定性等因素进行整理和分析,结果十分不准确,可能会存在较大的误差。所以,运用 GIS 分析可以提升对土壤侵蚀潜在危险性的评价准确度,并且可以生成清晰的风险图,然后结合风险图进行危险等级划分。在使用 GIS 技术的时候,主要是依托大比例尺的信息源作为绘制基础,结合各类土地、观测、绘制资料等,进行多重化技术处理,从而为后期的规划设计提供各类服务支持。

(二)对于水土保持监测管理中 GIS 的运用

在进行水土保持和数据监测管理的时候,GIS 运用是非常有效的,其主要使用的 GIS 技术为空间分析功能,操作原理为在本底数据基础上,直接提取相关的小流域,然后快速搭建数字化的小流域,并且结合有关水土流失预测的相关模型,如 USLE、RUSLE 模型,对小流域的水土流失及侵蚀状况进行分析,以及预测后期水土保持的效果和作用。还可以对治理水土保持的信息、数据进行资料收集,然后开展矢量化、属性赋值的技术处理,搭建小流域本底数据库或者保持水土的信息数据库。使用 GIS 的网页技术,将所获得水土保持的相关数据及信息进行保持和共享,从而便于在各个相关部门中实现信息交互化,利于开展后期多个部门的团结协作,共同确保水土保持治理的最佳成效。此外,通过二次检测信息的开发,可以搭建独立的信息检测系统,确保对水土保持治理工作的实时监督。

(三)河流生态系统多样化保护中 GIS 的运用

从地理生态学来说,水土流失严重的话,很容易对河流生物产生较大的危害,尤其会大大减少河流生物的种类和数量。因此,有效运用 GIS 技术,可以很好地实现对河流生态系统多样化的保护功效,保持河流内生活的种类和数量,不会受到生态环境破坏的影响,而产生濒临灭绝的危险情况,并且保持河流的生态性理念。但

是，如果是传统治理河流的办法，只能靠实际的实施效果去预判河流治理的效果如何，因此，通过不断的河流治理尝试性措施，会产生较大的成本支出，造成费用浪费。基于此，GIS 技术，可以很好地实现对河流里面的生态指标及情况进行探测，从而确定哪种措施可以很好地保护河流生态系统多样化，然后加以实施。

三、水土保持监测中应用 GIS 技术的优势

相对于以往，如果是使用传统、老旧的水土保持及规划方法，效果往往不佳，因此，GIS 技术的推广和运用，可谓是一个重大的改革与创新，大大提升了水土保持的效率和质量水平。所以，其也具备了十分明显的优势。

（一）生成专业图表

运用 GIS 技术，由于其技术具备先进化、科技化的特征，因此，在开展实际运用的时候，可以直接生成各类专业图表，并且看起来十分直观、明了。通过 GIS 技术生成的专业图表，可以直观地展示各类水土保持相关数据的空间分布、趋势和关联关系。这可以包括地图、柱状图、饼图、散点图、线图等形式的图表。这些图表以直观、明了的方式展示数据，这种数据可视化的方式提高了数据的理解性和可操作性，使得决策者能够更加直观地把握水土保持工作的现状和需求，让决策者和相关人员能够快速理解和分析数据，便于做出科学决策和制定有效的水土保持策略。

（二）较高精准度的信息数据

传统的设计软件在水土保持规划设计中可能无法提供有效的数据，这可能导致信息和数据的精准度较低，进而影响后期设计的准确性。然而，使用 GIS 技术可以解决这个问题，确保信息和数据的精准度，从而提高后期设计的准确性。

（1）与传统设计软件相比 GIS 技术的优势。与传统设计软件相比，GIS 技术具有先进的空间数据处理和分析功能。GIS 技术能够集成、处理和分析各类地理数据，包括地形图、遥感影像、地理信息系统数据等。通过 GIS 技术，可以获取准确的地理空间数据，并进行高级的数据分析和空间模拟，从而提高水土保持规划设计的准确性和可靠性。

（2）信息数据的精准度保障。GIS 技术能够确保信息和数据的精准度。通过利用 GIS 软件进行数据的整合、校正和校验，可以消除数据的误差和不一致性。同时，GIS 技术也提供了丰富的数据质量控制和检查工具，可以对数据进行验证和纠正，确保数据的准确性和一致性。这为水土保持规划设计提供了可靠的数据基础，并保障了后期设计的准确性。

（3）设计准确性的提高。通过使用 GIS 技术，可以更好地获取和处理水土保持规划设计所需的数据和信息。GIS 技术提供了强大的空间分析和模拟功能，可以在设计过程中进行地理空间优化、敏感性分析和风险评估等。这有助于设计师更好地了解地理环境，准确评估设计方案的可行性和效果，从而提高水土保持规划设计的准确性和实际效果。

综上所述，使用 GIS 技术可以克服传统设计软件的限制，确保信息和数据的精准度，并提高水土保持规划设计的准确性。GIS 技术的空间数据处理和分析功能使设计师能够获取准确的地理空间数据，进行高级的数据分析和模拟，从而更好地理解地理环境和评估设计方案的可行性。这也为水土保持规划设计提供了可靠的数据支持，确保了设计的准确性和实际效果。

（三）确保工作高效化

在进行数据的遥感监测过程中，会涉及很多复杂、烦琐的信息数据，而运用 GIS 技术，可以对这些数据进行高效的统计和分类，大幅度提升了工作的速度与效率，因此，其高效化、高能化特征突出。

我国的 GIS 技术是一项现代化科学技术发展的产物，具备了信息化、数字化、先进化的特征。因此，可以很好地运用到水土保持工作中，大幅度提升水土保持的工作效率和质量，从而有效解决水土保持工作中遇到的各个问题及麻烦，确保水土保持工作开展具有最大化效果。现阶段，会经常使用到 GIS 技术的内容，主要有土壤侵蚀潜在危险性评价、河流生态系统多样化保护、水土保持监测管理等方面。

第三节　无人机遥感技术在水土保持监测中的应用

一、无人机遥感技术

"在现代化信息科技与计算机网络技术飞速发展的时代背景下，无人机遥感技术的应用范围越来越广泛。"[①] 无人机遥感技术是结合无人机飞行、遥测遥控以及遥感应用等先进技术，通过对遥感数据进行建模处理，实现自动获取空中遥感数据信息的应用技术。无人机遥感技术在应用过程中，主要通过飞行器、遥感传感器以及控制装置等来进行水土数据的采集和处理，以便准确分析水土数据信息，从而完成

① 刘巧玲. 无人机遥感技术在水土保持监测中的应用 [J]. 山东水利，2022（2）：72.

水土保持监测工作。在水土保持监测工作过程中，特别容易受地理位置和气候环境等因素的影响，出现监测数据不准确或者监测结果达不到预期效果等问题。无人机遥感技术对气候条件的要求相对较低，而且机身较小，拍摄角度宽广，在水土保持监测实际应用中具有适应性强、准确性高以及安全性能稳定等特点，方便高效准确地进行水土保持监测。

(一) 无人机遥感技术的应用特征

无人机遥感技术在实际应用中具有操作简单、灵活方便的特征。工作人员通过无人机以及遥感控制器等设备按照规定的飞行路线，结合传感器进行数据采集和监测，获取准确的水土信息数据，再通过计算机系统对数据进行处理，既能确保水土数据的准确性，又能提高水土保持监测的工作效率。同时，无人机设备基本都具备故障自检功能，在实际应用中如果出现问题可以自动返航，很大程度上降低了水土保持监测工作的成本投入。

(二) 无人机遥感技术的应用方式

首先，通过无人机飞行器对监测区域进行航拍，全面掌握该区域的具体水土流失情况；其次，要对监测区域的水土保持结果和工程量变化等情况进行监测；再次，通过无人遥感技术对监测区域的土地流失面积以及危害等因素进行监测控制；最后，针对监测区域的土地实行动态监测管理，全面掌握准确的水土保持工程数据信息，从而有效保证水土保持监测的全面性和准确性。

二、无人机遥感技术的应用

(一) 无人机遥感技术的方案设计

在利用无人机遥感技术进行水土监测工作之前，需要进行科学合理的监测方案设计，并制定预防水土流失的措施。为了实现有效的水土保持监测，需要进行以下步骤进行：

第一，监测方案设计。在开始无人机遥感监测之前，需要制定科学合理的监测方案。这包括对监测区域的特点进行充分了解，考虑地形、土壤类型、气候条件等因素，并结合施工设计图纸等相关信息。通过综合分析，制定出符合实际情况的监测方案，明确监测目标、方法和指标。

第二，航拍监测路线设计。结合监测方案设计和实地考察，制定出完整的航拍监测路线。该路线应覆盖监测区域的关键区域和目标点，确保全面获取监测数据。

在设计航拍路线时，还需考虑飞行高度、相机参数等因素，以确保获取的图像质量和分辨率满足监测要求。

第三，监测范围确定。根据监测方案设计和航拍监测路线，确定监测范围。这包括确定监测区域的边界和分区，并确保覆盖关键的水土保持对象和风险区域。在监测范围确定过程中，还需要考虑监测区域的大小、复杂度和可行性等因素。

第四，实时监测与分析。在实际监测应用中，根据监测方案设计和航拍监测路线，按照预定的时段进行实时监测。通过无人机遥感技术获取高分辨率的图像数据，并对监测区域内的水土流失情况进行深入研究和分析。这包括对地表形态、植被覆盖、土壤侵蚀等进行定量和定性分析，以评估水土保持情况和风险程度。

第五，方案落实和监测控制。结合监测方案中制定的预防措施，及时跟进方案的落实进度。根据监测结果，对水土保持监测区域进行全面监测控制，及时调整和改进预防措施，以确保水土保持工作的有效实施。

通过科学合理的监测方案设计和无人机遥感技术的应用，可以准确高效地完成水土保持监测任务。监测方案的制定和预防措施的落实，使监测工作与水土保持工作有机结合，促进了水土保持措施的实施和效果的评估，为保护水土资源提供了科学依据。

(二) 无人机遥感技术的监测内容及成果应用分析

无人机遥感技术在水土保持监测应用中的主要监测内容包括以下方面。

第一，水土流失动态监测。通过无人机遥感技术，对监测区域内的水土流失及保持等动态变化情况进行监测。这包括对陡坡、裸露土壤、农田等易受水土流失影响的区域进行重点监测。结合传统监测技术，工作人员可以获取水土流失的动态信息，了解流失的程度和趋势，以便制定相应的保护措施。

第二，地质情况动态监测。利用无人机遥感技术，对监测区域内的土体类型、流失面积等地质情况进行监测。通过遥感图像的解译和分析，结合地形数据和其他地质信息，可以计算各区域的土地流失面积和土地利用类型，从而全面掌握水土流失的情况。这有助于评估水土保持问题的严重程度，并为制定适当的保护策略提供依据。

第三，治理效果实时监测。结合土壤流失的比例、植被覆盖率等数据，通过无人机遥感技术对水土流失的治理效果进行实时监测。通过采集监测区域的图像数据，并利用遥感图像处理软件计算和分析水土信息，可以评估治理措施的效果是否符合水土保持监测的标准。这种实时监测能够提供及时反馈，指导决策者调整和改进治理措施，以达到更好的水土保持效果。

通过无人机遥感技术对水土保持监测进行多方面的监测内容，可以获得准确、高分辨率的数据，全面了解监测区域内的水土流失情况。这为水土保持工作提供了科学依据，帮助决策者制定有效的保护策略和措施，以减少水土流失并促进可持续土地利用。

（三）无人机遥感技术监测实施的预期效果

第一，遵守规范的操作流程。无人机遥感技术在水土保持监测应用中必须遵守规范的操作流程。这包括飞行计划的制订、飞行器的设备检查和安全措施的遵守等。按照规范操作流程进行，可以确保监测过程中的数据采集和图像获取的准确性和可重复性。

第二，数据整理和数据库管理系统。对监测获得的水土数据进行整理和归档是水土保持监测的重要环节。通过构建完善的数据库管理系统，可以将监测数据进行统一管理和存储。这样可以方便后续数据的检索、分析和比对，提高数据利用效率，并确保数据的安全性和可追溯性。

第三，数据处理和分析。对于监测获得的水土数据，需要进行处理和分析以提取有关水土流失情况的关键信息。这包括对图像进行校正、配准和分类等处理，以及对水土流失指标和变化趋势进行定量分析。通过数据处理和分析，可以更准确地了解监测区域的水土保持情况，为决策提供科学依据。

第四，专业水土保持监测报告。最终，根据监测数据的处理和分析结果，生成专业的水土保持监测报告。报告应包括监测区域的概况、监测方法和数据处理过程的描述，以及对水土流失情况和可能的风险评估。报告的编制要符合相关标准和规范，并清晰准确地呈现监测结果，确保报告内容真实反映水土流失情况。

通过严格遵守规范的操作流程、进行数据整理和数据库管理、数据处理和分析，以及出具专业水土保持监测报告，无人机遥感技术在水土保持监测应用中能够提高工作效率。这些措施保证了监测获得的水土数据的质量和可靠性，为决策者提供了准确的水土保持信息，以便制定相应的保护措施和策略，实现有效的水土保持工作。

（四）无人机遥感技术的应用建议

"在水土保持监测中，通过应用无人机遥感技术，能够有效弥补传统监测方式的弊端，提高监测效率，降低监测所需成本。"[1] 在当前的水土保持监测应用中，虽然无人机遥感技术已经得到广泛应用，但在未来的发展中，有必要结合多种先进的

① 何艳丽.无人机遥感技术在水土保持监测中的应用 [J].低碳世界，2020，10（7）：37.

高科技设备，发挥各设备的优势，并将无人机遥感技术与地面监测技术有效结合，以实现对监测区域水土流失情况的详细实时监测，具体如下。

第一，结合多种高科技设备。无人机遥感技术虽然具有独特的优势，但在水土保持监测应用中仍然存在一些限制。为了克服这些限制，应结合其他高科技设备，如卫星遥感、激光雷达、地面监测设备等。通过充分发挥各设备的优势，可以获取更全面、更准确的水土流失数据，提高监测结果的可靠性。

第二，结合地面监测技术。无人机遥感技术和地面监测技术是相辅相成的。地面监测技术可以提供详细的地貌、土壤和植被信息，而无人机遥感技术则可以提供更广阔的覆盖范围和高分辨率的数据。将这两种技术有效结合，可以获取更全面、准确的水土流失监测数据，从而更好地评估水土保持情况和制定保护措施。

第三，制定严格的规范和标准。为了确保监测的准确性和可比性，监测部门应制定严格的规范和标准。这些规范和标准应包括监测方法、数据处理、质量控制等方面的要求，以便监测人员按照操作流程进行监测管理。此外，对无人机遥感技术的应用也应进行模拟操作，并提供相关培训和指导，以确保监测人员能够正确操作和应用无人机遥感技术。

第四，技术更新与适应性提升。无人机遥感技术在水土保持监测应用中仍处于不断发展和进步的阶段。技术人员应密切关注技术的最新进展，及时了解和学习新的算法、传感器和数据处理方法。通过技术更新和适应性提升，可以不断改进无人机遥感技术的应用效果，提高其在水土保持监测中的精确度和可靠性。

无人机遥感技术作为新型科技监测技术，对水土保持监测工作起着重要的推动作用。监测部门要重视水土保持监测工作的重要性，加大无人机遥感技术的应用和推广力度，完善监测管理控制体系，准确掌握监测区域的水土流失情况，将水土保持监测工作落实到位。

第七章　生态梯田的水土保持效益评价

梯田是治理坡耕地水土流失的有效措施。我国水土流失严重，坡耕地改为梯田后能够减少水土流失、改良土壤、蓄水保土、提高农作物产量，促进农业可持续发展。水土流失治理成果和水土保持效益是水土流失防治工作的出发点和落脚点。基于此，本章主要探讨生态梯田水土保持的社会效益、经济效益和生态效益。

第一节　社会效益

一、社会效益的概念

"梯田农业生态系统是全球和中国重要农业文化遗产的重要组成部分。"[①] 水土保持工程所创造的社会效益包括以下两个主要方面：减弱、减少各种水土流失引发的灾害以及改善乡村生态环境，促进社会进步。

首先，水土保持工程可以减弱和减少各种水土流失引发的灾害。在治理前后不同时期进行对比，可以观察到治理后带来的效益。通过水土保持工程的实施，可以减少山体滑坡、泥石流、河道决口等自然灾害的发生和严重程度。通过治理水土流失，保护了土壤质量和水资源，减少了洪灾、干旱和土地侵蚀等灾害对农田、人居环境和基础设施的破坏。这为当地居民提供了更安全、稳定的生活环境，减少了财产损失和人员伤亡，提高了社会的稳定性和安全性。

其次，水土保持工程也可以改善乡村生态环境，促进社会进步。通过修建污水处理厂、建设田间生产道路、美化村庄等措施，可以改善乡村的环境质量。污水处理厂的建设和运行可以有效处理农田和居民区的废水，减少水体污染，保护水资源的质量。

最后，水土保持工程还可以提高土壤肥力，增加土地产品的产量和质量，进一步提高社会效益。通过治理水土流失，保护农田的土壤质量，可以减少养分的流失

---

① 杨翠霞，卫伟，刘彬.我国梯田农业生态系统文化服务研究热点与趋势 [J].农业资源与环境学报，2022，39(5)：869.

和土壤侵蚀，提高土地的肥力和可持续利用能力。这对农民来说意味着农产品产量和质量的增加，也增加了农民的收入和经济效益。同时，增加农产品的供应也对社会的粮食安全和食品供给具有积极的影响。

二、社会效益的评价

社会效益的评价指标体系要结合当地自然灾害发生频次、乡村环境变化以及土地生产率等特点来确定，具体指标体系如下。

（一）减灾效益

第一，减少山体滑坡、泥石流等灾害。梯田的水土保持措施和防护设施能够有效减少山体滑坡、泥石流等自然灾害的发生和影响。梯田通过梯级排水系统、植被覆盖和防护林带等措施，减少了水土流失和坡面侵蚀，保护了山体的稳定性。这有助于降低山体滑坡、泥石流等灾害的发生概率，减少对农田、居民区和基础设施的破坏，提高了人员和财产的安全性。

第二，减少土地沙化、风沙、干旱等灾害。梯田的水土保持和植被覆盖能够有效减少土地沙化、风沙和干旱等灾害的发生。水土保持工程可以防止水土流失，提高土壤的肥沃性和保水能力，减少沙尘暴和风沙的产生和扩散。此外，梯田的灌溉系统可以提供稳定的水源，减轻干旱对农田的影响。这些措施有助于保护农田的稳定性和可持续利用能力，减少土地沙化、风沙和干旱等灾害的危害。

第三，减少污染源。梯田的存在和管理有助于减少污染源的产生和扩散，从而减少相关的灾害风险。例如，梯田的水土保持措施可以减少农田和水体的农药和化肥流失，降低水体污染的风险。此外，梯田的植被覆盖度和湿地保护可以减少污染物的输入和积累，改善水体和土壤的质量。这对保护人类健康、维护生态平衡和减少环境灾害具有重要意义。

（二）增效效益

第一，改良土壤性质，提高土壤肥力，提高土地生产率。

（1）改良土壤性质。梯田的水土保持工程和农业管理措施有助于改良土壤性质。通过防止水土流失和控制坡面侵蚀，梯田减少了土壤的侵蚀和质量的流失。此外，梯田的排水系统可以调节土壤湿度，避免过度湿润或干旱，提供适宜的生长环境。这些措施改良了土壤的物理、化学和生物性质，为农作物的生长提供了良好的土壤环境。

（2）提高土壤肥力。梯田的水土保持和农业管理措施有助于提高土壤肥力。水土保持工程减少了养分的流失和土壤侵蚀，保持了土壤中的养分含量。此外，梯田的有机肥应用、绿肥种植等农业管理措施有助于增加土壤的有机质含量和养分供应，提高了土壤的肥力。这为农作物的生长提供了充足的营养，提高了农产品的产量和质量。

（3）提高土地生产率。梯田的水土保持和农业管理措施能够提高土地的利用效率和生产力。通过防止水土流失和土壤侵蚀，梯田保护了农田的肥沃土壤，这有助于提高土地的耕作能力和农作物的生产潜力。此外，梯田的灌溉系统和水资源管理措施可以提供稳定的水源，确保农作物的水分供应，进一步提高土地的生产率。

第二，改善乡村环境，美化环境，促进社会进步。梯田作为一种独特的农田景观，具有重要的环境价值。通过修建田间生产道路、美化村庄、保护植被等措施，梯田可以改善乡村的环境质量。田间生产道路方便了农民的生产活动和物资运输，提高了农业生产效率。村庄的美化工作可以提升居民的居住环境和生活品质，同时也吸引了更多的游客和资源流入乡村地区，促进了社区的发展。这些措施提升了乡村环境的美观和可持续性，促进了社会的进步。

水土保持综合治理的社会效益主要是针对减少自然灾害、改善乡村环境、促进社会进步等方面，需要结合当地实际情况具体进行评价。

第二节　经济效益

一、经济效益的概念

水土保持工程产生的经济效益包括直接和间接经济效益，这些效益涉及保土量、保水量、土壤肥力的增加、农作物产量的增加以及生态环境的改善等方面。经济效益的评估通常使用平均市场价格法、外部评估法等方法来换算成经济收益，以直观地反映水土保持治理的收益情况。

直接经济效益是指直接与水土保持工程相关的经济收益。例如，通过水土保持工程的实施，可以减少水土流失，保持土壤肥沃度，从而提高农作物的产量和质量。这将直接增加农民的收入，并带动当地农业经济的发展。此外，水土保持工程还可以减少洪涝灾害对农田和基础设施的破坏，降低灾害损失和维修成本，进一步带来经济效益。

间接经济效益是指与水土保持工程相关的间接经济收益。例如，通过水土保持工程改善了生态环境，增加了生物多样性，提升了景观价值和生态旅游的吸引力。

这将吸引更多的游客和投资，促进当地乡村旅游业的发展，带动相关产业的繁荣。同时，生态环境的改善也会提升居民的居住环境和生活品质，提高生活满意度，间接地提升了社会的发展水平。

经济效益的评估对于水土保持工程的综合治理效益评价至关重要。通过将直接和间接经济效益量化，并以经济收益的形式呈现，可以直观地展示水土保持工程对当地居民生活和经济发展的积极影响。这也有助于制定下一步水土保持综合治理工作的实施方案和资源配置决策，进一步提升治理效益和可持续发展的效果。

总之，经济效益是水土保持工程的重要组成部分，涵盖了直接和间接的经济收益。通过量化和评估经济效益，可以客观地评价水土保持治理的收益情况，并为决策提供参考，从而推动当地社会经济的可持续发展。

二、经济效益评价体系

(一) 直接经济效益

第一，栽种经济林、果树等带来的增收。梯田的土地利用多样性和地形特点提供了良好的条件来种植经济林和果树。这些树木可以为农民提供多种经济收益。首先，经济林和果树的木材、竹子等可用于建筑、家具制造、能源等方面，提供额外的经济收入来源。其次，果树的果实可以直接销售或加工，为农民带来收益。最后，经济林和果树还有助于改善土地环境和生态系统，增加生态旅游和生态农业的发展机会，进一步增加农民的收入。

第二，土壤肥力、作物产量的增加带来的增收。梯田的水土保持措施和农业管理措施有助于改善土壤肥力和增加作物产量。通过防止水土流失和保持土壤肥沃度，梯田土壤侵蚀和养分流失，这有助于提高土地的肥力和养分供应，从而增加作物的产量和质量。农民可以通过增加农作物的产量来增加收入，提高经济效益。同时，增加作物产量还有助于稳定供应市场需求，增加农产品的销售额和市场份额。

这些直接经济效益不仅能为农民带来增加收入的机会，也有助于推动农村经济的发展和农民的脱贫致富。栽种经济林、果树等多样化的农作物种植可以提高农民的经济回报率，并且在可持续农业发展方面具有重要意义。同时，土壤肥力和作物产量的增加不仅能够直接增加农民的收入，还能够提供稳定的农产品供应，促进农业产业链的发展，带动农村经济的多元化和综合发展。

(二) 间接经济效益

第一，保土量、保水量的增加。梯田的水土保持措施有助于减少水土流失和土壤侵蚀，保持土地的稳定性和肥沃性。这样做不仅减少了农田的土地损失，还保留了土壤中的养分和水分。保土量和保水量的增加使土地能够更有效地利用降雨水源，减少农业灌溉需求和水资源的浪费，这有助于降低农业生产的成本，提高农民的经济效益。

第二，改良土壤性质，节约成本。梯田的水土保持工程和农业管理措施有助于改善土壤的物理、化学和生物性质。通过防止水土流失和控制坡面侵蚀，梯田保护了土壤的结构和肥力。此外，适当的施肥和有机肥料的应用也可以改善土壤的养分供应和保水能力。这些措施降低了农民在土壤改良和肥料投入方面的成本，提高了农业生产的效率和可持续性。

第三，改善乡村环境，促进生态平衡。梯田的存在和管理有助于改善乡村的环境质量。通过水土保持工程和植被覆盖的措施，梯田减少了水源和土壤的污染，提高了生态环境的质量。这对当地居民的生活品质和健康具有积极的影响。同时，梯田作为一种独特的农田景观，具有旅游和文化价值，吸引了更多的游客和投资。这进一步促进了乡村旅游业的发展，为当地经济带来了增长和多元化。

直接经济效益主要是可以直接获得金钱收益的内容，而间接经济效益主要包括保土、保水、改良土壤性质等间接获得效益的内容。在评价经济效益时要将二者联系起来，进行统一评价，才能准确、全面地反映流域治理的整体经济效益。

第三节　生态效益

一、生态效益的概念

"梯田是治理坡耕地水土流失的有效措施。"[1] 生态效益是指通过一定措施对生态环境进行保护或修复等有利影响。它反映了人类社会生产中的生态平衡，通常与经济效益相互关联。然而，如果过分追求经济效益而不遵守自然规律，过度开采和使用生态资源，比如，资源过度开采、森林砍伐、过度捕鱼和大规模开垦等行为，可能会在短期内带来较高的经济收益，但对生态资源造成巨大破坏，导致生态系统失去平衡，修复所需的时间和投入也相当大。

因此，我们需要将生态效益与经济效益联系起来，并进行动态分析。我们应该在保持生态稳定的同时追求经济效益，以实现良性循环。如果生态系统受到破坏，

---

[1] 肖理.梯田的生态工程与水土保持作用 [J].西部皮革，2019，41(4)：86.

那么经济效益也会相应降低，这对长期可持续发展是不利的。

为了实现生态效益和经济效益的协调，我们需要采取可持续的发展方式。这意味着要确保我们的经济活动不会对生态系统造成不可逆转的损害，并促进生态环境的恢复和保护。通过合理利用资源、推行清洁生产、加强环境监管等措施，我们可以实现经济的增长和生态的健康。

此外，我们还应该采取一系列的政策和行动来促进生态效益的实现。这包括建立健全的法律法规体系，鼓励企业和个人采取环保措施，加强环境教育和意识形态的普及，以及加强国际合作来应对全球性的生态挑战。

综上所述，生态效益与经济效益密切相关，我们应该在追求经济发展的同时保护生态环境，以实现可持续发展。只有通过良性的生态与经济循环，我们才能确保世世代代的繁荣和福祉。

二、生态效益的评价

生态效益的评价指标体系要依据不同地区的水土流失现状及治理预期目标来建立，主要是对水土流失量、污染物含量、植被覆盖率的变化，以及大气、生物、土壤等生态环境的改善等因素进行评估并建立生态效益评价指标体系。

(一) 土壤侵蚀指标

1. 土壤侵蚀模数

土壤侵蚀模数是一种用于评估土壤侵蚀程度的指标。它被广泛用于农业、林业和土地管理等领域，旨在衡量土壤受到侵蚀的风险程度。

土壤侵蚀模数的计算通常基于土壤类型、坡度、降雨强度和植被覆盖等因素的综合影响。不同的土壤类型和坡度等因素会对土壤侵蚀的风险产生不同的影响。一般来说，坡度越大、降雨强度越大、植被覆盖越少的地区，土壤侵蚀模数就越大，即土壤受到侵蚀的风险越高。

土壤侵蚀模数的单位通常是每年每单位面积的土壤损失量(例如，吨/公顷/年)。通过计算土壤侵蚀模数，人们可以评估土壤侵蚀对农田、森林和土地健康的影响，进而采取相应的保护和治理措施，以减少土壤流失、保护水源和保持土地的可持续利用。

土壤侵蚀模数只是评估土壤侵蚀风险的一种指标，它不能完全反映实际的土壤侵蚀情况。因此，在实际应用中，还需要结合实地调查和监测数据，以及其他相关指标和模型，综合评估土壤侵蚀的程度和趋势，从而制定合理的土地管理和保护策略。

2. 年土壤侵蚀量

年土壤侵蚀量是指每年单位面积土地上发生的土壤侵蚀的数量。它是衡量土地受到侵蚀程度的重要指标之一。

年土壤侵蚀量的计算涉及多个因素，包括降雨强度、土壤类型、坡度、植被覆盖率、土地利用方式等。这些因素对土壤侵蚀的程度有着不同的影响。一般而言，高降雨强度、陡坡、无植被覆盖和不适宜的土地利用方式都会导致较大的年土壤侵蚀量，即土壤流失较严重。

为了计算年土壤侵蚀量，可以使用不同的数学模型和方法，例如，通用土壤流失方程（USLE）和改进的通用土壤流失方程（RUSLE）。这些模型考虑了土壤侵蚀的多个关键因素，并通过数学公式综合计算出土壤侵蚀量。

年土壤侵蚀量的单位通常是重量单位（如吨）或体积单位（如立方米）除以面积单位（如公顷或平方米）。通过计算年土壤侵蚀量，人们可以评估土地的可持续利用程度、土壤健康状况以及水资源的保护情况。在农业、林业、土地规划和环境管理等领域，这些数据对于制定土地保护和治理策略至关重要。

准确计算年土壤侵蚀量是一项复杂的任务，需要考虑众多因素和数据的输入。实际计算中可能需要依赖土壤样地观测、降雨监测、植被覆盖调查等数据，结合适当的模型和方法进行综合评估。

(二) 调整地表径流

1. 村庄排洪沟 (渠)

村庄排洪沟（渠）在梯田地区具有重要的生态效益，对于水文调控、水资源保护和生态环境维护发挥着关键的作用。

（1）洪水调节。村庄排洪沟的主要功能是排除村庄内的雨水和洪水。通过合理规划和建设排洪沟，可以将大量的降雨和洪水引导至合适的水道和水体中，减轻洪水对梯田和村庄的冲击。这有助于保护农作物、土地和人们的生命财产安全。

（2）水质改善。村庄排洪沟在排除雨水和洪水的同时，也能够过滤和吸附径流中的污染物，减少水体的污染。通过沟渠和湿地等处理措施，排洪沟能够减少径流中的悬浮固体、植物养分和污染物的含量，改善水质，保护水生态系统的健康。

（3）水资源保护。排洪沟的建设能够改善梯田地区的水资源管理和利用效率。通过排洪沟的引导和调控，可以合理分配水资源，提高水资源的利用效率，减少浪费。这有助于维护梯田地区的水资源供应，促进农田灌溉和生态用水的可持续发展。

（4）生态功能恢复。村庄排洪沟的建设还可以促进生态系统的恢复和保护。合理设计和布置排洪沟可以创建湿地和河岸带等生态环境，以提供栖息地和食物源，吸引和维持更多的野生动植物种群。

综上所述，村庄排洪沟在梯田地区的生态效益是多方面的。通过洪水调节、水质改善、水资源保护和生态功能恢复等方面的作用，排洪沟能够维护梯田生态系统的健康和可持续发展。因此，在梯田地区的规划和建设中，合理设计和管理村庄排洪沟是至关重要的一环。

2.改善河底下垫面类型

改善梯田河底下垫面类型对梯田生态系统具有重要的生态效益。

(1)改善思路。

第一，水流通畅性。改善河底下垫面类型有助于保持水流通畅。在梯田地区，河底下垫面的平整度和稳定性影响着水流的流速和流向。通过改善河底下垫面类型，例如，修复和加固河床、填平河底的洼地和凹陷等，可以减少水流的阻力，提高水流通畅性，减少河道淤积和堵塞的问题。

第二，河床稳定性。改善河底下垫面类型有助于提高河床的稳定性。适当的河床下垫面类型可以增加土壤的抗冲蚀能力，降低河床侵蚀和坍塌的风险。通过加固和修复河床，保持合适的坡度和形态，可以维持梯田地区河床的稳定性，减少土壤流失和河道漫滩的问题。

第三，水质改善。改善河底下垫面类型有助于提高水质。梯田河床下垫面类型的改善可以减少悬浮固体和底泥的积累，改善水体的透明度和清澈度。这对于维护水生态系统的健康和水体的生物多样性至关重要。

第四，生态栖息地恢复。改善河底下垫面类型有助于恢复和改善生态栖息地。适当的河床下垫面改善可以提供适宜的栖息地条件，吸引和维持更多的水生植物和动物物种。这有助于保护和增强梯田地区的生物多样性，提高生态系统的稳定性。

(2)改善措施。为了改善河底下垫面类型，可以采取以下措施。

第一，河道整治。通过河道整治工程，对河床进行加固、疏浚和形态调整，以提高河床的稳定性和水流通畅性。

第二，植被恢复。在河床和河岸带适当地进行植被恢复，种植抗侵蚀植物和湿地植物，增强河岸的稳定性和水质改善效果。

第三，沉积物管理。采取措施控制和管理河流中的沉积物，如拦截沉积物的堰坝和河道疏浚等，以减少沉积物的堆积和淤积。

综上所述，改善梯田河底下垫面类型对于梯田生态系统具有多方面的生态效益。通过提高水流通畅性、河床稳定性，改善水质和恢复生态栖息地，可以维护梯田地区的水生态系统健康和可持续发展。因此，在梯田地区的规划和管理中，合理设计和改善河底下垫面类型是至关重要的一环。

（三）削减污染物

减少径流中氮（N）、磷（P）和二氧化碳（CO_2）等污染物含量对梯田生态系统具有重要的生态效益。

1. 削减思路

（1）水体质量改善。减少径流中的氮和磷含量可以有效降低水体的营养盐浓度，降低水体富营养化的风险。高浓度的氮和磷会导致水体富营养化，导致藻类水华和底泥累积，破坏水生态系统的平衡。因此，减少径流中氮和磷的输入有助于改善水质，维护水体的健康和生态系统功能。

（2）生物多样性保护。高浓度的氮和磷会对梯田地区的生物多样性产生负面影响。减少径流中的氮和磷含量有助于降低养分过剩对生物多样性的威胁。过高的氮和磷含量会导致一些优势种的过度生长，使得生态系统的物种组成失衡。因此，降低氮和磷的输入可以保护和促进梯田地区的生物多样性。

（3）温室气体减排。减少径流中二氧化碳的含量有助于减缓气候变化。二氧化碳是主要的温室气体之一，其排放会对气候变化产生重要影响。梯田生态系统通过植物光合作用吸收二氧化碳，将其固定在植物体内，减少其在大气中的累积。因此，减少二氧化碳排放可以帮助降低温室气体浓度，缓解气候变化的影响。

2. 削减措施

为了减少径流中氮、磷和二氧化碳的污染物含量，可以采取以下措施。

（1）精确施肥。合理控制梯田农田的氮磷肥施用量，根据农作物需求和土壤养分状况精确施肥，避免过量施用。

（2）农田管理。采用农业最佳管理实践，如间作、轮作、秸秆还田等，减少养分流失和土壤侵蚀，降低氮磷流入水体的风险。

（3）水体保护区划。设立水源保护区和湿地保护区，限制农业化学物质和污染物的输入，减少水体污染和富营养化的发生。

（4）农田排水管理。合理规划和管理梯田排水系统，避免农田径流中污染物的积聚和迅速流入水体。

综上所述，减少径流中氮、磷和二氧化碳等污染物含量对梯田生态系统具有重要的生态效益。通过精确施肥、农田管理、水体保护区划和农田排水管理等措施，可以减少污染物的输入，维持水体质量、生物多样性和减缓气候变化，这将有助于实现梯田生态系统的健康和可持续发展。

(四) 植被覆盖率

1. 增加植被覆盖率

减少径流中 N (氮)、P (磷) 和 CO_2(二氧化碳) 等污染物含量具有重要的生态效益,对环境保护和生态平衡具有积极作用。梯田是一种传统的农业景观,具有丰富的生态效益。植被覆盖率是评估梯田生态系统健康程度的重要指标,提高植被覆盖率可以带来多方面的生态效益。

(1) 保持土壤稳定性。植被覆盖率的增加可以减少水流对土壤的冲刷和侵蚀,保持梯田土壤的稳定性。植物的根系有助于固定土壤颗粒,减少水土流失和坡面侵蚀,降低梯田的土地退化风险。

(2) 水资源调节。梯田的植被覆盖率增加可以提高土壤的保水能力,增加降雨水的渗透和储存。这有助于调节水文循环,提供稳定的水源供应,并降低洪水和旱灾发生的风险。

(3) 水质保护。植被覆盖率的增加有助于过滤和吸附梯田径流中的污染物,减少农业化学物质和养分的流失,改善水体质量。这对于维护河流、湖泊和水库的生态系统健康非常重要。

(4) 生物多样性保护。植被覆盖率增加会提供更多的栖息地和食物源,吸引和维持更多的野生动植物种群。这有助于保护和增强梯田地区的生物多样性,维持生态平衡,并促进自然控制害虫的生物防治。

(5) 碳汇和减缓气候变化。梯田地区植被覆盖率的增加有助于增加碳汇量,吸收大量的二氧化碳,减缓气候变化的影响。同时,植物通过光合作用释放氧气,改善空气质量,提供良好的生态环境。

因此,通过增加梯田地区的植被覆盖率,可以实现多方面的生态效益,包括保持土壤稳定性、水资源调节、水质保护、生物多样性保护以及碳汇和减缓气候变化。这不仅有利于梯田农业的可持续发展,也对整个生态系统和人类社会的可持续发展产生了积极影响。

2. 增加植被固碳量

植被固碳量是指梯田生态系统中植物通过光合作用吸收和储存的碳元素的数量。增加植被固碳量对于减缓气候变化和应对碳排放具有重要意义。

(1) 碳汇功能。梯田中的植被通过光合作用吸收大量的二氧化碳,将碳元素转化为有机物质,并储存在植物体内、地下部分和土壤中。这使得梯田生态系统具有重要的碳汇功能,有助于减少大气中的温室气体浓度,缓解气候变化。

(2) 土壤碳储量增加。植被固碳量的增加还可以促进梯田土壤中的有机碳储量增加。植物通过根系和腐殖质的分解，将固定的碳元素输入土壤，形成有机质，从而提高土壤的有机碳含量。这有助于改善土壤质地，提高水持留能力，增加养分循环，促进土壤健康和肥力。

（3）生态系统稳定性。植被固碳量的增加可以提高梯田生态系统的稳定性。稳定的生态系统能够更好地适应气候变化和环境压力，并减少生态系统的脆弱性。梯田地区稳定的生态系统有助于保护农田、水源和生物多样性等生态功能。

（4）水质保护。植被固碳量的增加可以减少梯田径流中的氮和磷等养分流失，降低水体富营养化的风险。这有助于维持水体的清洁和健康，促进梯田地区的水资源可持续利用。

为了增加植被固碳量，可以采取水利水电工程项目管理与水资源措施：①种植适应当地环境的植物，尤其是多年生植物，以增加植物生物量和生长周期；②推广有机农业和绿色种植技术，减少化肥和农药的使用，提高土壤质量和植物生长状况；③鼓励梯田农民参与碳交易和碳市场，通过固碳项目获得经济回报，激励植被固碳的实施和管理。

总之，通过增加梯田地区的植被固碳量，可以提高碳汇功能，改善土壤质量，增强生态系统稳定性，保护水质和生物多样性，以及减缓气候变化。这为可持续农业和生态保护提供了重要的生态效益。

（五）生态环境

1. 设立生态修复区

（1）植被恢复程度。评估修复区内植被的恢复情况，包括植被覆盖率、植物物种多样性、植被结构等指标。

（2）土壤质量。评估修复区内土壤的质量状况，包括土壤有机质含量、土壤养分含量、土壤水分保持能力等指标。

（3）水资源管理。评估修复区内水资源的管理情况，包括水源涵养能力、水质改善情况等指标。

2. 设立生态保护区

（1）物种多样性。评估保护区内物种多样性水平，包括物种丰富度、物种相对丰富度、濒危物种保护等指标。

（2）栖息地质量。评估保护区内栖息地的质量和完整性，包括湿地保护、森林保护、水体保护等指标。

（3）生态功能保护。评估保护区内生态功能的保护程度，包括水资源调节、土壤保持、生物控制等指标。

3. 设立生态治理区

（1）水资源管理。评估治理区内水资源的管理情况，包括水质改善、水量调控等指标。

（2）土壤保护和改良。评估治理区内土壤的保护和改良情况，包括土壤侵蚀程度、土壤有机质含量等指标。

（3）生物多样性保护。评估治理区内生物多样性的保护情况，包括濒危物种保护、栖息地保护等指标。

4. 改善大气环境、改善生物环境、改善土壤环境

（1）改善大气环境。

第一，改善空气质量。评估大气环境中空气质量的改善情况，包括 $PM_{2.5}$、二氧化硫、氮氧化物等指标的浓度变化。

第二，改善温室气体排放。评估温室气体的减排情况，包括二氧化碳、甲烷、氧化亚氮等指标的减排量。

（2）改善生物环境。

第一，改善物种多样性。评估生物环境中物种多样性的改善情况，包括物种数量、物种相对丰富度等指标。

第二，改善栖息地质量。评估栖息地的改善情况，包括湿地恢复、植被覆盖改善等指标。

（3）改善土壤环境。

第一，改善土壤质量。评估土壤环境中土壤质量的改善情况，包括土壤有机质含量、养分含量、土壤酸碱度等指标。

第二，改善土壤侵蚀。评估土壤侵蚀的控制情况，包括侵蚀速率、水土流失量等指标的减少程度。

生态效益评价指标体系主要是针对生态系统和谐，并以建立生态平衡为目的的体系，除定量分析外还需要定性分析。

参考文献

一、著作类

[1] 刘乃君 . 水土保持工程技术 [M]. 咸阳：西北农林科技大学出版社，2010.
[2] 宋维峰，吴锦奎 . 哈尼梯田：历史现状、生态环境、持续发展 [M]. 北京：科学出版社，2016.

二、期刊类

[1] 成官文，王敦球，秦立功，等 . 广西龙脊梯田景区生态旅游开发的生态环境保护 [J]. 桂林工学院学报，2002，22（1）：94-98.
[2] 杜映妮，周怡雯，李朝霞，等 . 丹江口库区不同降雨类型下典型植被措施的水土保持效应 [J]. 水土保持学报，2023，37（2）：51-57，66.
[3] 高红平 . 合水县水土保持生态建设的做法和经验 [J]. 中国水土保持，2011（7）：64-66.
[4] 何佳丽，赵宇鸾，张蒙，等 . 梯田系统水生态智慧在水美乡村建设中的价值 [J]. 山西建筑，2022，48（13）：1-6，39.
[5] 何艳丽 . 无人机遥感技术在水土保持监测中的应用 [J]. 低碳世界，2020，10（7）：37.
[6] 纪建兵 . 淤地坝工程建设技术及效益 [J]. 城镇建设，2020（11）：91.
[7] 贾敏 . 加快甘肃水土保持生态建设的基本思路 [J]. 中国水土保持，2004（3）：6-7.
[8] 江秀兰，田雪梅 . 溢洪道设计初步分析 [J]. 城市建设理论研究（电子版），2012（36）.
[9] 解琨 . 乡村设计中的梯田景观规划探究 [J]. 大观，2020（6）：47-48.
[10] 李宏华 . 龙脊梯田农业文化遗产保护与利用研究 [D]. 南京：南京农业大学，2017.
[11] 李小强 . 水土保持技术在梯田生态果园建设中的应用 [J]. 人民长江，2004，35（12）：8，17.
[12] 李馨宇，米刚 . 土壤微生物资源在农业中的应用 [J]. 农业工程技术，2023，

43（1）：107.

[13] 李炎，王仰仁.水土保持生态修复综合建设模式研究[J].中国水土保持，2010（2）：26-28.

[14] 李元青.农田水利灌溉渠系工程设计及运用[J].农家参谋，2021（10）：189-190.

[15] 李占斌，朱冰冰，李鹏.土壤侵蚀与水土保持研究进展[J].土壤学报，2008，45（5）：8.

[16] 丽达，卫伟，杨翠霞.梯田生态系统文化服务的内涵与特征研究[J].环境生态学，2020，2（9）：55-60，84.

[17] 梁娟珠.不同植被措施下红壤坡面径流变化特征[J].水土保持通报，2015，35（6）：159-163.

[18] 林伟青.灌溉渠道设计在实际中的应用[J].中国水运（下半月），2011，11（10）：163-164.

[19] 林夏凯风，曾芳芳.基于层次分析法的尤溪梯田生态农业综合效益分析[J].云南农业大学学报（社会科学版），2019，13（5）：65-72.

[20] 刘巧玲.无人机遥感技术在水土保持监测中的应用[J].山东水利，2022（2）：72.

[21] 刘恬恬，李子明，胡雅琪，等.灌溉渠系优化配水模型与算法研究进展[J].节水灌溉，2022（11）：51-58.

[22] 卢卫，宋晓宇.从地理视角看元阳哈尼梯田[J].中学地理教学参考，2023（6）：78-80.

[23] 路雪莉，张小芹.淤地坝工程建设技术及效益分析[J].科技创新与应用，2018（11）：132-133.

[24] 齐斐，胡续礼，刘霞，等.基于小流域划分的沂源县水土保持规划布局及措施配置[J].中国水土保持科学，2018，16（5）：129-135，144.

[25] 乔殿新，王莹，屈创，等.新时期水土保持监测工作刍议[J].中国水土保持科学，2016，14（6）：137-140.

[26] 任澄雨，徐卫民.凤堰梯田保护管理对策研究[J].文博，2022（3）：107-112.

[27] 史军超.中国湿地经典：红河哈尼梯田[J].云南民族大学学报（哲学社会科学版），2004，21（5）：77-81.

[28] 舒远琴，宋维峰，马建刚.哈尼梯田湿地生态系统健康评价指标体系构建[J].生态学报，2021，41（23）：9292-9304.

[29] 水利部水土保持监测中心.我国水土保持监测工作发展成就与作用[J].中国水土保持,2021(7):1-4.

[30] 王鹏.会宁县水土保持生态建设成效及经验[J].中国水土保持,2018(8):50-52.

[31] 王晓.水利灌溉渠道流量的优化设计[J].中国水运(下半月),2015,15(2):201-202.

[32] 王醒,方荣杰,张帅普,等.广西龙脊梯田区森林类型对土壤水力特性的影响[J].水土保持通报,2021,41(5):92-98,106.

[33] 王一丁.基于GIS技术的水土保持监测研究:以阜新地区为例[D].葫芦岛:辽宁工程技术大学,2021.

[34] 王玉坤.灌溉渠道设计问题探讨[J].科技创新与应用,2012(17):149.

[35] 尉迟文思,姚云峰,李晓燕.我国梯田的类型及研究现状[J].北方农业学报,2017,45(1):84-87.

[36] 魏宝君.甘肃水土保持实践与可持续发展思考[J].中国水土保持,2007(11):13-14,25.

[37] 吴璋楚.凤堰梯田村落文化景观及其价值探究[J].现代园艺,2020,43(20):95-97.

[38] 肖理.梯田的生态工程与水土保持作用[J].西部皮革,2019,41(4):86.

[39] 薛彩琴.浅析淤地坝工程效益[J].地下水,2006,28(3):109-110.

[40] 杨翠霞,卫伟,刘彬.我国梯田农业生态系统文化服务研究热点与趋势[J].农业资源与环境学报,2022,39(5):869-877.

[41] 尹绍亭,颜宁.家国意识视角下红河哈尼梯田生态审美研究[J].北方民族大学学报(哲学社会科学版),2023(3):5-11.

[42] 张爱玲,钟云飞,陈祥伟.黑龙江省拜泉县水土保持新进展与效益评价[J].水土保持通报,2018,38(1):276-280,286.

[43] 张锦.溢洪道设计初步分析[J].中国水运(理论版),2007,5(6):23-24.

[44] 张明生.灌溉渠道工程的设计及相关对策[J].农业科技与信息,2022(1):100-102.

[45] 张苏茂.灌溉与排水系统在土地整治工程中的设计思考[J].南方农业,2019,13(17):177-178.

[46] 张晓虹,周茂荣,孙浩峰,等.高质量发展背景下甘肃省梯田建设标准探讨[J].中国水土保持,2022(3):8-11.

[47] 赵方莹,李璐,陆大明,等.城市平原区水土保持监测方法与典型设计[J].

中国水土保持，2023（1）：48-51.

[48] 赵芳.广西龙脊梯田景观可持续发展评价 [D].桂林：桂林理工大学，2020.

[49] 赵建国，柳安平.庄浪县水土保持生态建设实践与思考 [J].中国水土保持，2009（10）：47-49.

[50] 周素，刘国华，周维，等.红河哈尼梯田遗产区生态系统服务价值外溢研究 [J].生态学报，2023，43（7）：2734-2744.

[51] 朱方方，秦建淼，朱美菲，等.模拟降雨下林下覆被结构对产流产沙过程的影响 [J].水土保持学报，2023，37（3）：10.

[52] 朱林.项目区梯田工程设计分析 [J].河南水利与南水北调，2018，47（10）：60-61.

[53] 左静.黄土塬区不同植被措施水土保持研究 [J].黑龙江水利科技，2023，51（4）：129-132.